国家出版基金项目
NATIONAL PUBLICATION FOUNDATION

中国兽医诊疗图鉴丛书

鹅病图鉴

丛书主编　李金祥　陈焕春　沈建忠

本书主编　刁有祥

扫码看视频

U0306462

中国农业科学技术出版社

图书在版编目（CIP）数据

鹅病图鉴 / 刁有祥主编 . — 北京 : 中国农业科学

技术出版社 , 2019.1

（中国兽医诊疗图鉴 / 李金祥 , 陈焕春 , 沈建忠主编）

ISBN 978-7-5116-3923-3

Ⅰ . ①鹅… Ⅱ . ①刁… Ⅲ . ①鹅病—诊疗—图解

Ⅳ . ① S858.33-64

中国版本图书馆 CIP 数据核字 (2018) 第 258389 号

责任编辑　闫庆健　李冠桥

责任校对　马广洋

出 版 者　中国农业科学技术出版社

　　　　　北京市中关村南大街 12 号　邮编：100081

电　　话　(010)82106632（编辑室）　　(010)82109702（发行部）

　　　　　(010)82109703（读者服务部）

传　　真　(010)82106625

网　　址　http://www.castp.cn

经 销 者　各地新华书店

印 刷 者　北京科信印刷有限公司

开　　本　880mm×1 230mm　　1/16

印　　张　30

字　　数　798 千字

版　　次　2019 年 1 月第 1 版　　2019 年 1 月第 1 次印刷

定　　价　358.00 元

《中国兽医诊疗图鉴》丛书

编委会

《鹅病图鉴》
编委会

主　编	刁有祥
副主编	唐　熠　陈　浩　提金凤
编　者	刁有祥　唐　熠　陈　浩
	提金凤　于观留　张　吉
	杨　晶　王鸿志　刁有江

序

目前，我国养殖业正由千家万户的分散粗放型经营向高科技、规模化、现代化、商品化生产转变，生产水平获得了空前的提高，出现了许多优质、高产的生产企业。畜禽集约化养殖规模大、密度高，这就为动物疫病的发生和流行创造了有利条件。因此，降低动物疫病的发病率和死亡率，使一些普遍发生、危害性大的疫病得到有效控制，是保证养殖业继续稳步发展，再上新台阶的重要保证。

"十二五"时期，我国兽医卫生事业取得了良好的成绩，但动物疫病防控形势并不乐观。重大动物疫病在部分地区呈点状散发态势，一些人畜共患病仍呈地方性流行特点。为贯彻落实农业农村部发布的《全国兽医卫生事业发展规划（2016-2020年）》，做好"十三五"时期兽医卫生工作，更好地保障养殖业生产安全、动物产品质量安全、公共卫生安全和生态安全，提高全国兽医工作者业务水平，编撰这套《中国兽医诊疗图鉴》丛书恰逢其时。

"权新全易"是该套丛书的主要特色。

"权"即权威性，该套丛书由我国兽医界教学、科研和技术推广领域最具代表性的作者团队编写。业界知名度高，专业知识精深，行业地位权威，工作经历丰富，工作业绩突出。同时，邀请了7位兽医界的院士作为出版顾问，从专业知识的准确角度保驾护航。

"新"即新颖性，该套丛书从内容和形式上做了大量创新，其中类症鉴别是兽医行业图书首见，填补市场空白，既能增加兽医疾病诊断准确率，又能降低疾病鉴别难度；书中采用富媒体形式，不仅图文并茂，同时制作了常见疾病、重要知识与技术的视频和动漫，与文字和图片形成良好的互补。让读者通过扫码看视频的方式，轻而易举地理解技术重点和难点，同时增强了可读性和趣味性。

"全"即全面性，该套丛书涵盖了猪、牛、羊、鸡、鸭、鹅、犬、猫、兔等我国主要畜种，及各畜种主要疾病内容，疾病诊疗专业知识介绍全面、系统。

"易"即通俗易懂，该套丛书图文并茂，并采用融合出版形式，制作了大量视频和动漫，能大大降低读者对内容理解与掌握的难度。

该套丛书汇集了一大批国内一流专家团队，经过5年时间，针对时弊，厚积薄发，采集相关彩色图片20 000多张，其中包括较为重要的市面未见的图片，且针对个别拍摄实在有困难的和未拍摄到的典型症状图片，制作了视频和动漫2 500分钟。其内容深度和富媒体出版模式已超越国内外现有兽医类出版物水准，代表了我国兽医行业高端水平，具有专著水准和实用读物效果。

《中国兽医诊疗图鉴》丛书的出版，有利于提高动物疫病防控水平，降低公共卫生安全风险，保障人民群众生命财产安全；也有利于兽医科学知识的积累与传播，留存高质量文献资料，推动兽医学科科技创新。相信该套丛书必将为推动畜牧产业健康发展，提高我国养殖业的国际竞争力，提供有力支撑。

至此丛书出版之际，郑重推荐给广大读者！

中 国 工 程 院 院 士
军事科学院军事医学研究院 研究员 夏咸柱

2018 年 12 月

前　言

　　我国是养鹅大国，年出栏量约达 5 亿只，占世界养鹅总量的 90% 左右，养鹅业已成为国家出口创汇和农民增加收入的重要支柱产业。但鹅病的发生始终威胁着我国养鹅业的健康发展，鹅病一旦发生，往往造成鹅的大量发病和死亡，导致严重的经济损失。为适应当前我国养鹅业的发展需要，保护和促进我国养鹅业的健康发展，我们编写了《鹅病图鉴》一书。

　　本书收集了国内外鹅病防治的最新资料，在总结教学、科研和生产实践的基础上，全面系统介绍了鹅的解剖生理特点与行为特性、鹅场的生物安全措施、鹅病诊断技术、鹅传染病、寄生虫病、代谢病、中毒病和普通病的病原、病因、流行特点、症状、病理变化、诊断及预防和控制措施等。具有内容翔实，图像清晰，图文并茂，系统性、科学性、实用性和可操作性强等特点，是广大从事鹅病研究、养鹅和鹅病防治人员重要的参考书。

　　本书在编写过程中，得到了国家水禽产业技术体系的大力帮助，书中个别图片由其他作者提供，在编写过程中参考了已发表的资料，因篇幅有限，在参考文献中不能一一列出，在此一并致谢。由于我们水平有限，书中不足之处在所难免，恳请广大读者批评指正。

编　者

2018 年 11 月

目 录

第一章
鹅的解剖生理特点与行为特征

第一节 鹅的解剖生理学特点

与哺乳动物和其他禽类相比较，鹅具有独特的解剖生理学特点与行为特征，这些特点和特征与鹅的饲养管理和用药相关，据张心如报道，鹅有以下生理学特点与行为特征。

一、鹅的解剖特点

1. 鹅的颈较长

颈椎有17节，比鸡（13～14节）、鸭（14～15节）多，全段颈椎构成乙状弯曲，这样长的颈项便于颈部灵活伸展转动，利于采食、警戒、防御及用喙梳理羽毛和啄取尾脂腺分泌物油润羽毛等（图1-1）。由于鹅颈项长，食道也长，这给生产鹅肥肝填食带来困难。如用手工填鹅，必须用手将填物向下捏挤，推向食管膨大部，反复多次填至距咽喉约5cm为止。如用机械填食，应将填饲管插到食管膨大部中部，如不小心，可造成食管壁损伤。填塞饲料时要边填边将填饲管外退，如退速过快，不能填饱，如退速过慢，可能导致鹅的食管破裂。

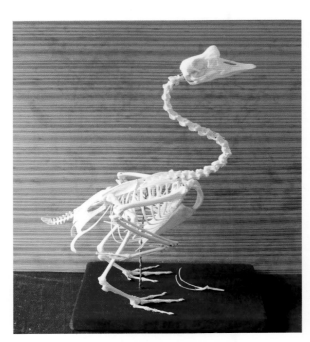

图1-1 鹅骨骼图（陈维虎 供图）

2. 鹅无嗉囊

鹅的食管富有扩张性，分颈部和胸部两段，在两段交界处的腹侧有一膨大部分，称食管膨大部，是鹅食物的暂时贮存处，其中栖居有大量微生物。由于唾液和黏液的渗入，使进入的食物在这些微生物的作用下发酵、软化和溶解，产生大量有机酸和少量挥发性脂肪酸。

3. 鹅的消化道十分发达

消化道长度为体长的10倍，其比例与兔接近（图1-2）。肌胃的肌层很厚，全部由环行平滑肌组成，十分发达（图1-3）。肌胃的收缩是典型磨碎式收缩，收缩始于较小的前背中间肌和后腹中间肌，使内容物进入非常发达的背侧肌和腹侧之间的腔内，随后强大的背、腹侧肌的纤维强力收缩。因背侧肌和腹侧的排列不对称，收缩时肌胃的两片类角质膜彼此作横向滑动，使胃腔内产生极大压力，

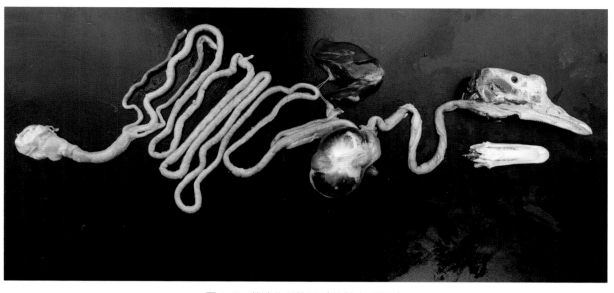

图1-2　鹅消化系统图（陈维虎 供图）

达到 260～280mmHg，比鸡（100～150mmHg）、鸭（180mmHg）大得多，能把砂石、玻璃块磨成粉状，能有效地裂解植物细胞壁，使细胞汁流出，易消化。鹅的小肠 pH 值为 7～7.5，呈弱碱性，使植物性饲料细胞壁易溶解。鹅的盲肠十分发达，内含有大量微生物，尤其是厌氧纤维分解菌特别多，易使纤维素发酵分解，产生大量低级脂肪酸，被鹅吸收利用。鹅对粗纤维的消化率可达 40%～50%，对牧草中蛋白质的消化率达 70%，与兔接近，比猪高。因此，鹅能大量利用青绿饲料和部分粗饲料。每天每只鹅可采食青饲料 2～4kg。

图1-3　鹅肌胃（刁有祥 供图）

二、鹅的生理特点

1. 鹅的脂肪代谢特点

鹅的肝脏易沉积脂肪。与哺乳动物不同，家禽的脂肪主要在肝脏内合成，再转运到脂肪组织、蛋和其他部位。如采饲大量高能低蛋白日粮，或因各种原因使肝脏脂肪运出困难，大量脂肪就会沉积于肝脏。肝脏脂肪沉积过多，对产蛋鹅危害很大，能导致脂肪肝出血综合征，肝脏出血、破裂死亡。而人们利用鹅肝脏合成脂肪这一生理特点，让其每天接受过量能量饲料，使肝脏肥大，称"鹅肥肝"。人工填饲的鹅肥肝一般重 300～900g。据报道，最重达 1800g。正常肝脏含脂肪 2.5%～3%，水分 76%，而肥肝脂肪含 60%。肥肝脂肪中，65%～68% 是对人体有益的不饱和脂肪酸，其中油酸 61%～62%，亚油酸 1%～2%，棕榈油酸 3%～4%。不饱和脂肪酸可降低人体血液中胆固醇水平，减轻与延缓动脉粥样硬化的形成。肥肝中甘油三酯含量较正常肝增加 176 倍，脱氧核糖核酸和核糖核酸含量增加一倍，酶的活性增强三倍。卵磷脂含量高，每100g肥肝中含卵磷脂4.5～7g，比正常肝高4倍，卵磷脂能降低人体血脂含量，软化血管。鹅肥肝脂香醇厚，质地细嫩，营养丰富，为世界三大美食之一。

鹅油：鹅油中不饱和脂肪酸占75%，鹅油熔点低（26～35℃），易消化吸收。

鹅日粮脂肪：鹅是草食动物，体内的脂肪主要靠碳水化合物转化而来。所以，鹅日粮中脂肪不要过高，日粮脂肪过高可能导致消化不良。但在进行肥肝生产时，可在日粮中添加少量油脂，其量在1%～3%。

氯化胆碱对鹅脂肪代谢的影响：氯化胆碱含有三个不稳定的甲基，可作甲基供体，帮助在体内合成蛋氨酸。当鹅缺乏氯化胆碱时，加速脂肪在肝脏中沉积量，反之脂肪沉积则会减少。而生产鹅肥肝时，应降低日粮氯化胆碱水平，饲喂高能量、低蛋白、低氯化胆碱日粮。玉米代谢能3.36Mcal/kg，粗蛋白质8.6%，而小麦代谢能3.08Mcal/kg，粗蛋白质12.1%，玉米氯化胆碱含量比小麦几乎低近两倍，玉米是比较理想的肥肝生产饲料。

2. 鹅的羽绒再生力很强

鹅是长寿家禽，可存活十几年，在5岁以前，新陈代谢旺盛，羽绒再生力十分强，人工采集羽毛后，羽绒再生长快。种鹅经过产蛋和抱窝后，到夏天会陆续停产换羽，换羽时间长，直接影响以后的产蛋和配种，并给饲养管理带来一些困难。在民间早就有采用人工采集羽毛的方法，以缩短换羽时间。根据鹅的这一生理特点，采用配套技术采集鹅毛，即种鹅每年饲养到四五月陆续停止产蛋，可连续采集羽毛4～5次，每只鹅一次可采集绒毛30～60g，到10月新毛长齐，种鹅开始产蛋。

3. 鹅的耐寒性强

因鹅羽绒保温性能好，皮下脂肪厚，耐寒力强，在气温降到0℃以下的环境中，鹅亦能正常产蛋。

4. 鹅蛋的结构和营养特点

鹅蛋大而重，每枚蛋重125～250g。与鸡蛋比较，鹅蛋壳厚，厚度为400～500μm，而鸡蛋壳厚度为270～300μm。鹅蛋壳重为蛋重的14%，鸡蛋仅为10%。鹅蛋脂肪含量高达12.5%，热量水平比鸡、鸭蛋高，在孵化过程中产热量大，加上蛋体积大，蛋壳厚，不易散热。在孵化过程中，随胚龄增加，胚发育加快，物质代谢增强，产热量增加，在孵化中期要适当降低孵化温度。孵化后期，胚胎产生大量热量，可利用自身温度进行孵化，出壳前要降温，环境气温高时还要洒水蒸发散热，否则会妨碍胚体热量散发，导致胚胎死亡。

由于胚胎后期产生大量热量，可将孵化后期的胚蛋利用自温运送到异地出雏销售，即称漂蛋孵化，可减少运输体积和费用，避免因长途运输的伤亡。漂蛋起运胚龄可在17日龄起漂，但在23～24胚龄后为好。应根据路途的远近，以到达目的地临近出壳为宜。鹅蛋孵化期为32d。

第二节　鹅的行为特点

认识鹅的行为特征，根据这些特征加强饲养管理，能有效地提高养鹅经济效益。

1. 啮齿行为

鹅与鸡和多数哺乳动物不同，鹅喙扁平，分上下两部分，内喙有 50 ~ 80 个数量不等的锯齿，舌侧及表皮角质层亦呈锯齿状，这些锯齿状结构是采食牧草和坚硬食物的主要工具。这些锯齿，如长期采食鲜嫩牧草和饲喂配合饲料，锯齿磨损小，鹅可以像兔、鼠那样通过啮齿来磨损生长旺盛的锯齿状物。鹅啮齿不是啃咬笼具，而是在河边、水池和泥潭等潮湿地区，通过吸水，啄泥沙，上下颌连续运动，舌上下运动，将泥团甩出，借此磨损锯齿，对圈养肉鹅要注意创造啮齿条件，如供给水、泥沙等。

2. 啄羽行为

啄羽主要有三种：

（1）自净啄羽。鹅有洁身自净的天性。无论大鹅、小鹅还是雏鹅，睡醒和下水游泳后，即行自啄羽毛"打扫卫生"。自啄的顺序依次为肩、背、翅、腹下和脖颈，其行为是每次啄翼羽一根或其他羽毛数根，从根部往末梢滑出。清除干净后开始擦油，即从尾脂腺处啄得脂肪向躯体各部涂擦，其顺序依次为肩、背、翅和胸，腹下很少见擦油。

（2）啄尾。30 日龄后的雏鹅开始建立家族群，家族间的识别靠啄切尾部尾脂腺脂肪来完成。经过 7 ~ 10d，同家族个体间记忆牢固，不再啄尾。因而此期内常可见到从外周进入睡眠群中的个体叼啄睡眠者的尾部，有的被啄者站起前进几步再行睡眠，有的仅摇 3 ~ 5 次尾以应答，后进入者则见到摇尾后自动卧下。

（3）啄背。啄背为非正常行为，饲料单一、营养缺乏、饲养密度过大、强光、羽毛不洁、青绿饲料不足、湿度过大等均可能导致个体间相互啄毛。尤其是啄食背部羽毛，轻则背部羽毛呈灰色湿束状，重则背部羽毛被啄光出血。如不及时处理发展很快，1d 后 30% 个体背部无毛，2d 后 50% 以上光背，3d 后则 80% 以上个体光背，并伴背部出血。高温啄羽常伴以打斗和张口呼吸，两翅散开；高湿啄羽常伴羽毛湿润，胸腹部水污明显。密度过大啄羽和光线太强啄羽常伴以啄头颈羽毛，前者光背个体先见于弱小者，后者则先见于强壮个体。缺乏青绿饲料的啄羽则表现为群体间不分大小相互猛啄，但发展较慢。

3. 攻击性

群体外的鹅进入群体，可能遭到群体叼啄攻击，直至被赶出群体外；并群和繁殖季节，公鹅间常发生啄羽打斗，要么将弱者赶走，要么在分出胜负后即分离，进而建立新的位次。

4. 喜水性

鹅是水禽，喜欢在水中洗浴、饮水、玩耍、觅食。性成熟期和繁殖季节，公鹅为取悦母鹅，在水中游泳，花样繁多，如侧泳、仰泳、翻洗、潜水、展翅、贴水面飞翔等，以吸引母鹅。在南方，鹅的配种多在水中进行，水深 1m 左右，水面要宽，配种时才能避免公鹅间打斗。

5. 睡眠行为

鹅要睡眠，分白昼和夜间睡眠。白昼睡眠：在放牧采食七八分饱后，部分鹅站立不动，闭目休息，或者将头部藏于翅下，保持休闲睡眠状态。部分个体卧地将头藏于翅下睡眠。夜间睡眠：夜间睡眠时，多数鹅取卧姿，少数站立。有 2% ~ 3% 站立鹅承担放哨任务，称"哨鹅"。当鹅群受到惊扰时，哨鹅会发出响亮尖叫声，全群飞奔，惊群，发出很大的嘶鸣声，在民间利用这一特性养鹅防盗。

第三节　鹅的生理常数

鹅的新陈代谢旺盛，正常体温为 39.5～41.5℃，心跳速率为 120～200 次 /min，呼吸频率为 10～20次 /min。血红蛋白为 11.16～12.99g/100mL，红细胞数为 315.0 万～333 万个 /mm³，白细胞数为 3.1万～3.2 万个 /mm³，血小板数为 17.9 万～18.5 万个 /mm³，红细胞压积为 41.94%～53.38%。嗜酸性粒细胞为 3.8%～4.5%，嗜碱性粒细胞为 2.3%～2.5%，中性粒细胞为 35.8%～36.34%，淋巴细胞为52.5%～53.4%，单核细胞数为 4.2%～4.5%。

第四节　鹅的血液生化指标

血液生理生化指标在一定程度上反映了鹅代谢及生理机能状况，通过对血液生理生化指标的测定，可以确定鹅的健康状态。表 1-1 为莱茵鹅的血液生理生化指标（杨英，1995）。

表 1-1　莱茵鹅的血液生理生化指标

项目 （mmol/L）	公		母	
	`X ± S	范围	`X ± S	范围
血清总蛋白	4.91 ± 0.73	3.82～6.73	4.78 ± 0.66	4.04～6.18
血清白蛋白	2.13 ± 0.36	1.76～3.08	2.10 ± 0.34	1.54～2.64
血清球蛋白	2.60 ± 0.54	1.68～3.65	2.50 ± 0.52	1.81～2.79
白蛋白 / 总蛋白	45.26 ± 5.03	36.01～55.30	45.82 ± 6.87	38.12～59.33
白蛋白 / 球蛋白	0.84 ± 0.18	0.65～1.27	0.88 ± 0.26	0.62～1.22
血糖	185.82 ± 32.98	135.33～227.27	163.28 ± 17.91	133.10～200.40
血清总胆固醇	225.46 ± 44.1	172.22～285.19	186.75 ± 46.95	130.56～278.67
尿素氮	5.56 ± 1.26	3.71～7.64	4.98 ± 1.25	3.60～7.30
碱性磷酸酶	8.8 ± 3.7	5.0～15.9	13.0 ± 5.8	5.4～23.0
血清钙	9.78 ± 1.45	7.55～12.13	11.61 ± 1.78	10.1～14.56
血清无机磷	4.33 ± 0.83	3.27～5.35	5.06 ± 1.05	3.60～6.68
血清氯离子	116.29 ± 2.34	113.55～119.06	110.18 ± 2.68	105.21～113.82

第二章

鹅场的生物安全措施

生物安全就是采取综合性防控措施防止微生物、寄生虫、昆虫、啮齿动物和野生鸟类等所有有害生物进入和感染鹅群。生物安全是养殖场日常生产管理以及兽医卫生管理的第一原则，养鹅场生物安全体系的建立，应从养鹅场的规划建设这一基础条件做起，根据生产需要并充分考虑生物安全的重要性，发挥隔离屏障作用，建立健全生物安全体系的管理制度，充分发挥生物安全体系的强大保障作用。

第一节　鹅场的选址与建设

一、鹅场的选址

鹅场选址是疾病防控中的关键因素之一，是构建鹅场生物安全体系的物质基础，目的是通过合理的规划设计，建设一个与外界环境相对隔离又利于鹅群饲养的物理屏障环境。在选场址时，应注意以下几个方面。

1.符合环保及规划要求
养鹅场必须选择在生态环境良好、不直接受工业"三废"及农业、城镇生活、医疗废弃物污染

图2-1　种鹅场外观（刁有祥 供图）

的生产区域。符合环境保护、兽医防疫要求，场区布局合理的地方。符合畜禽规模养殖用地规划及相关法律法规要求，不能在自然保护区、旅游区、重要水系区域建场，必须建立在当地行政规划部门允许的范围内。同时鹅场的位置要易于防疫隔离，距离村镇、学校、医院等500m以上，距离其他养殖场2 000m以上，离畜禽加工厂、活禽交易市场、垃圾及污水处理场、风景旅游区、自然保护区、水源地等至少3 000m。距居民点、交通要道过近，不利于疾病的预防。鹅场周边环境、舍内空气质量应符合NY/T 388标准，饮水水质应符合NY 5027畜禽饮用水水质标准。

2. 地势高燥，排水方便

鹅场应建在背风向阳、地势高燥、水源充足、排水方便的地方。在平原地区，应选择地势高、土质良好、稍向东南倾斜的地方。山区丘陵地区选择山坡的南面建场，这样有利于通风、日照、排水（图2-1）。同时选择沙壤土最为理想，沙壤土透气性、透水性良好，土壤自净能力强，病原微生物不易繁殖，这样既能充分利用阳光有利于排水，又有利于防热、防寒与防潮。鹅是草食家禽，1只鹅每天可消耗1.5~2.5kg青草。所以，鹅场应建在草资源丰富的地方，以便放牧，节省精料，降低生产成本。

3. 水源充足

鹅场对水的需求量较大，选址时应考虑水源，水源充足、水质良好是保证鹅健康成长的关键因素之一。鹅的饮水最好是自来水或优质的地下水。河、湖、水库等流动活水是最为理想的水源，但不能将鹅群直接放到湖里，这样会污染水质。利用自然水源时要注意水源上游应无畜禽加工厂和化工厂污染源。如无自然水源也可建造人工蓄水池，收集雨水或自建深井，以保证用水，同时给鹅提供水上运动场（图2-2）。运动场以每3只鹅不小于1m^{2}为宜，水深0.3~1.5m为宜，池水要定期进

图2-2 鹅水上运动场（刁有祥 供图）

行消毒、更换。周围环境应清静，空气新鲜，有树木遮阳，以防夏季高温，影响鹅的生产性能（图2-3）。

4. 交通便利

鹅场位置要求交通便利，以利饲料、鹅苗、鹅蛋、药品等物资运输。但离高速公路和主要交通干道不能太近，应距离主干道1 000m以上，以利防疫和环境安静。同时，通往鹅场的道路要求路基坚硬、路面平坦，最好是石子路或水泥路。若周边有畜禽加工厂和化工厂，鹅场应处在上风口，而且不能与畜禽加工厂、活禽交易市场有公用道路。

5. 电力充足

养殖离不开电，建场时要考虑鹅场附近电源的位置和距离，如附近有变电站和高压输出线的条件最理想，同时应自备发电机，以防线路故障或停电检修。电力容量要保证鹅场的孵化器、风机、饲料加工、照明以及职工宿舍等用电量。

二、鹅场的布局与建设

场区的布局，鹅舍的建设都要服从于生物安全的需要。养鹅场布局重点应解决风向、地势和各区建筑物距离等问题。生产区、销售区、行政管理区和职工生活区应严格分开，并尽可能将生产区划分成若干个较小的、互相独立并有一定距离的小区或者分场，以便防疫措施的正确实施。规模化鹅场在整体布局上一般包括办公生活区、生产区及隔离区3个功能区，同时还要配备无害化处理设备及污水处理系统。相互之间要有一定的距离和隔离条件，可进行绿化隔离或建围墙，围墙的高度应超过2m。

图2-3 树木遮阳的运动场（刁有祥 供图）

图2-4 鹅场的鹅舍、运动场和水池（刁有祥 供图）

1. 办公区

办公生活区应建在场区常年主导风向的上风处，包括办公室、资料室、会议室、食堂、职工宿舍、饲料加工车间、仓库、发电机房、锅炉房、蓄水池、药品库、消毒池、消毒室等，布局要有利于疫病防控。鹅场大门前应设车辆消毒池和人员消毒更衣间和物品消毒间。根据实际情况，办公生活区和生产区之间设置有效的消毒通道，无关人员不得随意进入生产区。

2. 生产区

生产区是鹅场的核心。完整的生产区应包括鹅舍、运动场和水池3个部分（图2-4）。鹅舍地势应稍高，运动场略低，最好有斜坡以利排水。水上运动场应在鹅舍最前边，两栋鹅舍之间要有10m以上的隔离带。对于综合性种鹅场要从生产工艺及防疫方面进行考虑，一般根据主风向和地势，按自上而下的顺序建造功能鹅舍，育雏舍应位于上风，育成舍和产蛋舍应位于下风口。育雏舍、育成舍、产蛋舍要用围墙或树木、草地等隔离，减少不同生产区之间的人员流动。对于纵向通风的鹅舍，排风扇要安装在污道方向并要安装污气净化装置。

生产区的道路可分为净道及污道，净道和污道要分开，严禁净、污道交叉使用。净道主要用于饲料、种蛋等物资的运输，污道主要用于粪便及污物的运输。净道的进口和出口与生活办公区相通，污道的进口和出口需要单独设置大门，远离净道和生活办公区。

场区的进水系统与排水系统需完全分开，应分别位于鹅舍两侧，最好进水系统靠近净道，排水系统靠近污道。若建造蓄水池供水，要保证污水不能进入蓄水池，远离隔离区。所有鹅舍排水口排出的污水经一个排水管道集中进入污水处理系统。

（1）鹅舍。鹅舍建造时须考虑其耐用性，一方面能够保证正常生产过程中鹅群的安全，另一方面可以延长使用年限以降低房舍的折旧费用；鹅舍的设计应充分考虑便于人员在舍内的生产操作，便于供水供料、垫料的铺设和清理、蛋的收集。鹅舍建筑应符合卫生要求，内墙表面应光滑平整，墙面不易脱落、耐磨损和不含有毒有害物质，应具备好的防鼠、防虫和防鸟设施。设备应具备良好的卫生条件并适合卫生检测。饮水应符合要求，饮水器要求每天清洗、消毒、不漏水。

鹅舍可分为种鹅舍、育雏舍及育肥舍。种鹅舍应坐北朝南，长度不应超过 60m，宽度不应大于 7m。种鹅舍可容纳中小型鹅 2.5 ~ 3.5 只 /m²，大型鹅 2 只 /m²，以每舍饲养 400 只左右为宜。舍内地面为砖地、水泥地或三合土地，以保证无鼠害或防止其他动物偷蛋或惊扰鹅群。夏季为了通风散热，窗户面积与地面面积的比为 1∶（10 ~ 20）。一般舍内地面比舍外高出 10 ~ 15cm，以利排水，防止舍内积水，为减少污水排放量，鹅场建设时应考虑雨污分流。根据我国地理位置不同，建设的种鹅舍有密闭式、半开放式和开放式三种（图 2-5、图 2-6、图 2-7）。

育雏舍应具备以下条件：保温、通风、干燥；水电齐全；搭建鹅床。鹅床多少根据鹅苗数量定，每个鹅床 3m² 左右，离地面 1m 左右，以便饲养管理，雏鹅舍规模养殖数量以 1000 只为宜。3 周龄以前的雏鹅由于绒毛稀少，体质较弱，体温调节能力差，所以育雏舍应以保温、干燥、通风、无贼风为原则。

鹅舍内还应考虑有放置供温设备的地方或设置地火道。鹅舍内育雏用的有效面积以每座鹅舍可容纳 500 ~ 600 只鹅为宜。舍内分隔成几个圈栏，每一圈栏面积为 10 ~ 12m²，可容纳 3 周龄以内的雏鹅 100 只，故每座鹅舍的有效面积为 50 ~ 60m²。鹅舍地面用沙土或干净的黏土铺平，夯实，舍

图 2-5　封闭式鹅舍（刁有祥 供图）

图2-6　半开放式种鹅舍（刁有祥 供图）

图2-7　开放式种鹅舍（刁有祥 供图）

内地面应比舍外地面高 20 ~ 30cm，以保持舍内干燥（图 2-8、图 2-9）。

　　育肥舍可利用普通旧房舍、旧棚圈或用废旧木料搭成能遮风雨的简易棚舍即可。也可建开放式鹅舍，这种鹅舍投资少、见效快、搭建容易、可就地取材，棚舍应朝向东南，前高后低。棚顶为单坡式，前檐高约 1.8m，后檐 0.3 ~ 0.4m，进深 4 ~ 5m，长度根据所养鹅群大小而定。前檐应有 0.5 ~ 0.6m 高的砖墙，4 ~ 5m 留一个宽为 1.2m 的缺口，便于鹅群进出。这种简易育肥舍也应有舍外场地，且与水面相连，便于鹅群入舍休息前的活动及嬉水。鹅舍应干燥、平整，便于打扫（图 2-10）。这种鹅舍也可用来饲养后备种鹅。

　　孵化室是养殖场重要的组成部分，孵化室的天花板、墙壁、地面最好用防火、防潮、既便于冲洗、又便于消毒的材料建造。地面和天花板的距离 3.4 ~ 3.8m 为宜。采用自然孵化时，孵化室应选在较安静的地方，孵化室要冬暖夏凉，空气流通，窗户离地面高约 1.5m，窗户配遮阳帘，使舍内光线较暗，以利母鹅安静孵化。舍内地面用水泥地面或砖铺地面，比舍外高 15 ~ 20cm。人工孵化室要求，根据孵化机具体大小、数量而定，室内既要通风，又要保证温度和湿度适宜，地面最好用水泥铺设，且有排水口通室外，以利冲洗消毒。在孵化室隔壁应设存蛋库，里面应备有蛋架车及大小相当的蛋盘。

　　（2）运动场。雏鹅长到一定程度后，舍外活动时间逐渐增加，所以运动场既是晴天无风时的喂料场，又是鹅的主要运动场地，运动场宽度为 3.5 ~ 6m，长度与鹅舍长度等齐，场地应平坦且向外倾斜，略有坡度，坑洼应填平夯实，否则雨天积水，鹅群践踏后泥泞不堪，易引起雏鹅的跌伤、踩伤。运动场最好用细沙铺设。周围用栅栏做成围墙，一般高 80cm。周围种植树木，既可绿化环境，又可夏天作凉棚（图 2-11、图 2-12）。

　　（3）水池。运动场外紧接水池，运动场与水池连接处须用石头或水泥做好斜坡，坡度不得大

图 2-8　鹅育雏舍（刁有祥 供图）

图2-9 鹅育雏舍（刁有祥 供图）

图2-10 育肥鹅舍及运动场（刁有祥 供图）

图2-11 鹅舍及运动场（刁有祥 供图）

图2-12 鹅运动场（刁有祥 供图）

于35°角，池底不宜太深，斜坡要深入水中，与最低水位持平，便于雏鹅嬉水后站立休息（图2-13、图2-14、图2-15）。

（4）隔离区。隔离区主要包括病鹅或病死鹅处理区、污水处理及粪污处理等设施。粪污堆放

图2-13 鹅水池（刁有祥 供图）

图2-14 鹅运动场及水池（刁有祥 供图）

图2-15　鹅运动场及水池（刁有祥 供图）

和处理应安排专门场地，在鹅场下风向和地势低洼处对外开门便于运输粪便。病鹅隔离区应建在鹅舍的下风、低洼、偏僻处，与生产区保持50m以上的间距。

（5）无害化处理设备及污水处理系统。死亡的鹅多携带多种病原微生物，若处理不当，尸体会很快分解腐败、散发臭气，使病源微生物污染空气、水源和土壤，造成疾病的传播与蔓延。因此，为了防止疫病传播，规模化养殖场必须配备无害化处理设施。如尸体焚烧炉、生物降解处理池。无害化处理设备要距离鹅舍100m以上。养鹅会产生大量污水，污水直接排放到河流等水体不仅造成环境污染，同时也会给本场疫病的长期防疫带来困难。因此，应建造污水处理系统，将处理过的污水用于灌溉，废渣用于农作物和林木肥料。

第二节　鹅场的卫生与消毒

一、鹅场卫生

首先应加强本场工作人员的生物安全管理，进场必须更换场内卫生工作服，并由消毒池经过进入鹅舍，对新进人员进行岗前培训，使他们掌握兽医卫生防疫常识和饲养管理技能，增强员工自身的生物安全意识，自觉遵守生物安全制度，严格实施各项兽医卫生防疫措施，不仅对鹅场防疫鹅群

图 2-16　养殖场门口警示标志（刁有祥　供图）

健康有利，而且对保证人员自身健康有益。为了有效阻挡外来人员和车辆随意进入鹅饲养区，要求鹅场周围设置围墙。在鹅场大门、进入生产区的大门处都要有合适的阻隔设备，能够强制性地阻拦未经许可的人员和车辆进入。对于许可进入的人员和车辆，必须经过合理的消毒环节后方可从特定通道内。在门口设置显眼的警示标志，标明"防疫重地，闲人勿进"的内容，禁止无关人员入场（图 2-16）。有条件的示范鹅场可应用多媒体技术将鹅场情况制成影碟或图片以供参观，可设置有防疫隔离设施的特定区域供给必要人员场外观看。生产人员要在场内宿舍居住，进入生产区时，经彻底淋浴，换上消毒后的生产区专用衣服及工作服、胶靴，经消毒池进入生产区。非生产人员不得进入生产区，且要减少与生产人员的接触。

在鹅场内，不同鹅舍的饲养人员不能相互来往，因为不同鹅舍内鹅的周龄、免疫接种状态、健康状况、生产性质等都可能存在差异，饲养人员的频繁来往会造成不同鹅舍内疫病相互传播的危险。不同鹅舍内的物品也会带来疫病相互传播的潜在威胁。要求各个鹅舍饲养管理物品必须固定，各自配套，公用的物品在进入其他鹅舍前必须进行消毒处理。

来自本场以外的车辆都有可能是病原体的携带者，可能会给本场的生物安全造成威胁。外来车辆不允许进入养鹅场，如果确实必须进入，则必须经过消毒，才能从特定的通道进入特定的区域。运料车不应进入生产区，生产区的料车工具不出场外。

鹅场水体要清洁卫生，可使用自来水或打井取水，地下水位应在 2 m 以下。选用密闭式管道乳头饮水器，防止饮水受到污染。水槽、饮水器等必须每天清洗，尤其是使用饮水系统饮用药物后，保持表面清洁，定期消毒，防止饮水系统中微生物蓄积，特别是露天水箱，为保持足够的饮水空间，饮水设备必须完好无损，不滴水、漏水。没有自来水或不能打井取水的，可引自无污染江河的洁净水源，通过进水排水系统控制水质，鹅场水体需要进水时，注意不要引入上游出现疫情或被病原污染的水源，有条件或有需要时可对进水先进行消毒净化后，再注入鹅场水塘。注意定期对水质进行检测，保证饮水达到每毫升细菌总数小于100个，每升水大肠菌群数少于3个的微生物学指标。

鹅场应坚持自繁自养，一般不应从其他场引种，必须引种或调入种鹅时，应严格检疫并隔离饲养，要隔离观察1个月以上，确实健康无病时方可合群，要注意不能从疫区和发病鹅群引进鹅苗和种鹅。除了必须加入的公鹅外，不应把其他的鹅只加入成年鹅群内，也不要把展览鹅及样品鹅运回鹅场。种鹅养殖场必须对可通过垂直传播的传染病进行定期检疫，采取净化措施，建立健康种鹅群。

场内的生产工具及设备严禁出场，同时也应进行清洁消毒，避免造成交叉污染。场外新进各种物资也应先消毒后再进入场内使用，对购进的饲料等生产资料应在仓库中转，场外运输车辆或工具不能进入生产区。鹅舍间公用的设备、用具在进入另一鹅舍前必须经过清洁及消毒。装运种蛋、雏鹅、包装箱、用具及车辆，低值的最好弃去，必须反复多次使用的，每次均应经过严格的清洁和消毒，并设专人执行和检查验收。对各种生产工具、生产资料、设备设施等的控制，目的是减少流通环节的污染，防止病原体通过间接接触的传播方式传染鹅群。

二、鹅舍卫生

保持鹅舍清洁卫生，温度、湿度、通风、光照适宜，给鹅群创造舒适的生活环境，尽量减少不利于鹅只健康生长的各种应激因素。做到鹅舍宽敞，光线充足，通风顺畅，舍内干燥，温度相对稳定，饲养密度适宜等。饲喂可采取放牧与舍饲相结合，适当增加放牧时间和运动量。不同日龄鹅群特别是幼龄鹅必须与育成鹅、成年鹅分开饲养。

每天必须清扫鹅舍与运动场，及时清理鹅粪、更换垫料、清洗料槽和水槽，除去舍内外灰尘、杂物，保持饲养环境的清洁卫生。干燥松散的垫料可以减少种蛋的破损，降低种蛋的污染，降低腿病的发生。舍内垫料要有足够厚度，蛋窝最好每天铺撒垫料，并清理蛋窝内的羽毛和粪便，保持蛋窝垫料的干净松散。所用垫料不能发霉变质，否则将严重影响鹅的健康，垫料必须在垫料库经3倍量甲醛熏蒸48h后方可运入，防止通过垫料传播病原微生物及寄生虫。

养鹅场要专业化生产，只能养鹅这一种动物，不要同时养鸭、鸡、鸟类、家畜等，因为有些病属于家禽共患病如禽霍乱，鸡、鸭、鹅都可以发病，鸭瘟则鸭、鹅都可以发病，有些病属于禽畜共患；有些病家畜虽不能发病但可以传播病原，使鹅发病，如犬猫就可以携带禽多杀性巴氏杆菌，通过粪便和唾液传给鹅群，造成禽霍乱的发生；其他禽类、野水禽和鸟类也可以传播禽流感和鸭瘟等烈性传染病。

防止疫病接力传染。鹅场应实行全场全进全出的饲养管理制度，不同日龄的鹅对不同的疾病易感性不同，如小鹅瘟主要发生于3～20日龄，鸭疫里默氏杆菌病也以雏鹅易感性较强，而禽霍乱则成年鹅易发病。养鹅场内如果同时存在几种不同龄期的鹅，则日龄较大的鹅可能携带某些病原体，不断地将病原体传递给同场内的日龄较小的易感雏鹅，引起疾病的暴发。因此，一个养鹅场内日龄层次越多，鹅群患病机会越大。实行全进全出制，空场后进行房舍、设备、用具等的彻底清扫、消毒，空闲10～14d后启用，可以最大限度地消灭场内的病原体，是预防疾病、降低成本、提高成活率和经济效益的最有效的措施之一。

孵化房应远离饲养区、加工厂或兽医诊疗室等可能有病原体污染的地方。从进蛋、熏蒸、储蛋、选蛋、装盘、孵化、出雏到雏鹅停留、装运均应单向流动，严禁逆向流动。对种蛋、孵化设备、孵化室都要进行严格消毒，孵化后的死胚、废蛋及绒毛等要经过无害化处理。

做好病死鹅及废弃物的处理。鹅粪、垫料、饲料残渣、病死鹅以及其他废弃物是病原微生物的温床，对这些废弃物可根据不同种类以及可能存在的病原微生物，采取掩埋、密封堆沤发酵、焚烧、药物处理等方法分别进行无害化处理。如对病死鹅、垫料的深埋或焚烧，鹅粪的集中堆沤发酵，灭菌后作为肥料等及时处理。

注意杀虫、灭鼠、控制飞鸟。鼠、鸟、昆虫等不仅破坏生产资料，更重要的它们是多种疫病的传播媒介。鼠类可传播沙门菌病等多种疾病；吸血昆虫、蚊蝇可以传播多种病毒病和细菌病；剑水蚤是剑带绦虫的中间宿主，锥实螺、小土涡螺等是棘口吸虫、背孔吸虫等的中间宿主。选用高效低毒的药物杀虫、灭鼠，设置防鸟网和稻草人等减少野鸟的危害，尽可能消除各种传播媒介。

建立健全各种记录，及时、准确、真实的记录不但有助于饲养管理经验的总结和成本核算，而且是分析和解决鹅病防治问题的可靠依据。

三、鹅场的消毒

消毒是指消灭被传染源散播于外界环境中的病原体，以切断传播途径，阻止疫病的继续蔓延。消毒是传染病防控措施中的一个重要环节，根据消毒的目的，可分为预防性消毒、随时消毒和终末消毒。预防性消毒是在未发现传染源的情况下，对有可能被病原微生物污染的场所、物品进行消毒，如对交通工具的消毒；随时消毒指及时杀灭或消除由传染源排出的病原微生物；终末消毒指传染源因转移、病愈或死亡后，对其居留场所进行一次最后的彻底消毒。养鹅场应当树立预防为主，防重于治，消毒重于投药的观念。

消毒的特点是：第一，可使用大剂量、高效药物；第二，费用较低，可节省开支，降低成本；第三，减少药物残留，一般消毒剂不会造成蛋、肉内药物残留。

根据消毒的方法不同，可分为机械性清除、物理消毒法、化学消毒法及生物消毒法。

1. 机械性清除

用机械的方法，如清扫、冲洗、洗擦、通风等手段以达到清除病原体的目的，是最常用的一种消毒方法，它也是日常卫生工作之一。机械清除并不能杀灭病原体，但可使环境中病原体的量大大减少，这种方法简单易行，而且使环境清洁、舒适。从病鹅体内排出的病原体，无论是通过咳嗽、喷嚏排出的，还是从分泌物、排泄物及其他途径排泄出的，一般都不会单独存在，而是附着于尘土及各种污物上，通过机械清除，环境内的病原体会大大减少。为了达到彻底杀灭病原体，必须把清扫出来的污物及时进行掩埋、焚烧或喷洒消毒药物。

适当的通风，不但可以保持空气新鲜，而且也能减少舍内病原体的数量。因此，采取各种方法使鹅舍保持适度的通风，是保持鹅群健康的一项重要措施。

2. 物理消毒法

它是采用物理方式如机械动力学方法、光辐射、电离辐射、热以及微波辐射等方法致死或减损病原活性的一种消毒方法。常用的如日光照射、干燥、高温、紫外灯照射等消毒技术。

日光照射微生物时，能使微生物体内的原生质发生光化学作用，使其体内的蛋白质凝固。多数微生物不能抵抗日光，在直射日光下，不少芽孢和病毒都被杀死，抵抗力强的芽孢经 4 ~ 5d 可被杀死。但该方法消毒效果不恒定，特别是氧的因素，在有氧状态下芽孢日光照射20h可死亡，但在缺氧条件下日光照射83h仍能成活，因此日光消毒仅起辅助作用。

干燥能使微生物水分蒸发，故有杀死微生物的作用，但效果次于日光，各种病原微生物因干燥而死亡的时间各有不同，芽孢杆菌的存活时间长。

高温是最常用且效果最确实的物理消毒法，它包括巴氏消毒、煮沸消毒、蒸汽消毒、火焰消毒、焚烧，在家禽消毒工作中，应用较多是煮沸消毒及蒸汽消毒。

煮沸消毒就是将要消毒的物品置于容器内，加水浸没，然后煮沸。煮沸消毒是一种经济方便、应用广泛、效果良好的消毒法。一般细菌在100℃开水中3~5min即可被杀死，煮沸2h以上，可以杀死一切传染病的病原体。如能在水中加入0.5%火碱或1%~2%小苏打，可加速蛋白、脂肪的溶解脱落，并提高沸点，从而增加消毒效果。

蒸汽具有较强的渗透力，高温的蒸汽透入菌体，使菌体蛋白变性凝固，微生物因之死亡。饱和蒸汽在100℃时经过5~15min，就可以杀死一般芽孢型细菌。蒸汽消毒按压力不同可分为高压蒸汽消毒和流通蒸汽消毒两种。高压蒸汽消毒是在103.4kPa（1.05kg/cm²）蒸汽压下，温度达到121.3℃维持15~20min，可杀死包括芽孢在内的所有微生物，高压蒸汽消毒广泛适用于培养基、玻璃、金属器械、病料等的消毒。流通蒸汽消毒法是在一个大气压下利用100℃的水蒸气进行消毒，15~30min可杀灭细菌繁殖体，但不保证杀灭芽孢。消毒物品的包装不宜过大、过紧以利于蒸汽穿透。

紫外灯照射也是养鹅场常用的消毒方法，在紫外线照射下，使病原微生物的核酸和蛋白发生变性。紫外灯消毒主要用于空气和物体表面的消毒，其消毒效果取决于细菌的耐受性、紫外线的密度和照射时间，真菌和芽孢的耐受力显著强于繁殖体。紫外线以直射式效果较好，无菌室1~2h即达到消毒目的。此外，消毒效果受到环境条件影响，温度在10~55℃时，灭菌效果较好，4℃以下时则没有或丧失灭菌作用；相对湿度在45%~65%时，照射3~4h可使空气中的细菌总数减少80%以上。

应用紫外线消毒时应注意，室内必须清洁，最好能先洒水后打扫，紫外线禁用于对人的消毒，人离开现场，消毒的时间要求在30min以上（图2-17）。

图2-17　紫外线消毒（刁有祥　供图）

3.化学消毒法

化学消毒法是指用化学药物把病原微生物杀死或使其失去活性，能够用于这种目的的化学药物称为消毒剂。化学消毒法比一般的消毒方法速度快、效率高，能在数分钟内使药力透过病原体并将其抑制或杀死。常用消毒液浸泡、喷雾、熏蒸等方法，是当前养鹅生产中应用最广泛、研究最多的消毒方法。理想的消毒剂应对病原微生物的杀灭作用强大，而对人、鹅的毒性很小或无，不损伤被消毒的物品，易溶于水。消毒能力不因有机物存在而减弱，价廉易得。

化学消毒剂包括多种酸类、碱类、氧化剂、酚类、醇类、卤素类、挥发性烷化剂等。它们各有特点，在生产中应根据具体情况加以选用，下面介绍几种养鹅生产中常用的消毒剂。

（1）常用的化学消毒剂及其使用方法。

①碱类：用于消毒的碱类制剂有苛性钠、苛性钾、石灰等。碱类消毒剂的作用强度决定于碱溶液中 OH^- 浓度，浓度越高，杀菌力越强。

碱类消毒剂的作用机理是：高浓度的 OH^- 能水解蛋白质和核酸，使细菌酶系统和细胞结构受损害。碱还能抑制细菌的正常代谢机能，分解菌体中的糖类，使菌体死亡。碱对病毒有强大的杀灭作用，可用于许多病毒性传染病的消毒；也有较强的杀菌作用，对革兰氏阴性菌比阳性菌有效，高浓度碱液也可杀灭芽孢。

由于碱能腐蚀有机组织，操作时要注意不要用手接触，佩戴防护眼镜、手套和工作服，如不慎溅到皮肤上或眼里，应迅速用大量清水冲洗。

氢氧化钠：也称苛性钠或火碱，是很有效的消毒剂，2%～4%的溶液可杀死病毒和繁殖体，常用于鹅舍及用具的消毒。本品对金属物品有腐蚀作用，消毒完毕必须及时用水冲洗干净，对皮肤和黏膜有刺激性，应避免直接接触人、鹅。用氢氧化钠消毒时常将溶液加热，热并不增加氢氧化钠的消毒力，但可增强去污能力，而且热本身就是消毒因素。

石灰：石灰是价廉易得的良好消毒药，使用时应加水使其生成具有杀菌作用的氢氧化钙。石灰的消毒作用不强，1%石灰水在数小时内可杀死普通繁殖型细菌，3%石灰水经1h可杀死沙门菌。

在生产中，一般用20份石灰加水100份配成20%的石灰乳，涂刷墙壁、地面，或直接加石灰于被消毒的液体中，撒在阴湿地面、粪池周围及污水沟等处进行消毒，消毒粪便可加等量2%石灰乳，使接触至少2h。石灰必须在有水分的情况下才会游离出 OH^-，发挥消毒作用。在鹅舍门口、鹅运动场放石灰干粉并不能起消毒作用，相反在冬春雨雪较少、大风天气，会使石灰粉尘飞扬。当石灰粉被鹅吸入呼吸道或溅入眼内后，石灰遇水生成氢氧化钙而腐蚀组织黏膜，引起鹅群气喘、甩鼻和红眼病。运动场撒的干石灰会腐蚀鹅的爪子，造成皮肤溃烂，易继发葡萄球菌病。较为合理的应用是在门口放浸透20%石灰乳的麻袋片或草垫，饲养管理人员进入鹅舍时，从麻袋片或草垫上通过。石灰可以吸收空气中 CO_2 生成碳酸钙，所以不宜久存，石灰乳也应现用现配。

②氧化剂：氧化剂是使其他物质失去电子而自身得到电子，或供氧而使其他物质氧化的物质。氧化剂可通过氧化反应达到杀菌目的，其原理是氧化剂直接与菌体或酶蛋白中的氨基、羧基等发生反应而损伤细胞结构，或使病原体酪蛋白中 –SH 氧化变为 –S–S– 而抑制代谢机能，病原体因而死亡。或通过氧化作用破坏细菌代谢所必需的成分，使代谢失去平衡而使病原微生物死亡。也可通过氧化反应，加速代谢、损害细菌的生长过程，而使细菌死亡。常用的氧化剂类消毒剂有高锰酸钾、过氧乙酸等。

高锰酸钾：高锰酸钾是最强的氧化剂之一，作为氧化剂受 pH 值影响很大，在酸性溶液中氧化能力最强。高锰酸钾遇有机物、加热、酸或碱均能放出初生态氧，初生态氧有杀菌、除臭、解毒作用。其抗菌作用较强，但有有机物存在时作用显著减弱。在发生氧化反应时，本身还原成棕色的 MnO_2，二氧化锰能与蛋白质结合成灰黑色络合物，因此在低浓度时有收敛作用，高浓度时有刺激和腐蚀作用。

各种微生物对高锰酸钾的敏感性差异较大，一般来说 0.1% 的浓度能杀死多数细菌的繁殖体，2%～5% 溶液在 24h 内能杀灭芽孢，在酸性溶液中，杀菌作用更强。如含 1% 高锰酸钾和 1.1% 盐酸的水溶液能在 30min 内杀灭芽孢。它的主要缺点是易被有机物所分解，还原成无杀菌能力的 MnO_2。

过氧乙酸：又名过醋酸，是强氧化剂，纯品为无色澄明的液体，易溶于水，性质不稳定。其高浓度溶液遇热（60℃以上）即强烈分解，能引起爆炸，20% 以下的低浓度溶液无此危险。市售成品一般为 20%，盛装在塑料瓶中，须密闭避光存放在低温处（3～4℃），有效期为半年，过期浓度降低。它的稀释液只能保持药效数天，应现用现配，配制溶液时应以实际含量计算，例如配 0.1% 的消毒液，可在 995mL 水中加 20% 的过氧乙酸 5mL 即成。

过氧乙酸是广谱高效杀菌剂，作用快而强。它能杀死细菌、霉菌、芽孢及病毒，0.05% 的溶液 2～5min 可杀死金黄色葡萄球菌、沙门菌、大肠杆菌等一般细菌，1% 的溶液 10min 可杀死芽孢，在低温下它仍有杀菌和杀芽孢的能力。

鹅舍内消毒每立方米用 18% 过氧乙酸溶液 5～15mL，稀释成 3%～5% 的溶液加热熏蒸，室内相对湿度宜在 60%～80%，密闭门窗 1～2h。鹅舍一般每周喷一次，可带鹅消毒。雏鹅用 0.2%～0.3% 的浓度，青年、成年鹅用 0.3% 的浓度。鹅舍、环境消毒可用 0.3%～0.5% 的浓度。发生传染病时可用作紧急消毒，每天 1～2 次，连续 3～5d 可取得良好效果。

过氧乙酸对金属类具有腐蚀性，遇热和光照易氧化分解，高热则引起爆炸，故应放置阴凉处保存，使用时宜新鲜配制。

③卤素类：卤素和易放出卤素的化合物均具有强大的杀菌能力。卤素的化学性质很活泼，对菌体细胞原生质及其他某些物质有高度亲和力，易渗入细胞，与原浆蛋白的氨基或其他基团相结合，或氧化其活性基因，而使有机体分解或丧失功能，呈现杀菌能力。在卤素中氟、氯的杀菌力最强，依次为溴、碘。

氯与含氯化合物：氯是气体，有强大的杀菌作用，这种作用是由于氯化作用引起菌体破坏或膜的通透性改变，或由于氧化作用抑制各种含巯基的酶类或其他对氧化作用敏感的酶类，引起细菌死亡。它还能抑制醇醛缩合酶而阻止菌体葡萄糖的氧化，水中含 0.0002% 这样低浓度的氯即能杀死大肠杆菌。

由于氯是气体，其溶液不稳定，杀菌作用不持久，应用很不方便，因此在实际应用中均使用能释放出游离氯的含氯化合物，在含氯化合物中最重要的是含氯石灰及二氯异氰尿酸盐。

含氯石灰：又名漂白粉，为消毒工作中应用最广的含氯化合物，化学成分较复杂，主要是次氯酸钙 $[Ca(OCl)_2]$。新鲜漂白粉含有效氯 25%～36%，但漂白粉有亲水性，易从空气中吸湿而成盐，使有效氯散失，所以保存时应装于密闭、干燥的容器中，即使在妥善保存的情况下，有效氯每月约要散失 1%～2%。由于杀菌作用与有效氯含量密切相关，当有效氯低于 16% 时不宜用于消毒，因此在使用漂白粉之前，应测定其有效氯含量。

漂白粉杀菌作用快而强，0.5%～1% 溶液在 5min 内可杀死多数细菌、病毒、真菌，主要用于鹅舍、水槽、料槽、粪便的消毒。0.5% 的澄清溶液可浸泡无色衣物。漂白粉对金属有腐蚀作用，不能用作金属笼具的消毒。

漂白粉的制剂除漂白粉外，还有漂白精及次氯酸钠溶液。

漂白精：以氯通入石灰浆而制得，含有效氯 60% ~ 70%，一般以 Ca（OCl）$_2$ 来表示其成分，性质较稳定，使用时应按有效氯比例减量，一片约可消毒饮水 60kg，0.2% 的溶液喷雾，可作空气消毒。漂白精对新城疫病毒很有效，消毒作用能维持半小时，甚至 2h 后仍有作用。

次氯酸钠溶液：用漂白粉、碳酸钠加水配制而成，为澄清微黄的水溶液，含 5%NaOCl，性质不稳定，见光易分解，有强大的杀菌作用，常用于水、鹅舍、水槽、料槽的消毒，也可用于冷藏加工厂鹅胴体的消毒。

二氯异氰尿酸钠：亦称优氯净，为白色晶粉，有氯臭，含有效氯 60% ~ 64%，性质稳定，室内保存半年后仅降低有效氯含量 0.16%。易溶于水，水溶液显酸性，稳定性较差。

二氯异氰尿酸钠的杀菌力强，对细菌繁殖体、芽孢、病毒、真菌孢子均有较强的杀灭作用。可用于水槽、料槽、笼具、鹅舍的消毒，也可用于带鹅消毒。用于杀灭器具上细菌、病毒时浓度为 0.5% ~ 1%，5% ~ 10% 的溶液可用作杀灭细菌芽孢，可采用喷洒、浸泡、擦拭等方法消毒。干粉可用作消毒鹅的粪便，用量为粪便的 20%；消毒场地，每平方米用 10 ~ 20mg，作用 2 ~ 4h；消毒饮水，每毫升水用 4mg，作用 30min。注意宜现用现配。

氯胺：氯胺为含氯的有机化合物，为白色或微黄色结晶，含有效氯 12%，易溶于水。氯胺的杀菌作用主要是由于产生次氯酸，放出活性氯和初生态氧，同时氯胺也有直接杀菌作用。

氯胺放出次氯酸较缓慢，因此杀菌力较小，但作用时间较长，受有机物影响较小，刺激性也较弱。

0.5% 氯胺 1min 杀灭大肠杆菌，30min 杀灭金黄色葡萄球菌。主要用于饮水、鹅舍、用具、笼具的消毒，也可用带鹅喷雾消毒。各种铵盐，如氯化铵、硫酸铵，因能增强氯胺的化学反应，减少用量，所以可作为氯胺消毒剂的促进剂。铵盐与氯胺通常按 1 : 1 比例使用。

二氧化氯：二氧化氯无色、无溴、性质稳定，强氧化性是它杀菌消毒的主要因素。由于二氧化氯强氧化作用通过微生物的外膜，氧化其蛋白活性基团，使蛋白质中氨基酸氧化分解而达到杀灭细菌、病毒的作用。稳定二氧化氯杀菌效率高、杀菌谱广、作用速度快、持续时间长、剂量小、反应产物无残留、无致癌性，对高等动物无毒，被世界卫生组织列为 A 级安全消毒剂。用于饮水、环境、排泄物、用具、鹅舍、种蛋消毒及带鹅消毒等。

目前应用的二氧化氯消毒剂有两类，多为二元包装：一类是稳定型二氧化氯溶液，稳定型二氧化氯溶液无色、无味、无腐蚀、不易燃、不挥发、不分解、性质稳定，便于储存和运输。单独使用无效，用时需加入活化剂，释放二氧化氯；另一类是固体二氧化氯，其中一包为亚氯酸钠，另一包为活化剂，用时分别溶于水后混合，即迅速产生二氧化氯。

a. 稳定型二氧化氯溶液：含二氧化氯 10%，临用时将二氧化氯溶液与活化液混合，搅拌均匀，静置 3 ~ 5min 后，再加一定量的水稀释。

浸泡消毒：用于不易褪色的物品，按 1 :（200 ~ 400）浓度稀释，浸泡 30 ~ 60min。

空间消毒：用于鹅舍、仓库，密闭后按 1 :（200 ~ 400）浓度，每立方米 20mL 喷洒，作用 30 ~ 60min，开窗通风。对家禽笼具、地面、墙壁、车辆按此浓度进行喷洒。

带鹅消毒：按 1 : 250 浓度稀释，每立方米 20mL。

饮水消毒：按 1 : 2 000 浓度稀释，作用 30min 后即可饮用；用于肠道辅助治疗时，浓度可加 1 ~ 2

倍，连用 2d。

排泄物、粪便除臭消毒：按 100kg 水加本品 10mL，对污染严重的可适当加大剂量。

b. 二元包装型固体二氧化氯：分 A、B 两袋。按 A、B 两袋各 50g，分别往粉末中加水 500mL，搅拌溶解制成 A、B 液，再将 A 液与 B 液混合静置 5～10min，即得红黄色液体作母液，按用途将母液稀释使用。

碘与碘化物：碘有强大的杀菌作用，抗菌谱广，不仅能杀灭各种细菌，而且也能杀灭霉菌、病毒和原虫。它的 0.005% 浓度的溶液在 1min 内能杀死大部分致病菌，杀死芽孢约需 15min，杀死金黄色葡萄球菌的作用比氯强。碘难溶于水，在水中不易于水解形成次碘酸，而主要以分子碘（I_2）的形式发挥作用。

碘在水中的溶解度很小且有挥发性，但在有碘化物存在时，溶解度增高数百倍，又能降低其挥发性。其原因是形成可溶性的三碘化合物。因此，在配制碘溶液时常加适量的碘化钾。在碘水溶液中含碘（I_2）、三碘化合物离子（I_3^-）、次碘酸（HIO）、碘酸离子（IO^-）。它们的相对浓度因 pH 值、溶液配制时间及其他因素而不同。HIO 杀菌作用最强，I_2 次之，离解的 I_3^- 仅有极微弱的杀菌能力。

碘可作饮水消毒，0.0005%～0.001% 的浓度在 10min 内可杀死各种致病菌、原虫和其他生物，它的优点是杀菌作用不取决于 pH 值、温度和接触时间，也不受有机物的影响。

在碘制剂中，目前应用较多的是聚维酮碘，本品为碘的有机复合物，可杀灭细菌、芽孢、病毒、真菌和部分原虫，杀菌力比碘强。主要用于环境、鹅舍、饲养用具、种蛋及皮肤消毒等。按 1：200 稀释用于环境、笼具等的喷雾消毒；按 1：（100～200）稀释，可用于局部皮肤消毒：按 1：800 倍稀释，带鹅喷雾消毒：按 1：4 000 倍稀释，可饮水消毒。本品不宜与碱性溶液合用。

④酚类：酚类是以羟基取代苯环上的氢而生成的一类化合物，包括苯酚、煤酚、六氯酚等。酚类化合物的抗菌作用是通过它在细胞膜油水界面定位的表在性作用而损害细菌细胞膜，使胞浆物质损失和菌体溶解。酚类也是蛋白质变性剂，可使菌体蛋白质凝固而呈现杀菌作用。此外，酚类还能抑制细菌脱氢酶和氧化酶的活性，而呈现杀菌作用。

酚类化合物的特点为：在适当浓度下，几乎对所有不产生芽孢的繁殖型细菌均有杀灭作用，但对病毒、芽孢作用不强；对蛋白质的亲和力较小，它的抗菌活性不易受环境中有机物和细菌数目的影响，因此在生产中常用来消毒粪便及禽舍消毒池消毒之用；化学性质稳定，不会因贮时间过久或遇热改变药效。它的缺点是，对芽孢无效，对病毒作用较差，不易杀灭排泄物深层的病原体。

酚类化合物常用肥皂作乳化剂配成皂溶液使用，可增强消毒活性。其原因是肥皂可增加酚类的溶解度，促进穿透力，而且由于酚类分子聚集在乳化剂表面可增加与细菌接触的机会。但是所加肥皂的比例不能太高，过高反而会降低活性，因为所产生的高浓度会减少药物在菌体上的吸附量。新配的乳剂消毒性最好，贮放一定时间后，消毒活性逐渐下降。

苯酚：为无色或淡红色针状结晶，有芳香臭，易潮解，溶于水及有机溶剂，见光色渐变深。

苯酚的羟基带有极性，氢离子易离解，呈微弱的酸性，故又称石炭酸。0.2% 的浓度可抑制一般细菌的生长，杀灭需 1% 以上的浓度，芽孢和病毒对它的耐受性很强。生产中多用 3%～5% 的浓度消毒鹅舍及笼具。由于苯酚对组织有刺激性，所以苯酚不能用于带鹅消毒。

煤酚：为无色液体，接触光和空气后变为粉红色，逐渐加深，最后呈深褐色，在水中约溶解 2%。

煤酚为对位、邻位、间位三种甲酚的混合物，抗菌作用比苯酚大 3 倍，毒性大致相等，由于消毒时用的浓度较低，相对来说比苯酚安全，而且煤酚的价格低廉，因此消毒用药远比苯酚广泛。

煤酚的水溶性较差，通常用肥皂来乳化，50%的肥皂液称煤酚皂溶液即来苏儿，它是酚类中最常用的消毒药。煤酚皂溶液是一般繁殖型病原菌良好的消毒液，对芽孢和病毒的消毒并不可靠。常用3%~5%的溶液空舍时消毒禽舍、笼具、地面等，也用于环境及粪便消毒。由于酚类消毒剂对组织、黏膜都有刺激性，所以煤酚也不能用来带鹅消毒。

复合酚：亦称农乐、菌毒敌。含酚41%~49%、醋酸22%~26%，为深红褐色黏稠液，有特臭，是国内生产的新型、广谱、高效消毒剂。可杀灭细菌、霉菌和病毒，对多种寄生虫虫卵也有杀灭作用。0.35%~1%的溶液可用于鹅舍、笼具、饲养场地、粪便的消毒。喷药一次，药效维持7d。对严重污染的环境，可适当增加浓度与喷洒次数。

⑤挥发性烷化剂：挥发性烷化剂在常温常压下易挥发成气体，化学性质活泼，其烷基能取代细菌细胞的氨基、巯基、羟基和羧基的不稳定氢原子发生烷化作用，使细胞的蛋白质、酶、核酸等变性或功能改变而呈现杀菌作用。挥发性烷化剂有强大的杀菌作用，能杀死繁殖型细菌、霉菌、病毒和芽孢。而且与其他消毒药不同，对芽孢的杀灭效力与对繁殖型细菌相似，此外对寄生虫虫卵及卵囊也有毒杀作用，它们主要作为气体消毒，消毒那些不适于液体消毒的物品，如不能受热、不能受潮、多孔隙、易受溶质污染的物品。常用的挥发性烷化剂有甲醛和环氧乙烷，其次是戊二醛和β-丙内酯。从杀菌力的强度来看，排列顺序为β-丙内脂＞戊二醛＞甲醛＞环氧乙烷。

甲醛：甲醛为无色气体，易溶于水，在水中以水合物的形式存在。其40%水溶液称为福尔马林，是常用的制剂。甲醛是最简单的脂族醛，有极强的化学活性，能使蛋白质变性，呈现强大的杀菌作用。不仅能杀死繁殖型细菌，而且能杀死芽孢、病毒和霉菌。广泛用于各种物品的熏蒸消毒，也可用于浸泡消毒或喷洒消毒。甲醛不损害消毒物品及场所，在有机物存在的情况下仍有高度杀灭力。缺点是容易挥发，对黏膜有刺激性。

3%~5%福尔马林：用于浸泡器械、喷洒鹅舍地面、墙壁和器具等。在密闭的房舍内，可用甲醛蒸汽对空间或不能用水冲洗的被污染物进行消毒。

熏蒸消毒要求室温不低于15℃，相对湿度应为60%~80%。甲醛蒸汽可通过加热或与高锰酸钾相互作用发生。采用加高锰酸钾的方法时，容器应该大些，一般应为两种药物体积总和的5倍，以防高锰酸钾加入后发生大量泡沫，使液体溢出。采用加热蒸发时，容器也应相对较大，以防沸腾时溢出。由于甲醛气体在高温下易燃，因此加热时最好不用明火。甲醛的杀菌能力与温度、湿度有密切关系，温度高、湿度大杀菌力强。据检测在温度20℃，相对湿度60%~80%时消毒效果最好。为增加湿度，熏蒸时，可在福尔马林溶液中加等量的清水。熏蒸所需要的时间视消毒对象而定，种蛋熏蒸时间最少2~4h，延长至8h效果更好，熏蒸前应把门窗关好，并用纸条将缝隙密封。消毒后迅速打开门窗排除剩余的甲醛，或者用与福尔马林等量的18%氨水进行喷洒中和，使之变成无刺激性的六甲烯胺。具体消毒方法如下。

空舍熏蒸消毒：每立方米空间用福尔马林20mL，加等量水，然后加热，使甲醛蒸发。或加水10mL，再加入10g高锰酸钾使之氧化蒸发。密闭12~24h。操作时，应该将高锰酸钾先放入容器，加水溶解，再缓慢加入福尔马林溶液，以免反应剧烈，使药液溅出。重污染区可以按比例适当增加甲醛溶液的用量。

熏蒸消毒雏鹅体表：每立方米空间用福尔马林7mL，水3.5mL，高锰酸钾3.5g，熏蒸1h。

熏蒸消毒种蛋：新采集种蛋用福尔马林30mL、高锰酸钾15g、水7mL，熏蒸20min；入孵第一天的种蛋每立方米空间用福尔马林28mL、高锰酸钾14g、水5mL，熏蒸20min；消毒洗涤室、垫料、运雏箱、出雏器，用福尔马林 30mL、高锰酸钾 15g、水 15mL，熏蒸 30min。

福尔马林长期贮存或水分蒸发，会出现白色的多聚甲醛沉淀，多聚甲醛无消毒作用，需加热才能解聚。鹅舍熏蒸消毒时也可用多聚甲醛，每立方米用 3 ~ 5g，加热后蒸发为甲醛气体，密闭 10h。

戊二醛：戊二醛是酸性油状液体，易溶于水，常用其 2% 溶液。本品为无色或淡黄色澄明液体，有刺激性特臭。能与乙醇或水任意混合。本品对细菌繁殖体、芽孢、真菌、病毒均有杀灭作用，其作用比甲醛强。本品在酸性溶液中较稳定，在 pH 值为 7.5 ~ 8.5 时作用最强。主要用于不宜加温灭菌的医疗器械的消毒及鹅舍、孵化室等空间熏蒸消毒。2% 水溶液（调 pH 值为 7.5 ~ 8.5），在 10min 内可杀死腺病毒、呼肠孤病毒及痘病毒，3 ~ 4h 内杀死芽孢，且不受有机物的影响，刺激性也较弱主要用于浸泡消毒橡胶或塑料等不宜加热消毒的器械或制品，浸泡 10 ~ 20min 即可，达到完全消毒则需要 10h。10% 的水溶液可用于空舍熏蒸消毒，每立方米空间蒸发 10% 溶液 1mL，密闭过夜即可。

环氧乙烷：环氧乙烷又名氧化乙烯，沸点 10.3℃，在常温常压下为无色气体，比空气重，密度为 15.2，温度低于沸点即成无色透明液体。其气体在空气中达 3% 以上时，遇明火极易引起燃烧和爆炸。如以液态 CO_2 和氟氯烷等作稳定稀释剂，9 份与其 1 份制成混合气。

环氧乙烷是高效广谱杀菌剂，对细菌、芽孢、霉菌和病毒甚至昆虫和虫卵都有杀灭作用，有极强的穿透力。本品用于熏蒸消毒效果比甲醛好，它的最大优点是对物品的损坏很轻微，不腐蚀金属。不足之处是易燃烧，消毒时间长，对人、家禽有一定毒性。环氧乙烷主要用于空舍消毒，也可用于饲料消毒。用于空舍熏蒸消毒时，鹅舍应密闭。消毒时湿度和时间与消毒效果有密切关系。最适相对湿度为 30% ~ 50%，过高或过低均可降低杀菌作用。最适温度是 38 ~ 54℃，不能低于 18℃。用环氧乙烷消毒，时间越长效果越好，一般为 6 ~ 24h。

β - 丙内酯：为无色黏稠的液体，是一种高效广谱杀菌剂，对细菌、芽孢、霉菌、病毒都有效。它的杀伤力比甲醛强，穿透力不如环氧乙烷，对金属有轻微腐蚀性。适用于禽舍、笼具的消毒。消毒时可加热用其蒸汽或与分散剂混合喷雾，用量是 1 ~ 2g/m³，消毒时相对湿度需高于 70%，温度高于 25℃，消毒时间为 2 ~ 6h。

⑥季铵表面活性剂：季铵表面活性剂又称除污剂或清洁剂。这类药物能降低表面张力，改变两种液体之间的表面张力，有利于乳化除去油污，起清洁作用。此外，这类药物能吸附于细菌表面，改变细菌细胞膜的通透性，使菌体内的酶、辅酶和代谢中产物逸出，妨碍细菌的呼吸及糖酵解过程，并使菌体蛋白变性，因而呈现杀菌作用。这类消毒剂又分为阳离子表面活性剂、阴离子表面活性剂。常用的为阳离子表面活性剂，它们无腐蚀性、无色透明、无味、含阳离子，对皮肤无刺激性，是较好的去臭剂，并有明显的去污作用。它们不含酚类、卤素或重金属，稳定性高，相对无毒性。这类消毒剂抗菌谱广，显效快，能杀死多种革兰氏阳性菌和革兰氏阴性菌，对多种真菌和病毒也有作用。大部分季铵化合物不能在肥皂溶液中使用，需要消毒的表面要用水冲洗，以清除残留的肥皂或阴离子去污剂，然后再用季铵表面活性剂。

新洁尔灭：又称苯扎溴铵，无色或淡黄色胶状液体，易溶于水，水溶液为碱性，性质稳定，可保存较长时间效力不变，对金属、橡胶、塑料制品无腐蚀作用。新洁尔灭有较强的消毒作用，对多数革兰氏阳性菌和阴性菌接触数分钟即能杀死，对病毒和霉菌的效力差。主要用于种蛋、饲用器具、饲养人员泡手和鹅皮肤、黏膜的消毒。可用 0.1% 的溶液洗涤种蛋、消毒孵化室的表面、孵化器、出雏盘、场地、饲槽、饮水器和鞋等。浸泡消毒时，如为金属器械可加入 0.5% 亚硝酸钠，以防生锈，水温应保持在 40℃左右，浸泡时间不超过 3min。0.1%～0.2% 溶液：用于鹅舍的喷雾消毒。本品不适于消毒粪便、污水等。本品不宜与肥皂等阴离子表面活性剂、过氧化物、碘、碘化钾等配合使用。

醋酸洗必泰：本品为为双胍类阳离子表面活性剂，白色结晶粉末，味苦。溶于乙醇，微溶于水。对革兰氏阳性菌、阴性菌及真菌均有较强的杀灭作用，对绿脓杆菌也有效。抗菌作用较新洁尔灭强，无刺激性。主要用于鹅舍、仓库、化验室消毒、饲养人员泡手及创伤冲洗消毒。0.02%～0.04% 溶液：用于饲养人员泡手；0.05% 溶液用于鹅舍、仓库、化验室、孵化室等的喷雾或擦拭消毒以及创伤冲洗；0.1% 溶液：用于饲养器具及器械的消毒。

癸甲溴氨溶液：本品为双链季铵盐类表面活性剂无色、无臭液体，振摇时有泡沫产生。对病毒、细菌、真菌均有杀灭作用。常用于饮水消毒、鹅舍、环境消毒、种蛋消毒和带鹅喷雾消毒。0.015%～0.05% 癸甲溴氨溶液可用于鹅舍、环境、器具消毒、种蛋消毒及带鹅消毒；0.0025%～0.0005% 饮水消毒。

（2）影响化学消毒剂作用的因素。

①浓度：任何一种消毒剂的抗菌活性都取决于其与微生物接触的浓度。消毒剂的应用必须用其有效浓度，有些消毒剂如酚类在用其低于有效浓度时不但无效，有时还有利于微生物生长，消毒药的浓度对杀菌作用的影响通常是一种指数函数，因此浓度只要稍微变动，比如稀释，就会引起抗菌效能大大下降。一般来说，消毒剂浓度越高抗菌作用越强，但由于剂量－效应曲线常呈抛物线的形式，达到一定程度后效应不再增加。因此，为了取得良好灭菌效果，应选择合适的浓度。

②作用时间：消毒剂与微生物接触时间越长，灭菌效果越好，接触时间太短往往达不到杀菌效果。被消毒物品上微生物数量越多，完全灭菌所需时间越长。各种消毒剂灭菌所需时间并不相同，如氧化剂作用很快，所需灭菌时间很短，环氧乙烷灭菌时间则需很长。因此，为充分发挥灭菌效果，应用消毒剂时必须按各种消毒剂的特性，达到规定的作用时间。

③温度：温度与消毒剂的抗菌效果呈正比，也就是温度越高杀菌力越强。一般温度每增加10℃，消毒效果增加 1～2 倍。但以氯和碘为主要成分的消毒剂，在高温条件下，有效成分消失。

④有机物的存在：基本上所有的消毒剂与任何蛋白质都有同等程度的亲和力。在消毒环境中有有机物存在时，后者必然与消毒剂结合成不溶性的化合物，中和或吸附掉一部分消毒剂而减弱作用，而且有机物本身还能对细菌起机械性保护作用，使药物难以与细菌接触，阻碍抗菌作用的发挥。

酚类和表面活性剂在消毒剂中是受有机物影响最小的药物。为了使消毒剂与微生物直接接触，充分发挥药效，在消毒时应先把消毒场所的外界垃圾、脏物清扫干净。此外，还必须根据消毒的对象选用适当的消毒剂。

⑤微生物的特点：不同种的微生物对消毒剂的易感性有很大差异，不同消毒剂对同一类的微生物也表现出很大的选择性。比如芽孢和繁殖型微生物之间；革兰氏阳性菌和阴性菌之间；病毒和细菌之间所呈现的易感性均不相同。因此，在消毒时，应考虑到致病菌的易感性和耐药性。例如，病毒对酚类有抗药性，但对碱却很敏感；结核杆菌对酸的抵力较大。

⑥相互颉颃：生产中常遇到两种消毒剂合用时会降低消毒效果的现象，这是由于物理性或化学性的配伍禁忌而产生的相互颉颃现象。因此，在重复消毒时，如使用两种化学性质不同的消毒剂，一定要在第一次使用的消毒剂完全干燥后，经水洗干燥后再使用另一种消毒药，严禁把两种化学性质不同的消毒剂混合使用。

第三节 鹅场粪污无害化处理措施

　　规模化养鹅场的废弃物，主要是指鹅的粪便、羽毛、冲洗废水、孵化废弃物、病死鹅及废弃的饲料和包装材料等。养鹅场的废弃物富含氮、磷和各种有机物，极易腐败，常常还带有致病微生物。养鹅场废弃物中可大量产生甲烷、硫化氢、甲硫醇胺等，可产生恶臭，还是蚊、蝇生存的良好环境。鹅粪中还含有毒物质，如硝酸盐、药物残留及重金属污染。在规模化养鹅场，废弃物的产生量大、重复生成且成分复杂，其中大量物质具有利用价值，若处理不当，将会对水、土壤和空气等环境因素造成污染，对鹅场和周边环境造成危害和破坏。因此，废弃物的处理与利用结合起来，可变废为宝，变害为利，不仅提高养鹅业的社会效益，也可增加经济效益。

一、废弃物对环境的污染

　　鹅场废弃物主要通过病原体、有害物质、好氧物质和恶臭等污染环境。病原体包括细菌、病毒、真菌和寄生虫，主要来源是病死鹅、粪尿、羽毛和内脏等。有害物质以硝酸盐、致病菌和细菌毒素等为主，极易随地表径流和地下水污染饮水。鹅场废弃物中存在大量好氧物质，如氨等，这些物质一旦进入水体，将使水中融入的氧气大幅度降低。水中含氧量降低后将造成鱼、虾等大量死亡，并使水体转变成厌氧环境，产生大量甲烷、胺等。养殖场恶臭味的主要成分是氨、甲硫醇、硫化氢、硫化甲基、苯乙烯、乙醛等，这些臭气主要来源于粪、病死鹅等废弃物处理不及时而出现的不完全氧化。臭气浓度过高，不但会影响周边居民的生活环境，也会影响到鹅舍内的空气质量，使鹅的生产性能出现一定程度的下降。

二、废弃物处理的原则

　　养鹅场废弃物处理主要遵循的原则为：实行"减量化、无害化、资源化、生态化"的处理；处理和利用相结合；环保工程建设应高产出、低成本运行；有机废弃物处理液态成分达标排放；实现种植－养殖－加工－利用相结合，大力发展循环经济；建立企业开发与政府资助相结合的运行机制。

三、鹅粪的无害化处理

　　鹅吃得多排得多，排空的时间短。一个饲养2万只种鹅的鹅场，平均按每只种鹅每天排出粪便200g计算，一天排出粪便达4t，一年就排出1 500t。一个饲养1万只肉仔鹅的鹅场，平均每只鹅每天产粪便180g，按饲养90d计算，可产粪便1 800t。鹅粪中含有大量的有机质及恶臭气味，会对周边的水质、空气、土壤带来恶劣影响，而且鹅粪中带有大量的细菌、病毒、寄生虫卵和有害气体等，长期堆积也会危害养殖环境和周围居民的生活。据施振旦、郑福臣报道，鹅粪的处理有以下几种方式。

1. 用作肥料
鹅粪便中含有丰富的氮、磷、钾及微量元素等植物生长所需要的营养物质及纤维素、半纤维素、木质素等，是植物生长的优质有机肥料，鹅粪中其他一些重要微量元素的含量亦很丰富，作肥料始终是鹅粪的主要用途。如果鹅粪施用量以氮素平衡为基础来确定，则磷和钾的供给一般会超过谷类作物需要量。鹅粪中微量元素的含量很高，鹅粪经干燥或好氧发酵后还可用于园艺生产中，成为一种新兴的优质复合肥和土壤调节剂。

（1）鹅粪便堆肥发酵。堆肥是一种传统的简单方法。将鹅粪和植物茎秆等有机物堆积成堆，由细菌的作用将有机物分解。根据堆内氧气，可分好氧型和厌氧型两种。

①好氧型堆肥发酵：好氧型堆肥是指含氮有机物（如鹅粪、死鹅）与富含碳有机物（植物秸秆）在好氧、嗜热性微生物的作用下转化为腐殖质、微生物及有机残渣的过程。在堆肥发酵过程中，大量无机氮转化为有机氮固定下来，形成了比较稳定、一致且基本无臭味的产物，即以腐殖质为主的堆肥。好氧堆积发酵需要的条件，提供足够的氧气，一般要求在堆肥混合物中有25%~30%的自由空间，为此，要求用蓬松的秸秆材料与鹅粪混合，并在发酵过程中经常翻动发酵物。适当的碳、氮比，一般要求该比例为30:1，可通过加入秸秆量来调节，湿度控制在40%~50%，温度保持在60~70℃，这是监测堆肥发酵过程正常进行的重要指标。在其他条件均适合的情况下，好氧微生物迅速增殖活动，代谢过程产生的热量使发酵物内部温度上升。在此温度条件下，可以基本杀灭有害病原体。好氧型堆肥常见的高度是1.5~2.0m、宽2.5~4m的长条形粪堆，顶部形成30°坡顶，多雨季节下雨应成半圆顶或加顶棚防雨。每2~3d翻动1次，以冲入空气保证好氧型细菌的活动。新型的堆肥方法是采用强制通气的方法来输入氧气，这样能大大缩短好氧堆肥的时间。

②厌氧型堆肥发酵：一般常堆成高2~3m、宽5~6m、长50m的粪堆，不进行翻动，所以设备简单。厌氧型堆肥的堆内温度较低，堆肥时间需4~6个月，堆肥过程中散放臭味，最终产品含水量较大。为了减少厌氧堆肥中的含水量，可在鹅粪内加入30%的锯末屑或秸秆粉，或加入10%~15%的过磷酸钙，堆积时间也可6个月，这样可以改善鹅粪厌氧堆肥的肥料质量。这种方法的优点是能产出已消灭虫卵和草籽的肥料和土壤改良剂，节省水和占地面积。不足之处是消耗劳动力多。

（2）鹅粪便充氧动态发酵。在适宜的温度、湿度以及供氧充足的条件下，好氧菌迅速繁殖，将鹅粪中的有机物质大量分解成易被消化吸收的形式，同时释放出硫化氢、氨气等气体。在45~55℃下处理12h，可获得除臭、灭菌杀虫的优质有机肥料和再生饲料。在处理前，要使鹅粪的含水量降至45%左右，如用鹅粪生产饲料，可在鹅粪中加入少量辅料（粮食原料）以及发酵菌，在45~55℃搅拌、发酵。充氧动态发酵的优点是发酵效率高、速度快，可以比较彻底地杀灭病原菌，营养成分损失少，可利用率大大提高。

（3）干燥处理。新鲜鹅粪的主要成分是水，通过干燥脱水处理使其含水量降至15%以下。这样，可减少鹅粪的体积和重量，便于包装运输，也可有效地抑制鹅粪中微生物的活动，减少营养成分（特别是蛋白质）的损失。脱水干燥处理的主要方法有高温快速干燥、太阳能自然干燥及鹅舍内干燥等。

①高温快速干燥：采用回转圆筒烘干炉进行干燥，可缩短时间（10min左右），将含水量达70%的湿鹅粪迅速干燥至含水仅10%~15%的鹅粪加工品，烘干炉的温度在300~900℃。在加热干燥过程中，还可做到彻底杀灭病原体，消除臭味，鹅粪营养损失量小于6%。烘干设备有除尘器，有的还有除臭设备。热空气从烘干炉中出来后，经密闭管道进入除尘器，清除空气中夹杂的粉尘。然后，气体被送至二次燃烧炉，在500~550℃高温下作除渣处理，最后才能把符合环境要求的气体排入大气中。

②暴晒干燥处理：在夏季，只需要1周时间即可把鹅粪的含水量降到10%左右。在利用太阳

能暴晒干燥时，鹅粪从鹅舍铲出后，直接送到发酵槽中，经过 20d 左右，将发酵的鹅粪转到干燥槽中，通过频繁的搅拌和粉碎，将鹅粪干燥，最终可获得经过发酵处理的干鹅粪产品。

③鹅舍内干燥处理：它是直接将气流引向传送带上的鹅粪，使鹅粪在产出后得以迅速干燥。这种方法也可把鹅粪的含水量降至 35%～40%，必须同其他干燥方法结合起来，才能生产出能长期保存的优质干燥鹅粪。

（4）热喷处理。它是将预干至含水量在 25%～40% 的鹅粪装入压力容器中，密封后由锅炉向压力容器内输送高压水蒸气，在 120～141℃ 保持压力，10min 左右，然后突然减压，使鹅粪随高压蒸气喷出，再经配混，压制干燥。这种方法的特点是，加工后的鹅粪杀虫、灭菌、除臭的效果好，而且鹅粪有机物的消化率可提高 13.4%～20.9%。此法要先将鲜鹅粪作预干处理，在热喷过程中因水蒸气的作用，使鹅粪的含水量不但没有下降，反而有所增加，未能解决鹅粪干燥问题，从而使其应用带有一定的局限性。

（5）药物处理。在急需用肥的时节，或在传染病或寄生虫病严重流行的地区，为了快速杀灭粪便中的病原微生物和寄生虫卵，可采用化学药物消毒、灭虫、灭卵。药物处理中，常用的药物有：尿素添加量为粪便的 1%；碳酸氢铵添加量为 0.4%；硝酸铵添加量为 1%。

2. 生产沼气

利用鹅粪便生产沼气是利用受控的厌氧细菌的分解作用，将粪便中的有机物经过厌氧消化作用，转化为沼气。将沼气作为燃料是禽畜粪便能源化的最佳途径。据测定，一只产蛋母鹅每日所产鹅粪经过适当的发酵过程，可产生 6.48～12.69L 沼气。鹅粪便在厌氧环境中，在适宜的温度、湿度、酸碱度、碳氮比、水分等条件下，通过厌氧微生物发酵作用产生一种以甲烷为主的可燃气体。其优点是无需通气，也不需要翻堆，能耗省、维护费低。通过厌氧微生物处理可去除大量可溶性有机物，杀死传染性病原菌，有利于降低传染性疾病发生和提高生物安全性。沼气生产中的沼渣、沼液可以通过科学手段进行综合利用。其中发酵原料或产物可以产生优质肥料，沼气发酵液可作为农作物生长所需的营养添加剂。目前国内一些沼气发酵项目已经可以在冬季低温条件下运行，从而实现养殖场废弃物的全天候和全年度发酵处理。

3. 生产饲料

粪便适当的投入水体中，有利于水中藻类的生长和繁殖，使水体能保持良好的鱼类生长环境。但要注意控制好水体的富营养化，避免使水中的溶解氧耗竭。水体中放养的鱼类应以滤食性鱼类（如鲢、鳙、罗非鱼）和杂食性鱼类（草鱼、鳊鱼）为主。在粪便的施用上，应以腐熟后为宜，直接把未经腐熟的粪便施于水体常会使水体耗氧过度，使水产动物缺氧而死。

四、病死鹅的无害化处理

1. 深埋处理

病死鹅不能直接埋入土壤中，因为这样容易造成土壤和地下水被污染。在作深埋时，应当建立用水泥板或红砖砌成的专用深坑，深坑长 2.5～3.6m、宽 1.2～1.8m。深坑建好后，要用土在上方堆出一个 0.6～1.1m 高的小坡，使雨水向四周流走，并防止重压，地表最好种上草。深坑盖有用加压水泥板，板上留有 2 个圆孔，套上 PVC 管，使内部与外界相连。管道的作用是作为向坑内扔死鹅的通道，因此，平时必须将管口用牢固、不透水、可揭开的顶帽盖上，在向坑里扔死鹅时，再把顶帽打开。此法简单可行，但要注意深度不能少于2m，以便使死鹅充分腐烂变成腐殖质。在死鹅与土坑上面及周围喷洒消毒药，如生石灰、3%苛性钠等。修建的坑必须远离居民区和养鹅场。

2. 焚烧处理

它是对病死鹅进行焚烧处理一种常用的方法。以煤或石油为燃料，在焚烧炉内将死鹅烧成灰烬，可以避免地下水及土壤的污染。但这种方法常常会产生较多的臭气，而且处理成本较高。因此，应注意燃烧的效率，最好有二次燃烧装置，以清除臭气。此法的优点是能彻底消灭死鹅及其携带的病原体，是一种彻底处理方法。它适用于发生急性传染病而大批死亡的死鹅，以便迅速控制疫情，减少传染源，避免对社会带来污染和公害。焚烧炉建造的地点应远离生活区及养鹅场，并在其下风头。同时焚烧炉必须装有较高的烟囱，以免污染环境。

3. 用作肥料

通过堆肥发酵处理，可以消灭病原微生物和寄生虫，在做堆肥发酵处理时，一般可按1份（重量）死鹅配2份鹅粪和0.1份秸秆的比例进行，这些成分分层堆积。在发酵室的水泥地面上，首先铺上30cm厚的一层鹅粪，然后加一层厚20cm的秸秆，以加强透水性，并提高碳源。在这两层之上，按上述比例逐层放上死鹅、鹅粪和秸秆，在死鹅层还要适量加水。以这3种物质（3层）为1组，可以按顺序放入多组混合发酵物。将最后1组放完后，顶部加上双层鹅粪。目前采用的堆积发酵方法主要是两阶段发酵法。第1阶段发酵在主发酵室内进行，10d后转入辅发酵室。发酵物在辅发酵室内继续处理1个月左右，即可完成整个发酵过程，转化成为有机腐殖肥。

五、孵化废弃物的处理和利用

鹅蛋在孵化过程中也有大量的废弃物产生。第一次验蛋时可挑出部分未受精蛋（白蛋）和少量早死胚胎（血蛋）。出雏扫盘后的残留物以蛋壳为主，有部分中后期死亡的胚胎（毛蛋），这些构成了孵化场废弃物。孵化废弃物经高温消毒、干燥处理后，可制成粉状饲料加以利用。由于孵化废弃物中有大量蛋壳，故其钙含量非常高，一般在17%~36%。生产表明，孵化废弃物加工料在生产鸡日粮中可替代6%的肉骨粉或豆粕，在蛋鸡料中则可替代16%。

六、废水的无害化处理

1. 废水的前处理

在废水的前处理中一般用物理的方法，针对废水中的大颗粒物质或易沉降的物质，采用固液分离技术进行前处理。前处理技术一般有过滤、离心、沉淀等。筛滤是一种根据鹅粪便的粒度分布状况进行固液分离的方法。在机械过滤方面常用的机械过滤设备有自动转鼓过滤机、转滚压滤机等。自动转鼓过滤机是根据筛滤技术研制的一种固液分离机械，其特点是转筒可在一定范围内调整倾斜度，并配有反冲洗装置，可持续运行。转滚压滤机的结构比较紧凑，性能较筛网好，分离性能取决于滤网的孔径。

2. 化学处理

通过向污水中加入某些化学物质，利用化学反应来分离、回收污水中的污染物质，或将其转化成无害的物质。处理的对象主要是污水中溶解性或胶体性污染物。常用的方法有混凝法、化学沉淀法、中和法、氧化还原法等。

3.微生物处理

根据微生物对氧的需求情况，废水的微生物处理法分为好氧生物处理法、厌氧生物处理法和自然生物处理法。好氧生物处理法又分为活性污泥法和生物膜法两类。活性污泥法本身就是一种处理单元，它有多种运行方式。生物膜法有生物滤池、生物转盘、生物接触氧化池及生物流化床等；厌氧生物处理法又名生物还原法，主要用于处理高浓度的有机废水和污泥，使用的处理设备主要是厌氧反应器；自然生物处理法是独立于好氧生物处理和厌氧生物处理之外的废水生物处理方法，往往存在好氧、兼性和厌氧微生物的共同作用。自然生物处理又称为生态处理，包括稳定塘（氧化塘）处理、土地处理和湿地处理。氧化塘又有好氧塘、兼性塘、厌氧塘、曝气塘和水生植物塘之分。土地处理法有漫流法、渗滤法、灌溉法及毛细管法等。废水中的有机污染物是多种多样的，为达到相应处理要求，往往需要通过几种方法和几个处理单元组成的系统进行综合处理。

第四节　鹅病的预防

一、导致鹅病发生的因素

在规模化鹅场，导致鹅病发生的因素较多，常见的有饲养管理因素、传染性因素、中毒等。

1.饲养管理因素

鹅的生长发育需要各种营养物质，如蛋白质、脂肪、碳水化合物、维生素、矿物质、水等，在不同生长阶段对各种营养物质的需求量不同。如果饲料配方不合理，不能满足鹅的营养需要或某种营养物质添加过多，则会导致鹅发生各种营养缺乏病或中毒，轻的导致生产性能下降，严重的导致鹅的大量发病和死亡。很多营养物质与鹅的免疫机能密切相关，无论缺乏蛋白质，还是缺乏维生素、微量元素等，都会导致鹅免疫机能下降，而易继发其他疾病的发生。

除营养因素外，鹅在不同的生长发育阶段，所需要的温度、湿度、通风量、饲养密度、光照等也不同，如管理不当，会导致各种疾病发生。如育雏期间湿度过低，鹅舍干燥，易导致鹅发生各种呼吸道病，如禽流感、新城疫等；光照过强易诱发鹅发生啄癖；而光照过弱，则种鹅或产蛋鹅性成熟时间推迟，产蛋率不高，产蛋高峰不明显。

2.传染性因素

传染性疾病和寄生虫病对当前养鹅业危害最为严重，凡是传染病和寄生虫病在鹅群中发生或流行，都必须同时具备传染源、传染途径和易感鹅等三个环节，缺一不可。养鹅生产中，为了避免或减少鹅病造成的损失，一定要搞清楚鹅传染病和寄生虫病发生和流行的必要条件。

（1）传染源。指某一病原在其中定居、生长繁殖并能不断向外界排出病原体的鹅，其中包括正在发病的病鹅、病愈后仍带菌（毒或寄生虫）的鹅，前者较易识别和防范，而后者会成为危险的传染来源，应予以重视。实行场内病鹅隔离饲养或者淘汰，不能因为一只鹅而影响整个鹅群。从场外引进的鹅必须确保无传染病方可引进，引进后要实行隔离饲养，经一段时间的隔离饲养确实没有传染病的，方可同本场的鹅群混群饲养。而对非传染病和寄生虫病则要确定导致疾病发生的病因。

（2）传播途径。病原体由传染源排出后，通过一定的传播方式再侵入其他易感鹅群所经过的途径称为传播途径。不同的病原体进入易感动物体内都有一定的传染途径，它们通过不同的传染途径直接或间接接触传播疫病，如鹅曲霉菌病、禽霍乱、禽霉形体病、禽流感、新城疫等疫病，主要通过呼吸道传染；禽副伤寒、鹅球虫病、小鹅瘟等主要经消化道传染；葡萄球菌病主要通过皮肤创伤感染。母鹅蛋子瘟主要与公鹅生殖器带菌交配传染。鹅传染病有两种传播方式，即水平传播和垂直传播。大多数鹅传染病如小鹅瘟、禽副伤寒、禽霉形体病等，都具有双重的传播方式，既能够通过水平传播，又能通过带菌、带毒的种蛋垂直传播。而水平传播多通过被病鹅污染的饲料、饮水、空气、土壤、垫料等传播病原。此外，饲养人员、兽医工作者、参观访问人员、车辆、狗、猫、老鼠、野鸟等也可传播病原，是防疫工作中不可忽视的。

（3）易感鹅群。指对某一病原具有易感性的鹅群。由于这些鹅对某种疫病缺乏免疫力，一旦病原体侵入鹅群，就能引起某疫病在鹅群中感染传播，如尚未接种禽流感疫苗的鹅群对禽流感病毒就具有易感性，当病毒侵入到鹅群就可使禽流感在鹅群中传播流行。而鹅的易感性又取决于年龄、品种、饲养管理条件和免疫状态等。如尚未免疫的雏鹅对小鹅瘟病毒易感；饲养管理不善，环境卫生差的幼龄鹅则容易感染大肠杆菌病、曲霉菌病和球虫病等。因此，在饲养过程中，必须加强饲养管理，搞好环境卫生，提高鹅的抗病能力，同时应选择抗病力强的鹅品种。养鹅生产中，在不同的时期，接种不同类型的疫苗，通过给鹅群注射疫苗、免疫血清或高免蛋黄液等方法，使鹅群对某一疫病由易感状态变为不感受状态，达到预防该疫病的目的。

3. 中毒性因素

家禽中毒性疾病在养鹅生产中常见，轻的造成生产性能下降，严重的造成大量发病和死亡。如因饲养管理不善引起氨中毒、CO_2中毒、CO中毒；抗菌药物或抗球虫药物中毒；药物配伍禁忌引起中毒；使用有机磷类药物引起的中毒；使用重金属超标原料配制的饲料引起中毒；使用过量且未去毒的棉籽粕或菜籽粕配制的饲料引起中毒；使用霉菌毒素超标的饲料引起的中毒等。

二、鹅病的预防

1. 建设现代化、标准化养鹅场

建设现代化、标准化的种鹅、商品鹅养殖场，提高硬件设施的水平，实现温度、湿度、通风的自动管理，提高鹅的饲养管理水平，降低外界环境及人为因素的影响，是控制鹅病的重要措施。加强规模养殖场精细化管理，推行标准化、规范化饲养，配套建设粪污资源化利用设施，推广实施粪便、污水无害化处理和综合利用技术。加快转变生产方式，加强规模养殖场科学化管理，提升标准化规模养殖水平。

2. 加强饲养管理，提高鹅的抵抗力

科学的饲养管理，可增强鹅的抗病能力，是预防各种疫病的重要工作。按照鹅不同生长阶段的营养需要供应全价配合饲料，这不仅是保证鹅正常发育和生产的需要，也是预防鹅病，增强鹅群非特异性抗病力的基础。按照鹅群在不同生长阶段的生理特点，提供适宜的温度、湿度、光照、通风和饲养密度，消除或减少各种致病因素，降低发病率和死亡率。

3. 建立严格的卫生消毒制度

鹅场最好实行"全进全出"的饲养制度。鹅场应实行专人饲养，非饲养人员不得进入禽舍，谢绝一切参观活动。饲养人员进入鹅舍内应更衣换鞋并消毒。各鹅舍饲养员禁止串场、串岗，以防交叉感染。消毒是消灭外界环境中致病微生物最普遍采用的方法，通过消毒杀灭外界环境中的病原微生物，以防止重复感染和疾病扩散传播。消毒前鹅舍周围环境应打扫，清除杂草、垃圾、污染物等。鹅舍内的过道、门帘、水帘、料槽、水槽等要保持清洁卫生，一般先扫后洗，先顶棚、后墙壁、再地面，从鹅舍的远端到入口，先室内后环境，逐步进行，经过认真彻底的清扫和清洗，可以消除80%～90%的病原体，而且可以大大减少粪便等有机物的数量。空舍消毒时要遵循先净道（运送饲料等的道路）、后污道（清粪车行使的道路），每星期要不少于两次的全场环境消毒。空舍消毒一般要用2～3种不同作用类型的消毒药物交替进行，带鹅消毒时，首次带鹅消毒的雏鹅不低于7日龄，以后消毒应根据鹅的日龄、环境污染情况等制定消毒制度。一般雏鹅舍1～2d一次，成鹅舍每周一次，周围环境1～2周一次。注意每次的消毒都应安排在彻底的搞好卫生的基础上进行。消毒剂应交替使用，结合进鹅、转群等环节彻底地搞好卫生和消毒工作。同时，要做好灭鼠、灭蚊蝇工作。

4. 做好鹅病的免疫预防

免疫接种是防止鹅传染病的发生和流行、扑灭传染病的重要措施之一，制定科学的免疫程序，对鹅进行免疫接种，从而激发鹅体产生特异性抵抗力，使对某一病原微生物易感的鹅转化为对该病原微生物具有抵抗力的非易感状态，避免疫病的发生及流行，保障鹅的健康。对于种鹅来说，免疫接种除了可以预防种鹅本身发病外，还起着减少经蛋传递疾病的发生，以使后代雏鹅具有高度的母源抗体，提高雏鹅的免疫力的作用。

鹅的一生中要接种多种疫苗，由于鹅对各种传染病的易感日龄不同，且各种疫苗间又存在着相互干扰作用，每一种疫苗接种后其抗体消长规律又不同，这就要求在不同的日龄接种不同的疫苗。究竟何时接种哪种疫苗，需要在实践中不断探索，制定出适合本场情况的免疫程序。

（1）鹅场免疫程序的制定。由于不同地区鹅疫病的流行情况不同，鹅的健康状态不同，所以没有任何一个免疫程序可以千篇一律地适用于所有地区的及不同类型的养鹅场。因此，每一养鹅场都应从场的实际情况出发，不断摸索，制定出适合本场特点的免疫程序。只有这样，才能真正有效地预防鹅传染病的发生。制定免疫程序时至少应考虑下述几个方面的因素。

一是各种疫病的流行规律。

二是当地疫病的流行情况及严重程度。

三是母源抗体的水平。

四是鹅的健康状态，及对生产能力的影响。

五是疫苗的种类及各种疫苗间的相互干扰作用。

六是免疫接种的方法和途径。

七是两次免疫接种间隔时间。

上述各因素是互相联系、互相制约的，必须全面考虑。一般来说，首免应考虑当地疫病流行的情况及严重程度，以决定需要哪一种疫苗进行免疫。首免日龄的确定，除了考虑疫病的流行情况外，主要取决于母源抗体的水平，母源抗体滴度高的可推迟接种，相反，母源抗体滴度低的要早接种。以下为种鹅、蛋鹅和商品肉鹅的免疫程序，可供参考（表2-1，表2-2）。

表 2-1　种鹅、蛋鹅免疫程序

日龄	疫苗	接种方法	剂量
1	小鹅瘟弱毒疫苗	肌内注射	0.5mL
7	小鹅瘟弱毒疫苗	肌内注射	0.5mL
14	鹅副黏病毒－流感（H9N2）灭活疫苗	胸肌注射	0.5mL
21	禽流感（H5+H7）灭活疫苗	胸肌注射	0.5mL
60~70	鹅副黏病毒－流感（H9N2）灭活疫苗 禽流感（H5+H7）灭活疫苗	胸肌注射 胸肌注射	0.7mL 0.7mL
160	种鹅用小鹅瘟疫苗	肌内注射	1.0mL
180	鹅副黏病毒－流感（H9N2）灭活疫苗 禽流感（H5+H7）灭活疫苗	胸肌注射 胸肌注射	0.8mL 1.0mL
190	种鹅用小鹅瘟疫苗，星状病毒疫苗	肌内注射	1.0mL
270~280	鹅副黏病毒－流感（H9N2）灭活疫苗 禽流感（H5+H7）灭活疫苗	胸肌注射 胸肌注射	1.0mL 1.0mL
320	种鹅用小鹅瘟疫苗	肌内注射	1.0mL

表 2-2　肉鹅免疫程序

日龄	疫苗	接种方法	剂量
1	小鹅瘟弱毒疫苗	肌内注射	0.5mL
7	小鹅瘟弱毒疫苗	肌内注射	0.5mL
14	鹅副黏病毒－流感（H9N2）灭活疫苗 禽流感（H5+H7）灭活疫苗	肌内注射 肌内注射	0.5mL 0.5mL

（2）疫苗的保存。疫苗必须根据其性质妥善保存。灭活疫苗、类毒素、血清及诊断液要保存在低温、干燥、阴暗的地方，温度维持在 2 ~ 8 ℃，防止冻结、高温和阳光直射。弱毒疫苗最好在 -15℃或更低的温度下保存，才能更好地保持其效力。各种疫苗在规定温度下保存的期限，不得超过该制品的有效保存期。疫苗在使用之前，要逐瓶检查。发现玻瓶或安瓿破损、瓶塞松动、没有标签或标签不清、过期失效、制品的色泽和性状与该制品说明书不符或没有按规定的方法保存的，都不能使用。

（3）疫苗的使用。使用疫苗时应该于临用前才由冰箱中取出，稀释后尽快使用。活毒疫苗尤其是稀释后，于高温条件下容易死亡，时间越长死亡越多。稀释疫苗时必须使用合乎要求的稀释剂。稀释疫苗时，应该用玻璃注射器把少量的稀释剂先加入疫苗瓶中，充分振摇使疫苗均匀溶解后，再加入其余量的稀释剂。如果疫苗瓶太小，不能装入全量的稀释剂，需要把疫苗吸出放入另一容器时，应该用稀释剂把原疫苗瓶冲洗几次，使全部疫苗病毒或细菌都被洗下来。

油乳剂疫苗在使用前要预温，要求预温到 25 ~ 30℃。在使用前将疫苗放到 40℃左右温水中预温至 25 ~ 30℃，使用前油乳剂灭活疫苗要充分摇匀，摇匀的疫苗免疫后抗体会更加均匀、离散度小；禁止两种疫苗混在一起使用。

接种时，吸取疫苗的针头要固定，注射时做到一只一针，以避免通过针头传播病原体。疫苗的用法、用量按该制品的说明书进行，使用前充分摇匀。

（4）免疫接种时的注意事项。

一是免疫接种应于鹅群健康状态良好时进行，正在发病的鹅群，除了那些已证明紧急预防接种有效的疫苗（如新城疫疫苗）外，不应进行免疫接种。

二是免疫接种时应注意接种器械的消毒，注射器、针头、滴管等在使用前应进行彻底清洗和消毒。接种工作结束后，应把接触过活毒疫苗的器具及剩余的疫苗浸入消毒液中，以防散毒。

三是接种弱毒活菌苗前后各 5d，鹅群应停止使用对菌苗敏感的药物，接种弱毒疫苗前后各 5d，应避免用消毒剂饮水。

四是同时接种一种以上的弱毒疫苗时，应注意疫苗间的相互干扰，导致二者的功效降低，引起免疫失败。

五是做好免疫接种的详细记录，记录内容至少应包括：接种日期、鹅群的品种、日龄、数量、所用疫苗的名称、厂家、生产批号、有效期、使用方法、操作人员等，以备日后检查。

六是为降低接种疫苗时对鹅群的应激反应，可在接种前 1d 用 0.01% 维生素 C 拌料或饮水。

七是疫苗接种后应注意鹅群的反应。接种反应时间内免疫接种人员要对被接种动物进行反应情况检查，详细观察鹅的饮食、精神、粪便情况，并抽查体温，对有反应的鹅予以登记，对接种反应严重或发生过敏反应的应及时抢救、治疗。

（5）免疫失败的原因。免疫是控制鹅传染病的重要手段，几乎所有鹅群都需采取免疫接种。然而有时鹅群经免疫接种后，不能抗御相应特定疫病的流行，旧病常发，新病迭出，而造成免疫失败。导致这一状态的因素是多方面的，常见原因如下。

①母源抗体的影响：由于种鹅各种疫苗的广泛应用，使雏鹅母源抗体水平可能很高，若接种过早，当疫苗病毒进入雏鹅体内时，会被母源抗体所中和，从而影响了疫苗免疫力的产生。如有同源母源抗体存在时，可使小鹅瘟疫苗的保护力下降。

②疫苗的质量：疫苗保存不当导致疫苗失效。疫苗从出厂到使用中间要经过许多环节，如果某一环节未能按要求贮藏、运输疫苗，或由于停电使疫苗反复冻融，就会使疫苗微生物死亡造成疫苗失效。微生物在保藏过程中，部分微生物会发生死亡，而且随着时间的延长死亡会越来越多，疫苗过期后，大部分病毒或细菌死亡，而使疫苗失效。

③疫苗选择不当：在疫病严重流行的地区，仅选用安全性好，但免疫力较低的疫苗，产生的抗体不能抵御强毒的攻击。有的活疫苗有弱毒和中等毒力之分，若首免时选用毒力稍强的疫苗，不但起不到免疫保护的作用，而且接种后就会引起发病，导致免疫失败。

④疫苗使用不当：疫苗在使用过程中，各种因素均可影响疫苗使用的效果。

a. 稀释剂选择不当。多数疫苗稀释时可用生理盐水、蒸馏水，个别疫苗需专用稀释剂。若需专用稀释剂的疫苗用生理盐水或蒸馏水稀释，则疫苗的效价就会降低，甚至完全失效。有的养鹅场在饮水免疫时用井水直接稀释疫苗，由于工业污水、农药、畜禽粪水、生活污水等渗入井水中，使井水中的重金属离子、农药、含菌量严重超标，用这种井水稀释疫苗，疫苗就会被干扰、破坏，使疫苗失活。

b. 活疫苗免疫的同时使用抗菌药物，影响免疫力的产生。表现为用疫苗的同时饮服消毒水；饲料中添加抗菌药物；舍内喷洒消毒剂；紧急免疫时同时用抗菌药物进行防治。上述行为的结果是鹅体内同时存在疫苗成分及抗菌药物，造成活菌苗被抑杀、活毒苗被直接或间接干扰，灭活苗也会因药物的存在不能充分发挥其免疫潜能，最终疫苗的免疫力和药物的防治效果都受到影响。

c. 盲目联合应用疫苗。主要表现在同一时间内以不同的途径接种几种不同的疫苗。如同时用新城疫活疫苗和小鹅瘟疫苗，多种疫苗进入体内后，其中的一种或几种抗原成分产生的免疫成分，可能被另一种抗原性最强的成分产生的免疫反应所遮盖，另外，疫苗病毒进入体内后，在复制过程中会产生相互干扰作用，而导致免疫失败。

d. 免疫剂量不准。免疫剂量原则上必须以说明书的剂量为标准，剂量不足，不能激发机体产生免疫反应；剂量过高，产生免疫麻痹而使免疫力受到抑制。目前在生产中多存在宁多勿少的偏见，接种时任意加大免疫剂量，造成负效应。

e. 免疫途径不当。灭活疫苗采用皮下或肌内注射，弱毒疫苗免疫接种的途径取决于相应疾病病原体的性质及入侵途径。全嗜性的可用多渠道接种，嗜消化道的多用滴口或饮水，嗜呼吸道的用滴鼻或点眼等。若免疫途径错误也会影响免疫效果。

f. 疫苗稀释后用完的时间过长。从零下几十摄氏度的冰箱中取出的冻干苗，应该放置室温一定时间，尽可能缩小与稀释剂的温差再进行融化，以免由于温度的骤升使疫苗中致弱的微生物夭折。疫苗稀释后要在 30~60min 内用完。因为疫苗稀释后除了温度升高外，浓度也降低了，使微生物抗原与外界的光线、水有了更广泛的接触。由于外界物理因素的突然刺激，这种抗原易于死亡、破坏。根据试验，疫苗稀释后的用完时间与免疫力产生的保护率存在负相关性。已知多数稀释的疫苗超过 3h 再接种，对机体的保护率为零。

⑤早期感染：接种时鹅群内已潜伏有强毒病原微生物，或由于接种人员及接种用具消毒不严带入强毒病原微生物。如鹅细小病毒能垂直感染和早期感染，雏鹅出壳后的极易被细小病毒感染。

⑥应激及免疫抑制因素的影响：营养不良、饥渴、寒冷、过热、拥挤等不良因素的刺激，能抑制机体的体液免疫和细胞免疫，从而导致疫苗免疫保护力的下降。感染鹅圆环病毒后，会导致机体对疫苗的免疫应答下降。

⑦血清型不同：有的病原微生物有多个血清型，如果疫苗的血清型与感染的病毒或细菌血清型不同，则免疫后起不到保护作用。

5. 定期驱虫

鹅饲养场实施有计划的定期驱虫，是预防和控制鹅寄生虫病的有效措施，对于促进鹅群正常生长发育，保障鹅体健康具有重要的意义。鹅体内的寄生虫包括绦虫、吸虫、线虫在内的寄生蠕虫和包括球虫、住白细胞虫等在内的寄生原虫。不同种类的寄生虫应选用相应的驱虫药物，通常选用高效低毒的驱虫药。如鹅的矛形剑带绦虫和鹅的前殖吸虫，常选用丙硫苯咪唑的吡喹酮。鹅群驱虫宜早不宜迟，要在鹅出现症状前驱虫，对于寄生蠕虫，正常情况下，放牧鹅群宜两个月驱一次虫。

鹅体表的寄生虫寄生在鹅的皮肤和羽毛上，包括永久性寄生的羽虱、羽螨和暂时性寄生的蚊、蝇、库蠓、蚋等。驱杀鹅体外寄生虫，常用溴氰菊酯、苄呋菊酯溶液等驱虫剂对鹅群体表进行喷雾，这对于永久性寄生的羽螨、羽虱可将其杀灭；而对于暂时性寄生的蚊、蝇、蠓、蚋等，由于它们白天栖息在鹅舍（棚）的角落里或鹅舍（棚）外面的草丛中，因此除了用驱虫剂对鹅体表喷雾外，还应对鹅舍（棚）周围的环境进行喷雾驱杀。

除了驱杀鹅体内外的寄生虫，杀灭外界环境的寄生虫，尤其是粪便中的寄生虫也是预防寄生虫病的十分重要的措施。许多寄生虫的虫卵、幼虫、卵囊等病原体随鹅粪排出体外，污染环境，也会引起寄生虫病在鹅群中的传播和重复感染。因此鹅舍（棚）内清除的粪便必须放置在远离饲养场和水源的地方堆积发酵，进行无害化处理，利用生物热杀死寄生虫卵、卵囊和幼虫，以防止粪便中的病原体污染环境和引起重复感染。

第三章

鹅病的诊断技术

及时而正确的诊断是预防、控制和治疗鹅病的前提和重要环节。没有正确的诊断作依据，就不可能有效地组织和实施对鹅病的防治工作，盲目治疗，无效投药，导致疫情扩大，而造成重大损失。

疾病的发生和发展受多种因素的影响和制约，要达到正确地诊断，需具备全面而丰富的疾病防治和饲养管理知识，全面考虑，运用各种诊断方法，进行综合分析。鹅病的诊断方法有很多，但在生产中常用的有：现场诊断、流行病学诊断、病理学诊断和实验室诊断，实验室诊断又包括微生物学诊断和免疫学诊断。各种疾病的发生都有其特点，只要抓住这些特点，采用一二种诊断方法，就可以作出正确的诊断，而对很少或新发生的疾病，需多种诊断方法才能得出正确的结论。

第一节　临场诊断

亲临发病鹅场进行实地检查是诊断鹅病最基本的方法之一。这种诊断方法是通过对鹅的精神状态、饮食情况、粪便、运动状况、呼吸情况等观察，对某些疾病作出初步诊断。临场诊断时可采取群体检查和个体检查相结合的方法，首先对发病鹅场的鹅进行群体检查，然后再对发病鹅只进行详细的个体检查。

一、群体检查

视检鹅群，注意观察鹅只的静态、动态和粪便情况。健康鹅全身羽毛丰满整洁，紧贴体表而有光泽，泄殖孔周围与腹下绒毛清洁而干燥。两眼明亮而有神，鼻、口腔及咽喉洁净。精力充沛，性情活泼，常在水中觅食或倒立拍动两翅，上岸行走昂头举尾，喜合群，常用喙梳理羽毛（图3-1、图3-2）。

患病鹅采食、饮水减少，产蛋下降，畸形蛋增多，羽毛蓬松，翅、尾下垂，闭目缩颈，精神委顿、摇头（图3-3、图3-4），离群独居，行动迟缓，不喜采食，排白色、灰黄色或红色稀便（图3-5），泄殖腔周围和腹下绒毛经常潮湿不洁或沾有粪便，鼻腔、口腔有黏液或脓性分泌物，呼吸困难，病鹅一般体温升高（图3-6）。凡有上述病态的鹅只，均应立即剔出进行个体检查。

二、个体检查

对在群体检查中发现的可疑病鹅，立即进行个体检查，用手抓住鹅颈部，使其头向上作系统检查（图3-7）。先检查眼睛、口腔、鼻孔有无异常分泌物，口腔内有无过多的分泌物；黏膜是否苍白、充血、出血；口腔与喉头部有无伪膜或异物存在。触摸胸、腿部肌肉是否丰满，并观察关节、骨骼有无肿胀等。最后检查羽毛是否清洁、紧密、有光泽，并视检泄殖腔周围及腹下绒毛是否有粪污，用手拨开翅下、背部及大腿间绒毛，检查皮肤的色泽、外伤、肿块及寄生虫等。

临场诊断时，需将群体检查和个体检查的结果综合分析，不要单凭个别或少数病例的症状就轻易下结论，以免误诊。

图 3-1　健康鹅群（刁有祥　供图）

图 3-2　健康鹅群（刁有祥　供图）

图 3-3　发病鹅群，精神沉郁（刁有祥 供图）

图 3-4　发病鹅群，精神沉郁，垂头缩颈（刁有祥 供图）

图 3-5　发病鹅排白色稀便（刁有祥　供图）

图 3-6　发病鹅呼吸困难（刁有祥　供图）

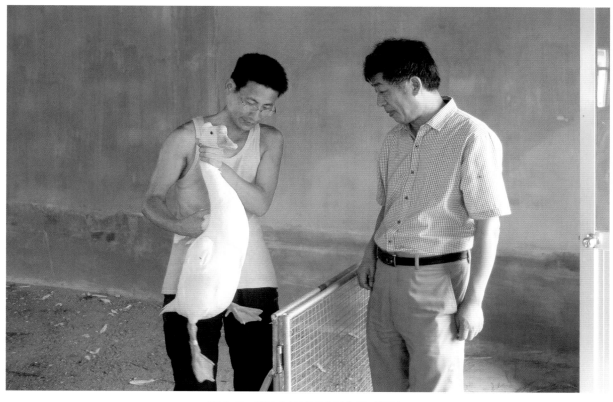

图 3-7　鹅的个体检查（刁有祥 供图）

第二节　流行病学诊断

　　流行病学诊断常与现场诊断结合起来进行，在现场诊断的同时，对疫病流行的各个环节进行仔细的调查和观察，最后作出初步判断。因为不同的疾病，具有各自不同的流行特点和规律，如小鹅瘟多发生于1~3周龄的雏鹅，禽霍乱多发生于成年鹅。所以，即使是症状相似的疾病，根据其流行特点再结合现场诊断，也不难作出诊断。

　　进行流行病学诊断时，一般应查清下列问题。

　　（1）发病鹅的品种、数量、日龄、发病时间、季节、发病率、死亡率、致死率、传播速度和范围、饲养管理、免疫情况及用药情况、饲料配制情况、近期天气变化情况。

　　（2）传播途径和方式。为查清疫情是如何传播的，一般可从下列各方面进行了解和检查：鹅群的卫生防疫措施、粪便处理、病死鹅处理情况，鹅的来源、收购、流动情况，鹅场的地理位置、气候等。

　　（3）疫情来源的调查。本地区或附近地区其他禽场是否有类似疫病发生，过去是否有类似疫病发生，发病时间、地点、流行情况如何，是否经过确诊，采取何种防治措施，效果如何，发病前是否从其他禽场引进种禽，来源地有无类似疫病，与场外来往的人员、运输车船、装载用具有无受污染的可能。

第三节　病理学诊断

　　患各种疾病死亡的鹅，一般都有一定的病理变化，而且多数疾病具有示病性病理变化。所以，通过病理学检查从中发现具有代表性的有诊断意义的特征性病变，依据这些病变即可作出初步诊断。但对缺乏特征性病变或急性死亡的病例，需配合其他诊断方法，进行综合分析。病理学诊断包括病理剖检和病理组织学检查。

一、病理剖检

1. 剖检方法

　　在剖检前先将病死鹅用消毒水将羽毛打湿，然后将鹅尸仰卧在解剖台上，在两侧腹股沟之间纵切皮肤和肌膜，再于胸骨后与肛门之间的软腹壁切开皮肤，即与两侧股腹之间的皮肤切口连接起来，并继续向前纵切胸颈部皮肤直至头部。这样便可将整个胸腹部、颈部皮肤和肌肉充分暴露出来，便于检查。然后两手紧握两腿股部向下按压，使股骨头与髋臼脱离。用剪刀沿肋骨沿切开腹壁，暴露胸腹腔器官。把肝脏与其他器官连接的韧带剪断，将脾脏、胆囊随同肝脏一起取出；再把食道与腺胃交界处剪断，将腺胃、肌胃和肠管一同取出体腔；最后剪开喙角，打开口腔，把喉头与气管一同摘出，再将食道一同取出，然后进行详细的病理形态学观察。

2. 检查内容

　　（1）外部检查。注意羽毛有无光泽，是否整洁、紧凑、有无脱落，营养状况如何，皮肤、翅、腿有无肿胀、外伤、结痂、寄生虫；眼、鼻、口腔有无分泌物流出，肛门周围有无粪便污染（图3-8、图3-9）。

　　（2）消化系统检查。

　　口腔：应注意口腔中有无黏液、泡沫，黏膜有无外伤、溃疡，嘴角有无结痂（图3-10）。

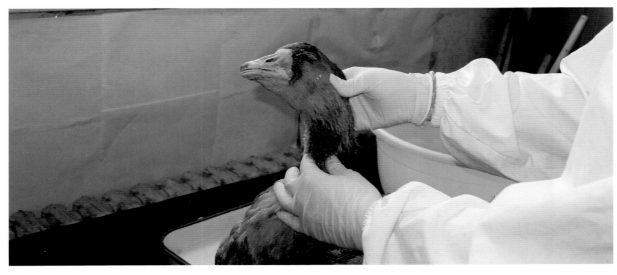

图 3-8　检查头部（刁有祥 供图）

图 3-9　触摸胸腹部（刁有祥 供图）

图 3-10　口腔黏膜检查（刁有祥 供图）

图 3-11　食道黏膜检查（刁有祥 供图）

食道：注意黏膜是否干燥，有无溃疡、脓疱（图3-11）。

腺胃：注意腺胃是否肿胀，乳头有无出血，是否有寄生虫，腺胃与肌胃交界处、腺胃与食道移行部交界处有无出血带（图3-12）。

肌胃：注意肌胃内容物的性状，是否呈绿色或黑褐色，有无杂物堵塞。角质膜是否溃烂，剥离角质膜，注意角质膜下有无出血（图3-13）。

肠道：注意肠道是否肿胀，浆膜上有无出血点、结节、肉芽肿等。剖开肠管，注意肠内容物的性状，有无红色胶冻样内容物或干酪样栓子，肠黏膜是否变薄，有无出血、溃疡、肉芽肿等（图3-14）。

肝脏：注意肝脏的大小、色泽、弹性有无变化，肝脏表面有无渗出物、出血点、坏死点、坏死灶，有无结节（图3-15、图3-16）。

胰脏：注意色泽、弹性如何，有无出血、坏死（图3-17）。

（3）呼吸系统检查。注意鼻腔有无分泌物，鼻孔有无结痂，黏膜是否有出血，腭裂有无结痂。喉头是否有出血点，气管环有无出血、管腔内有无分泌物（图3-18）。

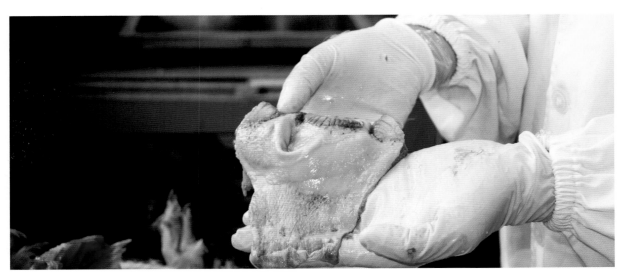

图3-12　检查腺胃有无出血（刁有祥　供图）

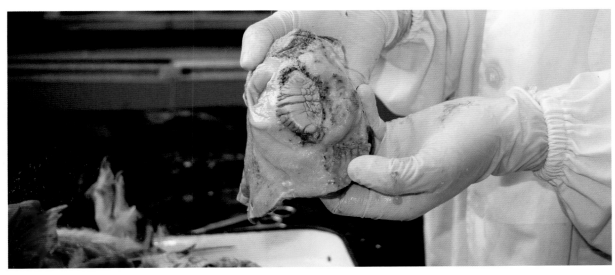

图3-13　肌胃检查（刁有祥　供图）

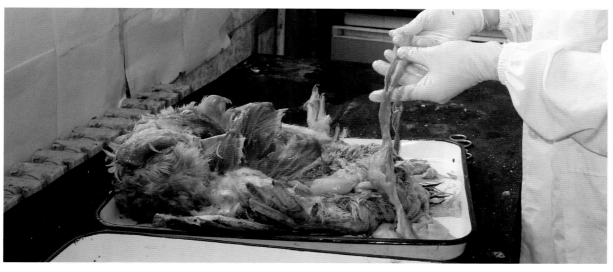

图3-14 肠道检查(刁有祥 供图)

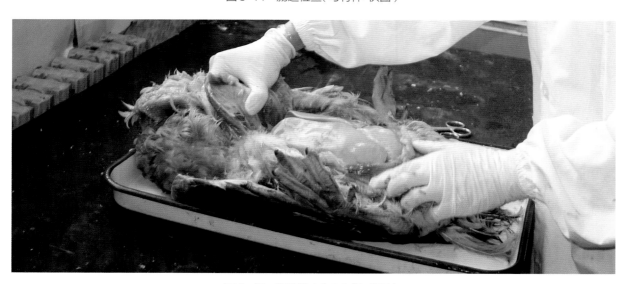

图3-15 肝脏检查(刁有祥 供图)

图3-16 肝脏检查(刁有祥 供图)

图 3-17　胰腺检查（刁有祥　供图）

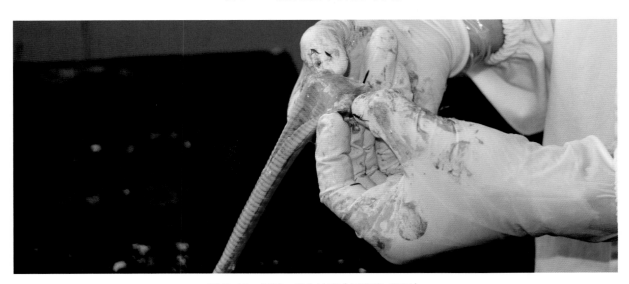

图 3-18　气管、喉头检查（刁有祥　供图）

图 3-19　气囊检查（刁有祥　供图）

气囊：注意气囊是否增厚、混浊、囊腔中有无黄白色渗出物（图3-19）。

肺脏：注意肺脏有无出血、瘀血、水肿、结节等变化（图3-20）。

（4）泌尿系统检查。注意肾脏是否肿大，有无出血、坏死，是否苍白，有无尿酸盐沉积。输尿管是否扩张，有无尿酸盐沉积。

（5）免疫系统检查。

脾脏：注意脾脏是否肿大，有无出血、坏死等变化（图3-21）。

法氏囊：注意法氏囊是否肿大，弹性、色泽如何，有无出血、坏死等变化（图3-22）。

盲肠扁桃体有无出血，溃疡。胸腺有无出血、萎缩等变化。肠道淋巴滤泡有无出血、溃疡。

（6）神经系统检查。神经系统重点大脑、小脑，是否水肿，有无出血。

（7）运动系统检查。注意皮下有无水肿、气肿、出血、溃烂，肌肉有无出血、坏死、浆液浸润等。胸骨是否弯曲，骨骼是否变软，肋骨与肋软骨交界处是否肿胀。注意关节是否肿大，关节腔中有无脓性渗出物（图3-23、图3-24、图3-25）。

图3-20 肺脏检查（刁有祥 供图）

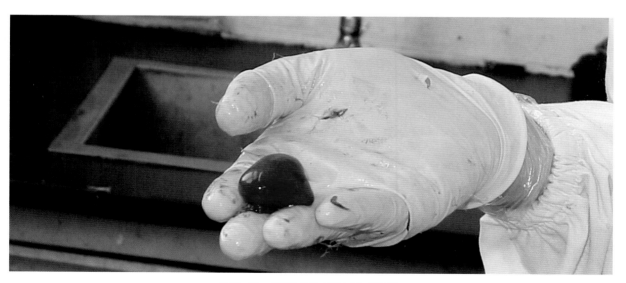

图3-21 脾脏检查（刁有祥 供图）

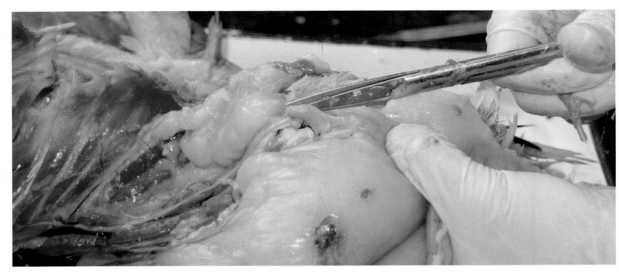

图 3-22　检查法氏囊（刁有祥 供图）

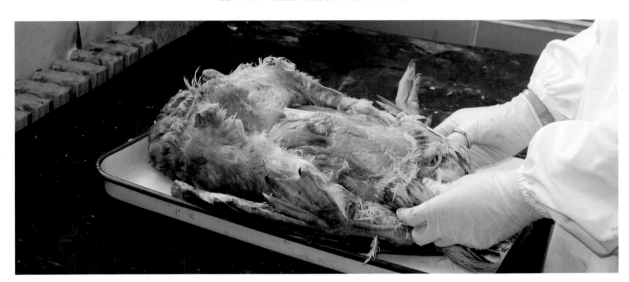

图 3-23　检查皮下及肌肉（刁有祥 供图）

图 3-24　检查关节（刁有祥 供图）

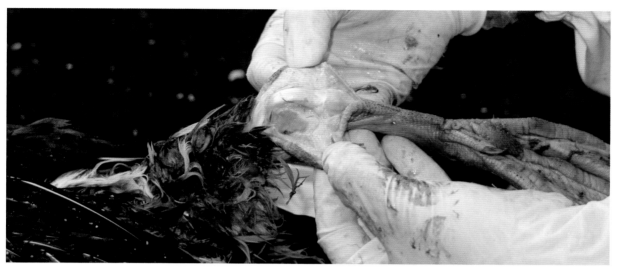

图 3-25　检查关节腔（刁有祥 供图）

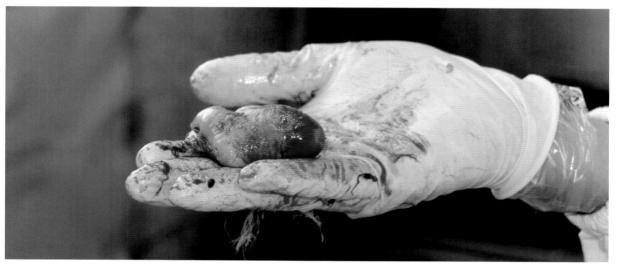

图 3-26　检查心脏（刁有祥 供图）

（8）生殖系统检查。注意卵巢、睾丸发育是否正常，卵泡有无出血、变形、破裂等，输卵管是否肿胀，有无分泌物。

（9）循环系统。注意心脏表面有无纤维蛋白渗出，表面有无尿酸盐等（图 3-26）。

根据上述检查内容，综合分析，对于形态变化不明显的，须进行病理组织学检查和微生物学检查。

二、病理组织学检查

病理组织学检查包括组织块的采取、固定、冲洗、脱水、包埋以及切片、染色、封固和镜检等一系列过程。要使病理组织学检查结果准确可靠，关键的一步是组织标本的选取和固定。为此，必须注意以下方面。

（1）取材部位适当。必须选择正常组织与病灶组织交界处的组织。

（2）取材完整。切取的组织块应包括该器官的主要构造，例如，肾组织应包括皮质、髓质、肾盂，肝、脾等组织应连有被膜。

（3）切取的组织块的大小为 1.5cm×1.5cm×0.5cm，如做快速切片则厚度不能超 0.2cm。

（4）病理组织应尽早固定，越新鲜越好，以免时间过长，组织腐败。固定前，切勿摸、挤、揉、压、拉等，以防改变组织的原有性状。

（5）组织固定时，不要弯曲、扭转肠壁、胃壁等，可先平放在硬纸片上，然后慢慢放入固定液中。固定液的数量不能太少，一般应为组织块体积的 10 倍，否则会影响切片的质量和诊断。

（6）做好待检标本的记录。说明组织块的来源、剖检时肉眼所见的病变、器官组织名称、必要时可将组织块贴上标签，以免混淆。

第四节　实验室诊断

在现场诊断、流行病学诊断和病理学诊断的基础上若要确诊，特别是对传染病，必须进行实验室诊断。根据检查方法不同，实验室诊断又分为微生物学诊断、免疫学诊断和分子生物学诊断。

一、微生物学诊断

运用微生物学的方法进行病原检查是诊断家禽传染病的重要方法之一。微生物学诊断包括病料直接抹片镜检、病原体的分离鉴定、动物接种等步骤。

进行微生物学诊断时，病料的采集具有决定性的意义。病料采取不当，不但不能检出真正的病原体，而且可能由于病料污染其他病原体而造成误诊。为此，应根据初步诊断结果，对不同的疾病，采取不同部位的病料，而且应无菌操作。一般来说，当疾病为全身性的或处于菌血症阶段时，从心、肝、脾、脑取材较为适宜。局部发病时，则应从有肉眼可见病变的组织器官取材。无论什么疾病，作为病原分离的病料，应该在疾病流行的早期，还未进行过药物治疗的病禽中取材，因为在流行后期，或者经药物治疗后，虽然在一定程度上还表现出某些症状和病变，但往往很难分离出病原。也有某些疾病在流行后期，甚至在症状或病变消失后仍然可以分离出病原，但其分离的百分率远不如流行初期高。

病料采取后应装于灭菌的器皿中，而且一般要求低温下运送和保存，以减少病原体的死亡，也抑制杂菌的生长。

1. 抹片镜检

通常用有明显病变的组织器官或心血抹片，待自然干燥固定后，用各种方法进行染色、镜检。

2. 病原体的分离和鉴定

根据各种病原微生物的不同特性，选择适宜的培养基进行接种培养。一般细菌可用普通琼脂培养基、肉汤培养基及血液琼脂培养基。真菌、螺旋体以及某些有特殊要求的细菌则用特殊培养基。接种后，通常置 37℃恒温箱内进行好气培养，必要时进行厌氧培养。病毒的分离可接种于健康鸡胚或鹅胚，接种途径应根据病毒的性质而定，一般呼吸道感染的病如新城疫病毒、禽流感病毒接种于尿囊腔或羊膜腔。胚龄的大小取决于接种途径，一般以 9~11 日龄为宜，胚龄太大如超过 15 日龄，由于卵黄被利用，往往在鸡胚液中出现母源抗体，抑制相应病毒的增殖。为避免接种材料的细菌污染，可将病料研磨制成悬浮液并离心沉淀后，加入青霉素、链霉素各 10000IU/mL，置于 4℃ 冰箱感作 4h。

病毒材料接种于鸡胚、鹅胚或细胞培养后，一定时间即引起接种对象的异常或死亡。但某些野外毒株不能很好地适应鸡胚或细胞培养，第一代接种可能没有明显异常，需连续继代 3~5 代才引起胚体萎缩、畸形等病变。

获得的细菌或病毒纯培养物，必须用各种方法作进一步的鉴定，同时于本动物人工发病中复制出与自然发病时一致的症状及病变。

3. 动物接种

动物接种是病原微生物分离和鉴定的一项重要方法。当病料受到比较严重的污染，要求提纯或由于病料在运输、保存过程中病原体大量死亡，残存数较少，需要增殖，或获得的病原体纯培养后，需要最后证实是否是引起该病的病原物，均可用动物接种的方法，所接种的动物，一般选择对该病原体最敏感的动物。

动物接种的途径视病原微生物的种类而异，能引起全身性疾病或菌血症的，一般采用皮下、肌肉或静脉内接种，呼吸系统疾病进行气管内或点眼、滴鼻接种；消化系统疾病，则逐只灌服或通过饲料、饮水口服接种。此外，还可根据具体疾病的特点，采取腹腔内注射、脑内注射、皮内注射等接种方法。

动物接种后应详细观察和记录，发病及死亡的动物应逐只剖检，必要时还应进行病原体的分离。

二、免疫学诊断

免疫学诊断是鹅病诊断中常用的方法，在免疫学诊断中最常使用的方法有凝集试验（平板或试管凝集试验、红细胞凝集试验及红细胞凝集抑制试验）、沉淀试验（琼脂扩散试验、环状沉淀试验）、中和试验（病毒血清中和试验、毒素抗毒素中和试验）、酶联免疫吸附试验以及免疫荧光试验等。这些方法虽然各有不同，但原理都是利用抗原与抗体的特异性反应。用抗原与抗体中的已知任何一方，去检查未知的另一方。

1. 凝集试验

细菌、红细胞等颗粒性抗原与相应抗体结合后，在电解质参与下，经过一定时间，颗粒抗原被凝集形成肉眼可见的小团块。

（1）平板凝集试验。将已知的诊断液与不同量的被检血清各 1 滴，滴于玻板上，充分混合，数分钟后，根据呈现凝集反应的强度作出判定，如为阳性，1~3min 后即从液滴的边缘开始发生菌体凝集，如为阴性，则液滴保持均匀混浊。

本法常用于检测败血支原体、沙门菌等。

（2）试管凝集试验。试管凝集试验用于测定被检血清中有无某种抗体及其滴度，以辅助临床诊断或作流行病学调查。操作时，先将受检血清用生理盐水稀释，然后加入已知抗原，作用一定时间后，呈现明显凝集现象的稀释血清的最高稀释度，即为该血清的效价或滴度。判断结果时，应考虑鹅正常的抗体水平，有无预防接种史。用于试管凝集试验的待检血清必须新鲜、不溶血、没有明显的蛋白凝块，否则会影响结果的判定。

（3）红细胞凝集试验和红细胞凝集抑制试验。引起鹅传染病的某些病毒，例如新城疫病毒、A型禽流感病病毒，由于具有血凝素，可以使鸡或其他一些动物的红细胞发生凝集，称为红细胞凝集现象。如果在这些病毒悬液中先加入特异性的免疫血清，则病毒凝集红细胞的作用被抑制，称为红细胞凝集抑制现象。

红细胞凝集试验常用于测定病毒的含量，例如测定新城疫活毒疫苗的滴度及用于病毒的鉴定。红细胞凝集抑制试验常用于流行病学调查和免疫接种效果的监测。具体操作方法如下。

① 1% 鸡红细胞制备：心脏采取未经新城疫疫苗免疫注射的健康鸡血 5 ~ 10mL，装入含抗凝剂的试管中。平衡后，以 2 500r/min，10min，吸去上清液，注意要将血细胞泥表面的一层薄膜吸净。然后用血细胞泥 5 ~ 10 倍的生理盐水洗红细胞，离心 10min，弃上清，如此反复洗 3 ~ 5 次，末次用生理盐水将血细胞泥稀释成 1% 浓度备用。

②红细胞凝集试验（HA）：

a. 取一块洁净的 96 孔 V 型微量血清反应板，用微量吸液器在一列孔中加生理盐水，每孔加 50μL。

b. 取待检病毒液 50μL 加入第 1 孔中，充分混合后取 50μL 加入第 2 孔中，如此直至第 11 孔，混合后吸取 50μL 丢弃，第 12 孔不加病毒为对照孔。

c. 更换吸液器前端的塑料吸头，每孔加 1% 鸡红细胞各 50μL。

d. 将反应板置微型混合器上，振动混合 3min，取下置室温 15min 开始观察，每 5min 观察一次，直至 60min，判断并记录结果（表 3-1）。

＃红细胞全部凝集，均匀分布于孔底。

＋＋红细胞部分凝集，沉积于孔底呈小圆点状。

－红细胞全不凝集，沉积于孔底呈圆点状。

以上红细胞全部凝集的病毒最高稀释倍数为该病毒的凝集效价（表 3-1 中病毒血凝效价为 256 倍）。

③血凝抑制试验（HI）：

a. 取清洁的 96 孔 V 型微量血清学反应板，在每孔中加生理盐水 50μL（每一份血清加一列）。

表 3-1　新城疫病毒血凝试验（微量法）　　　　　　　　　　（单位：μL）

孔号	1	2	3	4	5	6	7	8	9	10	11	12
病毒稀释倍数	2×	4×	8×	16×	32×	64×	128×	256×	512×	1024×	2048×	对照
生理盐水	50	50	50	50	50	50	50	50	50	50	50	50
病毒	50	50	50	50	50	50	50	50	50	50	50	－
1% 鸡红细胞	50	50	50	50	50	50	50	50	50	50	50	50
混匀，室温下放置 15~60min												
结果	＃	＃	＃	＃	＃	＃	＃	＃	－	－	－	－

注：＃ 为红细胞全部凝集；＋＋ 为红细胞部分凝集；－ 为红细胞不凝集。弃去 50

表 3-2　新城疫病毒血凝抑制试验　　　　　　　　　　　　（单位：μL）

孔号	1	2	3	4	5	6	7	8	9	10	11	12
血清稀释倍数	2×	4×	8×	16×	32×	64×	128×	256×	512×	1024×	2048×	对照
生理盐水	50	50	50	50	50	50	50	50	50	50	50	50
被检血清	50	50	50	50	50	50	50	50	50	50	50	–
4U 病毒	50	50	50	50	50	50	50	50	50	50	50	50
混匀，室温下放置 10min												
1% 鸡红细胞	50	50	50	50	50	50	50	50	50	50	50	50
混匀，室温下放置 15~60min												
结果	–	–	–	–	–	–	–	++	#	#	#	#

弃去 50

b. 将被检血清 50μL 加入第一孔中，充分混合后，取 50μL 加入第 2 孔中，如此稀释直至第 11 孔，第 12 孔不加血清作为对照。

c. 根据血凝试验测定的病毒（如新城疫Ⅳ系）效价，配制 4 个血凝单位的病毒稀释液。

例如，上述血凝效价为 256 倍时，将病毒原液稀释至 64 倍（256÷4＝64），即为 4 单位病毒稀释液。在每孔中加入 4 IU 病毒稀释液 50μL。

d. 将反应板置混合器上振荡 3min，取下放室温 10min。

e. 在每孔中加入 1% 鸡红细胞各 50μL。

f. 置微型混合器上振荡 3min，取下放室温 15min 开始观察，至 60min 判定记录结果（表 3-2）。

以使红细胞凝集全部被抑制的血清最高稀释倍数为该血清的血凝抑制效价（如表 3-2 中的血凝集抑制效价为 128 倍）。

2. 琼脂扩散试验（AGP）

抗原、抗体在含有电解质的琼脂凝胶中，可以向四周自由扩散，当抗原、抗体相互扩散至适合的部位相遇时，则出现肉眼可见的沉淀线，这就是抗原、抗体的特异性结合物。只要一方已知，即可测定标本中未知的另一方。

（1）琼脂板制备。用含 8% 氯化钠 pH 值为 7.0，0.01mol/mL 的磷酸盐缓冲液配制 1% 的琼脂，并加入适量的防腐剂如 0.01% 硫柳汞、0.1% 的石炭酸或 1 000 ~ 2 000IU/mL 的青、链霉素。加热融化后，稍冷即可倾注入培养皿中，厚度以 2 ~ 3mm 为宜，凝固后置 4 ~ 8℃ 冰箱内备用。

（2）打孔。打孔器用薄金属片制成，孔径 4mm 和 6mm 两种。在坐标纸上画好 7 孔型图案。把坐标纸放在带有琼脂的平皿下面，照图案用上述打孔器打孔，外孔径为 6mm，中央孔径为 4mm，孔间距 3mm。用注射针头挑去孔中琼脂，将琼脂平板底放在酒精灯上微微加热，使孔底琼脂微融而封孔底。

（3）加样。打孔后用琼脂写字墨水，在琼脂板上端标上日期及编号等。在 7 孔型的中央孔加抗原，外周孔按顺时针方向 2 孔、5 孔加标准阳性血清，其余 1 孔、3 孔、4 孔、6 孔分别加入被检血清至孔满为止。加盖平皿，待孔中液体吸干后，将平皿倒置以防水分蒸发，将琼脂板放入铺有数层湿纱布的带盖搪瓷盘中，置15～30℃条件下进行反应，逐日观察3d并记录结果。

（4）结果断定。当标准阳性血清孔与抗原孔之间只有一条明显致密的沉淀线时，受检血清孔与抗原孔之间形成一条沉淀线，或者阳性血清的沉淀线末端向毗邻的被检血清孔内侧偏弯者，被检血清判为阳性。若被检血清与抗原之间不形成沉淀线，或者阳性血清的沉淀线向毗邻的被检血清孔直伸或向外偏弯者，被检血清判为阴性。

在观察结果时，最好从不同角度仔细观察平皿上抗原与被检血清孔之间有无沉淀线。为了便于观察，可在与平皿有适当距离的下方，置一黑色纸片。

3. 中和试验（VN）

特异性的免疫血清（中和抗体）可以与病毒发生中和作用，而使病毒对易感的动物、鸡胚或人工培养的器官、细胞失去感染能力。应用已知的病毒，通过中和试验，可检测病鹅体内中和抗体的存在及其效价。中和试验具有高度的特异和敏感性，不但可以对被检血清或病毒定性，而且可以按其被中和的程度进行定量。

病毒中和试验可以采用固定病毒量与不同稀释度的血清进行中和，也可采用固定血清量与不同稀释度的病毒进行中和。无论采用哪一种方法中和，中和后的病毒都必须接种到易感的动物、鸡胚、器官培养物或细胞培养物上，以观察是否有感染力，从而判断是否已被中和，并计算中和指数。方法如下。

（1）血清标本。将测定抗体前被检血清置56℃水浴灭活30min，以破坏血清中不耐热的非特异性病毒抑制因子。然后用平衡盐溶液或组织培养维持液将血清作1∶4、1∶8、1∶16…1∶128一系列的倍比稀释。使每管含量均为0.5mL。

（2）病毒。将病毒稀释到0.1mL中含100TCID50（半数组织细胞感染量）。

（3）感作。每管加入病毒悬液0.5mL，充分混匀后，置37℃水浴中1h，对于易失活的病毒，可置4℃冰箱中感作。

（4）接种。感作后，迅速将病毒血清混合物接种于组织细胞或实验动物。接种量为小白鼠脑内0.03mL，1日龄乳鼠腹腔0.03mL，11～12日龄鸡胚绒毛尿囊腔0.1～0.2mL，组织培养瓶0.2mL。接种后每天观察并记录组织培养的细胞病变（CPE）或实验动物的发病死亡情况。

病毒中和试验操作比较复杂，而且需要应用活的动物、鸡胚或细胞培养物等，判断结果所需时间也较长，相对来说是较费时费力的，因此在实际应用中受到一定的限制。

4. 免疫荧光试验（IFA）

免疫荧光试验是一种抗原抗体反应与形态学检查相结合的方法。其原理是某些荧光素如异硫氰酸荧光素、丽丝胺罗丹明B等受紫外线照射时能发出荧光。在一定条件下，荧光素与抗体分子结合后，可不影响抗体与抗原的特异性结合，当用这种荧光抗体对受检的标本染色后，在荧光显微镜下观察，即可在黑暗的视野中，看到闪烁荧光的细菌等。利用这种现象便能对标本中相应抗原进行鉴定和定位。

荧光抗体技术基本上有以下三种方法。

（1）直接法。滴加荧光抗体于待检抗原的标本上，经一定时间，洗去未着染的染色液，干燥后，在荧光显微镜下观察。标本中若有相应抗原存在，即与荧光抗体结合，在镜下可见有荧光抗体围绕在受检抗原的周围，发出草绿色的荧光。本法的缺点是，每检查一种抗原，必须制备与其相应的荧光抗体染色液。

（2）间接法。首先往待检抗原的标本上滴加特异性抗体，作用一定时间后，再滴加用荧光素标记的抗球蛋白抗体（或称抗抗体），作用一定时间，水洗、镜检，阳性者，则形成抗原 - 抗体 - 荧光抗抗体的复合物。本法的优点是制备一种荧光标记的抗抗体，可用于多种抗原-抗体系统的检查。

（3）补体法。往待检抗原标本上滴加免疫血清的同时，并滴加补体，使其形成抗原 - 抗体 - 补体复合物。然后再滴加用荧光素标记的抗补体抗体，则形成抗原 - 抗体 - 补体 - 抗补体抗体的荧光免疫复合物。

5. 酶联免疫吸附试验（ELISA）

抗原或抗体与酶以化学方式结合后，仍保持各自的生物学活性，遇相应的抗原或抗体则形成酶标记的抗原 - 抗体免疫复合物，在底物参与下，就会产生可以观测的有色物质，这称为免疫酶技术。免疫酶技术是 20 世纪 60 年代后期开始建立的，主要用于组织切片中细胞内抗原和抗体的定位。在此基础上，近年来又发展成为能用于检测血清和组织培养液中抗原或抗体的酶联免疫吸附试验。由于它的灵敏性高，已广泛用于各种传染性疾病的诊断及免疫水平的评价。酶联免疫吸附试验可以按以下两种方式进行。

（1）检测抗原的双抗体夹心法。将特异抗体或纯化的免疫球蛋白吸附在固相载体（聚苯乙烯）上，孵育后，冲洗，然后滴加被测抗原样品溶液，孵育后，冲洗，若样品中有相应抗原，则与固相载体表面上的抗体形成复合物，仍附着在载体上。当加入酶（如辣根过氧化物酶，HRP）标记的特异抗体后，与抗原发生反应，也结合到载体的表面上，孵育后，洗去过剩的酶标记抗体，再加入酶的底物溶液（由 H_2O_2 和供氢体 -3，3- 二氨基联苯胺组成），底物在酶的催化下被分解，此时无色的 3，3- 二氨基联苯胺生成有色的氧化型染料，产生不同程度的黄褐色，其颜色的深浅与被检溶液中的抗原量成正比。因此，可用酶标分光光度计进行测定，以此确定样品溶液中是否存在抗原，及其含量的多少。

（2）检测抗体的间接法。先将已知抗原吸附在固相载体上，然后加入待检血清，如有相应抗体，则与在载体表面上的抗原形成复合物，冲洗后，再加入酶标记的抗球蛋白抗体与之反应，冲洗后，加底物显色，产生的有色产物的量与待测抗体的含量成正比。然后用酶标分光光度计测定。

6. 胶体金免疫层析技术

胶体金技术是一种将胶体金标记技术和免疫层析技术等多种方法结合在一起的固相标记免疫检测技术。其基本原理是以条形纤维层析材料为固相，包被已知的抗原或抗体，通过毛细管作用使添加的样品溶液在层析条上泳动，使其中的抗原或抗体与包被于膜上的抗体或抗原结合，通过层析过程中免疫复合物富集或截留在层析条上的特定区域，出现肉眼可见的红色线条而达到检测的目的。

胶体金检测试纸条一般是五部分组成，分别是：样品垫、金标垫、硝酸纤维素（NC）膜、吸

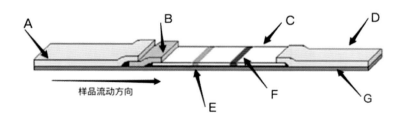

A：样品垫；B：金标垫；C：硝酸纤维素膜；D：吸水垫；E：检测线；F：质控线 G：PVC 板

图 3-27　胶体金检测试纸条的基本构造

水垫和 PVC 板（图 3-27）。PVC 板用作试纸条的底板，NC 膜粘贴在 PVC 板的中间，金标垫和吸水垫分别以重叠于 NC 膜 1~2mm 的位置粘贴于 NC 膜两侧，然后将样品垫以相同的方式粘贴到金标垫的另一侧。其中，胶体金标记的抗体或抗原喷涂于金标垫，检测样品滴加于样品垫，硝酸纤维素膜上分别为包被抗原或抗体的检测线和质控线，吸水垫可加速样品的前进速度，并可吸收反应后的余液。

目前，胶体金免疫层析技术既可检测抗原也可检测抗体。现阶段主要应用的方法有以下几种：一是一步法检测抗原，即金标抗体和捕获抗体均为同一种抗体，该方法可检测病毒，但灵敏性不高，临床应用较少，可用来对阳性样品进行鉴定；二是双抗体夹心法检测抗原，该方法也是检测病毒抗原等大分子物质的最主要方法。该方法原理是金标抗体与捕获抗体为两种抗体，且可识别不同的抗原表位，当阳性样品与金标抗体结合后在层析过程中到达捕获抗体处，再次与捕获抗体结合，胶体金被截留在膜上，形成肉眼可见的红线；三是竞争法检测小分子的抗原，该方法适合对一些药物残留等生物小分子的检测。该方法原理是金标多抗或单抗，检测区包被纯化抗原，当阳性样品与金标抗体相结合后，经过检测区便不能再次与纯化的抗原结合，因而不出现胶体金被截留的现象，因而达到阴阳性判定的目的；四是间接法检测抗体，该方法可以排除非特异性抗体对测试的干扰。该方法基本原理是金标二抗检测区包被纯化抗原，当阳性抗体与二抗发生特异性结合后，经过检测区抗体又可以与抗原发生特异性结合而被截留，因而在检测区出现红线，从而可鉴定出阳性抗体；五是双抗原夹心法检测抗体，该方法可利用于对大部分动物传染病抗体的检测。该方法基本原理是金标某病毒抗原，检测区包被病毒的另一种抗原，当阳性抗体与金标抗原结合泳动到检测区时，抗体又可以与捕获抗原反应结合截留在反应膜上，出现检测红线，最终达到检测病毒抗体的目的。

近年来，胶体金免疫层技术在临床诊断方向迅速崛起，逐渐成为快速检测疾病的重要方法。胶体金免疫层析技术与其他检测技术有着多方位的临床检测优点，检测范围较广，操作方便易懂。相比较分子生物学方法，胶体金技术既可检测抗原，也可检测抗体，可以广泛应用于动物疫病快速诊断和兽药残留检测等领域。胶体金的检测技术操作简便，不需任何仪器的辅助，检测结果容易判定，无须专业人士指导即可操作，特别适合于基层兽医的临床检测诊断。检测快速特异具有一定的灵敏性。相比其他检测技术，胶体金技术一般只需要 10min 左右即可读出检测结果，比 ELISA、PCR 等方法大大缩短检测时间，这是其他检测手段所不能比拟的优点。胶体金标记物大多为针对某种物质的单抗或多抗，由于单抗和多抗具有较强的特异性以及对组织细胞的非特异性吸附作用较小，增强了胶体金检测的特异性。

胶体金试纸条经济适用，安全环保，构造较为简单，且体积较小，可随身携带，随时监测，检测结果可长期保存。并且胶体金试纸条化学性质较为稳定，外界因素对金标条的稳定性影响较小，因此保质时间较长。胶体金技术对样品要求较低，且所需样品量不高，最低只需 100μL。在制备胶体金试纸条过程中没有利用诸如有剧毒的有害化学药品、放射性同位素等物质，因此不会威胁科研人员以及检测人员的身体健康，同时也不会造成环境污染，是一种新型绿色安全环保的检测方法。

三、分子生物学诊断

随着分子生物技术的不断应用和发展，现代分子生物学技术如核酸杂交技术、聚合酶链式反应（PCR）技术、限制性片段长度多态性分析（RFLP）、核苷酸序列分析和基因芯片等，将在禽病的准确、快速诊断中扮演重要角色。

（一）核酸杂交技术

核酸杂交技术的基础就是在一定条件下两条互补的多聚核苷酸链能够形成稳定的杂交体。同源 DNA 单链形成双链的过程称为复性，异源 DNA 形成的双链则称为杂交。同样，DNA 与由其转录合成的 RNA 之间也存在类似的关系，可用于检查 DNA 与 RNA 的相关性。这种 DNA-DNA 或 DNA-RNA 之间互相结合的现象，称为核酸分子杂交。在进行杂交时，要用一种预先分离纯化的已知单链 DNA 或 RNA 序列片段去检测未知的核酸样品。用于检测的已知 DNA 或 RNA 序列片段被标记后，称为核酸探针。核酸探针已被广泛应用于检测感染性疾病的致病因子。由于探针方法与常规检测方法相比，具有高度的敏感性、特异性及可重复性，因而容易在禽病诊断中推广。随着时间的推移，核酸探针技术必将为推动鹅病诊断水平再上新台阶而发挥重大作用。

（二）PCR 技术

PCR 是一种选择性体外扩增 DNA 或 RNA 片段的方法，具有敏感性高、特异性强、快速简便等特点。目前该技术已广泛地应用于各种传染病、寄生虫病的诊断中，大大地提高了疫病的诊断水平。PCR 扩增 DNA 片段的特异性是由两条人工合成的寡核苷酸引物序列决定的，这两条引物与待扩增片段两条链的两端 DNA 序列分别互补。通过扩增，只扩增某一目的病原体（如病毒）的一个特定大小的已知核酸序列，而不扩增宿主及任何其他微生物的核酸，使之具有特异性。PCR 是在 DNA 聚合酶的作用下，由引物介导，对特定的核苷酸序列进行扩增的过程。自从 PCR 技术发明以来，由于 PCR 技术不仅具有准确和快速的优点，而且结果分析简单，对样品要求不高，无论新鲜组织或陈旧组织、细胞或体液，粗提或纯化 DNA 或 RNA 均可，因而 PCR 非常适合于感染性疫病的诊断和监测。近年来 PCR 又和其他方法组合成了许多新的方法，例如基于荧光标记能量转换技术和实时定量 PCR 的快速诊断技术，抗原捕获 PCR 等，进一步提高了 PCR 的简便性、敏感性和特异性。

（三）RFLP 诊断技术

每一种基因型的 DNA 对某些限制性内切酶有固定的酶切位点，经酶作用后，在凝胶电泳图谱上产生固定的片段图谱，如果该病毒有不同血清型或基因型发生变化，则酶切位点或数目可能有差异，产生的电泳图谱则会有差异；反之，根据酶切电泳图谱的差异，也可以判定病毒的血清型，从而对该病作出准确诊断。

（四）基因芯片技术

基因芯片（Gene chip），又称 DNA 芯片或 DNA 微阵列，包括寡核苷酸芯片和 cDNA 芯片两大类。它是指采用原位合成或显微打印手段，将数以万计的 DNA 探针固化于支持物的表面产生二维 DNA 探针阵列，然后与标记的样品进行杂交，通过检测杂交信号来实现对待检样品快速、高效的检测或诊断。由于常用硅芯片作为固相支持物，且其制备过程运用了计算机芯片的制备设施，所以称为基因芯片技术。基因芯片的工作原理与经典的核酸分子杂交方法是一致的，都是应用已知核酸序列作为探针与互补的靶核苷酸序列杂交，通过随后的信号检测进行定性与定量分析。基因芯片在一微小的基片（硅片，玻片塑料片等）表面集成了大量的分子识别探针，能够在同一时间内平行分析大量的基因，进行大信息量的筛选与检测分析。基因芯片技术是分子生物学、微电子、计算机等多学科结合的结晶，综合了多种现代高精尖技术，主要技术流程包括：芯片的设计与制备，靶基因的标记，芯片杂交与杂交信号检测。现在基因芯片以其可同时、快速、准确地分析数以千计基因组信息的本领而显示出了巨大的威力。

（五）环介导等温扩增法（loop-mediated isothermal amplification，LAMP）

LAMP 是 Notomi T 等 2000 年首先提出来的一种新的核酸扩增技术，它依赖于 4 条特异性引物和一种具有链置换特性的 DNA 聚合酶，在等温条件下可高效、快速、高特异地扩增靶序列。与 PCR 相比，其检测极限更小，仅为几个拷贝，耗时更短，在 1h 内可将靶序列扩增至 10^9 倍，产物较易检测，操作简便，反应不需 PCR 仪和特殊试剂。LAMP 具有很高的专一性与特异性，它要求 4 种引物在靶基因上的 6 个不同位点完全匹配才能进行扩增。LAMP 实行的是等温扩增，省去了昂贵的热循环仪的费用，只要准备了水浴加热即可。LAMP 反应利用酶反应系统直接扩增靶核酸序列，能使靶核酸序列呈指数级扩增，有着很高的扩增速率。可合成相当大数量的 DNA，同时产生大量的副产物焦磷酸，并且生成白色的焦磷酸镁沉淀物便于反应后的观察。有时还可加入环引物，对于 LAMP 反应，环引物并不做要求，但它可以杂合到环状 DNA 上并且为合成 DNA 提供开始位点，所以加入引物可以促进 LAMP 反应。在鹅病的诊断中，要将现场诊断、流行病学诊断、病理学诊断和实验室诊断结果综合起来，全面分析，最后作出确切的诊断结论。切忌以点盖面，以偏概全，注意透过现象看本质，全面认识疾病发生、发展的全过程，掌握其发病规律，才可作出正确结论，否则容易出现误诊而延误治疗。

第四章

鹅传染病

第一节　禽流感

禽流感（Avian influenza，AI）是由 A 型流感病毒引起禽类的一种感染和疾病综合征，A 型流感病毒不仅对养禽业造成严重的危害，而且具有重要的公共卫生学意义。

Perroncito 于 1878 年首次报道了意大利鸡群中发生高致病性禽流感（High pathogenic avian influenza，HPAI），当时称为鸡瘟（Fowl plague）。由于该病常与禽霍乱混淆，后来 Rivolto 和 Delprato 从临床症状和致病特征上将这两种疾病进行了区分。直到 1955 年，才将此病原进行鉴定并划归为流感病毒。1981 年在美国马里兰州 Beetsville 召开的首届禽流感国际研讨会上，正式采用高致病性禽流感来代替"鸡瘟""高毒力禽流感"等。

1949 年至 20 世纪 60 年代中期，家禽中出现了较温和的禽流感，这种类型的禽流感名称很多，如低致病性、温和型、非高致病性禽流感等，对家禽养殖和对外贸易的影响比高致病性禽流感小。2002 年召开的第 15 届禽流感国际研讨会上，正式采用低致病性禽流感（Low pathogenic avian influenza，LPAI）来命名低毒力的禽流感。

世界动物卫生组织（OIE）负责制定动物疾病的卫生和健康标准，OIE 规定法定上报的禽流感有：法定高致病禽流感（HP notifiable AI，HPNAI）和法定低致病禽流感（LP notifiable AI，LPNAI）。HPNAI 包括所有高致病性禽流感，LPNAI 只包括低致病性 H5 和 H7。2004 年以前，OIE《陆生动物卫生法典》中只包括 HPAI，HPAI 属于 A 类疫病。2005 年版《陆生动物卫生法典》中 A 类疫病和 B 类疫病体系取消了，HPAI 改为 AI，并将 AI 分为 HPNAI、LPNAI、LPAI（非 H5 和 H7 亚型且毒力低的禽流感）。

到目前为止，该病几乎遍布于世界各个养禽的国家和地区。该病能引起人的感染，但这种感染通常不会在人与人之间引起传播。

一、病原

禽流感病毒（Avian influenza virus，AIV）属于正黏病毒科、A 型流感病毒属。完整的病毒粒子一般呈典型的球形，也有其他形状，如丝状等。球形病毒粒子直径为 80～120nm，丝状病毒粒子可长达几百纳米。病毒表面有囊膜，囊膜由 3 层结构组成，内层是基质蛋白（MI）；中层是脂双层，来自感染宿主的细胞膜；外层是病毒编码的两种不同形状的糖蛋白纤突，一种纤突是血凝素（Hemagglutinin，HA），另一种是神经氨酸酶（Neuraminidase，NA）。在病毒粒子的核心，各基因片段与核蛋白紧密缠绕形成螺旋状的核衣壳，由 PB2、PB1 和 PA 蛋白组成 RNA 聚合酶与核衣壳结合形成 RNP 复合物。

HA 和 NA 具有型特异性和多变性，在病毒感染过程中发挥着重要作用。HA 是决定病毒致病性的主要抗原，在病毒吸附及穿膜过程中发挥着关键作用，能诱发机体产生具有保护作用的中和抗体。HA 在感染过程中会水解为 HA1 和 HA2 两条肽链，这是病毒感染细胞的先决条件。NA 诱发产生的抗体没有病毒中和作用，但能减少病毒的增殖和改变病程。流感病毒的基因组非常容易发生变异，尤其是 HA 基因的变异率最高，其次是 NA 基因。根据不同流感病毒 HA 与 NA 抗原性的不同，

HA 可分为 16 个型，NA 分为 9 个型，HA 血清亚型的划分是通过血凝抑制试验（HI），NA 亚型的划分是通过神经氨酸酶活性抑制试验（NI）进行的。由 16 个 HA 亚型和 9 个 NA 亚型组合的大部分 AIV 亚型主要存在于家禽和野鸟中，其分布随着年度、地理位置和宿主种类等的不同而变化。1980 年以来，HA 和 NA 的分型方法已经被标准化，适用于所有从鸟、猪、马和人中分离到的流感病毒。不同的 HA 和 NA 之间可能发生不同形式的随机组合，从而构成许许多多不同亚型。现已发现的流感病毒亚型至少有 80 多种，其中绝大多数属非致病性或低致病性，高致病性亚型主要是含 H5 和 H7 的毒株，如 H5N1、H5N2、H5N5、H5N6、H5N8、H7N3、H7N7、H10N8，低致病性流感病毒常见的有 H9N2、H7N9、H6N4。但应注意，某些低致病性流感病毒在流行过程中会突变为高致病性毒株，如 H7N9 流感病毒，目前既有低致病性毒株，又有高致病性毒株。

禽流感病毒抗原的变异主要有两种方式，抗原漂移（Antigenic drift）和抗原转变（Antigenic shift）。抗原漂移是由编码血凝素和神经氨酸酶蛋白的基因发生点突变引起的，是在免疫群体中筛选变异体的反应。抗原转变是指当细胞感染两种不同的流感病毒时，病毒基因组的特定片段允许片段发生重组，有可能产生 256 种遗传学上不同的子代病毒。现在认为人类和禽类病毒的重组，是新的大流行毒株出现的机制。

禽流感病毒能在鸡胚及其成纤维细胞中增殖，有些毒株也能在家兔、牛及人的细胞中生长。病毒有血凝性，能凝集鸡、火鸡、鸭、鹅、鸽子等禽类以及某些哺乳动物的红细胞，因此实验室中常利用血凝 - 血凝抑制试验来检测、鉴定病毒。

禽流感病毒在环境中的稳定性相对较差。对热敏感，56℃作用 30min 灭活，72℃作用 2min 灭活；乙醚、氯仿、丙酮等有机溶剂能破坏病毒；对含碘消毒剂、次氯酸钠、氢氧化钠等消毒剂敏感；对低温抵抗力强，如病毒在 -70℃可存活两年，粪便中的病毒在 4℃的条件下 1 个月不失活。

二、致病机理

禽流感病毒的致病力表现多种多样，有温和型或不明显的、一过性的综合征，也有高发病率和高死亡率的疾病。该病毒的致病性主要取决于病毒血凝素（HA）蛋白裂解位点附近的氨基酸组成。流感病毒感染必须经过两个过程，一是 HA 吸附细胞膜上的受体，二是通过 HA2 氨基端的作用使病毒脱壳。要完成这两个过程，蛋白酶必须将 HA 切割为 HA1 和 HA2，因此，HA 的裂解性是流感病毒组织嗜性和流感病毒毒力的主要决定因子，蛋白酶在组织中分布的不同和 HA 对这些酶的敏感性决定了病毒的感染性。NA 对病毒的毒力也有重要影响，而且具有防止病毒在细胞表面聚集的作用。

流感病毒对宿主的感染性与细胞受体和 HA 受体结合位点的结构密切相关，A 型流感病毒的细胞受体是位于细胞膜上的唾液酸糖脂或唾液酸糖蛋白，而相应上皮细胞中的唾液酸寡糖的唾液酸 - 半乳糖链也因不同宿主而异。家禽上呼吸道细胞中含有唾液酸 α-2，3-Gal 受体，人上呼吸道细胞中含有 α-2，6-Gal 受体，禽流感病毒和人流感病毒具有很强的受体识别特异性，禽流感病毒与唾液酸 α-2，3-Gal 受体结合，人流感病毒与 α-2，6-Gal 受体结合，因此，通常禽流感病毒只感染家禽，人流感病毒只感染人。

禽流感病毒可以通过以下方式导致机体病变，一是病毒直接在细胞、组织和器官中复制；二是通过细胞因子等介导的间接效应；三是脉管栓塞导致的缺血，四是凝血或弥漫性血管内凝血导致心血管功能衰退。低致病性禽流感病毒通常局限在呼吸道和肠道中复制，发病和死亡主要是由于呼吸道的损伤引起的。

三、流行病学

在我国家禽中感染和流行较早、较普遍的禽流感病毒的亚型有 H5N1、H9N2。我国 H5N1 亚型高致病性禽流感最早发生于 1996 年，在广东省发病鹅体内分离并鉴定了该病毒。1997 年 8 月，我国香港发生 H5N1 禽流感病毒感染人病例，这是世界上首次明确记录的由禽流感病毒感染导致人类呼吸道疾病和死亡的疫情。1994 年，H9N2 亚型禽流感在我国广东省某鸡场首次发生，病鸡表现为产蛋率下降，有一定的死亡率。之后 H9N2 亚型禽流感在我国鸡群中持续而广泛的流行，给养禽业造成严重的危害。1998 年和 2003 年，在中国内地和中国香港出现了 H9N2 LPAI 由禽直接感染人的病例，3 例表现呼吸道症状，5 例表现流感症状。2003 年，荷兰发生 H7N7 引发的高致病性禽流感，89 人感染，1 人死亡。2004 年，东南亚暴发了 H5N1 高致病性禽流感，韩国、日本和中国也有发生；东南亚各国中，以越南出现的 N5N1 流感病毒感染人的病例最多、最严重，至少引起 21 人死亡。禽流感病毒由禽直接传染给人的特点引起了世界各国的高度重视。2013 年 3 月，我国长三角地区首次报道了 H7N9 亚型禽流感病毒感染人病例，这是流感病毒发生了基因重排的结果。此后该病毒逐渐扩散到全国多个省市，确诊病例达 500 多例，其中 185 例死亡，引发人们的恐慌，给中国的养禽业造成了前所未有的巨大损失。H5N8、H5N5、H5N6、H10N8 等亚型禽流感病毒感染病例的出现，使该病的防控工作变得更为复杂。

至今，世界各地已从不同禽体内分离出上千株禽流感病毒，从迁徙水禽，尤其是鸭中分离的最多。HPAI 一旦感染禽群，发病率、死亡率高，对养禽业的危害非常严重。禽流感备受国际关注，全球范围出现了禽流感热，在 1981 年、1986 年、1992 年、1997 年、2002 年和 2006 年召开了多次国际性研讨会来解决禽流感问题。禽流感已成为一个国际性问题，需要各国的努力和合作来解决。

家禽（包括火鸡、鸡、珍珠鸡、石鸡、鹌鹑、雉、鹅、鸭等）对流感病毒的易感性较强，其中鸡、火鸡引起的疾病最严重。不同品种和日龄的鹅均可感染发病，鹅群感染高致病性禽流感后表现出发病急、传播快、死亡率高的特点。野禽主要以带毒为主，感染后大多数不表现明显的症状，但有的野禽也能感染发病。随着禽流感病毒的变异，其宿主谱已经不再局限于各种禽类，猪、马、犬、猫、部分海洋生物、人等也能感染。家禽中发生的大部分流感病毒感染主要是由禽源的流感病毒引起的，H1N1、H1N2、H3N2 亚型的猪流感病毒也曾经感染过火鸡，尤其是种火鸡发病严重。

患病或携带病毒的鹅及其他禽类是主要的传染源。病禽所有组织、器官、体液、分泌物、排泄物、禽卵中均含有病毒，流感病毒能从病禽或带毒禽的呼吸道、口腔、眼结膜及泄殖腔中排放到外界环境，污染空气、饲料、饮水、器具、地面、笼具等。易感禽类通过呼吸、饮食或与病毒污染物接触可以感染该病毒，也能通过与病禽直接接触感染该病毒，引起发病。哺乳动物、昆虫、运输车辆等可以机械性传播该病毒。

禽流感一年四季均能发生，主要以冬春季节多发。温度过低、温度忽高忽低、通风不良或过度、湿度过低、寒流、大风、雾霾、拥挤、营养不良等因素均可促进该病的发生。

四、症状

该病的潜伏期一般较短，通常为 1~5d。感染病毒后病禽表现出的症状也因病禽种类、日龄及病毒毒力不同而有所差异。根据病毒的致病性，将禽流感分为两种类型，高致病性禽流感和低致病性禽流感。

1. 高致病性禽流感

主要由高致病性禽流感毒株引起，如 H5N1、H5N2、H5N5、H5N6、H5N8、H7N7、H7N9 等，通常发病急、死亡快，发病率和死亡率高。病鹅常不表现明显的前驱症状，发病后就开始迅速死亡，有的死亡率可达 90%~100%（图 4-1）。鹅感染后，常突然发病，体温升高到 42℃以上，精神沉郁，眼半闭，或伏地呈嗜睡状，采食量急剧下降，饮水量稍有增加，羽毛松乱（图 4-2、图 4-3、图 4-4、图 4-5、图 4-6、图 4-7）。有的病鹅头部和颈部肿大，皮下水肿，眼睛肿胀、潮红、流泪或出血，眼睛周围羽毛黏着黑褐色的分泌物，严重者失明、鼻孔流血（图 4-8、图 4-9、图 4-10）；表现明显的呼吸道症状，如咳嗽、气喘、啰音、尖叫等，有的甚至呼吸困难；病鹅腹泻，排黄白色、黄绿色、绿色稀粪（图 4-11、图 4-12、图 4-13）；腿、脚部皮肤出血（图 4-14）；病程稍长的患病鹅出现神经症状，如共济失调、头颈歪斜、瘫痪、不能走动和站立等（图 4-15、图 4-16、图 4-17、图 4-18、图 4-19、图 4-20）。产蛋鹅表现产蛋率急剧下降甚至停止，薄壳蛋、软壳蛋、沙壳蛋、无壳蛋等增多。

2. 低致病性禽流感

主要由低致病性禽流感毒引起，如 H9N2，通常发病缓和，病鹅表现出的症状较轻或无症状的隐形感染，高发病率低死亡率是其主要特征。鹅感染后往往出现体温升高，精神萎靡，嗜睡，眼睛半闭，采食量下降，排白色或绿色稀便（图 4-21、图 4-22、图 4-23、图 4-24）。随着病情的发展，

图 4-1　因禽流感死亡的鹅（刁有祥 供图）

图 4-2　病鹅精神沉郁（刁有祥　供图）

图 4-3　病鹅精神沉郁（刁有祥　供图）

图 4-4　病鹅精神沉郁，垂头（刁有祥 供图）

图 4-5　病鹅精神沉郁，头扭到一侧（刁有祥 供图）

鹅病图鉴

图4-6 病鹅精神沉郁，闭眼嗜睡，排绿色稀便（刁有祥 供图）

图4-7 病鹅精神沉郁，缩颈（刁有祥 供图）

图4-8 发病鹅眼肿胀流泪（刁有祥 供图）

图4-9　眼肿胀，流带泡沫的流泪（刁有祥 供图）

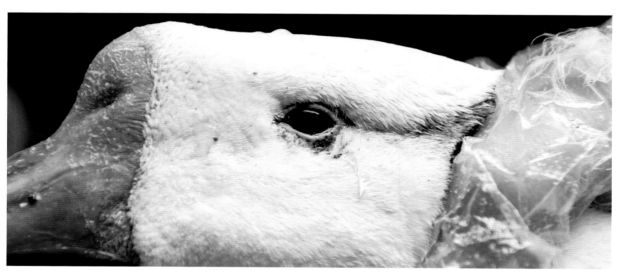

图4-10　眼肿胀流泪（刁有祥 供图）

图4-11　病鹅排白色稀便（刁有祥 供图）

图4-12　病鹅排白色稀便（刁有祥　供图）

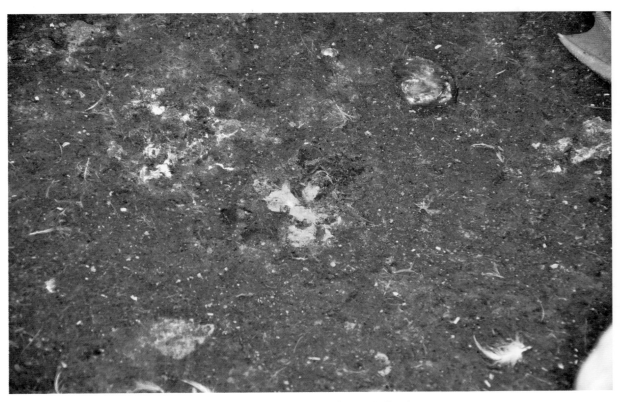

图4-13　病鹅排绿色稀便（刁有祥　供图）

图4-14　爪部皮肤出血（刁有祥 供图）

图4-15　病鹅精神沉郁，不能站立（刁有祥 供图）

图 4-16　病鹅不能站立，翅麻痹（刁有祥　供图）

图 4-17　病鹅精神沉郁，翅麻痹（刁有祥　供图）

图 4-18　鹅瘫痪，不能站立（刁有祥 供图）

图 4-19　鹅头颈扭转（刁有祥 供图）

图4-20 鹅头颈扭转（刁有祥 供图）

图4-21 发病鹅精神沉郁，闭眼嗜睡（刁有祥 供图）

图4-22 发病鹅精神沉郁（刁有祥 供图）

图4-23 发病鹅精神沉郁（刁有祥 供图）

图4-24　发病鹅精神沉郁，垂头缩颈（刁有祥 供图）

图4-25　发病鹅精神沉郁，呼吸困难（刁有祥 供图）

病鹅出现呼吸道症状，主要表现为呼吸困难、伸颈张口呼吸，咳嗽、甩头（图 4-25）。眼睛肿胀、流泪，初期是流出浆液性眼泪，后期流出黄白色脓性液体（图 4-26）。有的病鹅出现神经症状，主要表现为运动失调、头颈后仰、抽搐、瘫痪等（图 4-27）。产蛋鹅感染后出现产蛋率下降，严重者

图 4-26　发病鹅精神沉郁，肿眼流泪（刁有祥　供图）

图 4-27　病鹅瘫痪，排白色稀便（刁有祥　供图）

甚至停产。蛋的质量下降，软壳蛋、薄壳蛋、沙壳蛋、无壳蛋、小蛋等增多（图4-28）。种鹅感染后，种蛋的受精率明显下降，孵化过程中死胚增多，出壳后弱雏较多，雏鹅死亡率较高（图4-29、图4-30、图4-31、图4-32、图4-33、图4-34），死亡雏鹅剖检变化表现为卵黄吸收不良，肺脏出血，严重者卵黄破裂（图4-35、图4-36、图4-37、图4-38、图4-39）。雏鹅易继发大肠杆菌或鸭疫里默氏菌病感染，出现心包炎、肝周炎、气囊炎及输卵管炎（图4-40）。

图4-28　种鹅感染流感后所产畸形蛋（刁有祥 供图）

图4-29　种鹅感染流感后所产种蛋孵化后期的死胚（刁有祥 供图）

图4-30　种鹅感染流感后所产种蛋孵化后期的死胚（刁有祥　供图）

图4-31　死亡的鹅胚（刁有祥　供图）

图4-32 死亡的胚胎，卵黄吸收不良（刁有祥 供图）

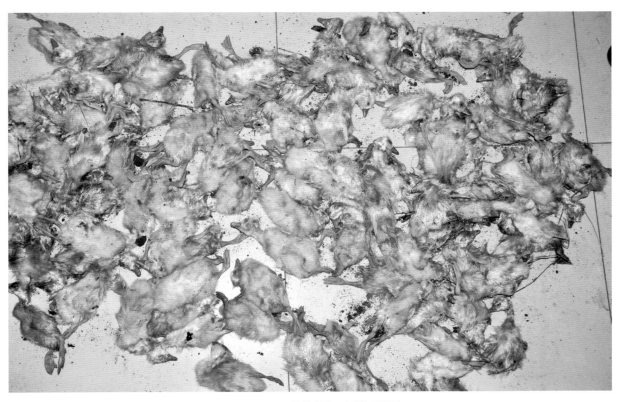

图4-33 死亡的雏鹅（刁有祥 供图）

图4-34　死亡的雏鹅（刁有祥 供图）

图4-35　死亡的雏鹅卵黄吸收不良（刁有祥 供图）

图4-36　雏鹅卵黄吸收不良（刁有祥　供图）

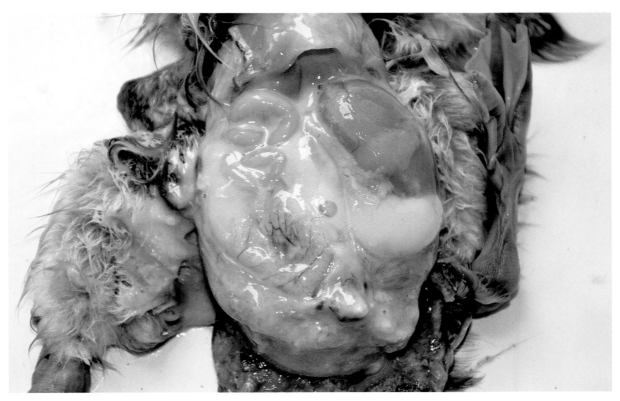

图4-37　卵黄破裂（刁有祥　供图）

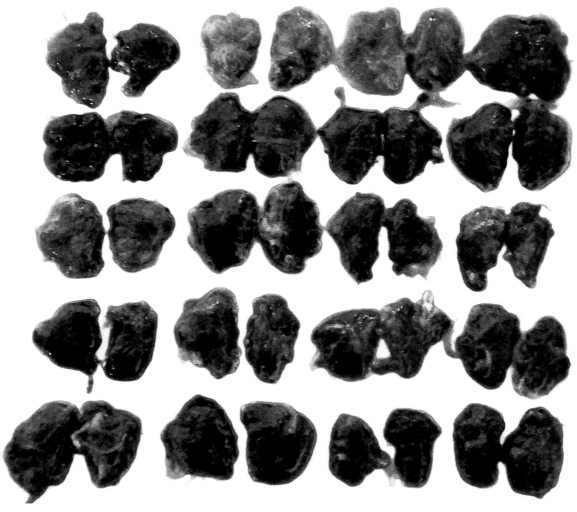

图4-38　肺脏出血，呈紫黑色（刁有祥 供图）

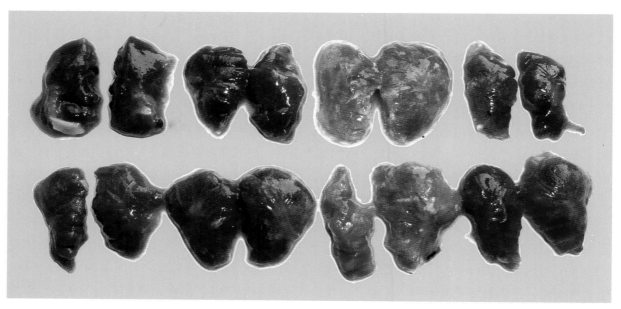

图4-39　肺脏出血（刁有祥 供图）

图4-40　输卵管炎，输卵管中有黄白色渗出（刁有祥 供图）

五、病理变化

鹅感染高致病性禽流感主要表现为全身皮下和脂肪出血（图4-41、图4-42）。头颈肿胀，皮下有胶冻样渗出物和出血点，胸腺肿大、出血（图4-43、图4-44、图4-45、图4-46、图4-47、图4-48）；喉头黏膜有不同程度的出血，气管黏膜点状出血（图4-49、图4-50），肺脏充血、出血、水肿，呈紫红色、紫黑色（图4-51、图4-52、图4-53）；心冠脂肪、心内膜、心外膜有出血点，严重的心肌纤维出现黄白色条纹状坏死（图4-54、图4-55、图4-56、图4-57）；胸、腹部脂肪、肠系膜脂肪有出血点（图4-58、图4-59、图4-60、图4-61、图4-62、图4-63）；腺胃乳头出血，腺胃与肌胃交界处、肌胃角质层下出血（图4-64、图4-65、图4-66）；胰腺液化、出血，表面可见大量黄白色透明或半透明的坏死斑点或出血点（图4-67、图4-68、图4-69、图4-70、图4-71）；十二指肠、小肠、直肠、泄殖腔黏膜充血、出血，盲肠扁桃体出血等（图4-72、图4-73）。脾脏肿大（图4-74）。产蛋鹅卵泡变形、出血，有的甚至破裂，形成卵黄性腹膜炎。输卵管黏膜充血、出血，有的管腔内有乳白色黏稠的分泌物（图4-75、图4-76、图4-77、图4-78），输卵管黏膜水肿、充血、出血，管腔中有黄白色分泌物（图4-79、图4-80）；脑膜充血、出血（图4-81）。

鹅感染低致病性禽流感主要表现为心冠脂肪有大小不一的出血点，心内膜出血（图4-82、图4-83）；喉头、气管出血，肺脏水肿、出血（图4-84、图4-85）；腺胃出血，肌胃角质膜下出血（图4-86、图4-87、图4-88）；肝脏瘀血、出血，肿大（图4-89），胰腺液化（图4-90、图4-91），肠黏膜出血；法氏囊萎缩或水肿、充血、出血。产蛋鹅卵泡充血、出血，严重者卵泡破裂，形成卵黄性腹膜炎（图4-92、图4-93）；输卵管黏膜水肿、充血，管腔中有白色胶冻样或干酪样物质

图4-41　皮下出血（刁有祥　供图）

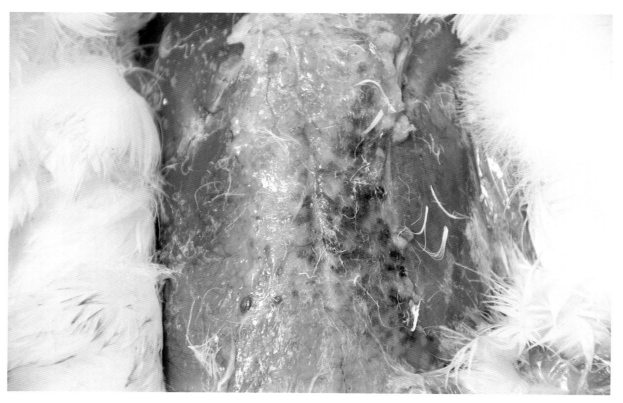

图4-42　皮下出血（刁有祥　供图）

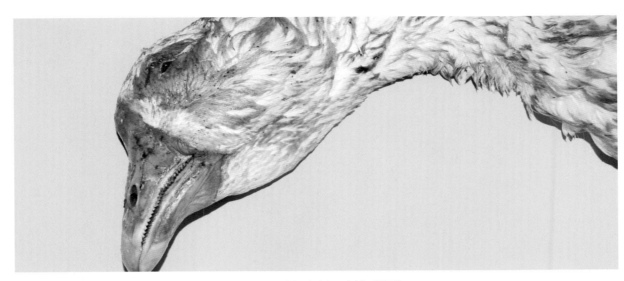

图4-43　头部肿胀（刁有祥 供图）

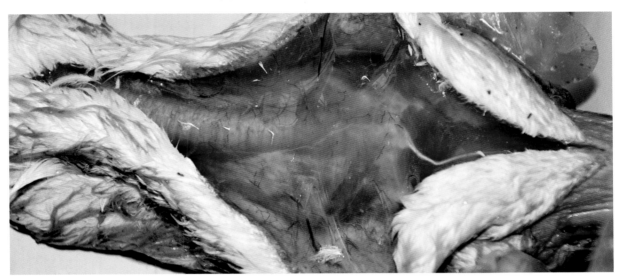

图4-44　头颈部皮下有胶冻样水肿（刁有祥 供图）

图4-45　头颈部皮下有淡黄色胶冻样水肿（刁有祥 供图）

图 4-46　头颈部皮下出血（刁有祥　供图）

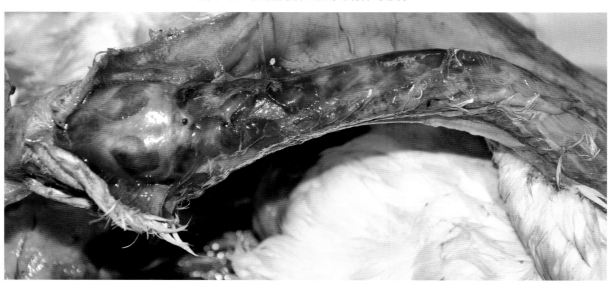

图 4-47　头颈部皮下出血（刁有祥　供图）

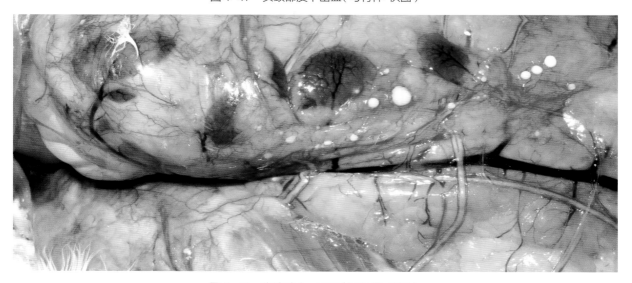

图 4-48　胸腺肿大、出血（刁有祥　供图）

图4-49　喉头、气管出血（刁有祥　供图）

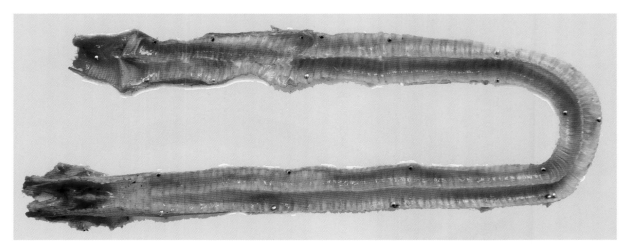

图4-50　气管环出血（刁有祥　供图）

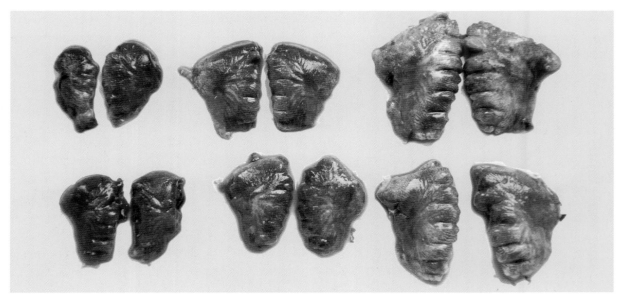

图4-51　肺脏出血，呈紫黑色（刁有祥　供图）

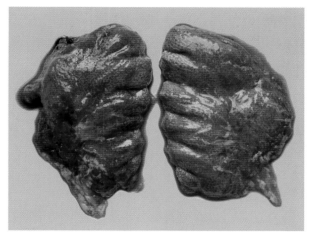

图 4-52　肺脏出血，呈紫红色（刁有祥 供图）

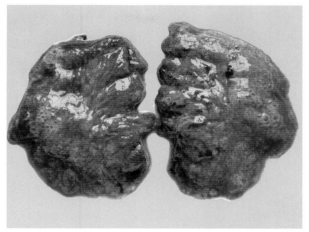

图 4-53　肺脏出血，水肿（刁有祥 供图）

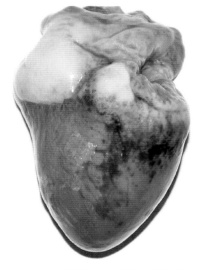

图 4-54　心冠脂肪、心肌出血（刁有祥 供图）

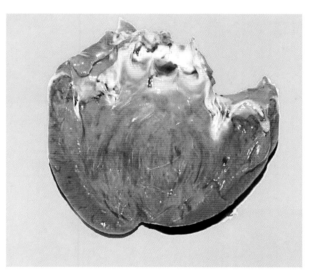

图 4-55　心内膜出血（刁有祥 供图）

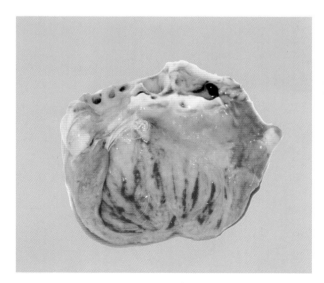

图 4-56　心内膜出血（刁有祥 供图）

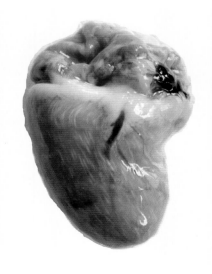

图 4-57　心肌条纹状坏死（刁有祥 供图）

图4-58 腹腔脂肪出血（刁有祥 供图）

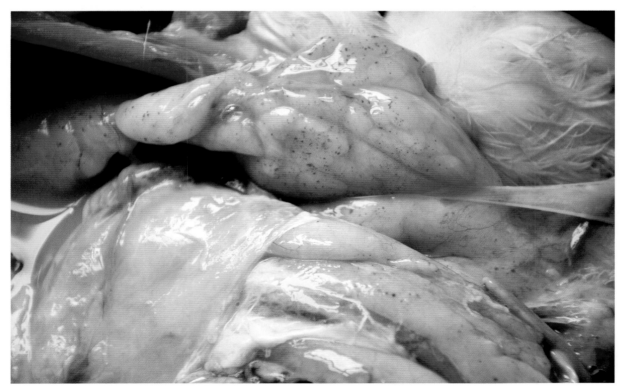

图4-59 腹腔脂肪有大小不一的出血点（刁有祥 供图）

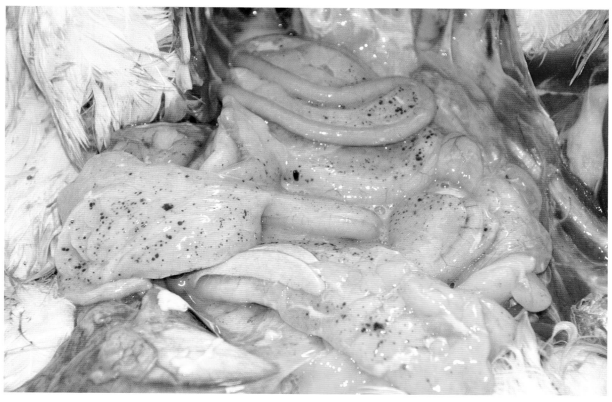

图4-60　肠系膜脂肪有大小不一的出血点（刁有祥 供图）

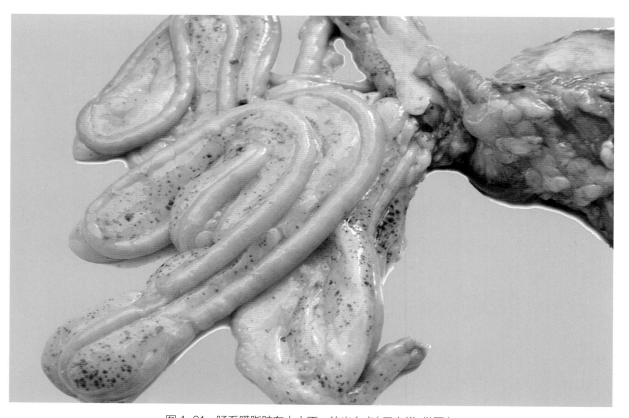

图4-61　肠系膜脂肪有大小不一的出血点（刁有祥 供图）

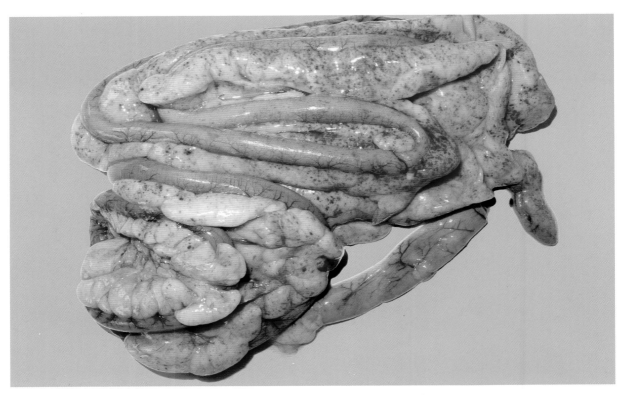

图4-62 肠系膜脂肪严重出血（刁有祥 供图）

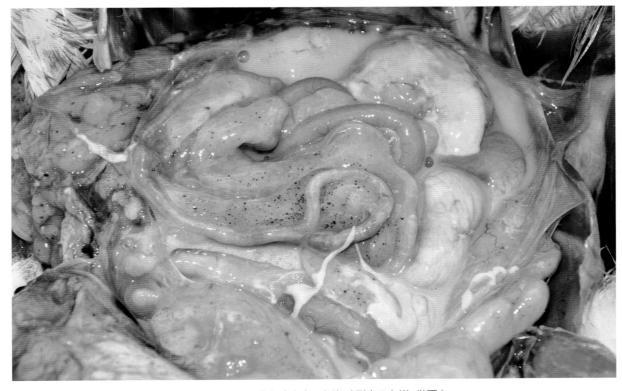

图4-63 肠系膜脂肪出血，卵泡破裂（刁有祥 供图）

图4-64　腺胃乳头出血（刁有祥 供图）

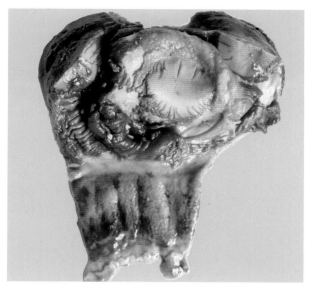

图4-65　腺胃出血（刁有祥 供图）

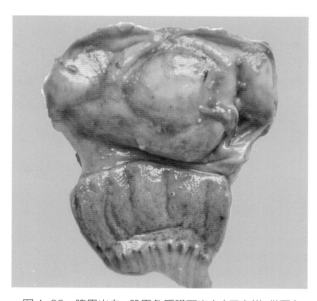

图4-66　腺胃出血，肌胃角质膜下出血（刁有祥 供图）

（图4-94、图4-95）。有的产蛋鹅输卵管和卵巢出现明显萎缩。公鹅睾丸出现萎缩。脾脏肿大，呈紫黑色（图4-96）。发生低致病性禽流感后，机体抵抗力下降，易继发大肠杆菌、鸭疫里默氏菌病及产气荚膜梭状芽孢杆菌感染，剖检可见心包炎、肝周炎、气囊炎、输卵管炎及纤维素性坏死性肠炎。

鹅感染高致病性禽流感的主要病理组织学变化表现为心外膜下有炎性细胞浸润，心肌纤维肿胀，横纹消失，细胞核溶解，有的心肌纤维断裂。肺房壁毛细血管扩张、瘀血，支气管和细支气管周围淋巴细胞浸润，肺房中充满炎性细胞和红细胞（图4-97）。腺胃黏膜上皮细胞坏死脱落，炎性细胞浸润。十二指肠、直肠的肠绒毛断裂、不完整，上皮细胞变性、坏死、脱落；小肠肠绒毛变粗，固有层毛细血管扩张、充血，有淋巴细胞、单核细胞和浆细胞浸润；空肠的上皮细胞坏死（图4-98、图4-99、图4-100）。胰腺腺泡上皮变性、坏死，形成大量的局灶性坏死灶，胰腺细胞崩解、坏死（图4-101）。肝脏呈局灶性坏死，肝细胞发生颗粒变性、脂肪变性和坏死，肝窦内网状内皮细胞增生，肝被膜下有出血（图4-102、图4-103）。脑毛细血管充血，小血管周围和神经元细胞周围发生水肿、神经元变性坏死，并有小胶质细胞吞噬神经元现象，脑组织发生液化呈空泡化（图4-104）。肾小管上皮细胞发生颗粒性变性，局灶性坏死，肾小管管腔变狭窄或阻塞，有的肾小管上皮坏死脱落后仅存肾小管轮廓，肾小球毛细血管有微血栓形成。脾脏白髓边缘区出血，脾鞘动脉周围的淋巴组织以及脾小体内的淋巴细胞核发生浓缩，碎裂而坏死、崩解使脾小体缩小，脾小体和红髓有均质红色的淀粉样物。

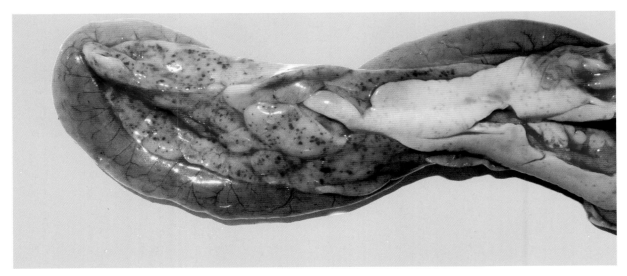

图 4-67　胰腺有大小不一的出血点（刁有祥　供图）

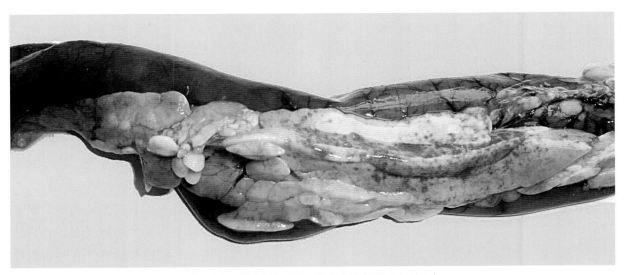

图 4-68　胰腺有大小不一的出血点（刁有祥　供图）

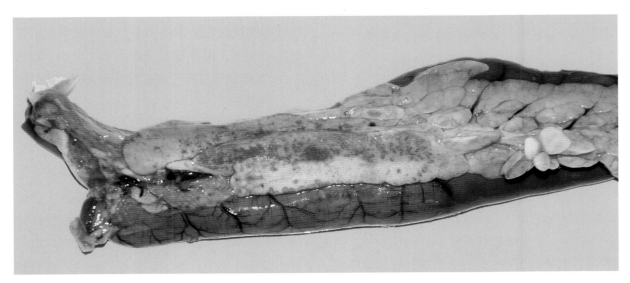

图 4-69　胰腺出血（刁有祥　供图）

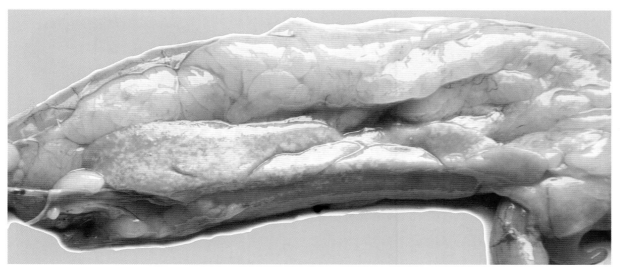

图4-70　胰腺液化（刁有祥　供图）

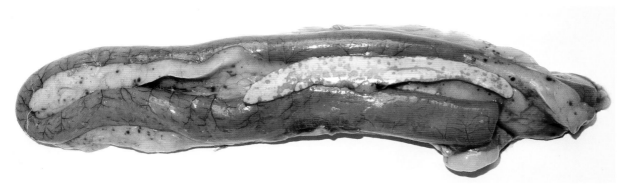

图4-71　胰腺出血、液化，有大量半透明斑点（刁有祥　供图）

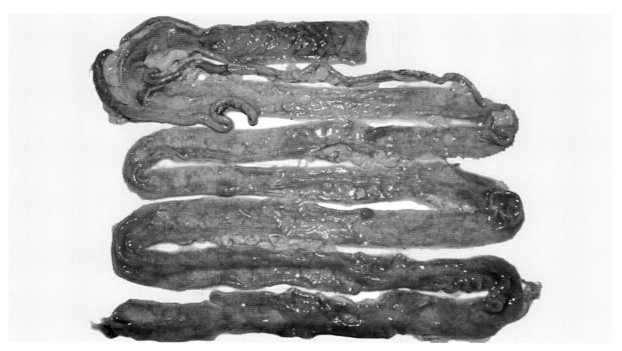

图4-72　肠黏膜出血（刁有祥　供图）

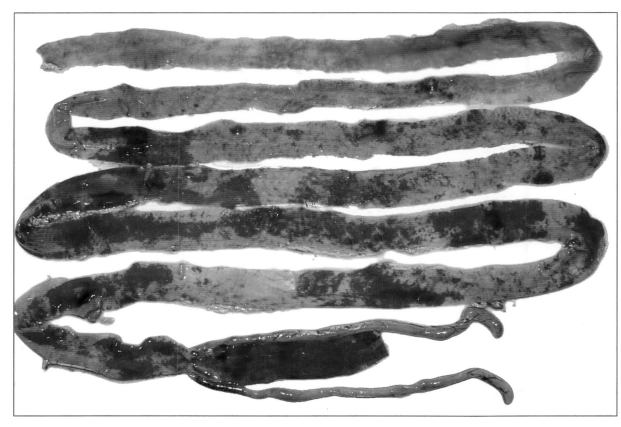

图4-73　肠黏膜出血（刁有祥　供图）

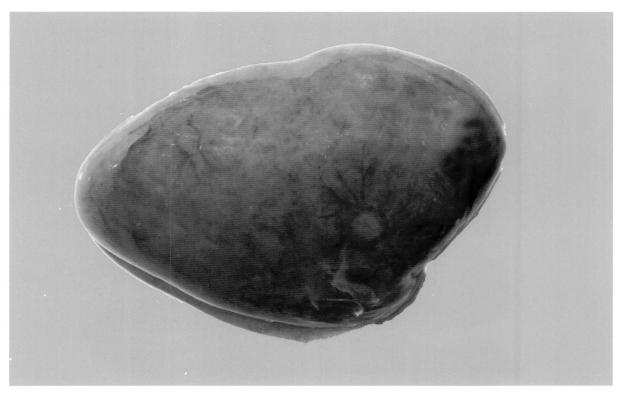

图4-74　脾脏肿大（刁有祥　供图）

图4-75　卵泡变形，卵泡膜出血（刁有祥 供图）

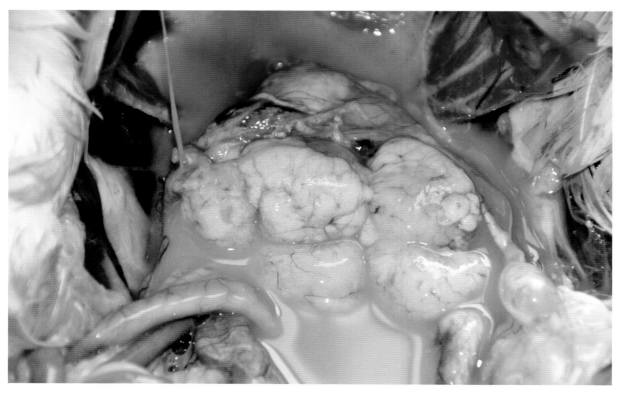

图4-76　卵泡变形、破裂（刁有祥 供图）

图4-77　卵泡变形、破裂，卵黄散落在腹腔中（刁有祥　供图）

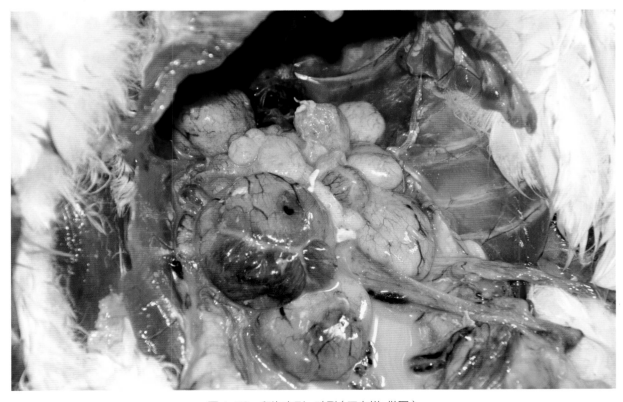

图4-78　卵泡变形、破裂（刁有祥　供图）

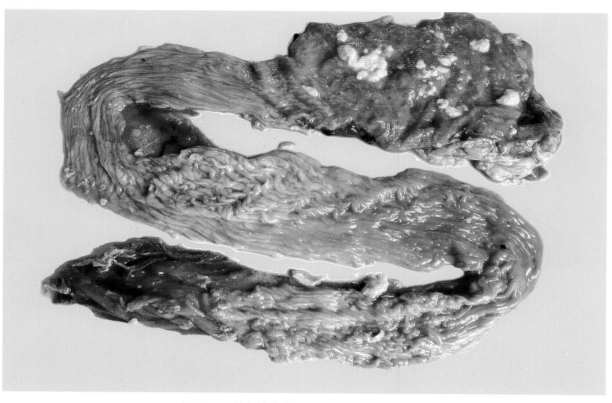

图4-79 输卵管黏膜水肿、充血（刁有祥 供图）

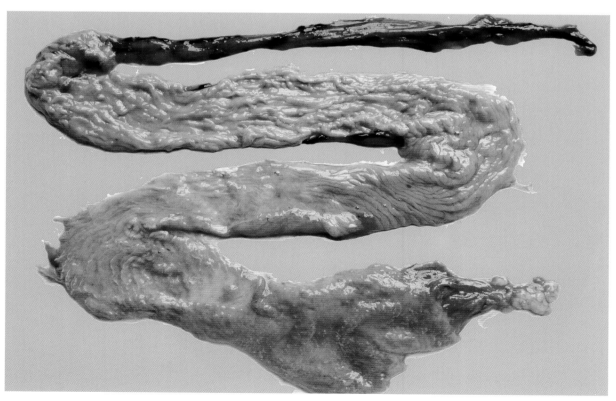

图4-80 输卵管黏膜水肿、充血，管腔中有白色分泌物（刁有祥 供图）

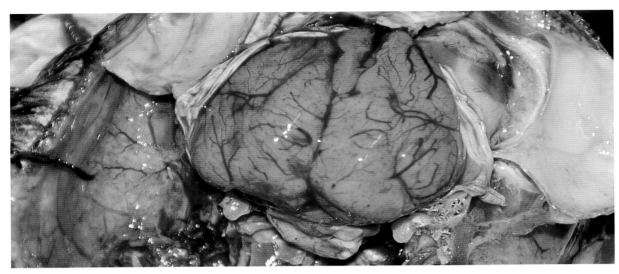

图 4-81 脑膜充血，呈紫红色（刁有祥 供图）

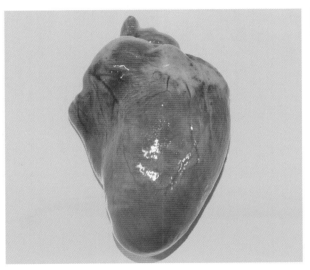

图 4-82 心冠脂肪出血（刁有祥 供图）

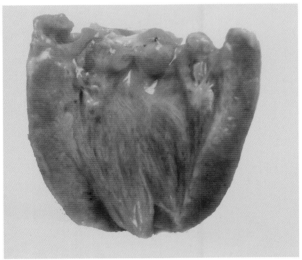

图 4-83 心内膜出血（刁有祥 供图）

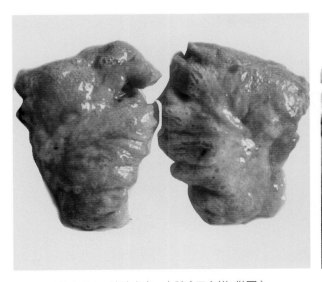

图 4-84 肺脏出血、水肿（刁有祥 供图）

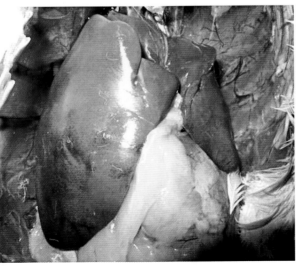

图 4-85 肝脏肿大、出血（刁有祥 供图）

图4-86　气管环出血（刁有祥　供图）

图4-87　腺胃出血（刁有祥　供图）

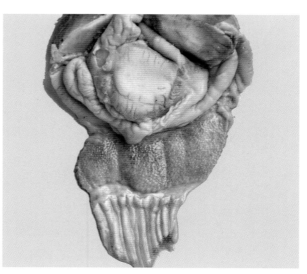

图4-88　腺胃出血（刁有祥　供图）

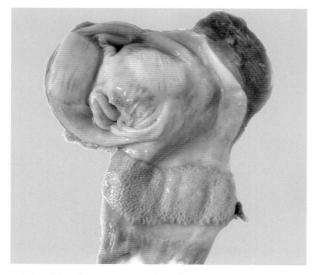

图4-89　腺胃出血，肌胃角质膜下出血（刁有祥　供图）

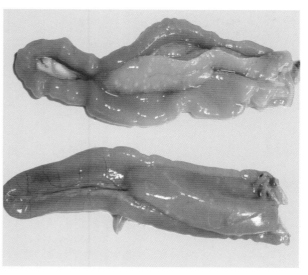

图4-90　胰腺液化（刁有祥　供图）

图 4-91　胰腺液化（刁有祥　供图）

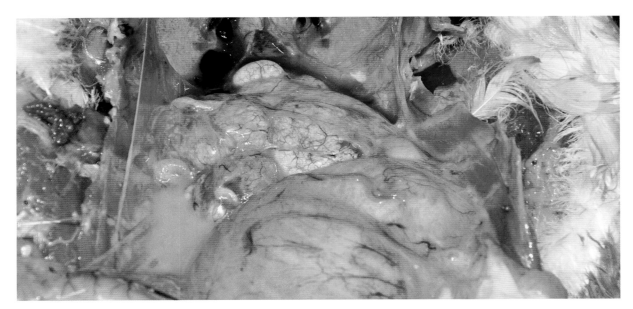

图 4-92　卵泡变形、破裂（刁有祥　供图）

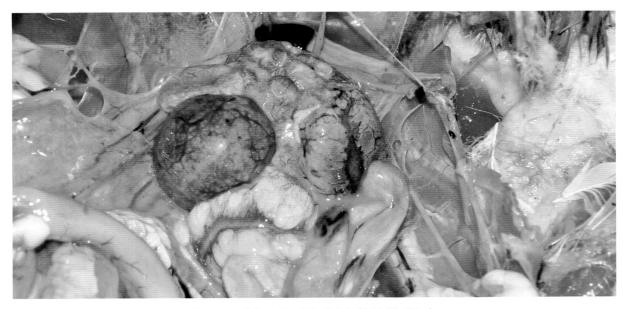

图 4-93　卵泡变形，卵泡膜出血（刁有祥　供图）

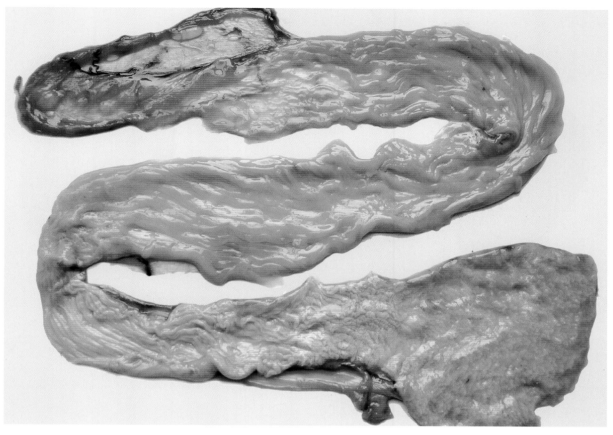

图4-94　输卵管黏膜水肿（刁有祥　供图）

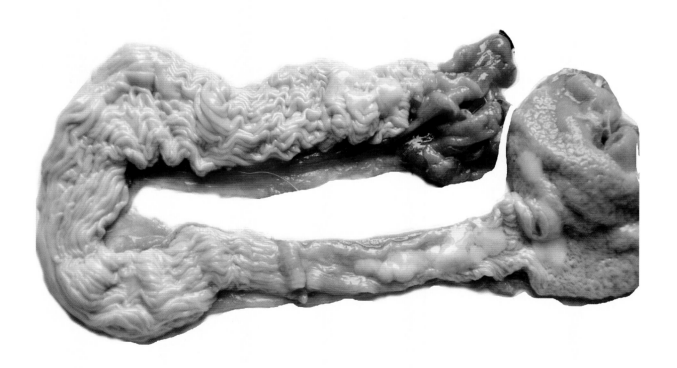

图4-95　输卵管黏膜水肿，管腔中有黄白色渗出（刁有祥　供图）

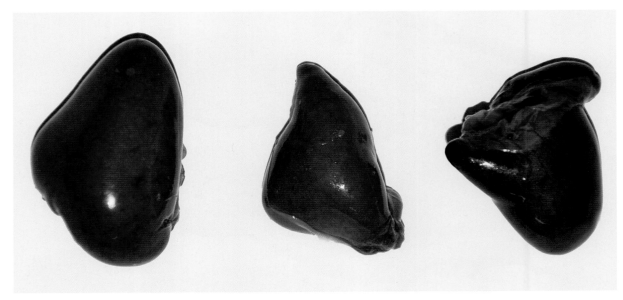

图 4-96　脾脏肿大，呈紫黑色（刁有祥 供图）

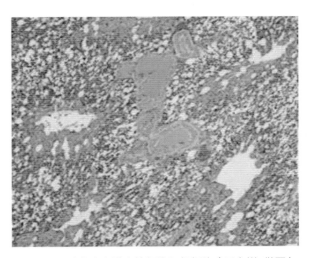

图 4-97　肺房中充满炎性细胞和红细胞（刁有祥 供图）

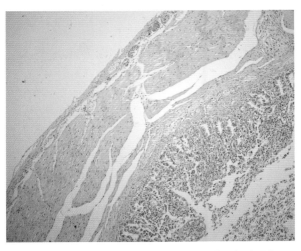

图 4-98　肠绒毛脱落，固有层疏松、淋巴细胞浸润
（刁有祥 供图）

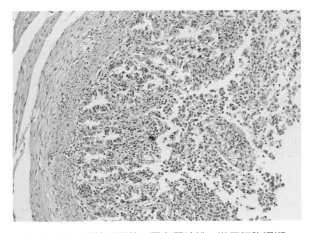

图 4-99　肠绒毛脱落，固有层疏松、淋巴细胞浸润
（刁有祥 供图）

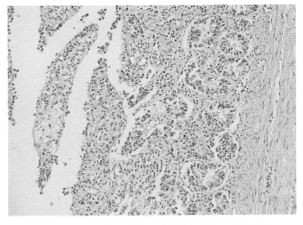

图 4-100　肠绒毛脱落，上皮组织淋巴细胞浸润
（刁有祥 供图）

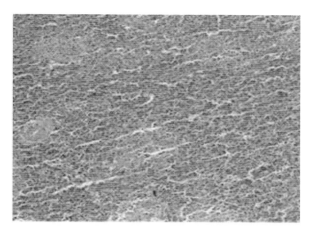

图 4-101　胰腺出血，胰腺细胞崩解、坏死（刁有祥 供图）

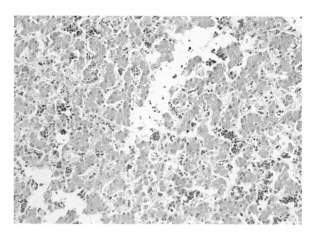

图 4-102　肝细胞崩解坏死，炎性细胞浸润（刁有祥 供图）

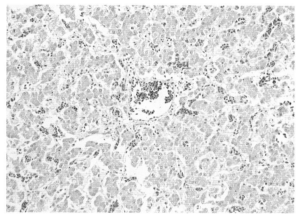

图 4-103　肝细胞崩解坏死，炎性细胞浸润（刁有祥 供图）

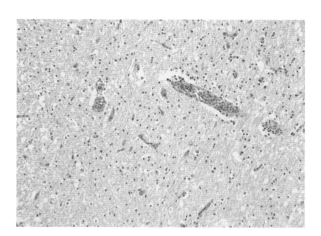

图 4-104　脑毛细血管充血，淋巴细胞浸润（刁有祥 供图）

　　鹅感染低致病性禽流感的主要病理组织学变化表现为肺脏出血、瘀血，有炎性细胞浸润；肝脏脂肪变性严重，血管瘀血，有大量炎性细胞浸润；肾脏出血，肾小球上皮细胞变性、脱落、炎性细胞浸润；卵巢出血，纤维素样增生，炎性细胞浸润。

六、诊断

1. 临床诊断

　　根据该病的流行特点、症状、病理变化等，可以作出初步诊断。由于该病的临床特征与很多病相似，且血清型较多，确诊需进行实验室诊断。

2. 实验室诊断

　　根据病毒的分离、培养、鉴定，确定病毒的类型。

　　（1）病毒的分离。取病死鹅的气管、泄殖腔拭子或病变组织，放入研钵或匀浆器中，加入适量生理盐水研磨或匀浆，离心后取上清液，上清液中加入适量青霉素和链霉素，37℃作用 30min 或 4℃作用过夜。经处理后的上清液接种至 9～11 日龄鸡胚的尿囊腔中，37℃温箱继续进行培养，弃掉 24h 以内死亡的鸡胚，收集 24h 以后死亡鸡胚的尿囊液。

（2）病毒的鉴定。分子生物学方法由于具有较强的特异性、敏感性，快速方便等特点，被广泛应用于该病毒的鉴定。设计不同血清型禽流感病毒的特异性引物，通过反转录多聚酶链式反应（RT-PCR）、巢氏 RT-PCR、实时荧光定量 RT-PCR（Real-time quantitative，RT-PCR）、核苷酸序列测定等方法可以从培养的病毒尿囊液或采集的病料样品中直接检测禽流感病毒的核酸。其中，实时荧光定量 RT-PCR 检测只需要 3h，其敏感性和特异性与病毒分离相当。巢氏 RT-PCR 的扩增具有非常强的特异性，在进行临床样品检测及鉴别诊断方面具有非常重要的应用价值。

血清学试验可以通过检测病鹅体内的抗体水平或培养的尿囊液中病毒的种类来确定鹅群是否感染禽流感病毒。常用的血清学试验有血凝－血凝抑制试验（HA-HI）、琼脂扩散试验（AGP）、酶联免疫吸附试验（ELISA）等。其中 HA-HI 试验是目前临床及实验室中常用的禽流感病毒鉴定方法，通过 HA 试验可以确定尿囊液中的病毒是否具有血凝特性，再通过 HI 试验（选择已知的不同血清型禽流感病毒的血清）确定病毒是否为禽流感病毒以及禽流感病毒的亚型。琼脂扩散试验也是目前常用的血清学检测方法，可以采集发病初期和康复期（发病后 14～18d）的血清进行检测，若康复期的血清抗体效价比发病初期升高 4 倍以上，则可以证实发生了禽流感。酶联免疫吸附试验也可以通过对病鹅体内的抗体水平进行检测从而鉴定鹅群的感染情况。

七、类症鉴别

该病易与鹅副黏病毒病、禽霍乱、鹅大肠杆菌性生殖器官疾病相混淆，需要进行类症鉴别。

鹅感染副黏病毒后，表现的特征性病变为脾脏肿大，有灰白色、大小不一的坏死灶；肠道黏膜有散在性和弥漫性、大小不一、淡黄色或灰白色纤维素性结痂。而鹅感染禽流感病毒后主要表现为全身的组织器官出血。对于这两种病毒，通过实验室检测如血凝－血凝抑制试验、RT-PCR 等方法也可以进行鉴别。

鹅感染禽霍乱后，表现的特征性病变为肝脏上有散在或弥漫性、针头大小、灰白色或灰黄色的坏死灶，应用抗生素和磺胺类药物能紧急预防和治疗。而鹅感染禽流感后肝脏只有肿大、出血的变化，无坏死灶，应用抗生素和磺胺类药物对禽流感无效。对于这两种疾病，通过实验室检测方法如涂片镜检也可以进行鉴别，禽霍乱是由巴氏杆菌引起，镜检能看到两极着色的小杆菌，而禽流感则观察不到任何细菌。

鹅大肠杆菌性生殖器官疾病，只发生于产蛋期的鹅，主要表现为卵泡破裂、变形，卵泡膜充血，一般无出血斑块，无紫葡萄样，内脏器官也无出血，以腹膜炎为特征。对于禽流感，各种日龄的鹅均可感染，发病率和死亡率高，产蛋鹅主要表现为产蛋率下降，甚至停产，卵巢损伤严重，卵泡破裂、变性，卵泡膜有出血斑，病程长者呈紫葡萄样。

八、预防

1. 加强饲养管理和卫生消毒工作，提高环境的控制水平

实行全进全出的饲养管理模式，控制人员及外来车辆的出入，建立严格的卫生和消毒制度；避免鹅群与野鸟接触，防止水源和饲料被污染；不从疫区引进雏鹅和种蛋；禁止鸡、鸭、鹅等混养，鸡场和鹅场应间隔 3km 以上，且不用同一水源；做好灭蝇、灭鼠工作；加强消毒工作，鹅舍周围

的环境、地面等要严格消毒，饲养管理人员、技术人员消毒后才能进入鹅舍等。

2. 加强诊断、监测和监督工作

快速准确地诊断禽流感是及早成功控制该病的前提，依靠实验室进行病毒的分离与鉴定或进行病毒核酸的检测是诊断禽流感的关键。加强对禽类饲养、运输、交易等活动的监督检查，落实屠宰加工、运输、储藏、销售等环节的监督检查，严格产地检疫和屠宰检疫，禁止经营和运输病禽及产品。

3. 做好粪便的处理

鹅场的粪便、污物等做好无害化处理。

4. 免疫预防

根据《国家中长期动物疫病防治规划（2012—2020年）》，高致病性禽流感应执行强制免疫计划。我国《2018年国家动物疫病强制免疫计划》要求，对全国所有鸡、水禽（鸭、鹅）、人工饲养的鹌鹑、鸽子等，进行H5亚型和H7亚型高致病性禽流感免疫。目前临床上使用的低致病性禽流感疫苗主要是H9N2亚型全病毒灭活苗。禽流感疫苗接种后两周就能产生免疫保护力，能够抵抗该血清型的流感病毒，免疫保护力能维持10周以上。

鹅禽流感的免疫可参考以下程序。

（1）种鹅、蛋鹅。14～21日龄采用H5、H7和H9亚型禽流感灭活苗进行首免，3～4周后加强免疫一次H5、H7和H9亚型禽流感灭活苗。以后根据抗体检测结果，每隔4～6个月加强免疫一次，一般要求HI抗体水平在 $\log_2 10$ 以上。

（2）商品肉鹅。7～10日龄，采用H5、H7和H9亚型禽流感灭活苗进行首免，3～4周后加强免疫一次H5、H7和H9亚型禽流感灭活苗。

九、处理

1. 高致病性禽流感

一旦发现疫情，应按照农业部的《高致病性禽流感疫情处置技术规范》进行疫情处置，做到"早发现、早诊断、早报告、早确认"，确保禽流感疫情的早期预警预报。对疑似高致病性禽流感疫情，要及时上报当地兽医行政管理部门，同时对疑似疫点采取严格的隔离措施。一旦确诊，立即在有关兽医行政管理部门的指导下划定疫点、疫区和受威胁区，严格封锁。扑杀疫点内所有受感染的禽类，扑杀、死亡的禽只以及相关产品必须做无害化处理。受威胁地区，尤其是3～5km范围内的家禽实施紧急免疫。同时要对疫点、疫区受威胁地区彻底消毒，消毒后21d，如受威胁地区的禽类不再出现新病例，可解除封锁。

2. 低致病性禽流感

在严密隔离的条件下，可以进行对症治疗，减少损失。对症治疗可采用以下方法。

（1）采用抗病毒中药，如板蓝根、大青叶等。板蓝根2g/（只·日）或大青叶3g/（只·日），粉碎后拌料使用。也可用金丝桃素或黄芪多糖饮水，连用4～5d。

（2）添加适当的抗菌药物，防止大肠杆菌或支原体等继发或混合感染。如可在饮水中添加环丙沙星、强力霉素、泰乐菌素、安普霉素、氟苯尼考等。

（3）饲料中可添加0.18%蛋氨酸、0.05%赖氨酸，饮水中可添加0.01%维生素或0.1%～0.2%的电解多维，缓解症状，抵抗应激。

第二节　鹅副黏病毒病

　　鹅副黏病毒病（Goose paramyxovirus disease）即鹅的新城疫（Newcastle disease，ND），是由禽副黏病毒1型（Avian paramyxovirus 1，APMV-1）即新城疫病毒，引起鹅的一种急性病毒性传染病，不同日龄、不同品种的鹅均可感染，发病率和死亡率高。该病于1997年由王永坤和辛朝安在江苏和广东首次报道。2000年以后，该病在我国养鹅地区均有发生和流行，其危害程度已超过小鹅瘟，已成为严重危害我国养鹅业的重要传染病之一。

一、病原

　　该病的病原为禽副黏病毒1型，即新城疫病毒，该病毒属于副黏病毒科、副黏病毒亚科、腮腺炎病毒属。病毒粒子呈球形，直径为100~250nm，有囊膜，囊膜表面有2种纤突：一种纤突是由血凝素－神经氨酸酶（Heamagglutinin-Neuraminidase，HA）组成，一种纤突是由融合蛋白（Fusion Protein，F）组成。囊膜内包裹着病毒的基因组核酸和核衣壳蛋白（Nucleocapsid protein，NP）构成的核衣壳，磷蛋白（Phosphoprotein，P）和聚合酶（Large polymerase protein，L）与之结合构成RNP复合物。病毒的核酸含有6个基因组，编码6种蛋白：核衣壳蛋白（NP）、磷蛋白（P）、基质蛋白（M）、融合蛋白（F）、血凝素–神经氨酸酶（HN）和大分子量聚合酶蛋白（L）。HN糖蛋白具有与细胞受体结合、破坏受体活性的作用。F糖蛋白介导病毒与细胞的融合，参与病毒的穿入、细胞融合、溶血等过程，在病毒穿过细胞膜的过程中发挥重要作用。因此，F糖蛋白是决定病毒毒力的主要因素，也是毒株的重要分类依据。HN特异性抗体能抑制融合，说明病毒吸附是病毒融合的一种前提，这样病毒的穿透才能进行。

　　根据NDV基因组长度可分为Class Ⅰ和Class Ⅱ两大系谱。Class Ⅰ的基因组长度为15198nt，Class Ⅱ的基因组长度包括15186nt和15193nt两种形式。目前，临床上的NDV流行的强毒株和所用的疫苗毒株均属于Class Ⅱ。根据F基因的序列差异，Class Ⅱ中的NDV毒株可分为18个基因型（Ⅰ~ⅩⅧ）。近年来，我国鹅群中流行的基因型主要是基因Ⅶ型，该基因型与目前所用的疫苗株（如LaSota、Clone30）存在一定的序列差异，二者之间的F基因和HN基因的序列同源性分别为82%~84%和80%~90%。

　　病毒存在于病鹅的血液、粪便、肾、肝、脾、肺、气管等，其中脑、脾、肺中含量最高，因此进行实验室诊断采集病料时可以有重点的采集这些病毒含量高的组织器官。病毒能适应于鸡胚，通过绒毛尿囊腔接种9~11日龄的SPF鸡胚，病毒能在鸡胚中迅速增殖。接种病毒后鸡胚死亡的时间，随病毒毒力和接种剂量的不同而有所差异，强度株对鸡胚的致死时间一般为28~72h，弱毒株的致死时间一般为5~6d。死亡胚体全身充血、出血，头部和足趾出血最明显，胚体和尿囊液中含有大量病毒。病毒能在多种细胞中生长繁殖，如鸡胚、猴肾和Hela细胞，使细胞产生病变，即感染的细胞形成空斑。强度株感染后形成的细胞空斑大，低致力毒株或弱毒株感染细胞时如果不加入镁离子和乙二胺四乙酸二钠（DEAE）则不形成空斑。病毒能凝集鸡、火鸡、鸭、鹅、鸽子、鹌鹑等禽类、所有两栖类、爬行类以及人（O型血）的红细胞，因此实验室中可利用血凝–血凝抑制实验（HA-HI）来鉴定该病毒。

病毒的抵抗力不强，对热、干燥、日光等敏感。在酸性或碱性溶液中易被破坏，对乙醚、氯仿等有机溶剂敏感。对一般消毒剂的抵抗力不强，常用消毒剂如2%氢氧化钠、1%来苏儿、3%石炭酸、1%～2%的甲醛溶液均可在几分钟内杀死该病毒。病毒在阴暗、潮湿、寒冷的环境中能存活很久，如组织或尿囊液中的病毒在0℃环境中至少能存活1年以上，在-35℃冰箱中至少能存活7年。

二、流行病学

不同品种、不同年龄的鹅对该病均有易感性，如豁眼鹅、闽北鹅、永康鹅、阳江鹅、雁鹅、皖西白鹅、朗德鹅、四川白鹅、狮头鹅、杂交鹅等均可感染发病。鹅的日龄越小，发病率、死亡率越高，随着日龄的增长，发病率和死亡率有所下降，其中2周龄以内雏鹅的发病率和死亡率均可达100%。

该病的传染源主要是病鹅和带毒鹅，鹅感染病毒后在出现症状前24h，其口、鼻分泌物和粪便中就有病毒排出。流行后期的耐过鹅和流行期间的带毒鹅仍然能向外排毒，这也是造成该病继续流行的重要原因。病鹅和带毒鹅的分泌物或排泄物污染饲料、饮水、垫料、用具、孵化器等，易感鹅通过消化道或破损的皮肤或黏膜可引起感染；病鹅打喷嚏或咳嗽时的飞沫中含有大量的病毒，散布空气中造成污染，易感鹅吸入后造成感染发病。这种通过呼吸道造成的病毒传播，速度快、传播范围广，是该病大范围发生、流行的重要原因之一。产蛋鹅感染后其蛋中能分离到该病毒，因此该病也能垂直传播。许多飞禽和哺乳动物也能携带病毒，如狗、猫等吃了病鹅的尸体后，72h内便可以排出病毒造成疫病的传播。

该病一年四季均可发生，但冬春季节多发。

三、症状

不同日龄自然感染鹅的潜伏期一般为3～5d，人工感染的雏鹅和青年鹅一般在感染后2～3d发病，病程为1～4d。自然感染病例和人工感染病例表现出的症状相同。

（1）雏鹅主要表现呼吸道和消化道症状。发病初期，出现精神沉郁，行动迟缓，不愿行动（图4-105、图4-106）。随着病情的发展，病鹅表现明显的感冒样症状，如流出水样鼻液、咳嗽、

图4-105　病鹅精神沉郁，闭眼嗜睡（刁有祥　供图）

呼吸急促、甩头等。眼睛中有眼泪、眼半闭（图4-107、图4-108、图4-109），少食或不食，多数鹅排绿色、白色或黄白色稀粪（图4-110、图4-111、图4-112）。病程短，一般2～5d，死亡率可达100%（图4-113）。

（2）青年鹅或成年鹅发病初期，精神委顿，排黄白色、白色稀粪（图4-114、图4-115、图4-116、图4-117、图4-118、图4-119）。随着病情的发展，眼流泪（图4-120），大群鹅排黄色、暗红色、绿色或墨绿色稀粪，两腿无力，常蹲伏或跛行，减食或拒食，体重减轻，饮欲增加，行动无力，漂浮水面。病程后期，部分病鹅出现神经症状，如扭颈、仰头或转圈等（图4-121、图4-122）。发病

图4-106　病鹅精神沉郁，垂头缩颈（刁有祥 供图）

图4-107　病鹅精神沉郁，肿眼流泪（刁有祥 供图）

图4-108　鹅肿眼流泪（刁有祥　供图）

图4-109　鹅肿眼流泪（刁有祥　供图）

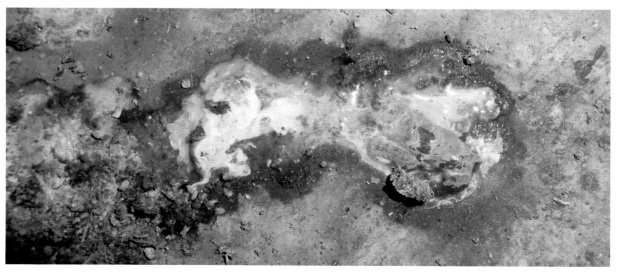

图4-110　鹅排绿色稀便（刁有祥　供图）

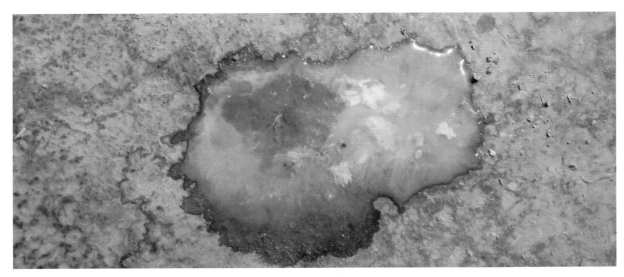

图4-111　鹅排白色稀便（刁有祥　供图）

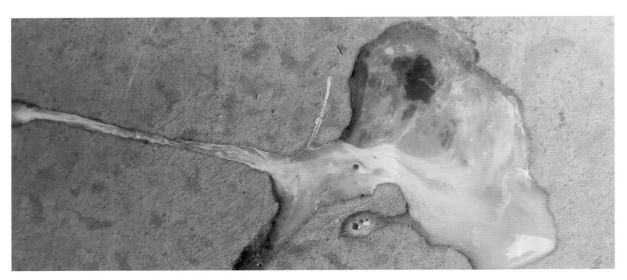

图4-112　鹅排黄白色稀便（刁有祥　供图）

图4-113　死亡的雏鹅（刁有祥　供图）

图4-114　鹅精神沉郁（刁有祥　供图）

图4-115　鹅精神沉郁（刁有祥　供图）

图4-116　鹅精神沉郁，喙触地（刁有祥　供图）

图4-117 鹅精神沉郁（刁有祥 供图）

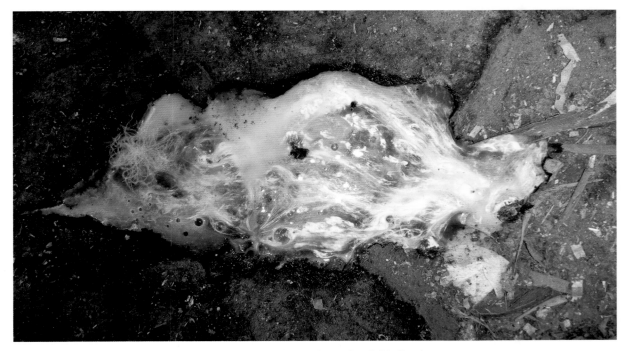

图4-118 病鹅排黄白色稀便（刁有祥 供图）

图 4-119　病鹅排白色稀便（刁有祥　供图）

图 4-120　鹅精神沉郁，眼流泪（刁有祥　供图）

图4-121 鹅头颈扭转（刁有祥 供图）

图4-122 鹅头颈扭转，翅麻痹（刁有祥 供图）

后不死的鹅，一般在6～7d病情开始出现好转，9～10d康复。产蛋鹅产蛋率迅速下降或停止，降幅可达50%左右，在低水平产蛋率上可持续十多天的时间，软壳蛋、无壳蛋增多（图4-123），之后产蛋率开始慢慢恢复。

四、病理变化

雏鹅心冠脂肪出血，心内膜出血（图4-124、图4-125）；气管环出血，肺脏出血，（图4-126、图4-127、

图4-123　病鹅产软壳蛋（刁有祥　供图）

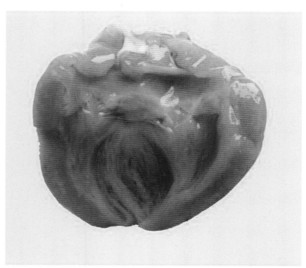

图4-124　心内膜出血（刁有祥　供图）

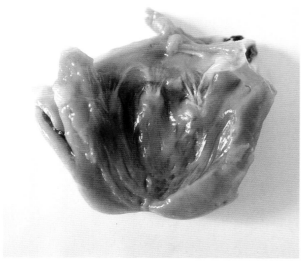

图4-125　心内膜出血（刁有祥　供图）

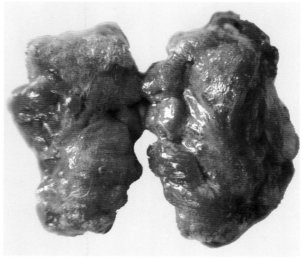

图4-126　肺脏出血、水肿（刁有祥　供图）

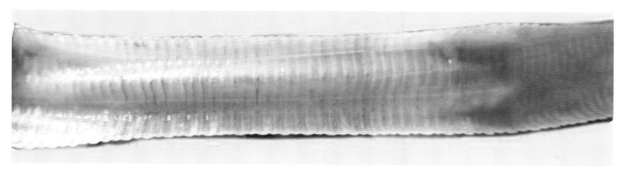

图4-127　气管环出血（刁有祥　供图）

图 4-128);脾脏肿大,表面有大小不等的白色坏死灶(图 4-129),胸腺、法氏囊肿胀、出血(图 4-130、图 4-131、图 4-132);胰腺充血、出血,有灰白色坏死灶(图 4-133、图 4-134),肝脏轻度瘀血肿大(图 4-135),胆囊扩张,充满胆汁;腺胃黏膜水肿增厚,有的腺胃乳头出血(图 4-136);肠黏膜弥漫性出血(图 4-137);肾脏肿大,输尿管扩张,充满白色尿酸盐,心包积液;大脑、小脑充血、水肿(图 4-138)。

青年鹅或成年鹅心冠脂肪有出血点,心肌变性,心内膜出血(图 4-139、图 4-140、图 4-141、

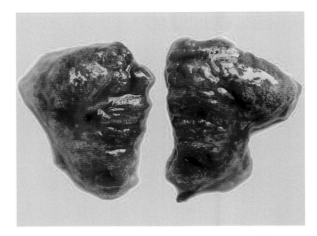

图 4-128 肺脏出血、水肿(刁有祥 供图)

图 4-129 脾脏肿大(刁有祥 供图)

图 4-130 胸腺肿大(刁有祥 供图)

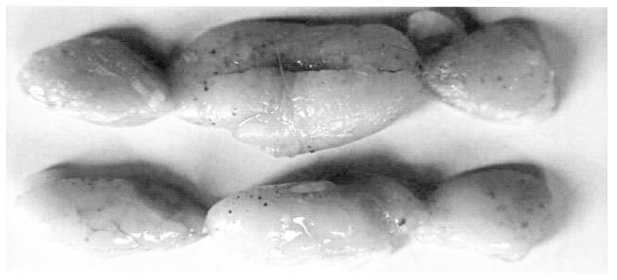

图 4-131　胸腺肿大，出血（刁有祥　供图）

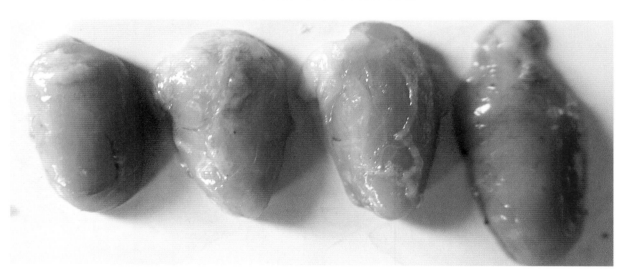

图 4-132　法氏囊肿胀（刁有祥　供图）

图 4-133　胰腺有白色坏死点（刁有祥　供图）

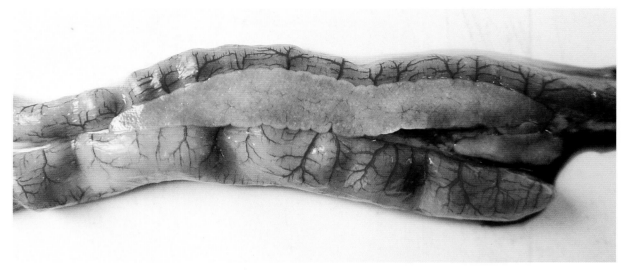

图 4-134　胰腺出血（刁有祥　供图）

图 4-135　肝脏肿大（刁有祥　供图）

图 4-136　腺胃出血（刁有祥　供图）

图 4-142）。肝脏肿大，有白色细小的坏死点（图 4-143、图 4-144）。脾脏肿大、瘀血，表面和切面均有大小不一的灰白色或淡黄色的坏死灶，有的如粟粒大小，有的融合成绿豆粒大小（图 4-145、图 4-146）。青年鹅法氏囊、胸腺肿大、出血（图 4-147、图 4-148）。胰脏出血，表面有灰白色的坏死点，有时坏死点融合成片，表面光滑，色泽苍白，切面均匀（图 4-149、图 4-150）。腹腔脂肪、肠系膜脂肪出血（图 4-151、图 4-152）；消化道黏膜以出现大小不一的溃疡灶或糠麸样病变为主要特征，食道黏膜出血或有坏死结痂；腺胃出血，肌胃角质层下有溃疡

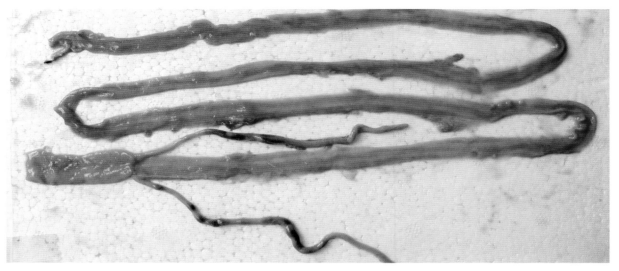

图4-137 肠黏膜弥漫性出血（刁有祥 供图）

图4-138 脑膜充血、出血（刁有祥 供图）

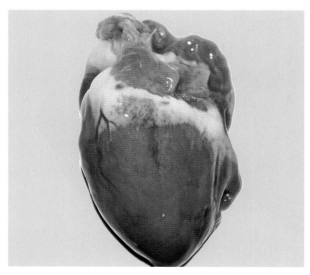

图4-139 心冠脂肪有大小不一的出血点（刁有祥 供图）

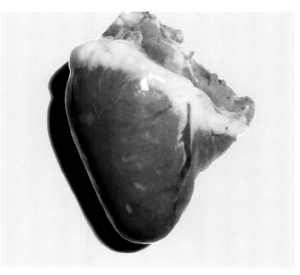

图4-140 心肌变性、坏死（刁有祥 供图）

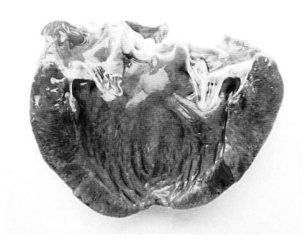

图 4-141　心内膜出血（刁有祥 供图）

图 4-142　心内膜出血（刁有祥 供图）

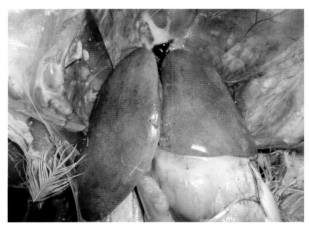

图 4-143　肝脏肿大（刁有祥 供图）

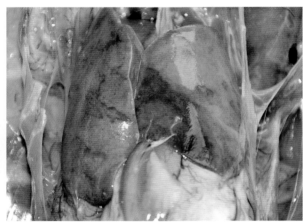

图 4-144　肝脏肿大，表面有大小不一的坏死灶（刁有祥 供图）

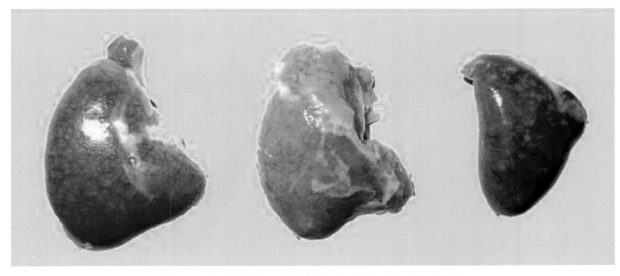

图 4-145　脾脏肿大，表面有黄白色坏死点（刁有祥 供图）

图4-146　脾脏肿大，呈紫黑色（刁有祥 供图）　　　　图4-147　法氏囊肿大，呈紫黑色（刁有祥 供图）

图4-148　胸腺肿大、出血（刁有祥 供图）

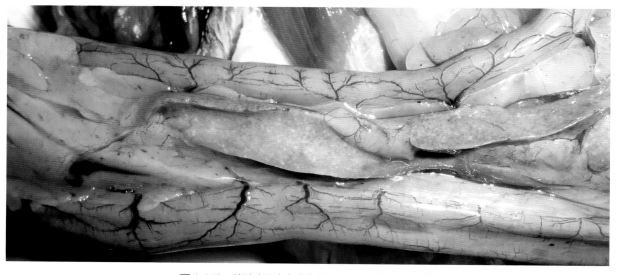

图4-149　胰脏表面有灰白色的坏死点（刁有祥 供图）

图4-150 胰脏表面有大小不一的出血点（刁有祥 供图）

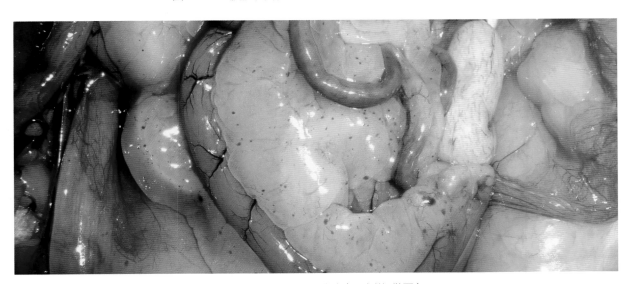

图4-151 肠系膜脂肪出血（刁有祥 供图）

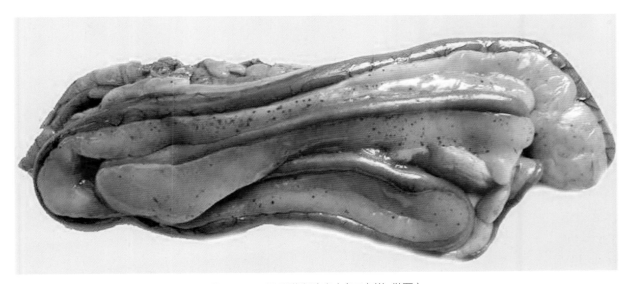

图4-152 肠系膜脂肪出血（刁有祥 供图）

灶或结痂；有的鹅腺胃与肌胃交界处、食管与腺胃交界处出血、溃疡（图4-153、图4-154、图4-155、图4-156、图4-157、图4-158）。十二指肠、空肠、回肠黏膜有散在性或弥漫性出血、大小不一的

图4-153　腺胃出血（刁有祥 供图）

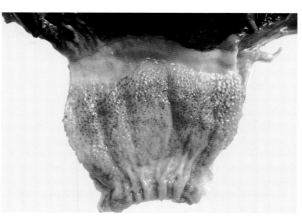

图4-154　腺胃出血（刁有祥 供图）

图4-155　腺胃出血（刁有祥 供图）

图4-156　腺胃与食道交界处出血（刁有祥 供图）

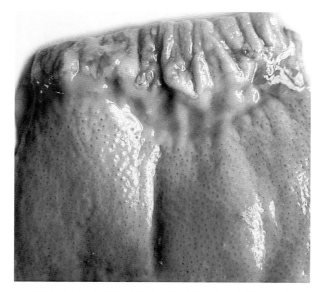

图4-157　腺胃与食道交界处有溃疡（刁有祥 供图）

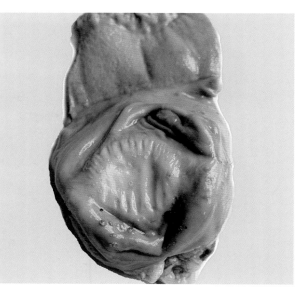

图4-158　肌胃角质膜下有溃疡灶（刁有祥 供图）

出血斑点、溃疡灶（图4-159、图4-160、图4-161、图4-162、图4-163、图4-164）；之后慢慢融合成大的圆形出血斑和溃疡灶，表面覆盖着灰白色、淡黄色或红褐色的纤维素性结痂，突出于肠壁的表面；空肠、回肠变更为严重，黏膜上有弥漫性、大小不一的溃疡灶（图4-165）；盲肠黏膜上有出血斑和纤维素性结痂；直肠和泄殖腔黏膜的弥漫性结痂更严重，结痂剥离后有出血面或溃疡面出现。气管、肺脏出血（图4-166、图4-167、图4-168）。肾脏肿大，有尿酸盐沉积。产蛋鹅表现为卵泡变形、破裂，卵黄散落在腹腔中形成卵黄性腹膜炎，输卵管浆膜、黏膜出血（图4-169、图4-170、图4-171、图4-172、图4-173）。表现神经症状的病鹅，脑充血、出血、水肿，脑软化（图4-174、图4-175、图4-176）。

组织学变化表现为病死鹅的肝细胞、肾小管上皮细胞、心肌细胞等出现颗粒变性或水泡变性，气管黏膜上皮细胞坏死脱落、纤毛消失，腺胃、肠道、胰腺、脾脏、法氏囊、脑的组织学变化有明显的特征性。

脾脏的脾髓瘀血，实质淋巴细胞减少，脾小体几乎完全消失，有的区域仅仅能见到中央动脉周围残留的少许淋巴细胞（图4-177）。中央动脉管壁增生、增厚，有的管腔完全闭塞，周围几乎没有淋巴细胞。在许多病例的网状结构中，可以见到块状均匀红染的血浆渗出物。

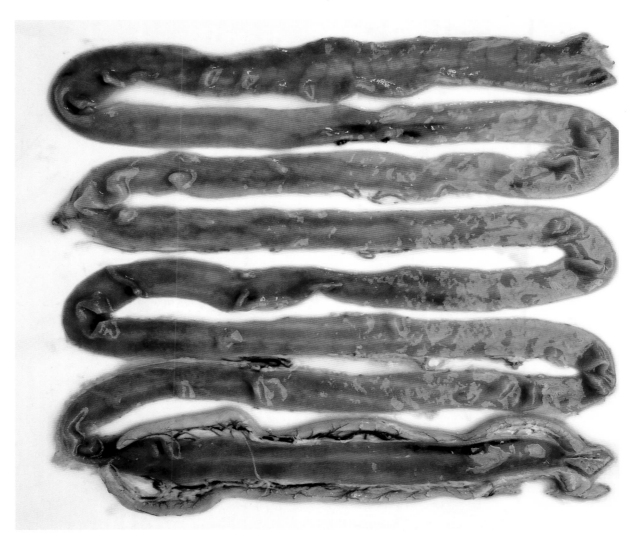

图4-159 肠黏膜弥漫性出血（刁有祥 供图）

图4-160　肠道有大小不一的溃疡灶（刁有祥　供图）

图4-161　肠黏膜有大小不一的溃疡灶（刁有祥　供图）

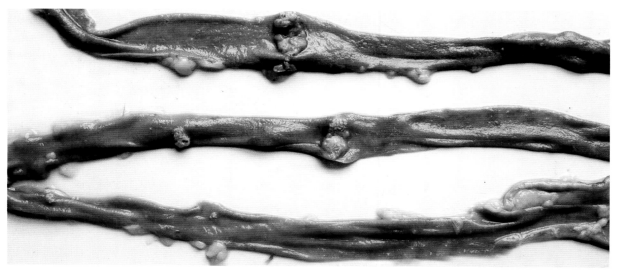

图4-162　肠黏膜有大小不一的溃疡灶（刁有祥　供图）

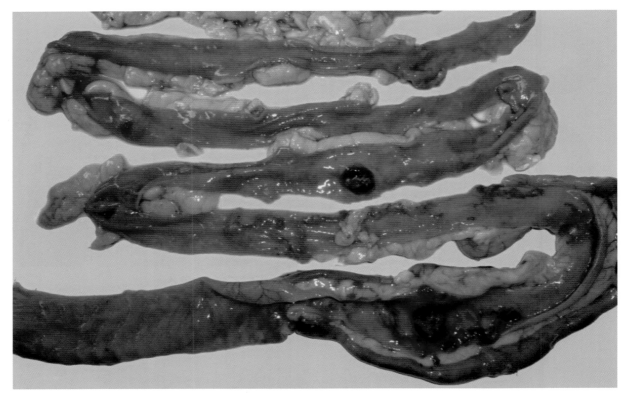

图4-163　肠黏膜出血，表面有大小不一的溃疡灶（刁有祥 供图）

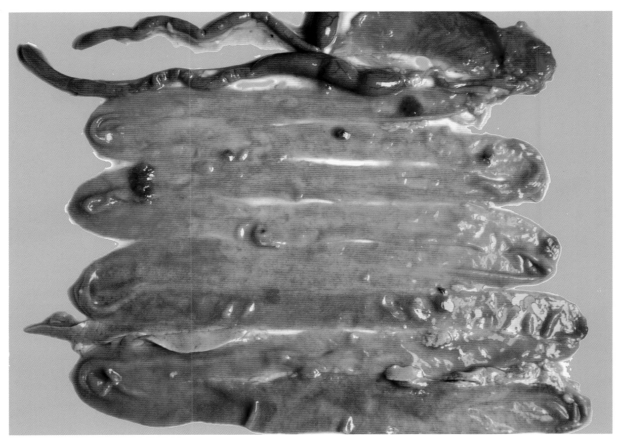

图4-164　肠黏膜出血，表面有大小不一的溃疡灶（刁有祥 供图）

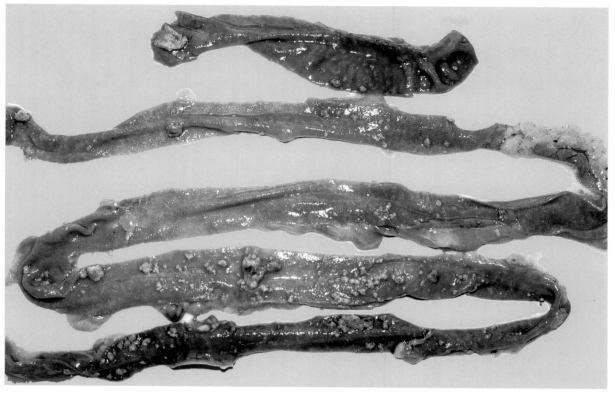

图 4-165 肠黏膜有弥漫性溃疡（刁有祥 供图）

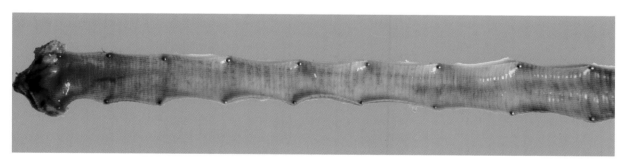

图 4-166 气管环出血（刁有祥 供图）

图 4-167 肺脏出血呈紫红色（刁有祥 供图）

图 4-168 肺脏出血呈紫红色（刁有祥 供图）

图4-169 卵泡变形(刁有祥 供图)

图4-170 卵泡变形(刁有祥 供图)

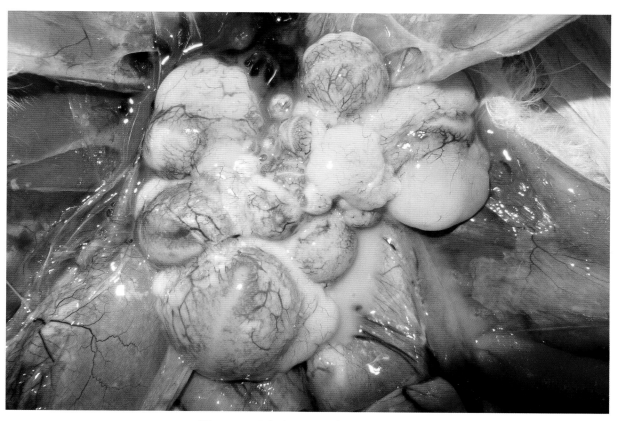

图 4-171　卵泡变形、破裂（刁有祥 供图）

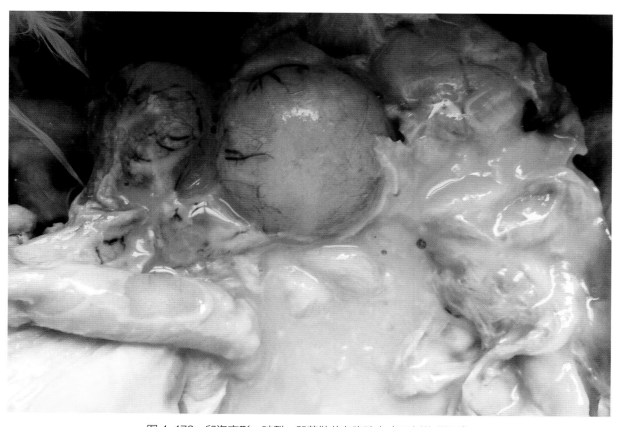

图 4-172　卵泡变形、破裂，卵黄散落在腹腔中（刁有祥 供图）

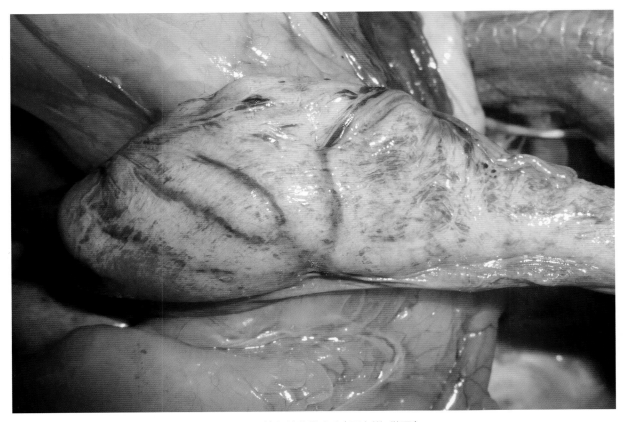

图4-173 输卵管浆膜出血（刁有祥 供图）

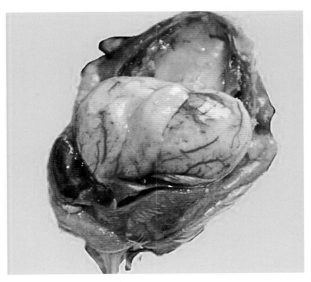

图4-174 脑膜充血，脑软化（刁有祥 供图）

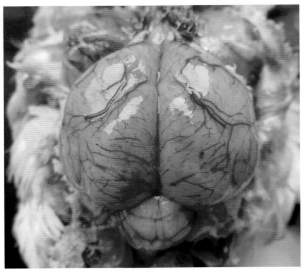

图4-175 脑膜充血（刁有祥 供图）

　　肝细胞发生颗粒样变性、水泡样变性或脂肪样变性，严重者有大量肝细胞出现坏死、溶解，组织结构破坏。肝窦瘀血，小叶间质中血管充血明显，多数病例在血管周围可见程度不同的炎性细胞浸润（图4-178）。

　　腺胃黏膜上皮细胞坏死、脱落，固有层水肿，有炎性细胞浸润。黏膜下浅层和深层复管腺上皮

图 4-176　脑膜充血，左一为健康对照（刁有祥　供图）

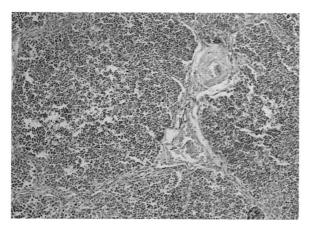

图 4-177　脾脏出血，淋巴细胞崩解、坏死（刁有祥　供图）

图 4-178　肝细胞脂肪变性，肝细胞索结构紊乱（刁有祥　供图）

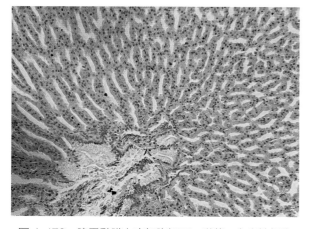

图 4-179　腺胃黏膜上皮细胞坏死、脱落，有炎性细胞
浸润（刁有祥　供图）

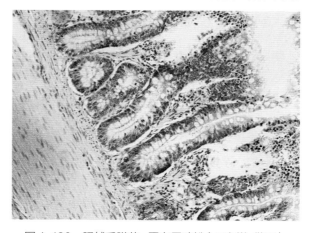

图 4-180　肠绒毛脱落，固有层疏松（刁有祥　供图）

细胞变性、坏死，浅层复管腺的坏死尤为严重，结构大部分破坏，甚至完全消失（图 4-179）。复管腺之间的结缔组织内血管充血，有炎性细胞浸润。

　　肠道病变轻的区域出现黏膜急性卡他性炎症，肠绒毛肿胀，上皮细胞脱落，固有层炎性水肿，肠腺结构破坏（图 4-180）。有的区域肠绒毛出现凝固性坏死，急性病例在变性坏死的基础上，黏膜固有层还出现严重充血和出血。大部分病例，病变深入黏膜下层和肌层，黏膜下层出现严重的充血、出血，平滑肌发生实质性变性，肌纤维肿胀断裂。肠道淋巴组织内淋巴细胞变性坏死，数量明显减少，盲肠扁桃体的淋巴组织只剩下稀疏的网状轮廓。

胰腺腺泡上皮大部分变性坏死，腺泡结构破坏，有的部位腺泡出现局灶性坏死（图4-181）。

气管黏膜上皮细胞坏死脱落，杯状细胞数量增多，固有层充血，毛细血管瘀血，气管、肺脏出血，肺房壁有大量淋巴细胞（图4-182）；输卵管上皮组织脱落，固有层疏松，有大量淋巴细胞浸润（图4-183）；肾脏出血，基底膜由大量淋巴细胞浸润（图4-184）。心脏中心肌实质变性，肌纤维肿胀、断裂、坏死，肌间小血管中充满红细胞（图4-185）。

部分病例大脑和小脑出现轻微非化脓性脑炎，脑膜和和实质血管扩张充血，实质内有的部位出现出血灶，部分血管的内皮细胞因为变

图4-181 胰腺腺泡上皮变性坏死，腺泡结构破坏
（刁有祥 供图）

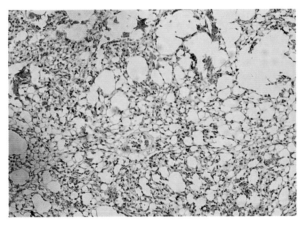

图4-182 肺脏出血，肺房壁有大量淋巴细胞
（刁有祥 供图）

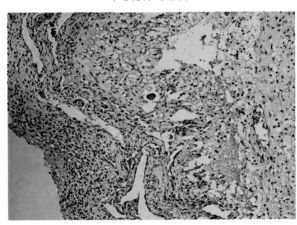

图4-183 输卵管固有层疏松，有大量淋巴细胞
（刁有祥 供图）

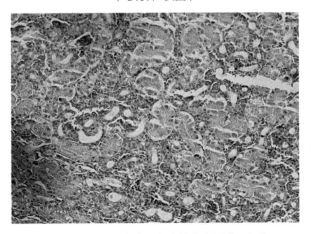

图4-184 肾脏出血，肾小管有大量淋巴细胞
（刁有祥 供图）

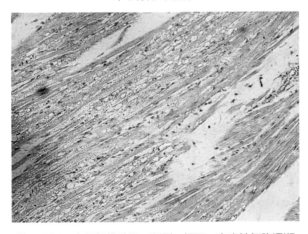

图4-185 心肌纤维肿胀、断裂、坏死，有炎性细胞浸润
（刁有祥 供图）

性肿胀而向管腔内突出，并与基膜分离，血管周围淋巴间隙显著扩张。神经细胞变性，严重者细胞核溶解消失，有的病例神经胶质细胞呈现弥漫性或局灶性增生（图 4-186）。

免疫组化染色在上述组织中有大量阳性信号（图 4-187、图 4-188、图 4-189）。

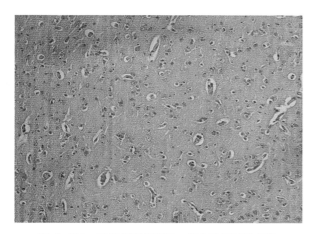

图 4-186　脑神经细胞变性，神经胶质细胞增生
（刁有祥　供图）

图 4-187　脾脏免疫组化染色有大量阳性信号
（刁有祥　供图）

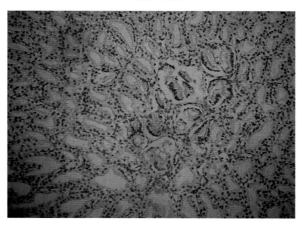

图 4-188　腺胃免疫组化染色的阳性信号（刁有祥　供图）

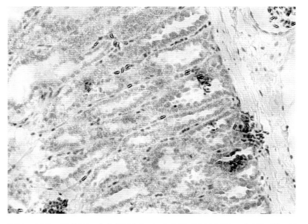

图 4-189　肠道免疫组化染色有大量阳性信号（刁有祥　供图）

五、诊断

1. 临床诊断

根据流行病学、症状和病理变化可以作出初步诊断。该病的症状主要是消化道症状明显，排稀粪，有的表现神经症状；症状明显，如流眼泪、流鼻液、呼吸困难等。病理变化特点主要是肠道出血、结痂，脾脏有白色坏死灶，胰脏有白色坏死灶等，确诊需要进行实验室诊断。

2. 实验室诊断

实验室诊断主要是进行病毒的分离和鉴定。

（1）病毒的分离。无菌采集病（死）鹅的脑、肝、脾等组织，置于匀浆器或研钵中，加入适量灭菌的生理盐水制成组织悬液，离心后取上清液，上清液中按照每毫升 500U 的比例加入青霉素和链霉素，37℃温箱中作用 30min 或 4℃冰箱作用过夜，以除去杂菌。取 0.2mL 上清液接种 9～11

日龄鸡胚的尿囊腔中，接种后鸡胚置于37℃温箱中继续培养，每天照胚1次。收集24h后死亡鸡胚的尿囊液，采用血凝血凝抑制实验、血清中和试验、荧光抗体技术、分子生物学技术等方法对分离的病毒进行鉴定。死亡鸡胚全身充血、出血，头、翅和跖部尤为明显。

（2）病毒的鉴定。

①血凝血凝抑制试验：新城疫病毒具有凝集禽类及某些哺乳动物红细胞的特性，通过血凝试验（HA）可以检测收集的尿囊液是否具有血凝特性，但不能确定尿囊液中的病毒是新城疫病毒，因为禽流感病毒、禽腺病毒等也能凝集禽类的红细胞。若收集的尿囊液具有血凝特性，还需要与已知的新城疫病毒的抗体进行血凝抑制试验（HI），若在HI试验中，病毒能被新城疫病毒的抗体所抑制，那么该病毒即为新城疫病毒。

②血清中和试验：中和试验可在鸡胚、细胞及易感鸡中进行。方法是在鸡新城疫阳性血清中加入一定量的待检病毒，两者均匀混合后，接种9~11日龄SPF鸡胚，或鸡胚成纤维细胞，或易感鸡，并设立不加血清的病毒对照组。若接种病毒和血清混合物的鸡胚或易感鸡不死亡，鸡胚成纤维细胞无病变，病毒对照组鸡胚或易感鸡死亡，鸡胚成纤维细胞出现病变，则可以确定待检病毒为新城疫病毒。

③荧光抗体技术：标记了荧光性染料的抗体与相应的抗原相遇后会发生特异性结合，形成抗原-抗体复合物。这种复合物在紫外灯照射下会激发产生荧光。这种免疫荧光法对新城疫病毒的检测具有高度特异性和敏感性，而且具有快速的特点。具体方法：采集病死鹅的脾脏、肺脏或肝脏，用冷冻切片制成标本，将新城疫荧光抗体稀释成工作浓度，加到固定后的切片标本上，37℃染色30min，然后用PBS（pH值为8.0）冲洗3次，滴加0.1%的伊文思蓝，作用2~3s，PBS冲洗后用9：1的缓冲甘油封固，然后镜检。荧光显微镜下发出荧光的位置即为新城疫病毒所在的部位。

④RT-PCR分子生物学技术：采用RT-PCR方法，可以确定分离的病原体是否为新城疫病毒，并对能其毒力进行测定。采用通用引物的PCR可以鉴定新城疫病毒，采用强毒和弱毒特异性引物的PCR可以用来区分新城疫病毒的毒力。目前，分子生物学检测方法已经非常成熟，可以取代常规的检测方法。核苷酸测序可自动化且快速，在对新城疫病毒进行分子评价时为首选技术。

对于新城疫病毒的毒力，可以采用国际上规定的NDV毒力的判定标准对其进行评价，即最小致死量致死鸡胚的平均死亡时间（MDT）、1日龄雏鸡脑内接种致死指数（ICPI）和6周龄非免疫鸡静脉接种致病指数（IVPI）。将病毒接种鹅或鸡，即可对其进行判定。

六、类症鉴别

鹅副黏病毒病与鸭瘟、禽流感、鹅巴氏杆菌病在临床症状、病理变化方面相似，容易混淆，需要进行类症鉴别。

鹅感染鸭瘟病毒后主要表现为食道、泄殖腔黏膜有出血点、溃疡或纤维素性伪膜，鹅副黏病毒病不表现该病变。

鹅巴氏杆菌病是由禽多杀性巴氏杆菌引起的，主要发生于青年鹅、成年鹅。患病鹅肝脏有散在性或弥漫性针头大小的坏死点，肝脏触片，美蓝染色后镜检可见两级着色的卵圆形小杆菌。而鹅副黏病毒病没有上述病变。

鹅发生禽流感后表现的临床症状为头部和颈部肿大，皮下水肿，眼睛周围羽毛粘着黑褐色的分泌物；脚部皮肤出血。病鹅的病理变化主要表现为头部皮下有胶冻样渗出物和出血点；心肌纤维出现黄白色条纹状坏死。而鹅感染副黏病毒后不会出现上述变化。

七、预防

1.采取严格的生物安全措施和综合性防控措施，以控制该病的发生和流行

科学选址，建立、健全科学的卫生防疫制度及饲养管理制度。新引进的鹅必须进行严格的隔离饲养，同时接种灭活疫苗，隔离2周确实证实无病才能与健康鹅合群饲养。鹅场进出人员要进行消毒。目前鸡群中也流行基因Ⅶ NDV，鹅群应与鸡群严格分区饲养，防止病毒的互相传播。建立鹅副黏病毒病正确、可靠的诊断方法及检测方法，这也是预防该病的重要手段。

2.免疫接种

免疫接种是控制该病的重要措施，鹅副黏病毒属于基因Ⅶ NDV，与生产中常用的鸡ND疫苗株存在明显差异。因此，用鸡ND疫苗免疫不能有效预防鹅发生副黏病毒感染。在生产中，一般可以采用鹅源NDV的流行株来制备油乳剂灭活苗，对易感鹅群进行免疫。

（1）种鹅的免疫。产蛋前2周，每只皮下或肌内注射油乳剂灭活苗0.5~1.0mL，抗体维持半年左右。免疫期内，种鹅的后代体内均有母源抗体保护，可以抵抗强毒的感染。

（2）雏鹅的免疫。种鹅未免疫副黏病毒疫苗的，其后代应在7日龄进行免疫接种，每只皮下或肌内注射油乳剂灭活苗0.3~0.5mL，接种后10d内隔离饲养。种鹅免疫过油苗，其后代体内有母源抗体，可在15~20日龄进行免疫，每只皮下或肌内注射油乳剂灭活苗0.3~0.5mL。首免后2个月进行2次免疫。

八、治疗

鹅群发病后，将病鹅隔离或淘汰，死鹅进行无害化处理。鹅群中尚未出现症状的鹅采用NDV油乳剂灭活苗进行紧急接种，适当应用抗生素，以防止继发感染细菌性传染病，也可促进肠道病变的恢复。

对病鹅可采用NDV高免血清或高免卵黄抗体进行紧急注射，具有一定的治疗效果。

第三节　鸭　瘟

鸭瘟（Duck plague，DP）又名鸭病毒性肠炎（Duck virus enteritis，DVE），是由鸭瘟病毒（Duck plague virus，DPV）引起鸭、鹅、天鹅的一种急性败血性传染病。该病于1923年在荷兰首次发现，1949年定名，1967年在美国流行，被称为鸭病毒性肠炎。我国于1957年首次报道该病，20世纪60年代中期，发现鹅也能被鸭瘟病毒感染，引起发病。鹅群感染以后传播快，往往造成大批死亡，给养鹅业造成非常严重的经济损失。

鸭、鹅发病后的临床特征主要表现为体温升高，两腿发软无力，绿色下痢，流泪，头颈部肿大；剖检可见食道黏膜出血，有灰黄色的伪膜或溃疡，泄殖腔黏膜出血、坏死，肝脏有出血点和坏死点等。目前，该病已遍布世界绝大多数养鸭、养鹅地区及野生水禽的主要迁徙地。

一、病原

鸭瘟病毒又称为鸭肠炎病毒，属于 α 疱疹病毒亚科。电镜下，在感染细胞的胞核和胞浆中均有病毒粒子存在。病毒粒子呈球形，有囊膜。研究者发现，在感染细胞核中球形的核衣壳直径为 91 ~ 93nm，核心直径约为 61nm。在细胞浆和核周隙中，可能由于核膜包裹的存在，病毒粒子直径为 126 ~ 129nm。在细胞浆内质网的微管系中可见直径为 156 ~ 384nm 的成熟病毒粒子，这些病毒粒子的外周有额外的一层膜包围。鸭瘟病毒的这些形态学结构使其有别于其他动物的疱疹病毒。

鸭瘟病毒基因组核酸为双链 DNA，长约 150kb。α 疱疹病毒整个基因组分为 UL 区和 US 区，两端为 TR 区，UL 和 US 连接处有 IR 区。大多数疱疹病毒的基因组 DNA 是通过共价连接的长节段（L）和短节段（S）组成，在每个节段的两端含有反向重复序列（Inverted repeat），重复序列的数量和长度在不同疱疹病毒中差异较大，它们分别存在于基因内部（IRL、IRS）和末端（TRL、TRS），中间是独特的 UL 和 US 序列。几乎所有疱疹病毒的 DNA 的一个末端都含有一组 28bp 的保守序列：CCCCGGGGGGGTGTTTTTGATGGGGGGG。DEV VAC 基因组全长为 158089bp，G+C 含量为 44.91%，由长独特区（Unique Long，UL）和短独特区（Unique Short，US）组成，US 区两端为一对反向重复序列，分别称为内部重复序列（Internal Repeat，IR）和末端重复序列（Terminal Repeat，TR）。基因组结构为 UL-IR-US-TR，是典型的 D 型疱疹病毒基因组结构。

研究表明，鸭瘟病毒 DNA 的合成是持续进行的。在感染细胞中，病毒 DNA 的复制与壳体的装配，病毒粒子的成熟与释放是同时进行的。通过对 DPV 弱毒株在鸡胚成纤维细胞中成熟和释放方式进行研究发现，DPV 获得囊膜的方式有 2 种：一种是核衣壳通过空泡出芽方式获得囊膜，另一种是在核内依靠膜物质在核衣壳周围积累获得囊膜。研究发现，DPV 存在 2 种装配方式：一是胞核装配方式，即病毒核衣壳可在核内获得皮层，通过核内膜获得囊膜成为成熟病毒；二是胞浆装配方式，即通过内外核膜进入胞浆，在其中获得皮层，然后通过高尔基体或者内质网腔出芽释放时获得囊膜，最后病毒成熟，释放到细胞外。

鸭瘟病毒能在 10 ~ 14 日龄鸭胚中生长繁殖，传代后，鸭胚 4 ~ 6d 死亡，死亡胚体全身水肿、出血，肝脏有出血点及坏死灶。鸭瘟病毒也能在鹅胚中生长繁殖，但不能直接适应于鸡胚。只有在鸭胚或鹅胚中传代后，病毒才能适应于鸡胚。该病毒能适应于鸭胚、鹅胚、鸡胚成纤维细胞，并可引起细胞病变。最初几代细胞病变不明显，但传代几次后，便可出现明显的病变，如细胞透明度下降，胞浆颗粒增多、浓缩，细胞变圆，最后脱落。据报道，有时还能在胞核内看到嗜酸性颗粒状包涵体。病毒经过鸡胚、鸭胚、鹅胚或细胞连续传代后，可减弱病毒对鸭的致病力，但仍保持免疫原性。因此，可利用这种方法进行鸭瘟弱毒株的培育。

在易感动物体内，病毒首先在消化道黏膜，尤其是食道黏膜复制，随后扩散到法氏囊、胸腺、脾脏和肝脏，并在这些器官的上皮细胞和巨噬细胞中增殖。病毒存在于病鹅的内脏器官、血液、骨髓、分泌物和排泄物中，以肝、脑、脾中病毒的含量最高。病毒对外界环境的抵抗力不强，温热和一般消毒剂能很快将其杀死，56℃下 10min 病毒死亡，夏季阳光照射 9h 病毒毒力消失；病毒在污染的禽舍内（4~20℃）可存活 5d。病毒对乙醚和氯仿敏感。病毒对低温抵抗力较强，−20~−10℃保存 1 年仍有致病力，在 −5~7℃下经 3 个月毒力不减弱。在 pH 值为 7.8~9.0 的条件下经 6h 病毒毒力不降低，在 pH 值为 3 和 pH 值为 11 时，病毒迅速被灭活。常用的化学消毒剂均能杀灭鸭瘟病毒，如 5% 生石灰作用 30min 灭活病毒。

鸭瘟病毒无血凝活性和血细胞吸附作用。到目前为止，世界各地分离到的毒株都表现出一致的抗原相关性，但各毒株之间的毒力明显不同。

二、流行病学

自然条件下，鹅在与发病鸭群密切接触的情况下，可感染发病，并引起流行，其他家禽如鸡、鸽和火鸡都不会感染。不同品种、年龄、性别的鹅对鸭瘟病毒都有很高的易感性，但它们之间的发病率、病程以及病死率是有差别的。鹅感染鸭瘟病毒的发病日龄最小为 8 日龄；15~50 日龄的鹅易感性较强，死亡率高达 80%。成年鹅的发病率和死亡率随外界环境的不同而不同，一般为 10% 左右，但在疫区可高达 90%~100%。人工感染时，可引起鹅和多种游禽类的水禽发生感染，雏鹅尤其敏感，致死率很高。鸭瘟活疫苗通过雏鹅连续传代后，对雏鹅的致病力逐渐增强，可引起发病和死亡，成年鹅也能感染发病。

鸭瘟的传染来源主要是病鸭、病鹅或潜伏期及病愈康复不久的带毒鸭、带毒鹅。健康鹅群与病鸭群一起放牧，或是水中相遇，或是放鹅时经过鸭瘟流行地区时均能发生感染。被病鸭、病鹅、带毒鸭和带毒鹅的分泌物和排泄物污染的饲料、饮水、用具和运输工具等，都是造成鸭瘟传播的重要因素。某些野生水禽和飞鸟可能感染或携带病毒，因此有可能成为传播该病的自然疫源和媒介。在购销和运输鸭群时，也会使该病从一个地区传至另一个地区。此外，某些吸血昆虫也可能传播该病。

鸭瘟的主要传播途径是通过消化道传染，也可以通过交配、眼结膜和呼吸道传播，吸血昆虫也能成为该病的传播媒介。人工感染时，病毒经点眼、滴鼻、肌内注射、皮下注射、泄殖腔接种、皮肤刺种等途径都能使健康鸭致病。

该病一年四季均可发生，但该病的流行同气温、湿度、鹅群和鸭群的繁殖季节及农作物的收获季节等因素有一定关系。通常在春夏之际和秋季流行最严重，因为这个时期饲养量多，鹅或鸭群大，密度高，各处放牧流动频繁，接触的机会多，因而发病率也高。当鸭瘟病毒传入易感性强的鹅群后，一般在 3~7d 后开始出现零星病鹅，再过 3~5d 就有大批病鹅出现，疫病进入发展期和流行期。根据鹅群的大小和饲养管理的方法不同，每天的发病数从 10 多只至数十只不等，发病持续的时间也有数天至 1 个月左右，整个流行过程一般为 2~6 周。

三、症状

自然感染的潜伏期一般为 3~4d，病毒毒力不同，潜伏期长短可能有差异。人工感染的潜伏期为 2~4d。

发病初期，病鸭表现为体温升高，一般可升高到 42~43℃，甚至达 44℃，呈稽留热；病鸭精神沉郁，食欲下降或废绝，饮水增加，常离群呆立，头颈蜷缩，羽毛松乱，两翅下垂；两脚发软无力，走路困难，行动迟缓，严重者伏卧在地上不愿走动，驱赶时，两翅扑地走动，走几步后又蹲伏于地上，最后完全不能站立；病鹅不愿下水，强迫赶它下水后不能游水，漂浮水面并挣扎回岸。

病鹅出现怕光、流眼泪和眼睑水肿，这是该病的一个特征症状。初期流的是浆液性分泌物，眼睑周围羽毛沾湿，之后出现黏液性或脓性分泌物，黏膜形成出血性或坏死性溃疡病灶。病鹅鼻中流出稀薄或黏稠的分泌物，呼吸困难，呼吸时发出鼻塞音，叫声嘶哑，个别病鹅出现频频咳嗽。病鹅出现下痢，排出绿色或灰白色稀粪，肛门周围的羽毛沾污并结块，泄殖腔黏膜充血、出血、水肿，严重者出现外翻。翻开肛门，可见泄殖腔黏膜充血、水肿，有出血点，严重的黏膜表面覆盖一层黄绿色伪膜，难以剥离。部分病鹅的头和颈部几乎变成一样粗，拨开颈部腹侧面羽毛，可见皮肤浮肿，呈紫红色，触之有波动感。发病后期，病鹅体温降低，精神高度沉郁，极度衰竭，不久便死亡，病程一般为 2~5d。快的在发现停食后 1~2d 即死亡，慢的可拖延到 1 周以上，部分病鹅能够耐过而康复。自然流行时，病死率平均在 90% 以上，少数不死的则转为慢性病例，消瘦、生长发育不良，特征性症状是一侧性角膜混浊，严重者形成溃疡。

四、病理变化

鹅感染鸭瘟病毒后的剖检变化与鸭相似。头颈肿胀的病例，头和颈部的皮肤肿胀，皮下组织发生不同程度的炎性水肿，切开肿胀的皮肤，流出淡黄色透明的液体。口腔黏膜，主要是舌根、咽部和上颚部的黏膜表面有淡黄色伪膜覆盖，剥离伪膜后露出鲜红色、外形不规则的出血性溃疡。食管黏膜表面有纵行排列的灰黄色伪膜覆盖，伪膜剥离后食道黏膜上留下大小不等、特征性的溃疡灶。有时食管黏膜表面出现大小不一的出血性溃疡和散在的出血点。腺胃与食管交界处有一条灰黄色坏死带或出血带，肌胃角质层下充血、出血。肠黏膜充血、出血、坏死，特别是十二指肠和小肠段多呈现弥漫性充血、出血或急性卡他性炎症，空肠和回肠黏膜上出现的环状出血带是鸭瘟的特征性病变，呈深红色，从肠壁外面和内腔上均能看到，黏膜上有黄色，针尖大小的坏死灶。有的小肠集合淋巴滤泡肿胀或形成纽扣大小的绿色或灰黄色的伪膜性坏死灶。盲肠、直肠的病变与小肠相似，伪膜性坏死灶更多。泄殖腔黏膜的病变与食管相同，黏膜表面覆盖一层灰褐色或黄绿色的伪膜，不易剥离，黏膜水肿、有出血斑点，泄殖腔内部有出血斑、坏死灶或水肿等变化。法氏囊黏膜充血出血，有针尖样黄色小斑点，到了后期，囊壁变薄，囊腔中充满白色、凝固的渗出物。肝脏表面和切面有大小不等的出血点和灰黄色或灰白色坏死点，坏死点的大小从针头、小米粒到蚕豆粒大小，形状一般为不整齐的圆形或椭圆形，少数坏死点的中心有小出血点，周围有环状出血带，这种病变具有诊断意义。胆囊肿大，充满浓稠的墨绿色胆汁。脾脏稍微肿大，质地松软，颜色变深，有的表面和切面有大小不一的灰白色坏死点。胸腺表面和切面上有出血点和灰黄色坏死灶。少数病例在右心耳、心冠沟、心外膜、心内膜处有出血斑点，心腔内充满凝固不良的暗红色血液。胰脏有时出现细小的出血点或灰色的坏死灶。脑膜有时轻度充血。产蛋母鹅的卵巢充血、出血，有时整个卵泡变成暗红色，质地坚实，切开时流出血红色浓稠的卵黄物质，或是完全变成凝固的血块；有的卵泡形态不整齐，有的皱缩，有的出现卵泡破裂，形成卵黄性腹膜炎。总之，鹅发生鸭瘟后的病理变化主要表现在肝脏和消化系统，前者主要以出血和坏死为特征，后者主要以充血、出血和伪膜性、坏死性病变为特征。

鸭瘟的病理组织学变化以血管损伤为主。小静脉和微血管受损明显，管壁内皮破裂，结缔组织疏松，透过管壁，血液渗入周围组织。有的肝细胞变性、坏死，肝细胞索断裂，细胞分散；有的肝细胞破裂，胞浆崩解，仅剩细胞核；有的肝细胞核肿大，有核内包涵体。脾脏充血，淋巴细胞坏死，形成多个坏死灶，中央动脉内壁疏松肿胀，周边细胞崩解，仅剩细胞核。法氏囊滤泡内淋巴细胞坏死，滤泡内部淋巴细胞稀疏，网状细胞明显。肾小管坏死，肾小管上皮细胞核肿大，有核内包涵体，肾小球萎缩变小。心外膜水肿、出血、增厚，心肌纤维变性。食道黏膜坏死，固有层炎性水肿，上皮层发生凝固性坏死，形成糜烂和溃疡。腺胃肌层出血，肌层与浆膜面之间充血、出血。肠黏膜上皮细胞坏死脱落，有的发生凝固性坏死。胰腺细胞坏死、脱落，腺泡崩解。

五、诊断

根据该病的流行病学特点、特征性症状和病理变化特点可作出初步诊断，尤其是空肠和回肠黏膜上出现的环状出血带是鸭瘟的特征性病变。确诊需要进行实验室诊断。

1. 临床诊断

该病传播快，发病率和病死率高，自然条件下主要是成年鹅发病；体温升高，流泪，两腿麻痹，头颈肿胀；食道和泄殖腔黏膜出血、有伪膜覆盖；肝表面或切面有大小不一的出血点和灰黄色或灰白色坏死点；肠黏膜淋巴滤泡环状出血等。这些都是该病的临诊特征，根据这些临诊表现特点，可以对该病进行初步诊断。但确诊需要进行实验室诊断。

2. 实验室诊断

通过进行病毒的分离、培养和鉴定，对病原的种类作出鉴定。

（1）病毒的分离鉴定。采集发病鹅的肝脏、脾脏等，加入适量无菌的生理盐水，在匀浆器或研钵中制备成组织悬液。离心后取组织上清液，上清液中加入青霉素和链霉素，37℃温箱中作用30min或4℃冰箱作用过夜以除去杂菌。分别取0.2mL无菌的上清液接种于9～14日龄鸭胚、13～15日龄的鹅胚及9～11日龄的鸡胚的尿囊腔中，将接种后的鸭胚、鹅胚和鸡胚分别置于37℃温箱中继续培养4～10d，每天照胚1次。如采集的病料中含有鸭瘟病毒，则部分鸭胚或鹅胚在接种后3～6d死亡，死亡胚体全身水肿，体表充血并有小的出血点，肝脏出现特征性灰白色或灰黄色针头大小的坏死点，部分尿囊膜充血、水肿，而鸡胚发育正常，收集24h后死亡鸭胚或鹅胚的尿囊液。也可将无菌处理后的病料液接种于鸭胚成纤维细胞，根据细胞病变进行判断。鸭瘟病毒能在鸭胚成纤维细胞中复制、传代，在接种病毒后2～6d引起细胞病变，形成核内包涵体和小空斑。

（2）动物试验。选用1日龄易感雏鹅作为试验动物，将收集的鸭胚或鹅胚的尿囊液进行1∶10稀释，试验组每只雏鹅肌内注射0.1mL，健康对照组每只雏鹅肌内注射0.1mL无菌生理盐水。通常雏鹅在接种病毒液3～12d内发病、死亡，并出现特征性临床症状和病理变化，而健康对照组不发病。

（3）病毒的血清学和分子生物学鉴定。常用于鉴定鸭瘟病毒的血清学方法有中和试验、琼脂扩散试验（AGP）、ELISA和Dot-ELISA等，通过以上方法可以对鸭瘟病毒的分离株进行鉴定。也可以采用PCR方法用于鸭瘟病毒的鉴定。

六、类症鉴别

该病应与鹅的巴氏杆菌病进行类症诊断。鹅巴氏杆菌病是禽多杀性巴氏杆菌引起的急性败血性传染病，一般发病急，病程短，发病率和死亡率很高。青年鹅、成年鹅比雏鹅的易感性强。病鹅的临床症状主要表现为张口呼吸、摇头、瘫痪，剧烈腹泻，排出绿色或灰白色稀粪。主要病变表现为肝脏肿大，表面可见灰白色、针头大小的坏死灶，心外膜特别是心冠脂肪有出血点，十二指肠黏膜出血严重等。采集病鹅的肝脏、脾脏进行触片或心血涂片，瑞氏或美蓝染色后镜检，若出现两极着色的卵圆形小杆菌，即可诊断为鹅巴氏杆菌病。该病用抗菌药物治疗效果明显，而鸭瘟没有效果。

七、预防

应采取严格的饲养管理、消毒及疫苗免疫相结合的综合性措施来预防该病。在没有发生鸭瘟的地区或鹅场要着重做好预防工作。

1. 加强饲养管理和卫生消毒制度，坚持自繁自养

引进种鹅或鹅苗时必须严格检疫，鹅群运回后需要隔离饲养，至少隔离饲养 2 周才能合群；不从疫区引进种鹅或鹅苗。对鹅舍、鹅场、运动场和饲养用具等严格消毒，加强饲养管理，不到疫区放牧，防止疫病传入鹅群等。

2. 鹅群要定期接种鸭瘟疫苗

目前常用的疫苗有鸭瘟鸭胚化弱毒苗和鸭瘟鸡胚化弱毒苗。注意，鹅群在免疫鸭瘟疫苗时，剂量应是鸭免疫剂量的 5 ~ 10 倍，种鹅按照 15 ~ 20 倍剂量免疫。初生鹅免疫期为 1 个月，2 月龄以上的鹅免疫期为 9 个月。种鹅产蛋前接种疫苗，可提高雏鹅的母源抗体水平，雏鹅首次免疫日龄可适当推迟。

八、治疗

目前尚没有特效药物来治疗鸭瘟。一旦发生鸭瘟时，应立即采取隔离、消毒和紧急接种等措施。紧急接种越早进行越好，对可疑感染和受威胁的鹅群立即注射鸭瘟鸭胚化弱毒苗，一般在接种后 1 周内死亡率显著降低，能迅速控制住疫情。鹅群可采用肌内注射途径进行免疫，免疫剂量可采用：15 日龄以下鹅群用 15 羽份剂量的鸭瘟疫苗，15 ~ 30 日龄鹅群用 20 羽份剂量的鸭瘟疫苗，31 日龄至成年鹅用 25 ~ 30 羽份剂量的鸭瘟疫苗。病鹅可采用抗鸭瘟血清进行治疗，每只鹅每次肌内注射 1mL，同时在饮水中添加电解多维或口服补液盐，让鹅自由饮用。为了防止继发细菌感染，饮水中可添加抗生素。严禁病鹅出售或外调，对病死鹅进行无害化处理，并对鹅舍、用具、鹅群进行彻底大消毒，以防止疫情的进一步扩散。

第四节　小鹅瘟

小鹅瘟（Gosling plague，GP）又称鹅细小病毒感染（Goose parvovirus infection）、Derzsy 氏病，是由小鹅瘟病毒（Gosling plague virus，GPV）引起雏鹅或雏番鸭的一种急性或亚急性传染病。该病的临床症状主要表现为精神委顿，食欲废绝和严重下痢，有时出现神经症状；特征性病变表现

为渗出性肠炎，小肠黏膜大片脱落、坏死、凝固，与渗出物形成伪膜或栓子，堵塞小肠最后段的狭窄处肠腔。自然条件下，成年鹅的感染常常不表现临诊症状，但排泄物及卵能传播该病。

该病是方定一等于1956年在我国扬州首先发现，并用鹅胚分离到病毒。1961年，方定一和王永坤在扬州地区又分离到一株新病毒，并将该病及其病原定名为小鹅瘟及小鹅瘟病毒。1962年，抗小鹅瘟血清研制成功，1963年种鹅弱毒疫苗研制成功，1980年雏鹅弱毒疫苗研制成功，1996年农业部批准"小鹅瘟活疫苗制造及检验规程"（种鹅苗和雏鹅苗），2002年农业部发布"小鹅瘟诊断技术行业标准"，2006年农业部批准"小鹅瘟精制蛋黄抗体制造及检验规程"。小鹅瘟活疫苗和抗体的应用有效控制了该病的发生和流行。

1965年以后，德国、荷兰、匈牙利、英国、苏联、法国、以色列、越南、南斯拉夫等国家也相继报道了该病的发生。目前该病已遍布于世界上许多养鹅和养番鸭的国家和地区。该病传播快、发病率高、死亡率高，对养鹅业的发展造成了巨大的危害。

一、病原

方定一和王永坤于1956年首次报道小鹅瘟。1971年确定该病是由一种细小病毒所致，1978年建议将该病原称为鹅细小病毒。在此之前的20年间，有多种不正确的研究报道，由于曾从发病雏鹅的体内分离或检测到腺病毒，因此，有人提出腺病毒是该病的致病因子，称为鹅肠炎。Reter（1982年）将从患病雏鹅体内分离和检测到的腺病毒、呼肠孤病毒和细小病毒分别制备成高免血清进行动物保护试验，结果证明，只有抗细小病毒血清对雏鹅有保护作用，而其他另两种抗血清均无保护作用。后来的很多研究均已证实该病毒为细小病毒。

小鹅瘟病毒属于细小病毒科、细小病毒属，病毒粒子呈球形或六角形，无囊膜，基因组为单股线状DNA。该病毒无血凝活性，只有一个血清型，与番鸭细小病毒存在部分共同抗原。该病毒对雏鹅和雏番鸭有特异性致病作用，对鸭、鸡、鸽、鹌鹑等禽类及哺乳动物无致病性。病毒主要分布于发病雏鹅的各个组织器官及体液中，其中肝、脾、脑、血液、肠道等器官的病毒含量高。病毒能在鹅胚、番鸭胚或其成纤维细胞中增殖且形成细胞病变。病毒的初次分离可以采用12～14日龄的鹅胚，将病毒接种鹅胚尿囊腔或绒毛尿囊膜，一般5～7d胚体死亡，死亡胚体的绒毛尿囊膜增厚，皮肤、肝脏及心脏出血。随着在鹅胚中传代次数的增多，病毒对鹅胚的致死时间稳定在3～4d。鹅胚适应毒株经鹅胚与鸭胚交替传代后，可适应鸭胚并引起部分鸭胚出现死亡，随着在鸭胚中传代次数的增加，病毒可引起绝大部分鸭胚死亡，并且对雏鹅的致病力减弱。病毒的初次分离也可采用14日龄易感番鸭胚。初次分离的病毒株、鹅胚适应毒株、鸭胚适应毒株均不能在鸡胚成纤维细胞、兔肾上皮细胞、兔睾丸细胞、小鼠胚胎成纤维细胞、小鼠肾上皮细胞、地鼠胚胎细胞及肾上皮细胞和睾丸细胞、猪肾上皮细胞及睾丸细胞、PK15细胞株中复制。鹅胚适应毒株仅能在生长旺盛的鹅胚和番鸭胚成纤维细胞中复制，并逐渐引起规律性细胞病变。

小鹅瘟病毒粒子角对角直径为22nm，边对边直径为20nm，直径为20～22nm。病毒粒子有两种形态，一种是完整的病毒形态，另一种是缺少核酸的病毒空壳形态，空心直径为12nm，衣壳厚为4nm。病毒基因组全长约为5.106kD，基因组很小，有2个主要开放阅读框（ORF），但这2个ORF位于同一个读码框中，病毒左侧的ORF编码病毒的非结构蛋白（REF），右侧的ORF编码病毒的衣壳蛋白（VP1～VP3）。VP1分子量为85kD，VP2为61kD，VP3为57.5kD，VP3是主要的衣壳蛋白，由 543 个氨基酸组成，是决定病毒抗原性的主要免疫原性蛋白，其含量占整个衣壳蛋白总量的 78.5%。

小鹅瘟病毒不能凝集禽类、哺乳动物和人类"O"型红细胞。对不良环境的抵抗力强，肝脏病料和鹅胚尿囊液病毒在 -8℃的冰箱内至少能存活 2 年半，冻干毒在 -8℃冰箱中至少存活 7 年半以上，在 -38℃下能存活 10 年以上，-70℃超低温冰箱内存活 15 年以上。该病毒对环境的抵抗力较强，能抵抗氯仿、乙醚、胰酶、pH 值为 3.0 等，56℃经 3h、65℃加热 30min 其毒力无明显变化。

全国各地和不同年份分离的小鹅瘟病毒株，经鹅胚中和试验、细胞中和试验、雏鹅血清保护试验、琼脂扩散试验、间接 ELISA、免疫交叉保护试验等进行验证，均具有相同的抗原性。应用聚合酶链式反应（PCR）技术，分别扩增 1961 年和 1999 年分离鉴定的两株小鹅瘟病毒的衣壳蛋白 VP3 的编码基因，以及番鸭细小病毒的衣壳蛋白 VP3 的编码基因。进行比较后结果显示，分离时间相隔近 40 年的两株小鹅瘟病毒 VP3 核苷酸和氨基酸的同源性为 98% 和 80%，而小鹅瘟病毒与番鸭细小病毒 VP3 核苷酸和氨基酸的同源性仅有 80%~86% 和 88%~89%，差异较大。

二、流行病学

该病主要发生于 20 日龄以内的雏鹅和雏番鸭，不同品种的雏鹅具有相同的易感性。易感雏鹅自然感染的最早发病日龄为 4~5 日龄，发病后，2~3d 内迅速蔓延至全群，7~10 日龄发病率和死亡率达最高峰，以后逐渐下降。小鹅瘟的发病率和死亡率与感染雏鹅的日龄密切相关，日龄越小，发病率死亡率越高，反之，越低。5 日龄以内雏鹅感染，死亡率高达 95% 以上；6~10 日龄雏鹅感染，其死亡率可达 70%~90%；11~15 日龄雏鹅感染，死亡率达 50%~70%；16~20 日龄雏鹅感染，死亡率达 30%~50%；21~30 日龄雏鹅感染，死亡率达 10%~30%；1 月龄以上的雏鹅感染，死亡率为 10% 左右。2015 年我国发生的鸭短喙侏儒综合征，证明是由新型小鹅瘟病毒引起，新型小鹅瘟病毒与传统的小鹅瘟病毒核苷酸同源性在 92%~97%。

带毒鹅、带毒番鸭、病鹅和病番鸭是该病的主要传染源，主要是通过它们的分泌物和排泄物进行传播。该病的传播途径主要是呼吸道和消化道，如病鹅通过粪便大量排毒，污染饲料、饮水，其他易感雏鹅通过饮水、采食可以感染病毒，引起该病在雏鹅群内的流行。该病能通过孵坊进行传播，如带毒种鹅产的种蛋带毒，带毒的种蛋孵化时，无论是孵化中出现死胚，还是孵化出外表正常的带毒雏鹅，都能散播病毒，将孵坊污染，造成刚出壳的其他健康雏鹅被感染，一周内大批发病、死亡。该病最严重的暴发便是病毒垂直传播引起的易感雏鹅群发病。

通常经过该病的大流行之后，当年留剩下来的鹅群都会获得主动免疫，使次年的雏鹅具有天然的被动免疫力，能抵抗小鹅瘟病毒的感染。所以，该病不会在同一地区连续 2 年发生大流行。该病的发生和流行常有一定的周期性，即在大流行之后的一年或数年内往往不见发病，或仅零星发病。在每年更换部分种鹅群饲养方式的区域，一般不可能发生大流行，但每年会有不同程度的流行发生。

三、症状

小鹅瘟为败血性病毒性传染病。15 日龄以内的易感雏鹅，无论是自然感染还是人工感染，其潜伏期为 2~3d；15 日龄以上的易感雏鹅无论是自然感染还是人工感染，潜伏期比前者长 1~2d；

易感青年鹅的人工感染，其潜伏期为 4 ~ 6d。

小鹅瘟的症状以消化道和中枢神经系统紊乱为特征，其症状表现与感染发病雏鹅的日龄密切相关。根据病程的长短，该病可分为最急性型、急性型和亚急性型。

1. 最急性型

多发生于 1 周龄以内的雏鹅。雏鹅往往突然发病、死亡，传播速度快，发病率可达 100%，病亡率高达 95% 以上。发病雏鹅精神沉郁后数小时内后便出现衰弱，或倒地后两腿乱划，不久死亡，或在昏睡中衰竭死亡。患病雏鹅鼻孔有少量浆液性分泌物，死亡雏鹅喙端发绀、蹼色泽发暗。数日内，疫情扩散至全群。

2. 急性型

多发生于 1 ~ 2 周龄内的雏鹅，主要表现为精神委顿，食欲减退或废绝（图 4-190、图 4-191、图 4-192、图 4-193）；病雏虽能随群采食，但采食后不吞咽，随即甩去；不愿走动，行动迟缓，无力，站立不稳，喜蹲卧，落后于群体，打瞌睡；下痢，排黄白色或黄绿色稀粪便，粪便中常带有气泡、纤维素碎片或未消化的饲料，泄殖腔周围的绒毛湿润，有稀粪粘着，泄殖腔扩张，挤压时流出黄白色或黄绿色的稀粪。张口呼吸，口鼻有棕色或绿褐色浆液性分泌物流出，鼻孔周围污秽不洁，喙端发绀，蹼色泽变暗；食道膨大部松软，含有气体和液体；眼结膜干燥，全身有脱水现象；临死前两腿麻痹或抽搐（图 4-194），头多触地，有些病鹅临死前出现神经症状，病程一般为 2d 左右，死亡鹅多角弓反张（图 4-195）。

图 4-190 病鹅精神沉郁，闭眼嗜睡（刁有祥 供图）

图4-191　病鹅精神沉郁，缩颈（刁有祥 供图）

图4-192　病鹅精神沉郁，缩颈（刁有祥 供图）

图4-193　病鹅精神沉郁（刁有祥　供图）

图4-194　病鹅腿麻痹、瘫痪（刁有祥　供图）

图4-195　死亡鹅角弓反张（刁有祥 供图）

3. 亚急性型

2周龄以上的患病雏鹅，病程稍长，一部分病鹅转为亚急性型，尤其是3~4周龄的雏鹅感染发病，多为亚急性型。常见于流行后期或低母源抗体的雏鹅。症状一般较轻，以食欲不振、下痢、消瘦为主要症状。患病鹅表现为精神委顿、消瘦，少食或拒食，行动迟缓，站立不稳（图4-196），腹泻，粪便中混有多量未消化的饲料、纤维碎片和气泡。少数病鹅的排出粪便表面有纤维素性伪膜覆盖，泄殖腔周围绒毛污秽严重，鼻孔周围污染许多分泌物和饲料碎片。病程一般5~7d或更长，少数病鹅可以自愈。

成年鹅感染小鹅瘟病毒后不表现明显的临床症状，但带毒排毒，是重要的传染源。

青年鹅人工接种大剂量强毒，4~6d部分鹅发病。病鹅食欲减退，体重减轻，精神委顿，排出黏性稀粪，两腿麻痹，站立不稳，头颈部有不自主动作，3~4d后死亡，部分鹅可以自愈。

四、病理变化

剖检变化主要以消化道炎症为主，全身皮下组织充血明显，呈弥漫性红色或紫红色，血管分支明显。

1. 最急性型

主要表现为肠道的急性卡他性炎症，其他组织器官的病变不明显。病鹅日龄小，多为1周龄以内的雏鹅，病程短，病变不明显，仅见小肠前段黏膜肿胀、出血，覆盖有大量淡黄色黏液。有些病例小肠黏膜有少量出血点或出血斑，表现为急性卡他性炎症，胆囊肿大，充满稀薄的胆汁。

图 4-196　病鹅瘫痪（唐熠 供图）

2. 急性型

主要是 1～2 周龄雏鹅发病，病程 2d 左右，有明显的肉眼病理变化，尤其是肠道出现特征性的病理变化。

病鹅食道扩张，腔内含有绿色稀薄液体，混有黄绿色食物碎屑，食道黏膜无可见病变。腺胃黏膜表面有大量淡灰色黏稠的液体附着，肌胃的角质层容易剥落。肠道具有特征性病变，尤其是小肠的病变最显著和突出。十二指肠，尤其是起始部分的黏膜呈弥漫性出血（图 4-197），肿胀有光泽，黏膜表面有散在节段性充血、出血，少数病例黏膜上有散在的出血斑。空肠和回肠的病变最有特征，多数病例小肠的中段和下段变得极度膨大，呈淡灰色，体积比正常肠段增粗 2～3 倍，质地坚实，状如香肠（图 4-198、图 4-199、图 4-200、图 4-201）。有的病例膨大的肠段仅有 1 处，有的病例有 2～3 处。每段膨大部长短不一，最长达 10cm 以上，短的仅 2cm。膨大部的肠腔内充塞着淡灰白色或淡黄色的纤维素性栓子，将肠腔完全阻塞，很像肠腔内形成的管型（图 4-202、图 4-203、图 4-204、图 4-205）。这种纤维素性栓子不与肠壁粘连，从肠管中拽出后，肠壁仍保持平整，但肠黏膜充血、出血，有的肠段出血严重（图 4-206）。栓子的头尾两端较细，很干燥，切面上可见中心为深褐色的干燥肠内容物，外面包裹着纤维素性渗出物和坏死物凝固形成的伪膜。有的病例栓子呈扁平带状，很像绦虫样（图 4-207）。阻塞部分的肠段由于极度扩张，肠壁很薄，黏膜平滑，干燥无光泽，呈淡红色或苍白色，或微黄色。不形成栓子的其他肠段，肠内容物黏稠，呈棕褐色或棕黄色。有的肠段可见纤维素性凝块或碎屑附着在黏膜表面，但不形成片状伪膜。肠黏膜呈淡红色，甚至弥漫性红色，偶见出血斑点。结肠黏膜表面有多量黄色或棕黄色黏稠的液体附着，黏膜肿胀出血，靠近回盲部更加明显。盲肠黏膜的变化与结肠相同。直肠无明显变化。泄殖腔扩张明显，充满灰黄绿色稀薄的内容物，黏膜病变

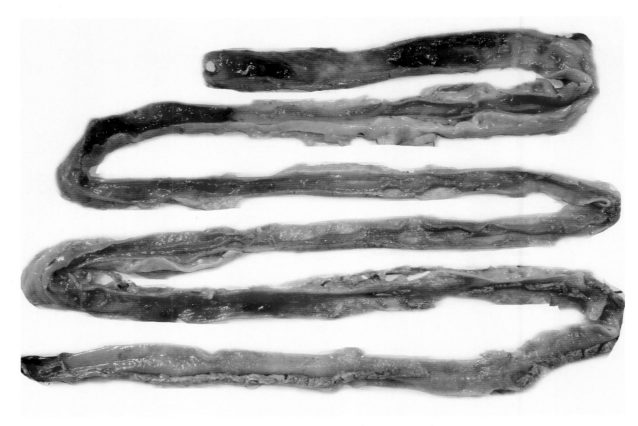

图4-197　肠黏膜弥漫性出血（刁有祥　供图）

图4-198　肠管肿胀（刁有祥　供图）

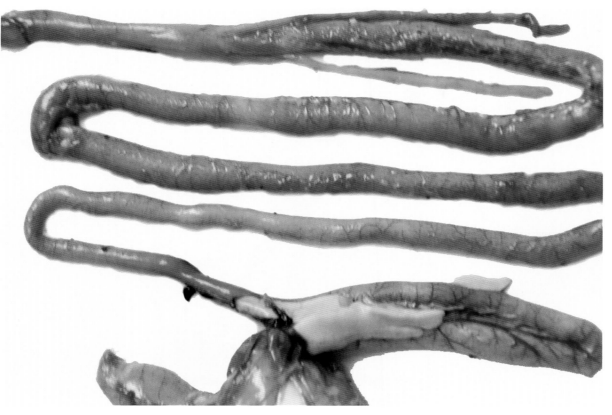

图 4-199　空肠、回肠段肠管肿胀（刁有祥　供图）

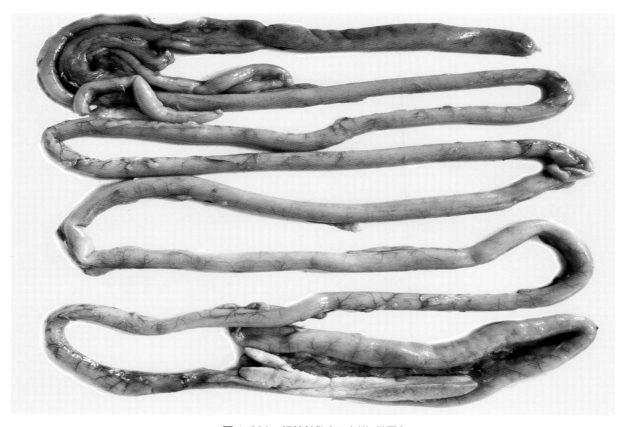

图 4-200　肠管肿胀（刁有祥　供图）

图4-201 肠管肿胀(唐熠 供图)

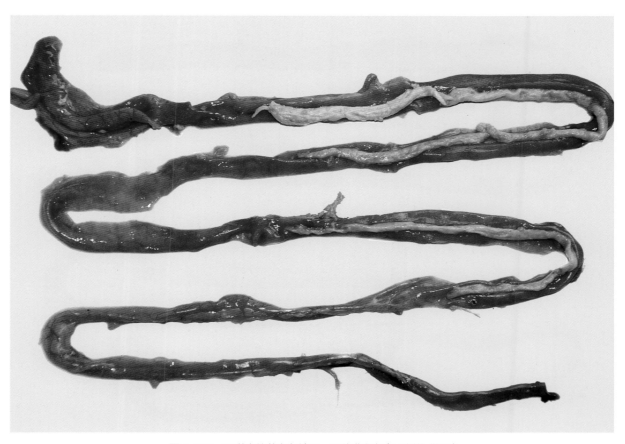

图4-202 肠道中的黄白色栓子,肠黏膜出血(刁有祥 供图)

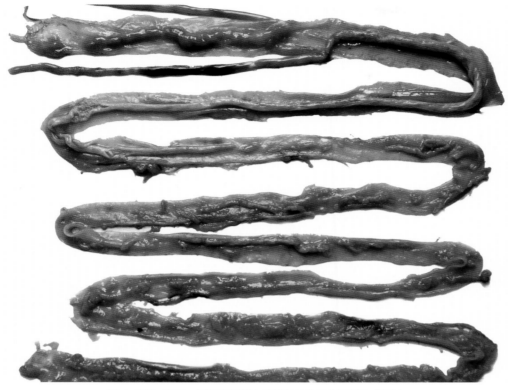

图 4-203　空肠、回肠段肠道中的黄白色栓子（刁有祥 供图）

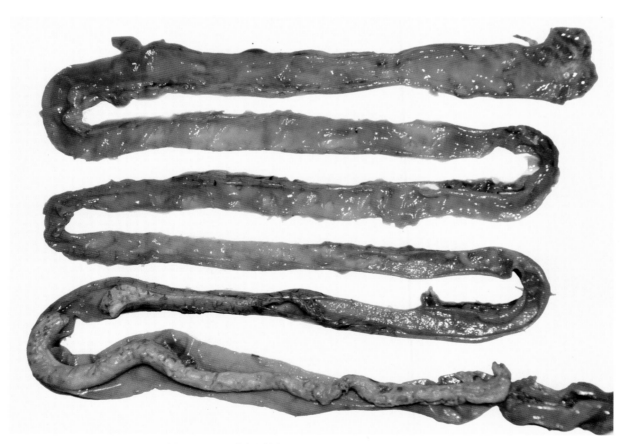

图 4-204　肠道中有黄白色栓子，肠黏膜出血（刁有祥 供图）

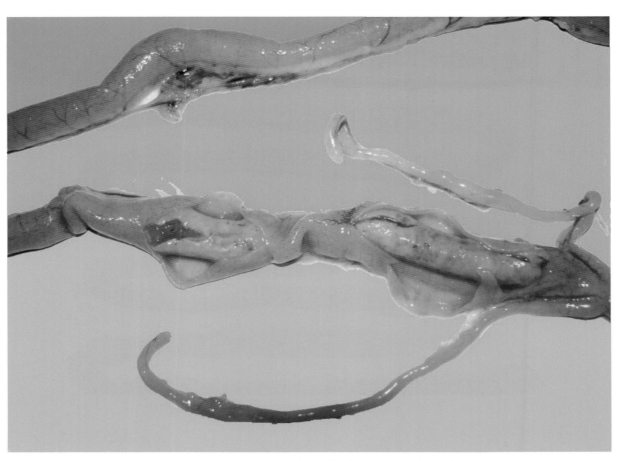

图4-205　肠管膨大，肠道中充满黄白色栓子（刁有祥 供图）

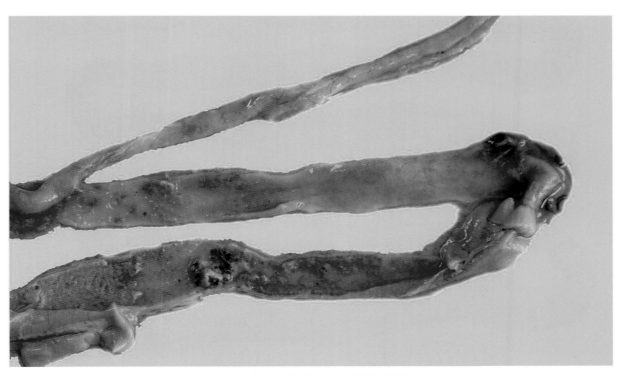

图4-206　肠黏膜出血（刁有祥 供图）

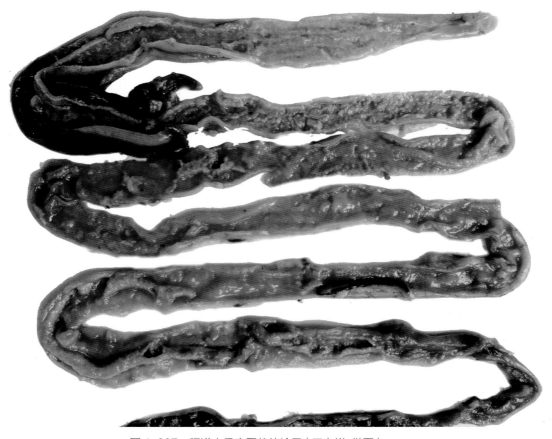

图 4-207　肠道中呈扁平状的栓子（刁有祥 供图）

不明显。

　　肝脏稍微肿大，表面光滑，质地变脆，呈紫红色或暗红色（图 4-208）。有的病例呈黄色甚至深黄色（图 4-209），切面有瘀血流出。少数病例肝实质有针头至粟粒大小的坏死灶。胆囊扩张明显，充满暗绿色胆汁（图 4-210），胆囊壁松弛，黏膜无明显病理变化。肾脏稍微肿大，呈深红或紫红色，质脆易碎，表面和切面上血管分支明显，有少量瘀血流出。输尿管扩张，充满灰白色的尿酸盐。胰腺呈淡红色，血管扩张充血，少数病例偶见有针头大小的灰白色小结节。脾脏不肿大，质地柔软，呈紫红色或暗红色。少数病例切面上有散在性针头大小的灰白色坏死点。心脏右心房扩张明显，充满暗红色血液凝块或凝固不良的血液。心外膜表面血管充血明显，个别病例有散在性瘀血斑。心脏松软，心肌暗淡无光泽，个别病例心肌苍白。肺脏充血，出血（图 4-211、图 4-212）。挤压肺脏，切面上有数量不等的稀薄泡沫液流出。全身皮下，尤其是头部皮肤，颅骨骨膜上出现紫红色出血斑块，有的病例融合为大片的紫癜（图 4-213）。脑膜血管充血扩张，切面血管也有同样的变化，少数病例的脑膜上有散在性、针头大小的出血点。

　　3. 亚急性型

　　病鹅肠道栓子病变更加明显，尤其是 3 周龄以上病鹅肠道形成的纤维素性栓子可以从十二指肠段开始，充满整个肠腔。有的病例纤维素性栓子可延伸到直肠肠腔（图 4-214、图 4-215、图 4-216）。

　　组织学变化表现为小肠膨大处典型的纤维素性坏死性肠炎，肠黏膜组织虽然保留原有轮廓，但

图 4-208　肝脏肿大呈红黄色（刁有祥 供图）

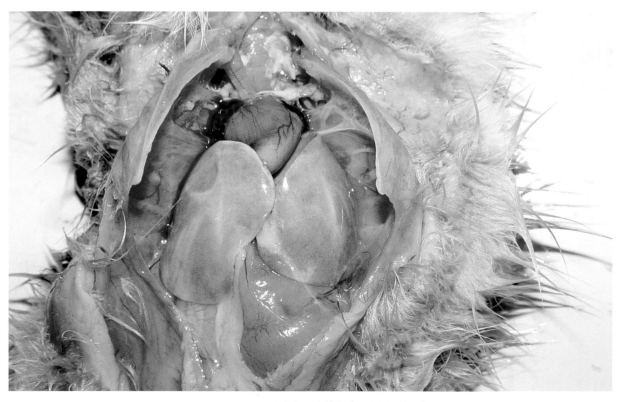

图 4-209　肝脏肿大呈浅黄色（刁有祥 供图）

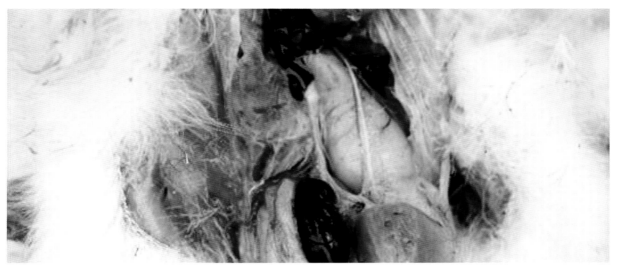

图 4-210　胆囊胆汁瘀积（刁有祥　供图）

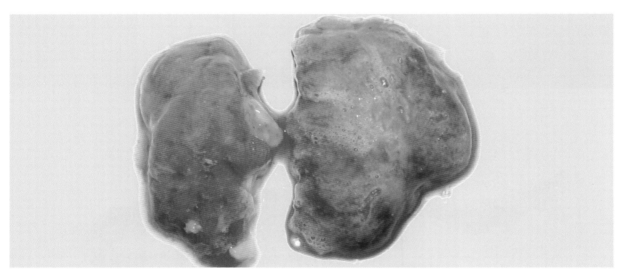

图 4-211　肺脏出血紫红色（刁有祥　供图）

图 4-212　肺脏出血呈紫黑红色（刁有祥　供图）

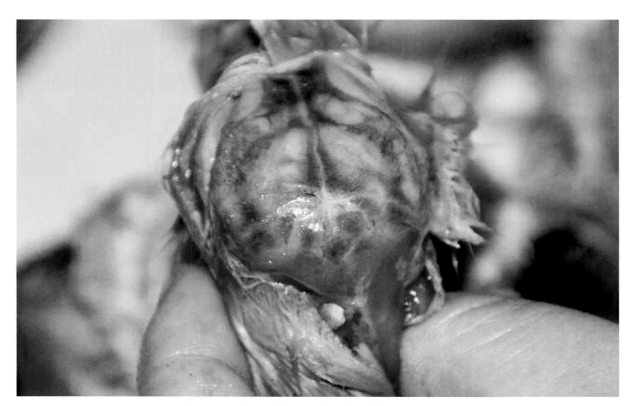

图4-213 颅骨骨膜紫红色有出血斑块（刁有祥 供图）

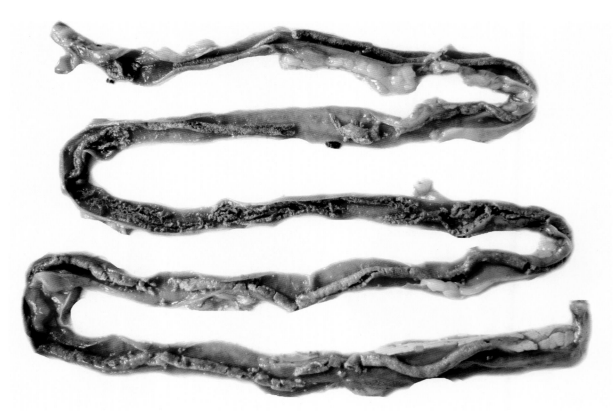

图4-214 整个肠腔充满黄白色栓子（刁有祥 供图）

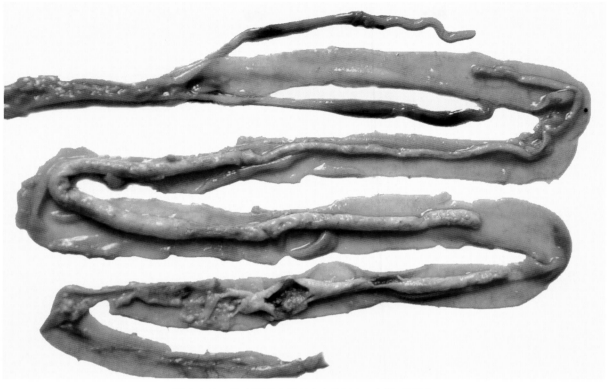

图4-215 整个肠腔充满黄白色肠栓（刁有祥 供图）

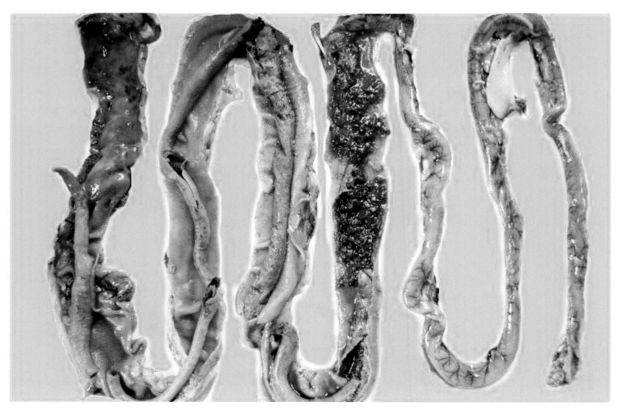

图4-216 整个肠道充满黄白色肠栓（刁有祥 供图）

结构已经破坏，固有层中有大量的淋巴细胞、单核细胞及少数嗜中性白细胞浸润（图4-217）。黏膜层严重变性或分散成碎片。肠壁的平滑肌纤维表现为实质性和空泡变性，以及蜡样坏死。大多数病例的十二指肠和结肠出现隐形卡他性炎症。

　　肝细胞主要表现为严重的颗粒变性和程度不一的脂肪变性，有的病例还出现水疱变性（图4-218）。肾脏的间质小血管扩张充血，有时还出现小出血点，肾小管上皮细胞出现颗粒变性。少数病例实质中出现小坏死灶，间质中也有炎性细胞浸润（图4-219）。胰腺间质血管充血，腺泡上皮变性，部分区域腺泡结构破坏，上皮脱落形成小坏死灶，间质中有少量淋巴细胞和单核细胞浸润。脾脏的髓质脾窦轻度充血，淋巴滤泡数量减少，结构不清，髓质中有坏死灶，其周围出现水肿。脾髓中单核细胞广泛增生，有的形成大片的增生区，混有少数中性白细胞。心肌纤维出现不同程度的颗粒变性和脂肪变性，有的肌纤维断裂、排列零乱、肌间血管充血、出血，肌纤维间淋巴细胞和单

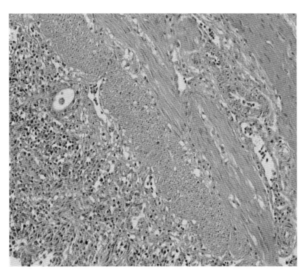

图4-217　肠壁固有层中有大量淋巴细胞，黏膜层变性
（刁有祥　供图）

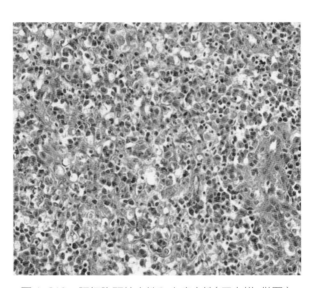

图4-218　肝细胞颗粒变性和水疱变性（刁有祥　供图）

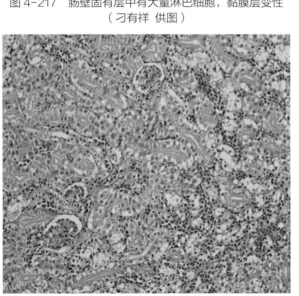

图4-219　肾脏出血，间质内炎性细胞弥漫性浸润
（刁有祥　供图）

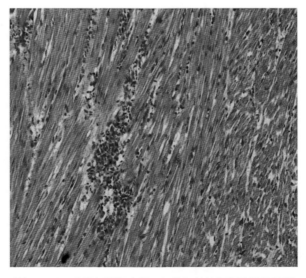

图4-220　心肌纤维间有淋巴细胞和单核细胞弥漫性浸润
（刁有祥　供图）

核细胞弥漫性浸润（图4-220）。肺间质血管充血明显，肺房毛细血管充血扩张，有散在出血。肺房及副支气管腔中有淡红色水肿液，混有少量红细胞及淋巴细胞。脑膜及实质血管扩张明显，充满红细胞，实质小血管扩张破裂，红细胞渗出，在周围间隙中形成小出血灶。神经细胞变性，严重病例形成小坏死灶，胶质细胞增生。少数病例血管周围有淋巴细胞及胶质细胞浸润，形成套管现象，表现出非化脓性脑炎的变化。

五、诊断

根据该病的流行病学、症状和病理变化特点，可以作出初步诊断，确诊需要进行实验室检查。

1. 临床诊断

该病主要发生于1～2周龄内雏鹅，其发病率高，死亡率高，而青年鹅、成年鹅不发病。患病雏鹅主要表现为腹泻，排出黄白色或黄绿色水样稀粪；剖检病死鹅，肠管中有条状脱落的伪膜或有灰白色或灰黄色纤维素性栓子。以上这些临床表现可以作为小鹅瘟临床诊断的依据。

2. 实验室诊断

实验室诊断主要通过病毒的分离培养和鉴定对该病作出确诊。

（1）病毒的分离培养。无菌采集病鹅或病死鹅的肝、脾、肾、脑等器官，加入适量无菌的PBS或HANKS液，于匀浆器或研钵中制成组织悬液，12 000r/min离心5～10min，取上清夜，按照每毫升组织悬液中含有500～1 000U的比例加入青霉素和链霉素，37℃温箱作用30min或4℃作用过夜以除去杂菌。取0.2mL无菌的上清液接种12～14日龄鹅胚的尿囊腔或绒毛尿囊膜，将接种后的鹅胚置于37℃温箱内继续孵化，每天24h照胚1次，连续观察9d。弃掉48h以前死亡的鹅胚，收集72h以后死亡的鹅胚，先放在4～8℃冰箱内冷却一段时间收缩血管，然后无菌收集鹅胚的尿囊液，保存备用。死亡鹅胚的绒毛尿囊膜局部增厚，胚体皮肤、肝脏及心脏出血。

（2）动物试验。将上述无菌处理的组织上清液或鹅胚尿囊液接种5～10日龄的易感雏鹅，每只雏鹅皮下接种或口服0.2～0.5mL，然后观察10d。发病死亡的雏鹅出现与自然病例相同的临床症状及病理变化。

（3）血清学检测。常用的血清学诊断方法有琼脂扩散试验、动物保护试验、病毒中和试验等。

琼脂扩散试验：一般在琼脂平板的中间孔加入已知抗小鹅瘟血清，周围孔加入被检的病料液或鹅胚尿囊液，以及阴性和阳性对照。将加样后的琼脂平板置于37℃温箱中作用24～72h，观察结果。这种诊断方法对小鹅瘟患病雏鹅病料的检出率可达80%左右，在流行病学上具有重要的诊断价值。

动物保护试验：用抗小鹅瘟血清注射易感雏鹅，用待检病毒攻毒；或被检血清注射易感雏鹅，用已知小鹅瘟强毒攻毒。根据雏鹅的被保护情况，确定被检病毒。

病毒中和试验：可采用抗小鹅瘟血清鉴定分离的病毒，试验可采用固定病毒稀释血清法和固定血清稀释病毒法。

六、类症鉴别

小鹅瘟在流行病学、临诊症状及某些组织器官的病理变化方面与鹅副黏病毒病、沙门菌病、鹅巴氏杆菌病、鹅球虫病相似，需要进行类症鉴别。

1. 鹅副黏病毒病

鹅副黏病毒病的病原是禽副黏病毒 1 型，各种品种和年龄的鹅对该病毒均具有高度的易感性，15 日龄以内雏鹅感染后的发病率和死亡率可达 100%。病鹅脾脏肿大，有灰白色、大小不一的坏死灶；肠道黏膜有散在性和弥漫性大小不一、淡黄色或灰白色纤维素性结痂；部分病鹅腺胃、肌胃充血、出血。禽副黏病毒 1 型具有血凝性。而小鹅瘟仅发生于 3 周龄以内雏鹅，不具备上述病变特点，且小鹅瘟病毒不具备血凝性。

2. 鹅沙门菌

病鹅沙门菌病是由鼠伤寒、鸭肠炎、德尔俾等多种沙门菌所引起的，主要发生于 1~3 周龄的雏鹅，常呈败血症变化，病鹅常常突然死亡，死亡率高。病鹅表现为腹泻，肝脏肿大，呈古铜色，有条纹或针头大小出血点和灰白色坏死点。取病死鹅的肝脏进行触片，美蓝或瑞氏染色，镜检可见有卵圆形小杆菌。将肝脏病料接种于营养琼脂培养基，经 37℃温箱中培养 24h，可见有光滑、圆形、半透明的菌落，挑取菌落进行涂片、革兰氏染色、镜检，可见革兰氏阴性小杆菌，生化试验和血清学鉴定后即可确诊。而发生小鹅瘟的雏鹅，特征性病变为小肠中出现纤维素性栓子，肝脏病料触片、染色、镜检，见不到卵圆形小杆菌，肝脏病料接种营养琼脂培养基培养后为阴性。

3. 鹅巴氏杆菌病

鹅巴氏杆菌病是由禽多杀性巴氏杆菌引起的急性败血性传染病，发病率和死亡率很高。青年鹅、成年鹅比雏鹅更易感染。病鹅张口呼吸、摇头、瘫痪、剧烈腹泻，排出绿色或白色稀粪。肝脏肿大，表面有灰白色、针头大小的坏死灶，心外膜特别是心冠脂肪有出血点，十二指肠黏膜出血严重等。采集病鹅的肝脏、脾脏进行触片或心血涂片，瑞氏或美蓝染色后镜检，若出现两极着色的卵圆形小杆菌，即可诊断为鹅巴氏杆菌病。该病用抗菌药物治疗效果明显。而小鹅瘟肝脏病料染色镜检见不到细菌，用抗菌药物治疗无效果。

4. 鹅球虫病

鹅球虫病是由鹅球虫引起 1~7 周龄的雏鹅或仔鹅发病，发病率为 13%~100%，致死率为 6%~9%。病鹅常排出鲜红色或棕褐色的稀粪，粪便中含有脱落的肠黏膜。小肠中充满血液和脱落的肠黏膜碎片，肠壁增厚，肠黏膜上有弥漫性出血点。

七、预防

1. 加强饲养管理，注重消毒工作，尤其是孵化室的消毒

小鹅瘟主要是通过孵化室进行传播的，孵化室中的一切用具设备，在每次使用前后必须清洗消毒，以消灭外界环境中的小鹅瘟病毒及其他病原微生物，切断传播途径，防止小鹅瘟病毒的传入。

孵化器、出雏器、蛋箱蛋盘、出雏箱等设备用具，先清除污物，再擦洗干净，晾干，然后采用 0.1% 的新洁尔灭浸泡或喷洒消毒，晾干。孵化室及用具在使用前数天再用福尔马林熏蒸消毒，每立方米体积用 14mL 福尔马林和 7g 高锰酸钾熏蒸消毒。

种蛋应用 0.1% 新洁尔灭液进行洗涤、消毒、晾干。若蛋壳表面有污物时，应先清洗污物，再进行以上消毒。种蛋入孵当天用福尔马林熏蒸消毒。

如发现出壳后的雏鹅在 3~5d 发病，则表示孵化室已被污染，应立即停止孵化，房舍及孵化、育雏等全部用具应彻底消毒。雏鹅出壳后 21 日龄内必须隔离饲养，严禁与非免疫种鹅、青年鹅接触，

避免与新进的种蛋接触，以防止感染。不从疫区购进种蛋及种苗，新购进的雏鹅应隔离饲养20d以上，确认无小鹅瘟发生时，才能与其他雏鹅合群。有小鹅瘟发生的地区，隔离饲养期应延长至30日龄。

2. 免疫预防，利用疫苗免疫种鹅、雏鹅、种番鸭、雏番鸭是预防该病经济而有效的方法

1961年在扬州分离小鹅瘟SYC61毒株，经鹅胚连续传代弱化后先后研制成功了种鹅弱毒疫苗和雏鹅弱毒疫苗。研究表明，小鹅瘟SYC61疫苗株与间隔近40年后分离的小鹅瘟强毒株仍然有98%的同源性，从而提示SYC61疫苗株在今后小鹅瘟预防中依然有着良好的应用前景。

利用弱毒苗免疫种鹅是预防该病最经济有效的方法。种鹅在开产前一个月用小鹅瘟鸭胚化弱毒疫苗进行第一次接种，2羽份/只，肌内注射；15d后进行第二次接种，2~4羽份/只。免疫后的种鹅所产后代获得了对小鹅瘟病毒特异性的抵抗力，对雏鹅的免疫效果可延至免疫后5个月之久。

若种鹅未进行免疫，可对出壳后2~5日龄的雏鹅注射小鹅瘟高免血清或小鹅瘟高免卵黄抗体，每只皮下注射0.5~1.0mL，该方法也有很好的保护效果。或者对出壳后2日龄雏鹅采用雏鹅弱毒疫苗进行免疫，每只雏鹅皮下注射0.1mL，免疫后7d内严格隔离饲养，防止强毒感染，保护率可达95%左右。

八、治疗

雏鹅发病后，及早注射小鹅瘟高免血清能制止80%~90%已感染病毒的雏鹅发病。但对于症状严重的病雏，小鹅瘟高免血清的治疗效果不太理想；对发病初期的病雏，高免血清的治愈率也只有40%~50%。处于潜伏期的雏鹅每只注射0.5mL；出现初期症状的注射2~3mL，10日龄以上者可适当增加，均采用皮下注射。

病死雏鹅应焚烧深埋，做无害化处理，发病鹅舍应进行彻底消毒，严禁病鹅出售。

第五节　坦布苏病毒感染

坦布苏病毒感染（Tembusu virus infection）是2010年4月在我国东南地区养鸭场首先出现的一种新发病毒性传染病，随后迅速蔓延至福建、广东、广西壮族自治区（全书简称广西）、江西、山东、河北、河南、安徽、江苏、北京等地，该病传播速度快，波及范围广，给我国养禽业带来巨大的经济损失。坦布苏病毒感染是由坦布苏病毒引起鸭、鹅、鸡、鸽子等多种禽类感染的一种急性传染病，主要以水禽感染为主。鹅感染后主要特征是体温升高、减食、瘫痪、死淘率增加，产蛋鹅产蛋率下降，甚至绝产，卵泡充血出血严重，给养鹅业造成严重的经济损失。

一、病原

该病的病原是坦布苏病毒（Tembusu virus，TMUV），属于黄病毒科（Flaviviridae）、黄病毒

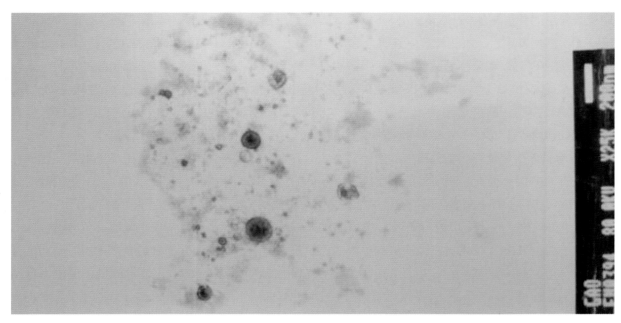

图4-221　坦布苏病毒粒子（刁有祥　供图）

属（Fla-vivirus）的恩塔亚病毒群（Ntaya virus group），属于蚊媒病毒类成员。

　　TMUV具有典型的黄病毒的形态结构，病毒粒子呈小球形，直径为40～50nm（图4-221），病毒的表面有脂质囊膜，囊膜的表面有糖蛋白组成的纤突。病毒的蛋白质衣壳呈二十面体对称，衣壳内为病毒的单股正链RNA基因组。TMUV具有与黄病毒属其他成员相似的基因组及编码蛋白。TMUV的基因组为单股正链RNA，长约10990bp，基因组的5'端有1型帽子结构（m7GpppAmp），3'端无polA尾巴。基因组仅含有一个开放阅读框（Open reading frame，ORF），两端分别为高度结构化的5'端和3'端非编码区（Untranslated regions，UTR），长度分别为94nt和618nt。基因组编码一种多聚蛋白，经宿主信号肽酶和病毒丝氨酸蛋白酶酶切后最终形成3种结构蛋白（C、prM/M和E）和7种为非结构蛋白（NS1、NS2A、NS2B、NS3、NS4A、NS4B和NS5）。每种蛋白都具有特定的结构和功能，在病毒的复制、装配及释放中发挥重要作用。

　　C蛋白为核衣壳蛋白，分子量较小，约为11.8kD，由105个氨基酸残基组成，是基因组5'端第一个编码蛋白。C蛋白的主要功能是参与病毒基因组的组装，避免基因组受到核酸酶的破坏。M蛋白是外膜蛋白，是由PrM蛋白被蛋白酶水解而成。PrM是M蛋白的前体糖蛋白，病毒颗粒从细胞释放时，prM蛋白水解成pr蛋白和M蛋白两部分。pr蛋白有良好的抗原性，能诱导机体产生保护性抗体，M蛋白参与组成病毒囊膜，与E蛋白的正确折叠密切相关。E蛋白为囊膜蛋白，是TMUV最大的结构蛋白和极其重要的囊膜蛋白，全长501个氨基酸，分子量大约为54kD。E蛋白在病毒复制周期的多个环节都发挥了非常关键的作用，包括细胞膜融合、受体的结合、病毒的组装、病毒的出芽释放等，而且E蛋白具有较好的免疫原性，是诱导产生病毒中和性抗体的主要靶蛋白。

　　NS1蛋白是一个高度保守的分泌型糖蛋白，分子量大约42kD。该蛋白与膜功能密切相关，可能参与病毒基因组的早期复制、病毒的组装与释放。NS1蛋白是病毒感染过程中产生的主要免疫原，在病毒感染后的免疫应答及诱导保护性免疫反应中发挥着重要作用。NS1蛋白诱导的免疫反应主要是基于NS1蛋白具有可溶性补体结合活性，可诱导产生非中和活性的免疫保护力，其抗体不产生病毒的抗体依赖性增强作用，因此NS1蛋白是研制亚单位疫苗的重要靶抗原。研究表明，NS1蛋白或 NS1 蛋白与 E 蛋白联合制备的亚单位疫苗、重组病毒疫苗以及 DNA 疫苗均具有较好的免疫保护作用，在 TMUV 及其他黄病毒的临床防控上取得了非常理想的保护效果。NS2A、NS2B、NS4A 和 NS4B 蛋白均为疏水性蛋白，分子量分别为 17kD、13kD、28kD 和 14kD，迄今为止未发现其内部含有能被已知酶识别的保守序列。研究表明，NS2A 蛋白对 NS1 蛋白的功能发挥有一定的作用，而且 NS2A 蛋白羧基端任何一个位点发生突变都会导致病毒丧失复制能力。NS3 蛋白高度保守且不包含长疏水区，具有多种酶活性，它既是 RNA 酶复合物的一部分，也构成了蛋白酶、解旋酶和裂解聚合蛋白的一部分。单独的 NS3 蛋白不具备蛋白酶活性，只有与 NS2B 蛋白形成蛋白复合物时才能发挥蛋白酶的功效。NS3 蛋白也能与 NS5 蛋白结合，形成有效的活性蛋白。NS5 蛋白是 TMUV 中最保守、分子量最大的蛋白。该蛋白不含有长的、疏水性区域，其羧基端含有多个与 RNA 依赖的 RNA 聚合酶相似的序列。NS5 蛋白在 N 末端裂解为具有病毒 RNA 聚合酶作用的蛋白，这可能是由 NS3 蛋白或另一种蛋白酶诱发的，这也证明了虽然 NS5 蛋白是一种膜相关蛋白，但主要还是在细胞质中发挥作用。

TMUV 对禽胚和细胞具有广泛的适应性，可以在鸭胚、鹅胚和鸡胚中增殖，也能在原代或传代细胞上增殖，如鸭胚成纤维细胞（DEF）、Vero 细胞、BHK21 细胞、DF-1 细胞、C6/36 细胞、293T 细胞等。采用不同的接种途径，TMUV 对胚体的致死时间有差异。经绒毛尿囊膜途径接种鸭胚、鹅胚或鸡胚，胚体死亡时间在 72～108h；经尿囊腔途径接种，胚体死亡时间在 84～132h；经卵黄囊途径接种，胚体死亡时间在 48～60h。死亡胚体绒毛尿囊膜水肿增厚，胚体水肿、弥漫性出血，肝脏肿胀，有斑驳状出血灶和坏死灶，尿囊液和胚体中均存在病毒，但胚体病毒含量更高（图 4-222）。TMUV 在鸡胚成纤维细胞上适应后也能增殖。细胞感染 TMUV 后出现明显的细胞病变（CEF），

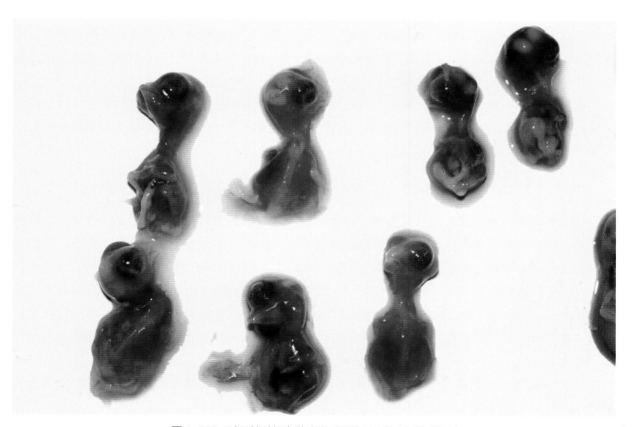

图 4-222　鸭胚接种坦布苏病毒后胚体出血（刁有祥 供图）

图 4-223　鹅场树木上大量的麻雀（刁有祥 供图）

如病毒接种 DEF、C6/36 细胞、BHK21 细胞、Vero 细胞等，一般培养 48h 后可出现细胞病变，毒株不同，产生细胞病变的时间不同。细胞病变主要表现为细胞间隙增宽，细胞圆缩、脱落，培养基变为黄色。

病毒抵抗力不强，不能耐受氯仿、丙酮等有机溶剂；对酸敏感，pH 值越低，病毒滴度下降越明显；病毒不耐热，56℃ 30min 即可灭活。病毒不能凝集鸡、鸭、鸽、鹅、小鼠等动物的红细胞。

二、流行病学

坦布苏病毒可感染多个品种的蛋鸭、肉鸭，10 ～ 25 日龄的肉鸭和产蛋鸭的易感性更强。除鸭外，鸡、鹅、鸽子等禽类也有感染该病毒的报道，尤其是鹅，对该病毒的易感性也很强。自 2010 年该病在我国南方地区出现之后，短短半年时间便蔓延至 15 个省份，几乎波及我国所有水禽主产区，发病率高达 100%，产蛋鸭、鹅的死亡率不高，仅为 1% ～ 5%，肉鸭、肉鹅的死亡率较高，为 10% ～ 55%。2011 年以来，该病呈现地方流行性或散发性，主要发生于新种鹅，经年的种鹅很少发病。在我国南方，反季节生产的鹅群产蛋期主要在夏季，发病率较高；而自然产蛋的鹅群秋季开产，发病率较低。

TMUV 属于虫媒病毒，提示蚊子在该病毒传播过程中可能起着媒介作用；从发病鸭场周围的麻雀体内能检测到 TMUV，提示该病毒可能经鸟类传播（图 4-223）。自然感染和人工感染后发病鹅的脾、脑、肝、肺、气管分泌物、卵泡膜、肠管和排泄物中都含有大量病毒，病鹅通过分泌物和排泄物排出病毒，污染环境、饲料、饮水、器具、运输工具等，易感鹅群可以通过呼吸道和消化道感染病毒。病鹅卵泡膜中 TMUV 的检出率很高，种鹅发病期间，所产种蛋的孵化率和后代鹅的成活率显著下降，可在 7 日龄、24 日龄和 29 日龄死胚、1 日龄弱雏中检测到病毒，提示该病毒存在垂直传播的可能性。该病也可以通过直接接触传播和空气传播。带毒鸭、鹅在不同地区调运能引起该病大范围快速的传播，饲养管理不良、气候突变等也能促进该病的发生。该病一年四季均能发生，尤其是秋冬季节发病严重。

三、症状

TMUV 对不同日龄雏鹅的致病性差异明显，鹅日龄越小，对该病毒的易感性越强，发病率、死亡率越高。

雏鹅人工感染雏鹅，无论是采用滴鼻点眼还是注射途径均会发病，注射途径攻毒更敏感。肌内注射或皮下注射攻毒后，雏鹅第二天开始发病，主要表现为食欲不振，严重的腹泻、排出黄绿色稀粪，后期主要表现为神经症状，如瘫痪，站立不稳，头部震颤，走路呈八字脚、容易翻滚、腹部朝上、两腿呈游泳状挣扎等。病情严重者采食困难、痉挛、倒地不起，两腿向后踢蹬，最后衰竭而死，死亡率达 10%～50%（图 4-224、图 4-225、图 4-226、图 4-227）。

育成鹅症状轻微，出现一过性的精神沉郁、采食量下降，很快耐过。

产蛋鹅在自然条件下，该病的潜伏期一般为 3～5d，呈现典型的高发病率与低死亡率的特点。发病初期，大群鹅精神尚好，采食开始下降，粪便稀薄变绿；接着采食量突然大幅下降，体重迅速

图 4-224　雏鹅精神沉郁，瘫痪（刁有祥 供图）

图 4-225　雏鹅瘫痪（刁有祥　供图）

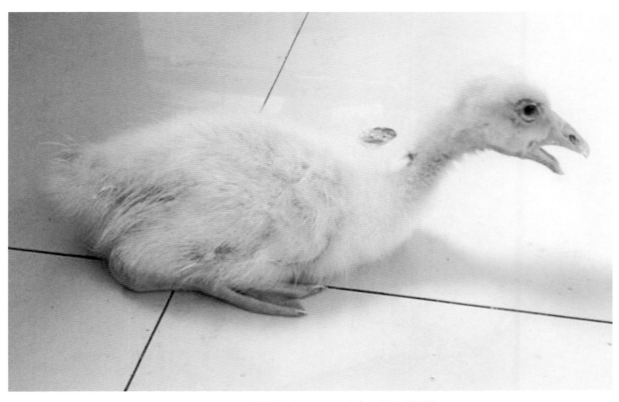

图 4-226　鹅精神沉郁，呼吸困难（刁有祥　供图）

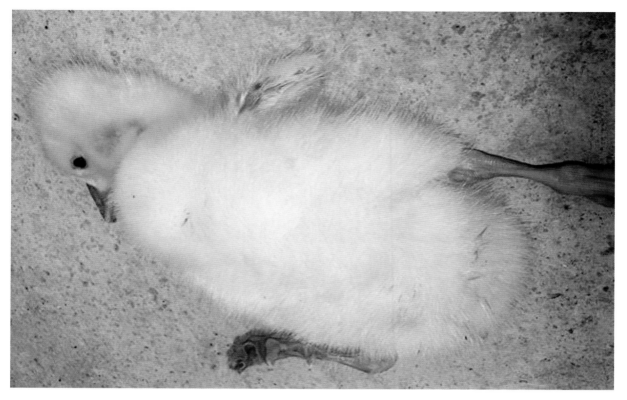

图4-227　鹅倒地不起（刁有祥 供图）

减轻，体温升高，排绿色稀粪，部分病鹅出现瘫痪，行走不稳，共济失调，产蛋随之大幅下降。病鹅产软壳蛋、沙壳蛋、畸形蛋等，发病率高达100%，死淘率5%～15%，继发感染时死淘率可达30%。大多数发病鹅可以耐过，一般于发病1周左右开始好转，2～3周采食量恢复正常，但产蛋率难以恢复到高峰。种蛋受精率下降，孵化过程中死胚率明显上升，出雏率下降，弱雏增多，后代雏鹅在喂养过程中死亡率较高。

四、病理变化

雏鹅的剖检变化主要表现为脑膜充血、水肿、软化，有大小不一的出血点（图4-228）。心内膜有散在的点状出血，心肌水肿软化（图4-229）。腺胃出血（图4-230），肺脏水肿、出血、瘀血（图4-231）；肝脏肿大、出血（图4-232），脾脏肿大、出血（图4-233）；肾脏出血、瘀血（图4-234），法氏囊萎缩。

育成鹅在剖检后，各组织器官病变轻微或不明显。

产蛋鹅的剖检变化主要表现为卵泡萎缩、变形，卵泡膜出血，卵泡破裂，形成卵黄性腹膜炎。腺胃出血，胰腺水肿出血，心冠脂肪出血，脾脏肿大出血，肠道出现卡他性炎症、淋巴滤泡肿胀等。

雏鹅主要表现为脑实质血管周围间隙变大、水肿，脑膜和脑实质内有大量炎性细胞增生浸润，呈现病毒性脑炎症状（图4-235）。脑膜血管充血，脑间质散在小胶质细胞增生，脑组织中出现血管套、小胶质结节。脾脏的淋巴细胞严重崩解、坏死，呈现空泡化和铁血黄素沉着、出血等（图4-236）。肾脏病变明显，表现为肾小管间质出血，并伴有大量炎性细胞浸润，肾小管上皮

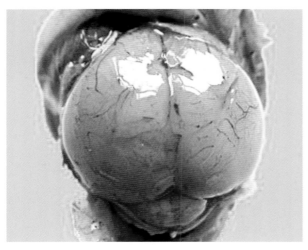

图4-228 脑水肿(刁有祥 供图)

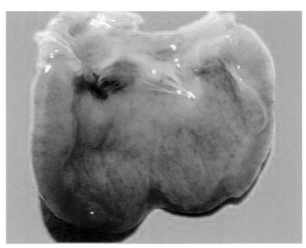

图4-229 心内膜出血(刁有祥 供图)

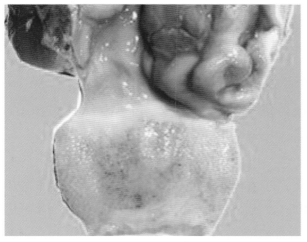

图4-230 腺胃出血(刁有祥 供图)

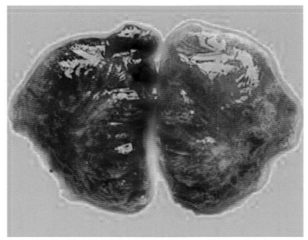

图4-231 肺脏出血、水肿(刁有祥 供图)

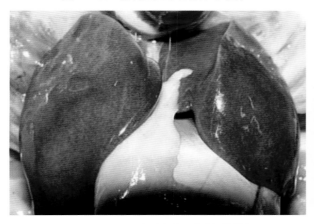

图4-232 肝脏肿大(刁有祥 供图)

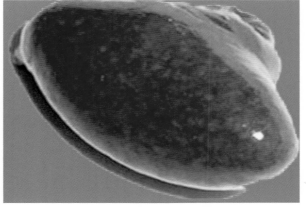

图4-233 脾脏肿大(刁有祥 供图)

细胞肿胀、崩解、凋亡，肾小管管腔狭小、水肿（图4-237）。心肌细胞变性、坏死，心肌纤维间出血严重，有大量炎性细胞浸润（图4-238）。胰腺出现大量的腺泡细胞凋亡、崩解，严重的导致大面积坏死，伴有炎性细胞浸润（图4-239）。肝细胞脂肪变性，大量细胞凋亡、空泡化，肝窦间充血，有大量炎性细胞浸润。

图 4-234　肾脏肿大（刁有祥 供图）

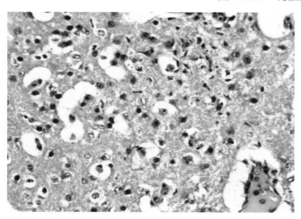

图 4-235　脑组织大量炎性细胞增生浸润，小胶质细胞增生（刁有祥 供图）

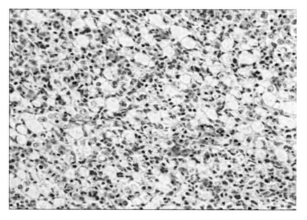

图 4-236　脾脏出血，淋巴细胞崩解、坏死（刁有祥 供图）

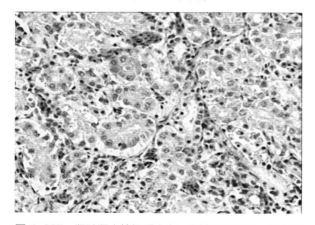

图 4-237　肾脏肾小管间质出血，炎性细胞浸润，肾小管上皮细胞崩解（刁有祥 供图）

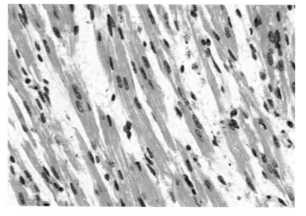

图 4-238　心肌细胞变性、坏死（刁有祥 供图）

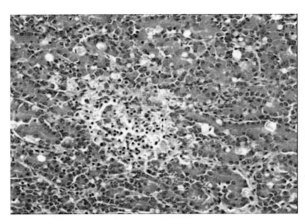

图 4-239 胰腺腺泡细胞崩解坏死，炎性细胞浸润
（刁有祥 供图）

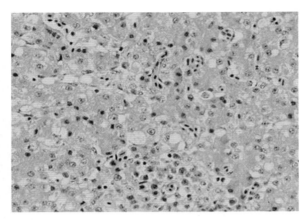

图 4-240 肝细胞脂肪变性，细胞空泡化（刁有祥 供图）

产蛋鹅主要表现为急性出血性卵巢炎，输卵管固有层水肿，卵泡膜充血、出血，卵泡中充满大量红细胞。其他组织的变化特点与雏鹅的类似。

五、诊断

1.临床诊断

根据该病的流行病学、临床症状及病理变化特点进行初步诊断，确诊需要进行实验室诊断。

2.实验室诊断

根据病毒的分离培养和鉴定，确定感染的病毒种类。可以通过鸡胚、鸭胚、鹅胚或成纤维细胞来分离培养病毒，然后通过血清中和试验、免疫荧光技术、RT-PCR 等技术对分离的病毒进行鉴定。

（1）病毒的分离培养。无菌采集病（死）鹅的卵泡、脑、肝、脾脏组织，研磨或匀浆制成悬液。经无菌处理后，接种于 9～11 日龄鸡胚、10～12 日龄鸭胚或 13～14 日龄鹅胚的尿囊腔，置于 37℃温箱中继续培养。收集 24h 后死亡的鸡胚、鸭胚或鹅胚，收获其尿囊液，进行病毒鉴定。

病毒的鉴定，目前主要采用分子生物学方法进行鉴定，如 RT-PCR、实时荧光定量 PCR 和 LAMP 等。RT-PCR 和 RT-LAMP 设备简单、方便易行，适合普通实验室开展病原检测。RT-PCR 方法是从收集的病毒尿囊液或者采集的病料组织中提取 RNA，然后将组织 RNA 反转录为 cDNA，以 cDNA 为模板，采用 TMUV 特异性引物扩增目的基因片段。对 PCR 产物进行电泳，回收特异性的 DNA 片段进行测序，并通过序列分析进行鉴定。根据 E 基因建立的检测 TMUV 的 RT-LAMP 检测方法，特异性强，每个反应最低可检测到 2 个拷贝的病毒粒子，由于该方法操作简单方便，又不需要特殊的试验仪器，因此适用于基层推广和田间检测。实时荧光定量 PCR 具有更高的敏感性和准确性，适合专业实验室应用。TaqMan 探针荧光定量 RT-PCR 方法比常规 RT-PCR 敏感性高 100 倍，最低可检出 10 个拷贝的病毒，临床样品检出率高出近一倍。根据 TMUV E 基因和 NS5 基因设计引物，建立的 SYBR Green 实时荧光定量 PCR，其敏感性比普通 PCR 高 100 倍。

（2）血清学检测。目前，建立的 TMUV 血清学检测方法主要有病毒微量中和试验、间接 ELISA 和阻断 ELISA 等方法。采集发病前后的血清样品，通过检测 TMUV 抗体，也可作为疫病的诊断依据。

六、类症鉴别

该病与鹅的高致病性禽流感、鸭瘟具有相似的临床表现，需要进行类症鉴别。

1. 高致病性禽流感

病鹅的临床症状主要表现为头部和颈部肿大，皮下水肿，眼睛周围羽毛粘着黑褐色的分泌物；有明显的呼吸道症状，如咳嗽、气喘、啰音、尖叫等，有的甚至呼吸困难；脚部皮肤出血。病鹅的病理变化主要表现为头部皮下有胶冻样渗出物和出血点；喉头黏膜有不同程度的出血，气管黏膜点状出血；心肌纤维出现黄白色条纹状坏死。而鹅感染坦布苏病毒后不会出现上述变化。

2. 鸭瘟

鹅感染鸭瘟病毒后主要表现为食道、泄殖腔黏膜有出血点、溃疡或纤维素性伪膜，鹅感染坦布苏病毒后不表现上述变化。

七、预防

1. 建立良好的生物安全体系是预防该病的根本措施

加强饲养管理，改善养殖环境，减少应激因素，定期消毒，提高鸭群、鹅群的抵抗力。如采取降低饲养密度、小群饲养等措施，可以降低发病的风险或者严重程度。及时灭蚊、灭蝇、灭虫，以避免蚊虫的叮咬；防止野鸟与鹅群的接触。

2. 免疫预防

目前生产上常用的商品化疫苗有坦布苏病毒弱毒苗和坦布苏病毒灭活苗，种鹅可采用弱毒疫苗免疫，有的鹅场对后备种鹅免疫 2 次，开产前 3~4 周或在 3~4 个月时再加强免疫一次，可采用皮下注射，免疫后 3 周检测 TMUV 抗体，鹅群抗体阳性率可达到 100%，可有效控制该病的发生。

八、治疗

鹅群发病后可采用对症治疗。在饲料或饮水中添加电解多维、葡萄糖、抗病毒中药等，可以减轻病情，有助于鹅群尽早康复。为防止继发感染，可添加适量抗生素如环丙沙星、头孢类药物等。

第六节　鹅圆环病毒感染

鹅圆环病毒感染（Goose circovirus infection）是近年来新发现的一种鹅的病毒性传染病，鹅群感染后有的会发病死亡，有的免疫功能受到损害，导致机体抵抗力下降，容易继发二次感染，使病情加重，造成更大的损失。鹅感染圆环病毒后主要以导致机体出现免疫抑制为主，经常以亚临床感染的形式出现，容易被人们忽视。

一、病原

鹅圆环病毒（Goose circovirus，GoCV）属于圆环病毒科、圆环病毒属成员。圆环病毒科因其成员具有共价闭合环状 DNA 而得名，是 1995 年国际病毒分类委员会（International Committee on Taxonomy of Viruses，ICTV）第六次病毒分类报告上新增的一个病毒科。根据国际病毒分类委员会第八次报告，圆环病毒科包括两个属，即圆环病毒属（Circovirus）和圆圈病毒属（Gyrovirus）。圆环病毒属成员基因组转录时采用双向转录模式，其中一个开放性阅读框（Opening read fragment，ORF）位于病毒的负链上，该属成员主要包括猪圆环病毒型 1 型（Porcine circovirus 1，PCV1）、猪圆环病毒 2 型（Porcine circovirus 2，PCV2）、鹦鹉喙羽病毒（Psittacine Beak and Feather Disease virus，PBFDV）、鹅圆环病毒、鸽圆环病毒（Pigeon circovirus，PCV）和金丝雀圆环病毒（Canary circovirus，CCV）。圆圈病毒属成员基因组的编码方式是只能由正股编码，目前只有一个成员，即鸡贫血病毒（Chicken anemia virus，CAV）。近年来还在塞内加尔鸽、梅花雀、鸵鸟、海鸥等鸟类中分离到了圆环病毒。

圆环病毒是目前已知最小的动物病毒，病毒颗粒呈球形，二十面体对称，无囊膜，直径为 14~26.5nm，基因组大小为 1.7~2.4kb。圆环病毒属成员基因组具有以下共同特征：共价闭合环状 DNA；具有与滚环复制启动相关的茎环结构（Stemp-loop structure）；具有两个主要开放阅读框，分别编码病毒复制相关蛋白（Rep）和病毒衣壳蛋白（Cap）；同属成员 Rep 氨基酸同源性较高，Cap 同源性不高；基因间隔区存在正向或反向重复序列。

鹅圆环病毒是由德国学者 Soike 等于 1999 年发现的圆环病毒属新成员，它是一种无囊膜、二十面体对称、单链环状 DNA 病毒，病毒粒子直径为 15nm，基因组大小为 1821bp。之后，德国、中国等陆续报道了鹅圆环病毒的全基因组序列。鹅圆环病毒基因组编码 4 个 ORF，分别为 V1、C1、V2、C2，其中 V1ORF 位于病毒正链，编码复制相关的蛋白（Rep），由 293 个氨基酸组成；C1 ORF 编码核衣壳蛋白（Cap），由 250 个氨基酸构成；V2 和 C2 ORF 的功能未知。

基因组同源性分析表明，鹅圆环病毒各分离株间的同源性为 91%~93%。从遗传进化树上可以看出，鹅圆环病毒可以分为 3 个群，即 Ⅰ、Ⅱ、Ⅲ群，Ⅰ群和Ⅱ群又分别分为两个亚群。鹅圆环病毒各分离株 Rep 蛋白的同源性在 96%~97%，外壳蛋白的同源性在 94%~95%，Rep 蛋白比外壳蛋白相对保守些。与其他圆环病毒一样，鹅圆环病毒 Rep 蛋白存在 3 个与滚环复制相关的保守基因序列，即 FRLNN、HLQG、YCSK。此外还包括其他保守因序列，WWDGY、DDFYGWLP、DRYP 等。鹅圆环病毒与鸭圆环病毒存在 68% 同源性，与鸽圆环病毒仅 47% 同源性。迄今为止，鹅圆环病毒的体外培养尚未成功，因此对该病毒的研究也受到了一定限制。

二、流行病学

鹅圆环病毒病是由德国学者 Soike 等于 1999 年在德国首次发现。2003 年，在中国台湾地区 21 个鹅场进行鹅圆环病毒流行病学调查，结果发现有 16 个鹅场为鹅圆环病毒阳性，阳性率为 76.19%。2004 年，余旭平等在浙江省的病死鹅中检测到鹅圆环病毒，这是我国大陆地区首次报道该病。到目前为止，世界上多个国家和地区均检测到鹅群中有鹅圆环病毒感染，其感染率各异。由于国内外对鹅圆环病毒的研究尚处于起步阶段，在鹅圆环病毒的检测和鹅圆环病毒流行病学调查方面的研究也很少。

　　鹅是鹅圆环病毒的天然宿主，不同年龄、品种、性别的鹅均可感染该病毒。研究发现，5周龄以下的鹅，鹅圆环病毒的阳性率较低，推测可能是由于母源抗体保护的结果。随着母源抗体水平的下降，鹅圆环病毒的阳性率上升。

　　鹅圆环病毒可以通过水平方式传播，鹅的饲养方式对该病毒的传播也有一定影响。与散养鹅相比，圈养鹅鹅圆环病毒的阳性率更高。

三、症状

　　病鹅多数出现精神沉郁，腹泻，消瘦，体重下降。病鹅发育不良，生长缓慢，有的出现羽毛脱落、羽毛囊坏死，腹泻（图4-241、图4-242）。产蛋鹅的产蛋率出现明显下降。也有的鹅群感染鹅圆环病毒后没有典型的症状，但组织中能检测到鹅圆环病毒的存在。

　　鹅群感染鹅圆环病毒后，能引起免疫抑制，机体容易继发感染其他致病因子，如沙门菌、曲霉菌、大肠杆菌、支原体、禽流感病毒、呼肠孤病毒等，从而在生产上呈现出更为复杂的症状。

图4-241　鹅羽毛脱落（刁有祥 供图）

图4-242　鹅精神沉郁，羽毛脱落（刁有祥 供图）

图4-243　鹅消瘦，胸骨突出（刁有祥 供图）

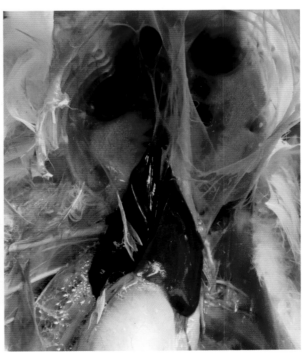

图4-244　鹅内脏器官萎缩（刁有祥 供图）

四、病理变化

剖检变化主要表现病鹅消瘦，贫血（图4-243）。肝脏、脾脏、胃肠道等内脏器官萎缩（图4-244、图4-245）；胸腺萎缩、贫血。肺脏出现轻度到中度贫血，病变程度随着感染时间延长而加重（图4-246、图4-247）。有的病鹅表现为心内膜、心外膜出血。剖检变化最主要的是在淋巴组织，以法氏囊病变最为明显，一些病例中整个法氏囊的结构都被破坏；骨髓颜色呈浅黄色（图4-248、图4-249）。由于机体的免疫功能受到抑制，临诊上常可见到一些病例因混合感染其他病原而造成轻度的气囊混浊或浆膜炎。

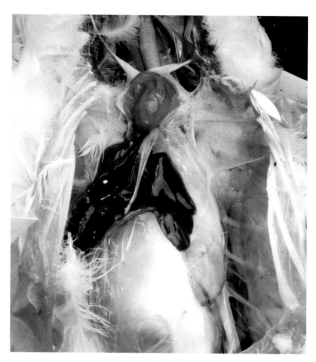

图4-245　鹅内脏器官萎缩（刁有祥 供图）

组织学表现为病毒主要侵害鹅的法氏囊、脾脏、胸腺等淋巴组织，引起淋巴细胞减少，组织细胞增多。一些病例的法氏囊皮质、髓质和囊上皮细胞内可见嗜碱性胞浆内包涵体，呈球状或粗糙颗粒状，与周边呈嗜伊红的胞质背景界限清晰。有的病例肝脏、肺脏及心肌组织中可见散在的炎性细胞浸润。由于淋巴器官受到损伤，导致机体免疫力下降，使感染鹅群易继发感染其他病原，从而给养鹅业带来经济损失。

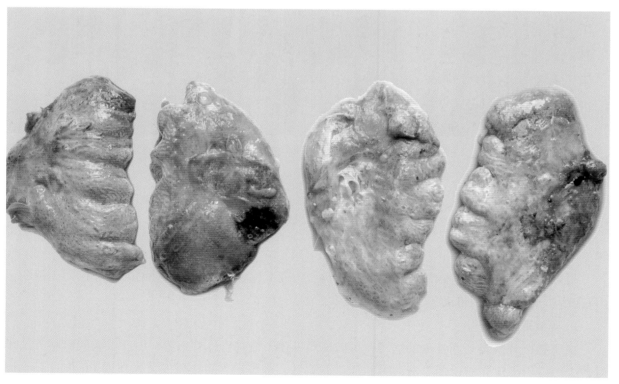

图4-246　肺脏贫血呈浅红色（刁有祥 供图）

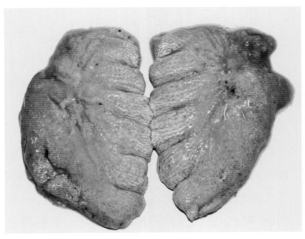

图 4-247　肺脏贫血颜色变淡（刁有祥 供图）

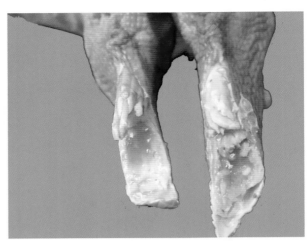

图 4-248　骨髓呈浅黄色（刁有祥 供图）

图 4-249　骨髓呈浅黄色（刁有祥 供图）

五、诊断

1. 临床诊断

根据发病鹅群的流行病学特点、临床症状、病理变化可以对鹅群感染 GoCV 作出初步诊断，但对该病的确诊还需要借助于实验室诊断技术。

2. 实验室诊断

由于鹅圆环病毒是新发现的病毒，目前该病毒还不能进行体外培养，因此该病的诊断方法相对较少。目前已建立的诊断方法包括组织学观察法、电镜法、间接免疫荧光技术（Indirect immuno fluorescence，IIF）、PCR 技术、核酸杂交技术、酶联免疫吸附试验（Enzyme linked immunosorbent assay，ELISA）等。

（1）电镜法。用电镜观察，病毒在法氏囊中的检出率最高，其次是脾脏和胸腺，通过观察可以见到无囊膜的、直径约 15nm 的圆环样病毒颗粒。

（2）PCR 技术。PCR 技术具有敏感、特异、快速、准确等优点，是目前病毒学诊断、分子生物学实验最常用的技术之一，也是病原检测中最常用的技术之一。目前建立的 PCR 技术包括普通 PCR、反向 PCR 和巢氏 PCR。反向 PCR 是一种特殊的 PCR 技术，该方法可以扩增两端序列已知的基因片段。由于鹅圆环病毒基因组呈环状，当得到该病毒某一段基因组序列后，通过反向 PCR 就可以扩增得到全长。巢氏 PCR 是利用两对引物进行两轮扩增反应。由于巢氏 PCR 有两次扩增，从而降低了扩增多个靶位点的可能性，从而增加了检测的敏感性和可靠性。

（3）核酸杂交技术。斑点杂交（Dot blot hybridization，DBH）是一种用来分析 DNA 或 RNA 的简便、快速、经济有效的方法，是基因分析、基因诊断以及研究基因表达的有力工具。2004 年，Ball 等建立了鹅圆环病毒的斑点杂交技术，并从鹅的法氏囊中检测到鹅圆环病毒。该方法敏感性相对较低，但可进行半定量检测。原位杂交技术（In situ hybridization，ISH）是一种应用标记探针与组织细胞中的核酸进行杂交，再利用标记物相关的检测系统，在核酸原有位置将其显示出来的一种检测技术。Smyth 等于 2005 年建立了地高辛标记的鹅圆环病毒特异性探针，以检测鹅圆环病毒在鹅体内的分布情况。该方法敏感性高、特异性强，可根据阳性信号的强弱来推断病毒含量的多少。研究显示，在法氏囊、脾脏、胸腺、肾脏等多个组织中均可检测到鹅圆环病毒，表明鹅圆环病毒的感染是多系统的。

间接免疫荧光技术和酶联免疫吸附试验均可用于鹅圆环病毒感染的鹅群血清学检测，并且具有快速、特异、敏感、适合于大规模检测的特点。

六、预防

目前，鹅圆环病毒的疫苗尚未研制成功。因此采取严格的生物安全措施，改善鹅群的饲养管理条件，加强卫生消毒措施，提高鹅群的抵抗力，防止病毒的侵入和扩散，是预防鹅群感染鹅圆环病毒的重要措施。

七、治疗

目前该病尚无有效的治疗药物。对于发生该病的鹅群只能采取对症治疗，并控制继发感染，以较大程度地减少发病和死亡。

第七节　鹅呼肠孤病毒感染

鹅呼肠孤病毒感染（Goose reovirus infection，GRVI）又称鹅出血性坏死性肝炎，是 2001 年以

来我国养鹅业出现的一种新的疾病。该病主要危害 1 ~ 10 周龄鹅，引起雏鹅出血性、坏死性肝炎。1975 年，Kisary 从鹅体内分离到呼肠孤病毒，我国于 2002 年首次从患病雏鹅的体内分离到该病毒。

一、病原

鹅呼肠孤病毒（Goose reovirus，GRV）属于呼肠孤病毒科（Rroviridae）、正呼肠孤病毒属（Orthoreovirus）。GRV 具有典型呼肠孤病毒的形态特点，病毒粒子呈球形，无囊膜，呈二十面体对称，具有双层衣壳结构，完整的病毒粒子直径为 76 ~ 86nm。GRV 是由双链 RNA 节段组成，根据其在凝胶电泳上的迁移率大小可以分为大（L1 ~ L3）、中（M1 ~ M3）、小（S1 ~ S4）三个级别。这些基因片段至少编码 11 个原始翻译产物，分别属于 λ（λA、λB、λC）、μ（μA、μB、μNS）和 σ（σC、σA、σB、σNS）三种类型。

在琼脂扩散试验中，GRV 与禽呼肠孤病毒（Avain reovirus，ARV）PR 株存在交叉反应，说明两者有共同的群特异性抗原，但也存在较大的差异。鸭呼肠孤病毒（Duck reovirus，DRV）和 GRV 编码的 σC 的基因片段在结构和序列上具有相似性，因此，Banvai 等认为 DRV 和 GRV 应归属于呼肠孤病毒属亚群 II 中的一个单独种，不同于其他禽呼肠孤病毒。

GRV 能在鹅胚、鸭胚、番鸭胚和鸡胚中增殖，对鹅胚、鸭胚、番鸭胚的致死率高达 95%，感染鸡胚的死亡率达 85%。死亡胚体的病变大体一致，主要表现为胚体皮肤、皮下充血、出血明显，有的胸部、头部、腿部等有大小不一的出血斑。心肌苍白，心外膜有出血斑。肝脏肿大，死亡较早的胚体肝脏上有淡黄色和红色相间的坏死灶，死亡较晚的胚体肝脏上有淡黄色或灰白色的坏死灶。脾脏肿大，有大小不一灰白色的坏死灶。肾脏肿大，有针头大小的灰白色坏死灶。胰腺有出血点。接种部位的绒毛尿囊膜有出血斑块，其他部位有出血点。GRV 能在鹅胚、鸭胚、番鸭胚和鸡胚成纤维细胞上复制，产生细胞病变。

GRV 对热有抵抗力，能耐受 60℃为 8 ~ 10h、56℃为 22 ~ 24h、37℃为 15 ~ 16 周；对乙醚不敏感，对氯仿轻度敏感；对 2% 的来苏儿、3% 的甲醛有抵抗力；对 2% ~ 3% 氢氧化钠、70% 乙醇敏感。该病毒不凝集禽类及哺乳动物的红细胞，区别于哺乳动物的呼肠孤病毒。

二、流行病学

不同品种的鹅对该病均易感，自然条件下，GRV 主要感染 1 ~ 10 周龄的鹅，尤其是 2 ~ 4 周龄的鹅多发。该病的发病率和死亡率与鹅的日龄密切相关，日龄越小，发病率、死亡率越高。4 周龄以内雏鹅发病率达 70% 以上，死亡率可达 60%；7 ~ 10 周龄的雏鹅死亡率为 2% ~ 3%。青年鹅感染后一般不表现明显的临床症状，种鹅感染后，其产蛋率和出雏率有所下降。

病鹅、带毒鹅是主要的传染源，该病主要通过呼吸道或消化道感染，也可经卵垂直传播。该病无明显的季节性，但卫生条件差、饲养密度过大、天气骤变、应激因素出现时该病容易发生。

三、症状

病鹅生长发育受阻，饲料转化率降低是该病的特征。该病的临床症状与患病鹅的日龄密切相关，根据病程长短可分为急性型、亚急性型和慢性型 3 种类型。

1. 急性型

多发于 3 周龄以内的雏鹅，病程为 2～6d。主要表现为精神委顿，食欲减退或废绝，羽毛蓬乱无光泽，体弱消瘦，行动无力、迟缓或跛行，腹泻（图 4-250、图 4-251）。病程稍长的病鹅出现一侧或两侧性跗关节或跖关节肿大。

图 4-250　病鹅精神沉郁（刁有祥 供图）

图 4-251　病鹅精神沉郁（刁有祥 供图）

2. 亚急性型和慢性型

多发于 3 周龄以上的鹅，病程为 5～9d。病鹅主要表现为精神委顿，食欲减退，运动困难，不愿站立，跛行，消瘦，腹泻，跗关节、跖关节肿大（图 4-252、图 4-253、图 4-254、图 4-255、图 4-256、图 4-257、图 4-258）。有的病鹅趾关节或脚和趾屈肌腱等部位出现肿胀。

图 4-252　鹅跗关节肿胀，爪不能着地（刁有祥 供图）

图 4-253　鹅跗关节肿胀，爪不能着地（刁有祥 供图）

图 4-254　鹅跗关节肿胀，瘫痪（刁有祥 供图）

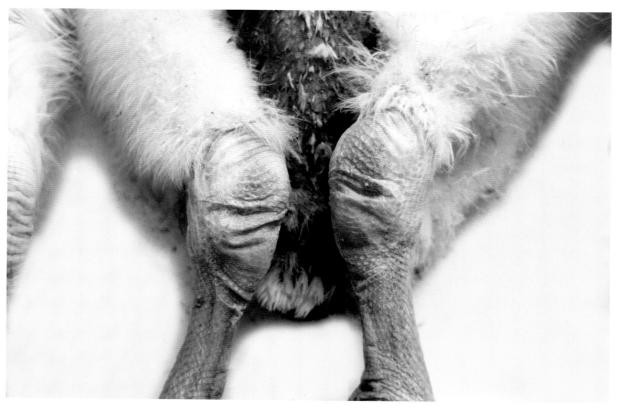

图 4-255　鹅双侧跗关节肿胀（刁有祥 供图）

图 4-256　鹅跗关节肿胀（刁有祥　供图）

图 4-257　鹅跗关节肿胀（刁有祥　供图）

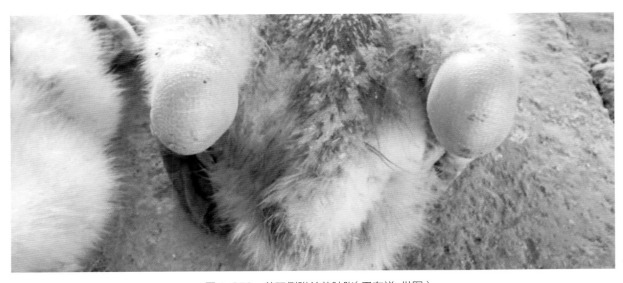

图 4-258　鹅双侧跗关节肿胀（刁有祥　供图）

四、病理变化

1. 急性型

患病雏鹅的肝脏有大小不一、散在性或弥漫性的出血斑或淡黄色、灰黄色的大小不一的坏死斑点（图4-259、图4-260）。脾脏肿大，质地较硬，有大小不一的灰白色坏死灶（图4-261）。胰脏肿大、出血，有散在性针头大小的灰白色坏死灶。肾脏肿大、充血、出血，有弥漫性针头大小的灰白色坏死灶（图4-262）。有的病例出现心包炎，心内膜有出血点。肠黏膜充血、出血。肌胃肌层有出血斑。胆囊肿大，充满胆汁；脑组织充血；肺充血、出血（图4-263）。

2. 亚急性型

肝脏和脾脏的病变与急性型相似，但病变较轻，表面有浆液性纤维素性炎症。跗关节肿胀，关

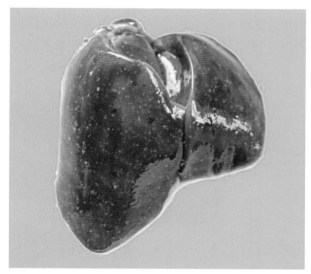

图4-259　肝脏肿大，表面有大小不一的黄白色坏死点
（刁有祥 供图）

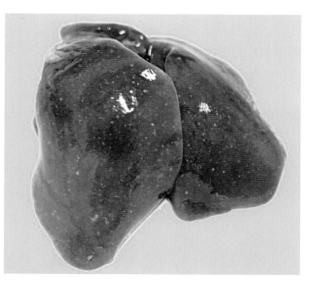

图4-260　肝脏肿大，表面有大小不一的黄白色坏死点
（刁有祥 供图）

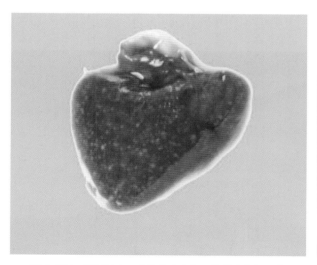

图4-261　脾脏肿大，表面有大小不一的黄白色坏死点
（刁有祥 供图）

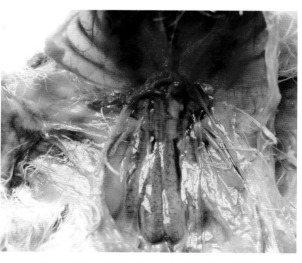

图4-262　肾脏肿大、充血（刁有祥 供图）

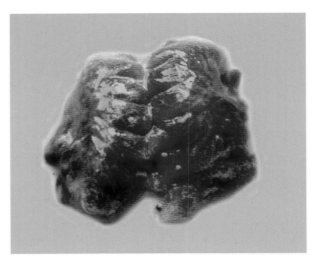

图4-263　肺脏出血（刁有祥　供图）

节部位皮下有胶冻状渗出或出血，关节腔中有脓性渗出、出血，时间长的肿胀的关节腔中有纤维素性渗出物（图4-264、图4-265、图4-266、图4-267、图4-268、图4-269）。

3. 慢性型

内脏器官的病变轻微或无肉眼可见的病变，肿胀的关节腔中有纤维素性渗出物，个别病例腓肠肌肌腱有出血斑。

组织学变化表现为肝脏实质发生坏死，几乎没有完整的肝腺泡（图4-270）。坏死区中的肝腺泡结构完全破坏，肝细胞崩解，成为一片淡红色蛋白质性细网状结构物，充满了坏死的肝细胞形成的空泡和残留的核碎屑。坏死区周围有大片的出血区，其中腺泡组织也被破坏或完全消失。在坏死出血区的周围及残存肝组织间质中有单核细胞及淋巴细胞散浸润。

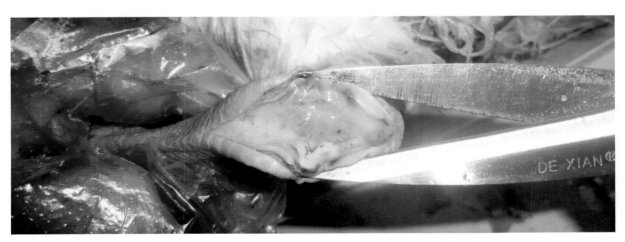

图4-264　跗关节皮下有胶冻状渗出（刁有祥　供图）

图4-265　跗关节皮下有胶冻状渗出（刁有祥　供图）

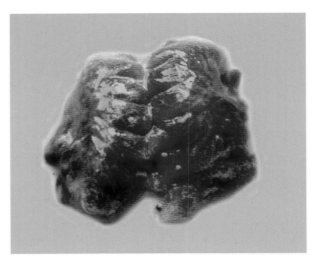

188

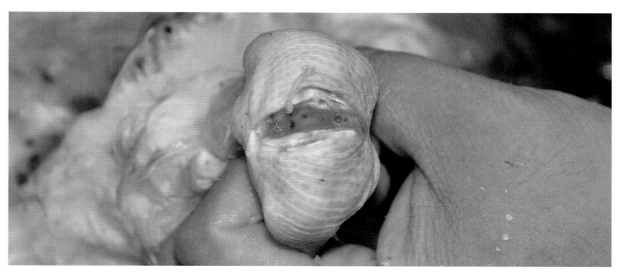

图4-266 跗关节管腔中有脓性渗出（刁有祥 供图）

图4-267 跗关节管腔中有脓性渗出（刁有祥 供图）

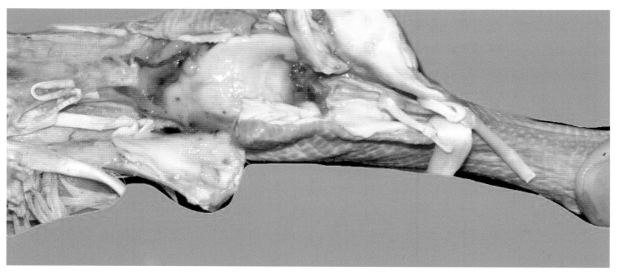

图4-268 跗关节管腔出血（刁有祥 供图）

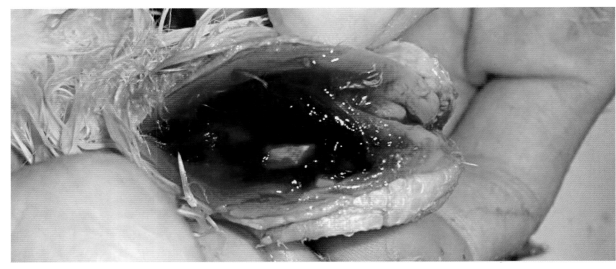

图 4-269　跗关节管腔出血（刁有祥 供图）

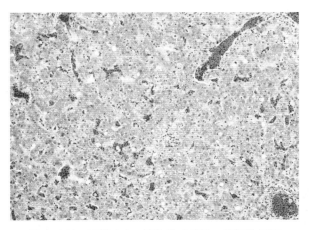

图 4-270　肝脏出血，肝细胞索紊乱，肝细胞坏死
（刁有祥 供图）

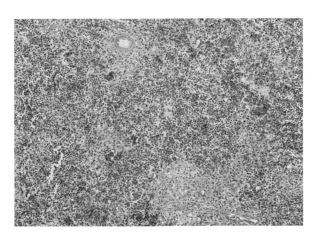

图 4-271　脾脏出血，淋巴细胞崩解、坏死（刁有祥 供图）

　　脾脏的病变与肝脏相似，出现大片充血、出血、坏死区，脾髓结构消失，淋巴组织大部分萎缩消失，仅在出血区散在分布着残存的淋巴细胞集落，无完整的淋巴小结（图 4-271）。坏死区形态不规则，有的相连成片，有浆液性物质浸润和散在的淋巴细胞及核碎屑。

　　胰腺组织水肿扩张，小血管出血，淋巴管扩张，水肿液中有少量单核细胞及淋巴细胞浸润。腺小叶内散在分布腺泡坏死小灶，有的融合成索状，灶内腺泡上皮细胞崩解，有成团的红染酶原颗粒，有的只剩下空泡。坏死灶内有单核细胞浸润。

　　肾小管上皮出现严重浊肿，部分上皮细胞破坏崩解，肾实质中有小的出血灶，间质内及肾小管间有散在的淋巴细胞增生浸润。

　　小肠黏膜炎性水肿，有散在的红细胞和单核细胞浸润，黏膜层出现肠绒毛上皮脱落，浅层多发生坏死。

　　心内膜出现炎性水肿、扩张，有单核细胞和淋巴细胞浸润，深入浅层心肌间质，心肌纤维浊肿，肌间有小出血灶。

　　大脑有小胶质细胞散在增生浸润，有数个或十多个胶质细胞聚集成团。神经细胞大多发生变形，周围水肿形成扩张的空腔，其中有的神经细胞发生浓缩或溶解。实质小血管周围间隙扩张，有的血管周围有少数胶质细胞增生，出现不完整的"管套"。小脑髓质中有小出血灶，脉络丛有出血和单核及淋巴细胞浸润。

肺房充血，肺小叶间水肿明显，淋巴管扩张，水肿液中有红细胞和少数单核细胞。较大的支气管周围出现出血性坏死灶，灶中肺房组织破坏，充满红细胞，其中混有单核细胞及淋巴细胞。有的腱鞘滑液层出现单核炎性细胞浸润。

五、诊断

根据流行病学、临床症状及病理变化特点可以作出初步诊断。确诊需要进行实验室诊断。实验室诊断可以通过对病毒进行分离培养，采用中和试验、琼脂扩散试验、PCR扩增方法等进行病毒的鉴定。

1. 病毒的分离

（1）病料的采集及处理。无菌采集患病鹅或病死鹅的肝脏或脾脏，将病料剪碎，放入研钵或匀浆器中，按照1：5的比例加入灭菌的PBS或Hank's液，制成组织悬液。采用离心机离心，12 000r/min，离心30min，取上清液加青霉素、链霉素各1 000IU，置于37℃温箱作用30min，经细菌检验为阴性者作为病毒的分离材料。

（2）胚胎接种。将病毒分离材料分别接种10日龄SPF鸡胚、11日龄鸭胚、12日龄鹅胚、12～13日龄番鸭胚，每胚采用绒毛尿囊膜途径接种0.2mL，置于37～38℃孵化箱内继续孵化，每天照蛋数次，观察10d。胚体大多于4～5d死亡，弃掉48h内死亡的胚体，将死亡胚体放于4～8℃冰箱冷却，收集尿囊液及绒毛尿囊膜，经无菌检验，胚胎及膜具有典型病变的放于低温保存，用作传代及鉴定；将未死亡的胚胎冻死，检查胚胎及膜，有典型病变者于低温保存作传代用。

（3）雏鹅接种。用患病鹅的肝、脾病料制备的病毒分离材料或用胚胎尿囊液做1：5稀释，接种10日龄左右雏鹅，每只鹅肌内注射1.0mL（或爪垫注射0.2mL），观察15d。雏鹅一般于感染后5～6d开始发病，检验其症状及病理变化应与自然病例相同。

2. 中和试验

（1）胚胎中和试验。将胚胎尿囊液（鸡胚、鸭胚、鹅胚）上清液分成2组，1组加入4倍量已知高免抗血清，另一组加入4倍量灭菌PBS或生理盐水作为对照，混匀后置37℃温箱作用30min。每组接种4～6枚胚胎，每个胚胎经绒毛尿囊膜途径注射0.1mL，观察8d。注射抗血清组的胚胎应全部健活，胚体和膜无病变；而对照组胚胎死亡，并具有特征性胚体和膜的病变。

（2）细胞中和试验。用4倍递增稀释的该病毒抗血清与等量200TCID50细胞病毒液混合，37℃作用2h，每稀释度感染6孔鸡胚成纤维细胞。同时，用同样的方法分别加入小鹅瘟抗血清、番鸭细小病毒抗血清、禽流感H5、H9亚型抗血清、鸡新城疫抗血清，作用后感染细胞；另设病毒对照组。结果，除了该病毒特异抗血清作用的细胞无病变外，其他对照组细胞均出现病变，不能中和该病毒。

3. 琼脂扩散试验

① 琼脂抗原的制备：将接种病毒的胚体和绒毛尿囊膜以及同日龄正常的胚体和绒毛尿囊膜，分别剪细匀浆，经3次冻融后离心取上清液，然后用氯仿抽提3次，将上清液浓缩作为琼扩诊断抗

原和阴性抗原对照。

②抗血清的制备：用接种病毒的胚胎和绒毛尿囊膜，多次免疫青年鹅以制备抗血清，同时采集未免疫鹅的血清作为对照组。

③琼脂板的制备：用 1% 琼脂糖、8%NaC1、pH 值为 7.2 和 7.5% 甘氨酸制备琼脂板。

④操作及结果判定：琼脂扩散试验的操作方法和结果判定方法与本章第四节小鹅瘟的一致。

4. PCR 检测技术

通过对 GenBank 中公布的 GRV 的基因序列进行比对，找到其保守序列，通过引物设计软件如 Premier 5.0 设计特异性引物。从病料或病毒分离物中提取 RNA 作为模板进行反转录，然后通过设计的 GRV 特异性引物进行 PCR 扩增，从而实现对 GRV 的快速检测或鉴定。

六、类症鉴别

该病在流行病学、症状、病理变化上与小鹅瘟、鹅沙门菌病、鹅鸭疫里默氏杆菌病有些相似，需要进行鉴别。

小鹅瘟是 3 周龄以内雏鹅的一种急性或亚急性高发病率、高死亡率的传染病，肠道栓子是该病的特征性病变，该病肝脏无特征性病变；鹅沙门菌病是由鼠伤寒等沙门菌引起的 1~3 周龄雏鹅的一种传染病，严重腹泻，肝呈古铜色并有针头大坏死灶，但无出血性坏死性肝炎的特征性病变；患鸭疫里默氏杆菌病的雏鹅或仔鹅有心包炎、肝周炎、气囊炎、脑膜炎、输卵管炎等特征性变化。

七、预防

加强饲养管理与消毒。加强饲养管理，注意温度、湿度、通风机饲养密度，采取严格的生物安全措施，加强环境卫生消毒工作，减少病原的污染。

免疫接种。种鹅可在开产前 15d 左右进行油乳剂灭活苗的免疫，免疫后 15d 左右产生较高抗体，既可以控制垂直传播，又可以使其后代获得较高水平的母源抗体，防止发生早期感染。种鹅免疫的后代雏鹅，应在 15 日龄左右使用灭活苗免疫；若种鹅没有免疫，其后代可在 1 周龄左右免疫灭活苗，能有效预防该病的发生。

八、治疗

对发病的鹅采用高免血清或卵黄抗体进行治疗。患病鹅每只注射抗血清 2~3mL，有一定治愈率；对疑似感染的雏鹅，每只雏鹅皮下或肌内注射 1mL 抗血清，首次注射后 15d 左右进行第 2 次注射，每只雏鹅 1.5~2.0mL，有较高的保护率。也可以使用卵黄抗体剂量进行预防和治疗。采用高免血清或卵黄抗体进行治疗的同时，可配合使用抗生素以防止继发感染细菌。

第八节　鹅腺病毒感染

鹅腺病毒感染（Goose adenovirus infection）是由 A 型腺病毒引起的，主要侵害 3～30 日龄雏鹅的一种急性病毒性传染病，又称为雏鹅腺病毒性肠炎或雏鹅新型病毒性肠炎，该病发病急、死亡率高，主要以小肠的出血性、纤维素性、坏死性肠炎为特征，是雏鹅的重要疫病之一。

一、病原

国际病毒分类委员会（ICTV）第九次病毒分类报告规定了腺病毒（Adenovirus，AdVs）分类的基本特征，将腺病毒科分为哺乳动物腺病毒属、禽腺病毒属、唾液酸酶腺病毒属、富 AT 腺病毒属和鱼腺病毒属共 5 个属。传统上将禽源腺病毒分为 3 个群，即Ⅰ、Ⅱ、Ⅲ亚群，其中Ⅰ亚群禽腺病毒包括大部分从鸡、火鸡、鹅等禽类体内分离到的腺病毒，具有共同的群特异性抗原。Ⅰ亚群禽腺病毒可分为 A、B、C、D、E 5 个种。

A 型腺病毒呈球形或椭圆形，无囊膜，呈二十面体对称，直径为 70～90nm。禽腺病毒根据其血清学关系、在细胞培养物上的生长情况及核酸特性进行比较和分类，已经确定鹅有 3 个血清型，鸡有 12 个血清型，火鸡有 2 个血清型。腺病毒对宿主有高度种特异性，只有少数毒株能使自然宿主以外的动物致病。鹅腺病毒能在鸭胚成纤维细胞上增殖，并产生细胞病变。病毒不能凝集禽类及猪、牛的红细胞。

病毒对外界环境抵抗力较强，对酸和热抵抗力强，能耐受 pH 值为 3～9 和 56℃高温，因此病毒通过胃肠道后仍然能保持其活性。病毒没有脂质囊膜，对乙醚、氯仿、2% 酚、50% 乙醇及胰蛋白酶等有抵抗力，但 1∶1 000 浓度的甲醛可将其灭活。病毒还可被 DNA 抑制剂 5- 碘脱氧尿嘧啶和 5- 溴脱氧尿嘧啶所抑制。

二、流行病学

该病主要发生于 3～30 日龄的雏鹅，发病率为 10%～50%，致死率高达 90% 以上，死亡高峰为 10～18 日龄，病程为 2～3d，有的长达 5d 以上。30 日龄以后基本不死亡。成年鹅感染后无临床症状。该病主要以水平和垂直方式传播，病鹅的粪便及口鼻分泌物中病毒滴度较高，污染饲料、饮水、空气和周围的环境，易感鹅群通过呼吸道或消化道感染该病毒。

三、症状

该病自然感染的潜伏期为 3～5d，人工感染的潜伏期为 2～3d，少数为 4～5d。根据病程的长短，可将该病分最急性型、急性型和慢性型。

1. 最急性型

多发生于 3～7 日龄的雏鹅，常无先驱症状，一旦发病即极度衰弱，昏睡而死，有的临死前出现倒地、两脚乱划，迅速死亡。病程约为几个小时至 1 天。

2. 急性型

多发生于 8 ~ 15 日龄的雏鹅，表现为精神沉郁，食欲减退。随着病情的发展，病鹅出现行动迟缓、两脚无力、不愿走动；腹泻，排出淡黄绿色、灰白色的稀粪，常混有气泡或未消化饲料，泄殖腔周围常常沾满粪便；呼吸困难，鼻孔流出浆液性分泌物；患鹅喙端发绀，死前两腿麻痹不能站立，以喙触地，极度衰竭而死，或抽搐而死。病程一般 3 ~ 5d。

3. 慢性型

多发生于 15 日龄以后的雏鹅，主要表现为精神沉郁，消瘦，行动缓慢，间歇性腹泻，最后因消瘦、营养不良衰竭而死。病程较长，部分病例能够幸存，但生长发育迟缓。

四、病理变化

剖检病死鹅，病变主要在肠道。该病特征性的病变为小肠出现卡他性、出血性、纤维素性或坏死性肠炎，小肠中出现纤维素性栓塞。小肠段明显充血和出血，黏膜肿胀，黏液增多。小肠后段出现包裹有淡黄色伪膜的凝固性栓子，类似香肠样病变，小肠外观明显膨大，比正常大 1 ~ 2 倍，肠壁变薄。肠黏膜出血，黏膜面成片红色。肠壁菲薄，透明。胸肌和腿肌出血呈暗红色；心包积液（图 4-272、图 4-273）；肝瘀血，有小出血点或出血瘀；胆囊明显肿胀，扩张，胆汁充盈呈深墨绿色，体积比正常大 3 ~ 5 倍（图 4-274、图 4-275）；肺脏出血（图 4-276）；肾脏肿大，充血或轻微出血

图 4-272　心包积液（刁有祥 供图）

图 4-273 心包积液，肝脏肿大（刁有祥 供图）

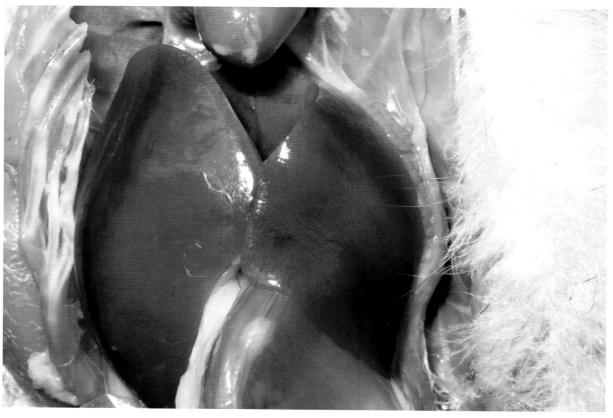

图 4-274 肝脏肿大，表面有大小不一的出血点（刁有祥 供图）

图4-275　胆囊充盈，胆汁淤积（刁有祥 供图）

图4-276　肺脏出血（刁有祥 供图）

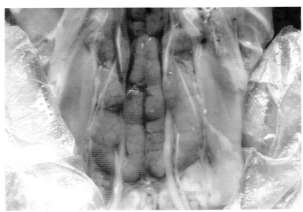

图4-277　肾脏肿大（刁有祥 供图）

（图4-277）。

　　组织学变化表现为十二指肠上皮细胞完全脱落，固有层充满大量红细胞，有的固有膜水肿，内出现大量淋巴细胞浸润。肠腺细胞空泡变性、坏死、结构散乱。有的病例十二指肠为典型的纤维素性坏死性肠炎，肠绒毛绝大部分脱落，肠内有大量纤维素、炎性细胞、细菌等，严重的病例固有膜坏死、脱落；肠腔中充满大量脱落、坏死的上皮细胞、纤维素等。回肠的绒毛顶端上皮坏死，脱落的胰腺细胞肿胀、空泡变性，结构散乱，严重的回肠也成为典型纤维素性坏死性肠炎。肝细胞轻度颗粒变性，部分脂肪变性（图4-278）；肺脏出血，肺房壁有大量炎性细胞浸润（图4-279）；肾小管上皮细胞坏死脱落，有大量炎性细胞浸润（图4-280）；心脏心肌纤维疏松、断裂，有大量炎性细胞浸润（图4-281）。

五、诊断

1.临床诊断

　　该病可根据流行病学情况，临床症状和特征性的病理变化作出初步诊断。但由于特征性病变出

图 4-277　胸腺肿大，出血（刁有祥 供图）

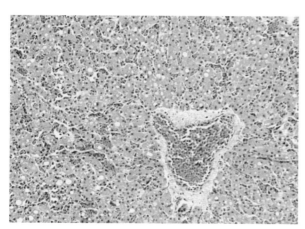

图 4-278　肝细胞脂肪变性，肝细胞索紊乱，有大量炎性细胞（刁有祥 供图）

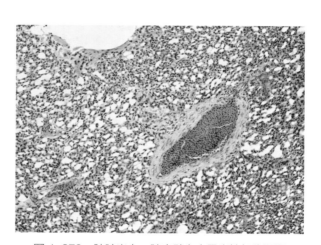

图 4-279　肺脏出血，肺房壁有大量炎性细胞浸润（刁有祥 供图）

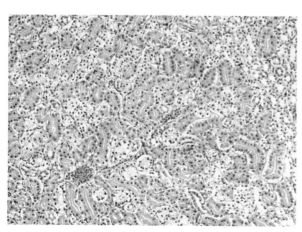

图 4-280　肾小管上皮细胞坏死脱落，有大量炎性细胞浸润（刁有祥 供图）

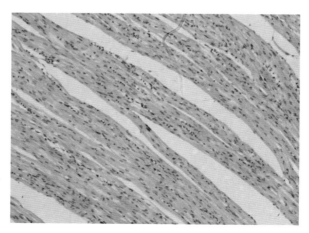

图 4-281　心脏心肌纤维疏松、断裂，有大量炎性细胞浸润（刁有祥 供图）

现较晚，故对发病早期的最急性型、急性型病例的诊断有一定的困难。对该病的确诊需要进行实验室诊断。

2. 实验室诊断

实验室诊断主要采用病毒的分离、电镜观察、鹅胚中和试验、人工感染雏鹅试验等方法。

（1）病毒的分离。

① 病料的采集和处理：无菌采集有特征性病变的小肠，按 1 : 5 的比例加入生理盐水在研钵中研磨，研磨后的组织液反复冻融 3 次，12 000r/min 离心 10mim，取上清液，按每毫升 1 000IU 的比例加入青链霉素，置于 37℃温箱作用 30min 至 1h，−20℃冻存备用。

② 胚胎接种：取细菌培养阴性的上清液，按照 0.5mL/ 胚经卵黄囊接种 10 ～ 12 日龄的非免疫鹅胚，37℃继续孵育，取死亡胚体连同尿囊液混合研磨，反复冻融，12 000r/min 离心 30min，取上清液以 0.5mL/ 胚经卵黄囊接种鹅胚传代和经尿囊腔接种鹅胚传代，同时分别以 0.5mL/ 胚、0.3mL/ 胚经卵黄囊和尿囊腔接种 10 ～ 12 日龄鸭胚、9 日龄鸡胚进行适应传代。

病料上清或胚体组织上清经卵黄囊接种的鹅胚、鸭胚于 36 ～ 72h 死亡，经尿囊腔接种的鹅胚、鸭胚可在 72 ～ 144h 死亡，以上鹅、鸭胚适应毒经卵黄囊接种的鸡胚于 36 ～ 72h 内死亡，经尿囊腔接种的鸡胚于 72 ～ 120h 死亡。死亡胚体稍矮小，出血明显，尤以头颅、头颈、背、腹部出血明显。

（2）病毒的鉴定。

① 电镜检查：取适应于鸡胚的病毒尿囊液，于 4℃ 4 500r/min 离心 30min，弃沉淀，取上清液 45 000r/min 离心 1h，取沉淀，用 0.15 M pH 值为 7.0 的 PBS 悬浮，滴于铜网上，用 2% 的磷乌酸钠溶液负染，电子显微镜观察。镜检可见病毒粒子呈圆形或六角形，直径 70 ～ 90nm，无囊膜，呈正 20 面体立体对称，为典型的腺病毒粒子。

② 鹅胚中和试验：取鹅胚 30 枚，分成 3 组，接种方法均采用尿囊腔接种。第 1 组接种生理盐水为空白对照，0.2mL/ 胚；第 2 组为阳性对照组，接种上述培养的病毒尿囊液，0.2mL/ 胚；第 3 组接种上述培养的病毒尿囊液与兔抗腺病毒血清各 0.2mL（两者混合后，37℃作用 1h 后再接种）。

空白对照组没有鹅胚出现死亡。阳性对照组在病毒接种 3d 后开始出现死亡，剖检死亡胚体，变化特点与鹅腺病毒感染鸭胚后的特点相同。第 3 组没有鹅胚出现死亡，表明兔抗鹅腺病毒血清将病毒中和，从而进一步鉴定尿囊液中的病毒为腺病毒。

③ 人工感染雏鹅试验：选取 5 日龄非免疫雏鹅，试验组肌内注射或口服病毒液，1mL/ 只；对照组注射或口服生理盐水，1mL/ 只。试验组雏鹅于感染病毒后第 3 ～ 8 天发病，临床表现同自然病例，随后衰竭死亡，剖检病变与自然病例相似。从发病雏鹅的病变小肠内容物中可重新分离到接种的病毒。对照组观察 2 周仍健活。

六、类症鉴别

该病的症状和特征性病变与小鹅瘟很相似，但雏鹅腺病毒感染主要危害 3 ～ 30 日龄的雏鹅，尤其 10 ～ 18 日龄多发，致死率可达 25% ～ 75%，甚至 100%。而小鹅瘟最急性病例的病变常不明显，只有小肠前段黏膜肿胀、充血，被覆大量浓厚的淡黄色黏液，极个别者偶见有轻度的出血性变化。而雏鹅腺病毒感染的最急性病例，肠黏膜发生严重出血，与急性型小鹅瘟有明显不同。另外，急性型的雏鹅腺病毒感染，其小肠后段也可能出现"香肠样栓子"，但是其肠壁的出血等变化与小鹅瘟病例全部肠壁无出血、无溃疡的特征明显不同。此外，还可通过了解种鹅是否用小鹅瘟疫苗免疫过，病雏是否用抗小鹅瘟血清预防过进行判断。

七、预防

加强饲养管理和卫生消毒工作，实行全进全出的饲养管理制度，减少病原的污染。

不从疫区引进种蛋、种鹅和雏鹅。

疫苗免疫，雏鹅可在 7 日龄左右皮下注射腺病毒灭活疫苗每只 0.5mL。种鹅、蛋鹅可在 40～50 日龄、80～100 日龄皮下注射腺病毒灭活疫苗，每只 1.0mL，开产后在所产种蛋孵出的雏鹅可获得母源抗体的保护。

八、治疗

高免卵黄抗体和高免血清可用于该病的预防与治疗。1 日龄雏鹅，每只皮下注射鹅腺病毒高免卵黄抗体或血清 0.5mL，能有效预防该病发生；对发病的雏鹅，每只皮下注射高免卵黄抗体或血清 1～1.5mL，治愈率达 60%～100%。在使用卵黄抗体或血清治疗时，可以配合添加适量的抗生素，防止继发细菌感染，同时辅以电解质、维生素 C、维生素 K$_3$ 等，可获得良好的效果。

第九节　鹅　痘

鹅痘（Goose pox，GP）是禽痘的一种，是一种具有高度传染性的疾病。病变的主要特征是喙和皮肤的表皮、羽毛囊上皮发生增生和炎症过程，最后形成结痂、脱落。鹅虽然能够感染鹅痘，但并不严重。

一、病原

鹅痘病毒（Goose pox virus，GPV）是一种比较大的痘病毒，属于痘病毒科（Poxviridae）、禽痘病毒属（Avipoxvirus）。电镜下，能见到胞浆包涵体由大量病毒粒子组成，呈椭圆形或砖形，大小为（298～324）nm×（143～192）nm。胞浆中还存在大量不成熟的病毒颗粒，大小在（216～265）nm×（148～177）nm，呈椭圆形或卵圆形，有双层膜包围。在病变的皮肤表皮细胞和感染鸡胚的绒毛尿囊膜上皮细胞的细胞胞浆内，可以看到一种嗜酸性染色、卵圆形或圆形的包涵体，直径可达 5～30μm，比细胞核还要大，痘病毒存在包涵体内，称为原质小体，一个包涵体内所含的原质小体多达 2 万个。

鹅痘病毒能在 10～12 日龄鸡胚中生长繁殖，采用鸡胚绒毛尿囊膜途径接种病毒，接种后第

6 天，鸡胚绒毛尿囊膜上即形成一种局灶性或弥漫性的痘疱病灶，病灶呈灰白色，坚实，厚约 5mm，中央为坏死区。鹅痘病毒能在鸡胚成纤维细胞上生长繁殖，并产生特异性病变，细胞先变圆，继而变性、坏死。

鹅痘病毒对干燥的抵抗力很强，在外界环境中能长期存活。从皮肤病灶脱落下来的干痘痂中病毒的毒力可以保存几个月，−15℃下保存多年仍有致病性。一般情况下，病毒对乙醚有抵抗力，在 1% 酚或 1∶1 000 福尔马林中可存活 9d，1% 氢氧化钾溶液可使其灭活，50℃ 30min 或 60℃ 8min 病毒可被灭活，常用的消毒药物可在 10min 内杀死该病毒。病毒可以在土壤中生存数周，还可长期保存在 50% 甘油中。

二、流行病学

禽痘主要发生于鸡、火鸡，而鸭、鹅的易感性较低，虽然能够发生禽痘，但并不严重，病死率低。鹅痘一年四季都能发生，尤其是秋冬季节最易流行，一般秋季多发生皮肤型鹅痘。鹅痘病毒主要通过皮肤或黏膜的伤口侵入体内而感染鹅。某些吸血昆虫，特别是蚊子能够传播和携带该病毒，蚊子吸吮过病鹅的血液后，带毒时间可以保持 10～30d，易感鹅经带毒蚊子叮咬后而受到感染，这也是夏秋季节造成鹅痘流行的主要传播方式。

鹅群打架、交配、啄癖、体表寄生虫等造成的外伤，鹅群密度过大、过分拥挤，鹅舍通风不良、阴暗潮湿，鹅群营养不良、缺乏维生素等，均可导致该病的发生，甚至使病情加重。

三、症状

鹅感染鹅痘后，最初由于局部皮肤的表皮和羽囊上皮发生增生与表皮下水肿，在喙和腿部皮肤出现一种灰白色的小结节（丘疹）。小结节很快增大，呈黄色，并与邻近的结节互相融合，形成大的结痂，突出于皮肤的表面或喙上。结痂剥离后，可见出血病灶。结痂的数量多少不一，多的时候可以布满整个头的无毛部分和喙，结痂可以留存 3～4 周，以后将逐渐脱落，留下平滑的灰白色疤痕。患鹅一般没有全身性症状，但严重的病鹅精神委顿，食欲减少或停食，体重减轻等。少数病鹅因体质较弱而死亡。

四、病理变化

患病鹅除喙和腿部皮肤呈现典型病变外，其他器官一般不发生明显变化，如有病变，常因其他微生物继发感染所致。喙和皮肤的病变与症状相同。

组织学变化表现为患病鹅皮肤的上皮细胞胞浆内出现具有特异性的包涵体，嗜伊红染色。含有包涵体的细胞出现程度不等的空泡变性，严重时完全空泡化，细胞体积极度增大，为正常细胞的 10 倍以上，细胞核被挤在一侧或消失。

五、诊断

1. 临床诊断

鹅痘病毒感染比较容易诊断，根据病鹅喙部或腿部的结节、出血病灶、结痂可作出初步诊断。

2. 实验室诊断

随着规模化养鹅的发展，鹅痘会引起流行，因此，实验室诊断也显得特别重要。实验室诊断主要采用病毒的分离及鉴定。

（1）病毒的分离。

① 病料的采集及处理：病料最好采用新形成的痘疹病灶。用灭菌的剪刀剪取痘疹病灶，深部达上皮组织。将病料浸泡于含有青霉素、链霉素各 1 000IU/mL 的灭菌生理盐水或 Hank's 液中 30～60min。取出后用剪刀剪碎，研钵研磨或组织匀浆器匀浆，然后加入灭菌生理盐水制成 1∶5 的悬液，3 000r/min，离心 30min。取上清液，加青霉素、链霉素各 1 000IU/mL，置 37℃温箱中 60min，作为病毒的分离材料。

② 鸡胚接种：选择 4～6 枚发育良好的 10 日龄鸡胚，每胚采用绒毛尿囊膜途径接种上述病毒上清液 0.2mL。接种后将鸡胚置于 37℃温箱中继续孵育，观察 5～7d，检查绒毛尿囊膜上是否出现灰白色灶状痘斑。如果初代接种出现不典型病变时，可继续传代。

（2）病毒的鉴定。

① 电镜检查：取痘疹病料制成超薄切片进行电镜检查，或采用感染鸡胚绒毛尿囊膜上的灰白色灶状痘斑病料制成超薄切片进行电镜检查，可见有 180nm×320nm 大型病毒颗粒。

② 包涵体检查：取痘疹病料或感染鸡胚绒毛尿囊膜病灶，制作切片，用苏木素和伊红染色，在上皮细胞的胞浆内可见到嗜酸性包涵体。

③ 血清学鉴定（琼脂扩散试验）：取自然康复或人工感染鹅康复后的血清以及鸡痘免疫血清作为抗血清。采用感染鹅的痘疹病料或接种鸡胚后有病变的绒毛尿囊膜制成（1∶2）～（1∶3）乳剂，离心后，取上清液作为琼脂扩散试验的抗原。抗原和血清加入后，阳性结果一般在 24～48h 内出现白色沉淀线。

六、预防

在无该病病史的区域或鹅群、鹅场，一般不必采用疫苗免疫。在鹅痘流行疫区，除了加强鹅群的饲养管理、卫生消毒等预防措施外，可采用鸡痘鹌鹑化弱毒疫苗进行免疫接种，能有效地预防该病的流行和发生。

雏鹅 1 周龄内进行首免，在翅内侧薄膜无血管处刺种 1～2 次，4～6d 后，刺种部位出现"痘疹"，即刺种成功。种鹅可在首免后 3～4 个月进行二免。

七、治疗

目前还没有治疗该病的特效药物，一般采用对症疗法，以减轻症状并防止继发感染。一般将病鹅隔离或淘汰，消毒鹅舍、场地和用具，患鹅的痘斑用洁净的镊子小心剥离，伤口处涂擦碘酊或红药水、紫药水等，有一定疗效。剥离的痘斑含有大量的痘病毒，应集中烧毁。

第十节　大肠杆菌病

大肠杆菌病（Colibacillosis）是由某些具有致病性血清型的大肠杆菌（Escherichia. Coli，E. coli）引起鹅不同类型病变的疾病总称，由一定血清型的致病性大肠杆菌及其毒素引起的一种传染病。其特征性病变主要表现为心包炎、肝周炎、气囊炎、腹膜炎、输卵管炎、滑膜炎、脐炎以及大肠杆菌性肉芽肿和败血症等。该病常与鸭疫里默氏杆菌病、鹅巴氏杆菌病、禽流感、鹅副黏病毒病、鹅呼肠孤病毒病、坦布苏病毒感染等并发或继发感染。

一、病原

大肠杆菌属肠道杆菌科，埃希氏菌属的大肠埃希氏菌（Escherichia. Coli，E. coli）。该菌为革兰氏阴性无芽孢的直杆菌，大小为（0.4 ~ 0.7）μm×（2 ~ 3）μm，两端钝圆，有时近球形。常单独或成对散在，不形成链或其他规则形状（图4-282）。有鞭毛，运动活泼。周身有菌毛，致病性菌株多具有与毒力相关的特殊菌毛。一般具有可见的荚膜或微荚膜。该菌是动物肠道中最主要且数量最多的一种细菌，主要生活在大肠内。该菌为需氧或兼性厌氧，对营养要求不严格，在普通培养基上生长良好，最适生长温度为37℃，最适生长pH值为7.2 ~ 7.4，在15 ~ 45℃环境中均可以生长。在普通琼脂培养基上培养18 ~ 24h，形成乳白色、边缘整齐、光滑、凸起的中等偏大菌落（图4-283）；在麦康凯琼脂上形成红色菌落（图4-284）；在伊红美蓝琼脂上产生紫黑色金属光泽的菌落。在普通肉汤培养基中呈均匀混浊生长，长期培养后，管底有黏性沉淀，培养物常有特殊的粪臭味。目前已确定该菌有174中菌体（O）抗原，103种荚膜（K）抗原和53个鞭毛（H）抗原的血清型。其中对家禽有致病性的血清型，常见的有O_1、O_2、O_{35}和O_{78}。该菌具有中等抵抗力，60℃加热30min可被杀死。在室温下存活1 ~ 2个月，在土壤和水中存活可达数月之久。对氯离子敏感，因此，可用漂白粉作为饮水消毒。5%石碳酸、3%来苏儿等消毒剂作用5min可将其杀死。多数菌株对丁胺卡那霉素、阿普霉素、庆大霉素、卡那霉素、新霉素、多粘菌素、头孢类药物等敏感。但该菌易产生耐药性，因此，在临床治疗中，应先进行药物敏感试验，然后选择合适的药物进行治疗。

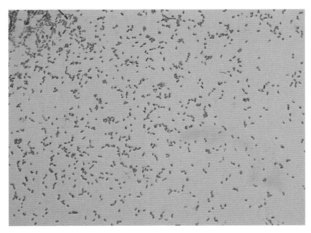

图4-282　大肠杆菌染色特点（刁有祥 供图）

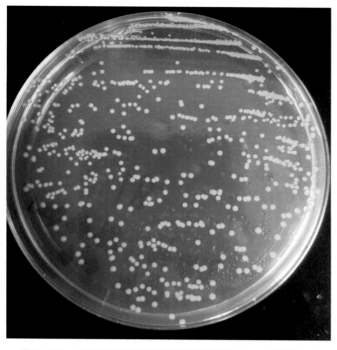

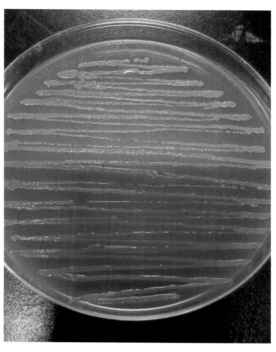

图4-283　普通琼脂培养基大肠杆菌菌落特点（刁有祥 供图）　　　图4-284　大肠杆菌麦康凯培养基培养特点（刁有祥 供图）

二、流行病学

各品种的鹅均可以感染该菌。该病一年四季均可发生，南方地区在多雨、闷热、潮湿季节多发，北方地区在冬春季节多发。大肠杆菌是健康家禽肠道和环境中常在菌，在卫生条件好的养殖场，该病造成的损失较小，但在卫生条件差、通风不良、饲养管理水平较低的养殖场，可造成严重的经济损失（图4-285、图4-286、图4-287）。由于环境改变或者疾病等造成鹅机体衰弱，消化道内菌群稳态被破坏或病原菌经口腔、鼻腔或者其他途径进入机体，造成大肠杆菌在局部器官或组织内大量

图4-285　水槽卫生条件差（刁有祥 供图）

图4-286　鹅运动场卫生条件差（刁有祥　供图）

图4-287　鹅运动场卫生条件差（刁有祥　供图）

增殖，最终导致鹅发病。该菌还可经粪便污染蛋壳或感染卵巢、输卵管等组织而入侵鹅蛋（胚），造成新生仔鹅隐性感染，在一些应激因素或机体抵抗力低下时，造成显性感染发病，进而在仔鹅群内水平传播。该病的发生与多种因素有关，如环境不卫生、饲养环境差；温度、湿度过高或过低；饲养密度过大，通风不良；饲料霉变、油脂变质、球虫病的发生。此外，该病的发生还与禽慢性呼吸道病、禽流感、新城疫、禽霍乱、传染性浆膜炎、小鹅瘟、鹅呼肠孤病毒病、坦布苏病毒感染等疾病相关，并相互促进，由于继发感染或并发感染，导致死亡率升高。

三、症状

由于大肠杆菌侵害部位、感染鹅日龄等情况不同，表现的症状也不一。共同症状特点为精神沉郁、食欲下降、羽毛粗乱、消瘦（图4-288）。胚胎期感染主要表现为死胚增加，尿囊液混浊，卵黄稀薄（图4-289、图4-290）。卵黄囊感染的仔鹅主要表现为脐炎，育雏期间精神沉郁、行动迟缓呆滞，腹泻以及泄殖腔周围沾染粪便等。成年鹅经呼吸道感染后出现呼吸困难、黏膜发绀，经消化道感染后出现腹泻、排绿色或黄绿色稀便。成年鹅大肠杆菌性腹膜炎多发生于产蛋高峰期之后，表现为精神沉郁、喜卧、不愿走动，行走时腹部有明显的下垂感。种（蛋）鹅生殖道型大肠杆菌病常表现为产蛋量下降或达不到产蛋高峰，出现软壳蛋、薄壳蛋等畸形蛋。脑炎性大肠杆菌病主要表现为眼肿胀、头颈歪斜、震颤、角弓反张，呈阵发性。开产母鹅感染大肠杆菌后，表现为精神沉郁，食欲减退，不愿行动，下水后在水面漂浮，常离群落后。肛门周围沾染污秽发臭的排泄物，排泄物中混有蛋清、凝固的蛋白或卵黄块。后期病鹅食欲废绝，失水，眼球凹陷，衰弱而亡。病程为2~6d，仅有少数能够耐过，但不能恢复产蛋。

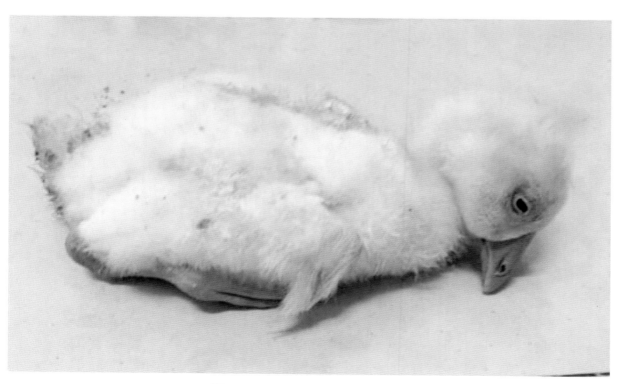

图4-288　鹅精神沉郁（刁有祥 供图）

图 4-289　死亡的鹅胚（刁有祥 供图）

图 4-290　死亡的鹅胚卵黄吸收不良（刁有祥 供图）

根据病鹅发病后表现可分为急性型和慢性型两类。

（1）急性型。主要为败血症，发病急，死亡快，食欲废绝，饮水增加，体温较平时高 2℃左右。

（2）慢性型。病程 3~5d，有时可达十余天。病鹅表现为精神不振，食欲减退，无渴欲。呼吸困难，气喘，站立不稳，常卧不起，头向下弯曲，喙触地，口流黏液，排黄白色稀便，肛门周围沾满粪便。个别快速奔跑，伸颈随即死亡。仔鹅可见明显的下颌部水肿，有波动感，多数当天死亡，有的发病后 5~6d 死亡。

四、病理变化

由于大肠杆菌侵害的部位和患鹅日龄不同，病理变化也不一致。

1. 大肠杆菌败血症

可见于各种不同日龄的鹅，以 1~2 周龄鹅比较多见。患鹅往往突然发病，最急性者未见任何明显症状而死亡。多数患鹅精神萎靡，离群独处，缩颈闭眼呆立，不愿走动，食欲降低甚至废绝，饮水增加，下痢，眼和鼻腔有分泌物，常用力甩鼻。常见病鹅皮肤、肌肉瘀血，呈紫黑色；肝脏肿大呈紫红色，肝脏表面有针尖大散在性的灰白色点状坏死灶，部分肝组织浸染胆汁；肠黏膜弥散性充血、出血，伴随卡他性炎症。心脏体积增大，心冠脂肪有出血点，心肌变薄。肾脏肿大，呈紫红色。肺脏出血、水肿。发病时间稍长的出现心包炎、肝周炎、气囊炎，在心脏、肝脏、气囊表面有黄白色纤维蛋白渗出（图 4-291、图 4-292、图 4-293、图 4-294、图 4-296、图 4-297、图 4-298）；也会出现纤维素性肺炎（图 4-299）、脐炎、眼结膜炎或脑炎等病变。

2. 仔鹅肿头症

特征性病变主要为头部、下颌部的皮下组织水肿、坏死，呈胶冻样，并伴有大量的黄色黏液浸润，眼结膜充血、出血，眼睑肿胀，严重者上、下眼睑粘连。脑膜充血，个别可见出血点，肝、脾脏肿大，质地脆弱。肠黏膜充血、出血，个别可见气囊混浊，心包膜增厚，心包积液增多。

3. 脐炎

病雏腹部膨大，脐孔愈合不良，肿胀（图 4-300、图 4-301），有的脐孔破溃，皮肤较薄，严重者肤色青紫。可见其卵黄囊膜水肿、增厚，卵黄稀薄，呈污褐色，有腐臭气味，吸收不良，在卵黄内有较多凝固的豆腐渣样物质。严重的卵黄囊破裂，卵黄散落在腹腔中（图 4-302）。病雏的蹼、脚趾和皮肤干燥。

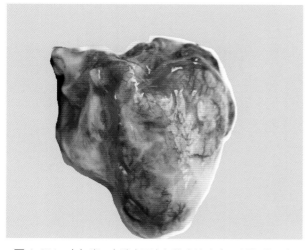

图 4-291　心包炎，心脏表面有纤维素渗出（刁有祥 供图）

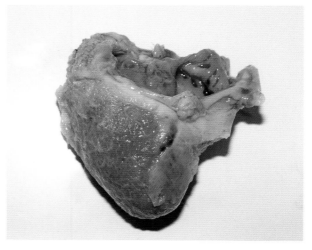

图 4-292　心包炎，心脏表面有纤维素渗出（刁有祥 供图）

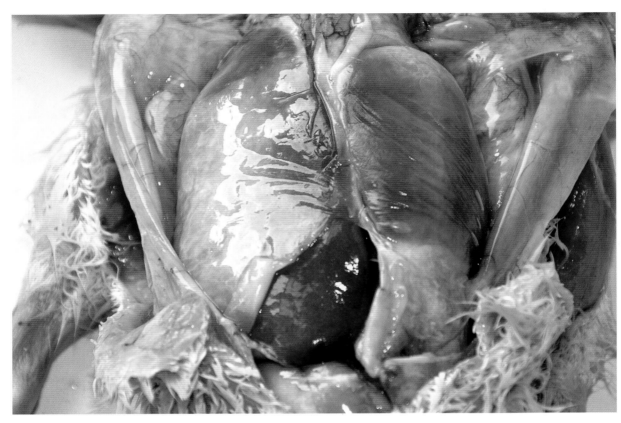

图 4-293　肝周炎，肝脏表面有黄白色纤维素渗出（刁有祥　供图）

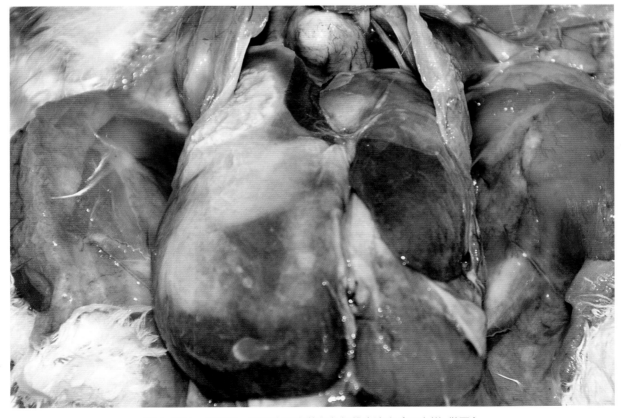

图 4-294　肝周炎，肝脏表面有黄白色纤维素渗出（刁有祥　供图）

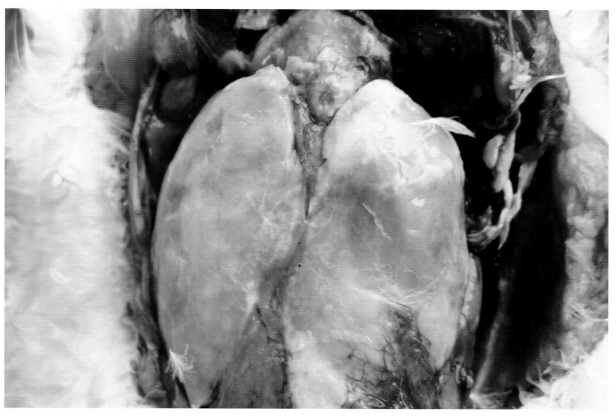

图 4-295 心脏、肝脏表面有黄白色纤维素渗出（刁有祥 供图）

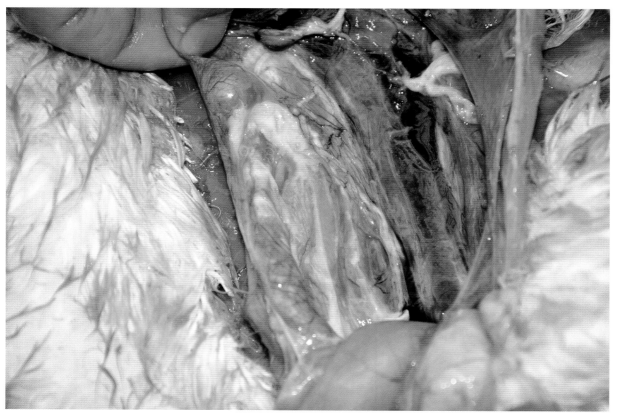

图 4-296 气囊炎，气囊中有黄白色纤维素渗出（刁有祥 供图）

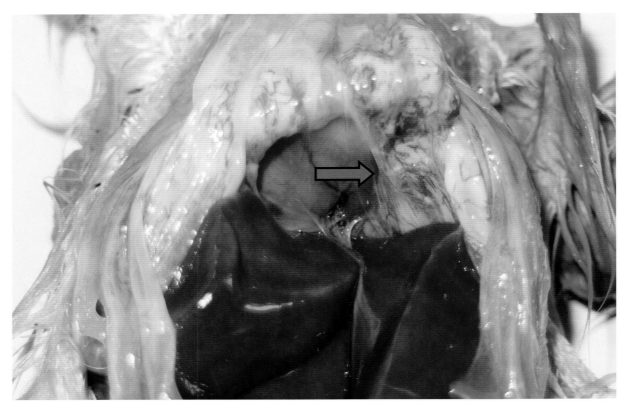

图4-297　气囊炎，气囊表面有黄白色纤维素渗出（刁有祥 供图）

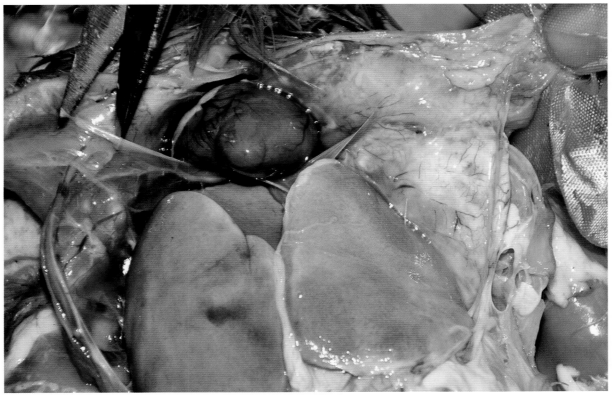

图4-298　肝脏、气囊表面有黄白色纤维素渗出（刁有祥 供图）

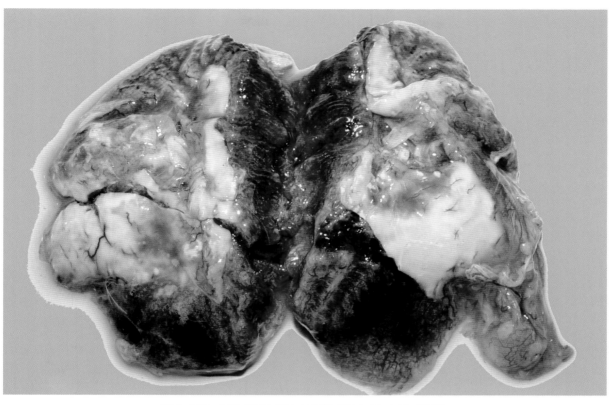

图4-299 肺脏表面有黄白色纤维素渗出（刁有祥 供图）

图4-300 脐孔愈合不良（刁有祥 供图）

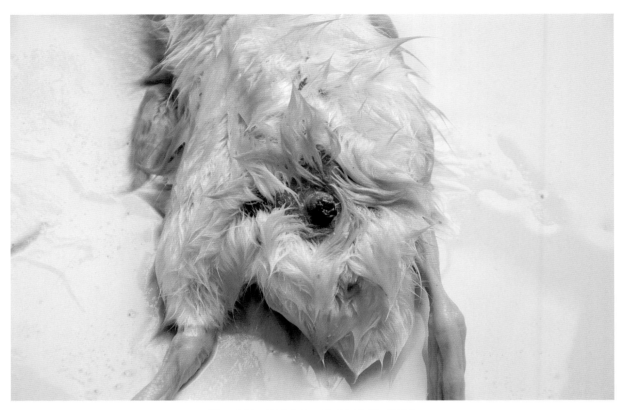

图 4-301　脐孔愈合不良（刁有祥 供图）

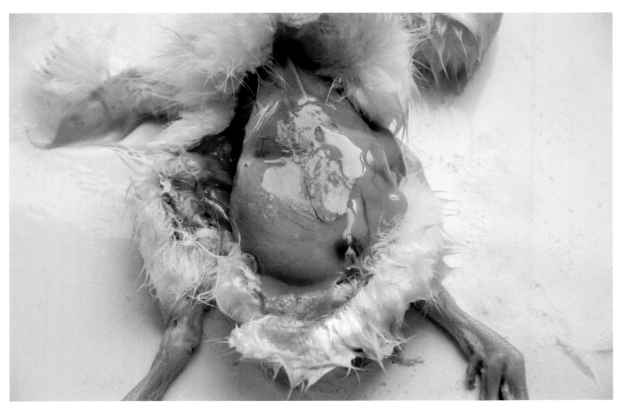

图 4-302　卵黄破裂（刁有祥 供图）

4. 眼炎

常见仔鹅眼结膜肿胀，流泪，有的角膜混浊。单侧或双侧眼肿胀，有干酪样渗出物，严重者失明。镜检可见眼部有异染性细胞和单核细胞浸润，脉络膜充血，视网膜被完全破坏。

5. 肉芽肿

常见于患鹅的心脏、肺脏和肠系膜等，眼观可发现绿豆大至黄豆大的菜花样增生性结节。肠系膜除散发的肉芽肿结节外，还常伴有淋巴细胞和中性粒细胞增生、浸润而呈油脂状肥厚。结节切面多为黄白色或乳白色，为放射状、环形波浪状或多层。镜检结节中心部位含有大量核碎屑积聚而成坏死灶，周围环绕上皮样细胞带，结节外周可见厚薄不一的普通肉芽组织，并有少量异染性细胞浸润。

6. 关节炎

多见于患鹅的趾关节和跗关节，表现为关节肿大，关节腔内有混浊的渗出液或纤维状渗出物。后期呈黄色或褐色干酪物，滑膜肿胀、增厚。

7. 卵黄性腹膜炎

多见于成年母鹅，可见腹膜增厚，腹腔内有少量淡黄色腥臭的混浊液体和干酪样渗出物，腹腔内器官表面常覆有一层淡黄色凝固的纤维素样渗出物（图4-303、图4-304）。卵泡膜充血、出血、卵泡变形、破裂，肠系膜互相粘连，肠浆膜上有小出血点，卵巢变形萎缩，卵黄变硬或破裂后形成大小不一的块状物，肝脏肿大，有时可见纤维素样渗出。

8. 输卵管炎

蛋（种）鹅感染大肠杆菌后，常发生慢性输卵管炎。主要表现为输卵管高度扩张，腔内积有异形蛋样物质，表面粗糙，切面呈轮状，输卵管黏膜出血，表面附有胶冻样或干酪样渗出物（图4-305、

图4-303　腹腔中凝固的卵黄（刁有祥 供图）

图 4-304　腹腔中凝固的卵黄（刁有祥 供图）

图 4-305　青年鹅输卵管中的柱状渗出（刁有祥 供图）

图 4-306、图 4-307）。镜检上皮下有异染性细胞积聚，干酪样物质中含有大量异染性细胞和细菌。

9. 阴茎脱垂坏死

青年或成年公鹅病变仅限于外生殖器部分，表现出阴茎肿大，表面有大小不一的小结节，结节

图 4-306　输卵管中的蛋样渗出质（刁有祥 供图）

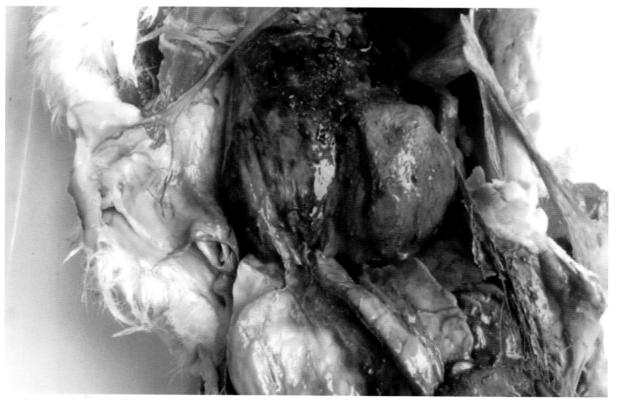

图 4-307　输卵管肿胀、渗出（刁有祥 供图）

内为黄色脓样渗出物或干酪样物质，严重者阴茎脱垂外露，表面有黑色坏死结节。

10. 脑炎

少数仔鹅感染大肠杆菌时表现为脑膜充血、出血，脑实质水肿，脑膜易剥离，脑壳软化。

五、诊断

临床症状和剖检变化仅作为初步诊断。确诊需通过实验室诊断进行细菌的分离鉴定。

1. 病料的采集与处理

由于大肠杆菌病具有不同的症状和病变，因此，病料采集必须根据病变类型而定，多采集具有典型病变的组织或器官作为细菌分离的材料。若为急性大肠杆菌性败血症应心脏采血后进行细菌分离。一般来说，病程超过一周或使用敏感药物后，往往难以分离到病原菌。首先确定患鹅的病变类型。一般来说，实质性组织器官发生病变时，先用炙热的金属片烧烙肝被膜，再用无菌的棉拭子或接种环刺入肝实质取样；若为脓样或水样渗出物，则需先用酒精棉球擦拭表面，无菌剪开囊腔，用棉拭子蘸取腔中液体取样；发病后期由于机体抵抗力和药物使用等因素，无法直接分离到大肠杆菌，可从骨髓中采集样本。上述采集的样本按照 10 倍稀释于肉汤培养基或琼脂培养基上。

2. 分离鉴定

无菌采集病变组织在普通琼脂培养基和麦康凯培养基划线培养，37℃培养 18h 后观察。麦康凯培养基上菌落为粉红色均匀大小的中间凹陷的湿润小菌落为大肠杆菌。在伊红美蓝琼脂上形成黑色带金属光泽的菌落。一些致病菌株在绵羊血平板上呈 β 溶血。在普通琼脂培养基上生长 24h 后，形成圆形凸起、光滑、湿润、半透明的灰白色菌落。若初次培养的菌落过多，可采用二次划线法进行细菌的纯培养，根据细菌的培养特性进行生化试验鉴定。由于该菌血清型众多，因此，从病鹅体内分离得到的大肠杆菌往往需要进行血清型鉴定。大肠杆菌的分离鉴定关键在于区分致病性大肠杆菌和非致病性大肠杆菌。根据采集的部位、尸体病变等可以初步判断是否为致病性大肠杆菌。确定其致病性还需要依据动物回归试验结果。如气囊炎分离株常用 0.1mL 经气囊感染，接种后连续观察 5d，根据症状和死亡情况确定分离株的致病性。

六、类症鉴别

该菌主要引起仔鹅大肠杆菌性败血症，与传染性浆膜炎类似；种（蛋）鹅生殖道型大肠杆菌病与低致病性流感、鸭瘟等易混淆；呼吸道型症状与支原体、低致病性流感等类似，可以根据不同病的特征性症状、病变以及发病因素等多方面综合进行鉴别诊断。一般来说，鹅感染大肠杆菌极少引起神经症状。

七、预防

1. 加强饲养管理

大肠杆菌是一种条件致病菌，该病的发生与外界环境息息相关。防制该病的关键在于改善饲养环境条件，加强对鹅的饲养管理，改善鹅舍的通风条件，及时清理运动场和舍内粪便，保持干净卫生；加强种蛋的收集、存放、消毒和孵化等过程中的卫生消毒管理；落实有效的防疫措施，做好各种疫病的预防工作；减少各种应激因素，如育雏期舍内温度、饮水污染等，避免诱发大肠杆菌病的发生和流行；可适量添加抗生素预防该病的发生。

2. 免疫接种

近年来国内外采用大肠杆菌多价氢氧化铝苗、蜂胶苗和多价油佐剂苗免疫取得了良好的预防效果。使用疫苗前需注意振荡均匀，按照 1mL/ 只皮下接种 5 周龄左右种鹅进行首次免疫，开产前 2 ~ 3 周再次免疫，必要时可于产蛋后 4 ~ 5 个月加强免疫一次，免疫后 10 ~ 14d 产生免疫保护力，免疫接种产生的应激经过 1 ~ 2d 后逐渐恢复。

八、治疗

发生该病后，可以用药物进行治疗。但大肠杆菌易产生耐药性，因此，在投放治疗药物前应进行药物敏感试验，选择高敏药物进行治疗。此外，还应注意交替用药，给药时间要尽早，以控制早期感染和预防大群感染。正确合理使用抗生素，防止细菌耐药性的产生和动物机体内的药物残留。可使用新霉素或安普霉素、或强力霉素、或氟苯尼考等拌料或饮水，连用 4 ~ 5d；头孢类药物也有较好的治疗效果。0.01% ~ 0.02% 氟甲砜霉素拌料，连用 3 ~ 5d；也可用 0.01% 环丙沙星饮水，连用 4 ~ 5d。

第十一节　巴氏杆菌病

鹅巴氏杆菌病（Goose Pasteurellosis）是鹅的一种急性败血性传染病，又称禽霍乱（Fowl Cholera）或鹅出血性败血病。该病的特征是急性败血症，病鹅排黄绿色稀便，发病率和死亡率都很高，浆膜和黏膜上有小出血点，肝脏上布满灰黄色点状坏死灶。根据临床症状表现又可分为最急性型、急性型和慢性型，最急性型和急性型表现为败血症，发病率和致死率都很高，慢性型表现为关节炎症状，病死率较低。该病是严重危害养鹅业的一种传染病。

一、病原

该病的病原是多杀性巴氏杆菌（Pasteurellamultocida）。该菌是一种革兰氏阴性、无鞭毛、不运动，镜检为单个、成对偶见链状或丝状的小球杆菌。在组织抹片或新分离培养物中的细菌用姬姆萨、瑞氏、美蓝染色，可见菌体呈两极浓染（图 4-308、图 4-309）。该菌最适生长温度为 37℃，在普通培养基上可生长，但生长状况不好，在加入禽血清、鲜血或微量血红素的培养基中生长良好，形成圆形、光滑、隆起、半透明、奶油状的互不相连菌落，某些动物如马、牛、山羊、绵羊的血液或血清可抑制多杀性巴氏杆菌的生长。含 5% 禽血清的葡萄糖淀粉培养基是分离和培养该菌的最佳

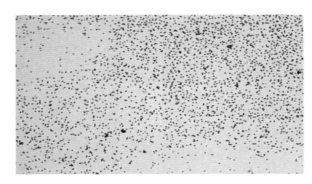

图4-308　巴氏杆菌染色特点（刁有祥 供图）

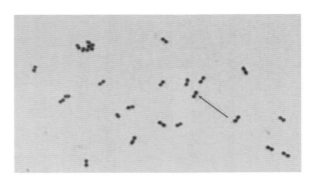

图4-309　巴氏杆菌染色特点，两极着色（刁有祥 供图）

培养基。该菌不溶血，麦康凯培养基上不生长。新分离的强毒菌在血清琼脂上生长的菌落于45°折光下观察，在菌落表面可见明显的荧光。根据有无荧光和荧光颜色，可将多杀性巴氏杆菌分为三型。Fg型：菌落较小，呈蓝绿色带金光，边缘具有狭窄的红黄光带，对鹅的致病力较弱；Fo型：菌落较大，呈橘红色带金光，边缘有乳白色光带，对鹅致病性较强；Nf型：上述两型菌经多次传代培养后，毒力降低或转为无毒力时，则成为不带荧光的菌落。该菌以荚膜抗原和菌体抗原区分血清型，分别以大写英文字母和数字表示，我国禽源多杀性巴氏杆菌分离株以5：A为主，其次为8：A。该菌抵抗力不强，在干燥空气中2~3d死亡，60℃下20min可被杀死。在血液中保持毒力月6~10d，禽舍内可存活一个月之久。该菌自溶，在无菌蒸馏水或生理盐水中迅速死亡。3%石炭酸1min，0.5%~1%的氢氧化钠、漂白粉，以及2%的来苏儿、福尔马林等，几分钟内便可使该菌失活。该菌对多种抗生素敏感，如青霉素、链霉素、喹诺酮类、头孢类药物等。

二、流行病学

鹅对多杀性巴氏杆菌有易感性。此外，家禽如鸡、鸭、火鸡等，以及多种野鸟均可感染该菌。不同日龄的鹅均可感染发病，尤其是肥胖、产蛋高的成年鹅，发病后死亡率较高，该饲养周期的鹅生产性能较高，对环境改变的适应性差，后备期和青年期鹅对该病有一定的抵抗力。病鹅和带菌鹅是该病的主要传染源。病鹅粪便、分泌物中含有大量的病原菌，可以通过污染饲料、饮水、器具、场地等导致健康鹅群发病。该病无明显季节性，但冷热交替、天气变化剧烈时易发，在秋季或秋冬之交流行较为严重，呈散发性或地方性流行。鹅群一旦感染该菌，发病率高，数天内大批感染死亡。成年鹅经长途运输，体质和抗病能力下降，极易发生该病。一些昆虫，如蝇类、蜱等也是传播该病的媒介。此外，鹅群饲养管理不善、寄生虫感染、营养缺乏、长途运输、天气骤变、饲养密度过高、通风不良等因素，均可促使该病的发生和流行。

三、症状

该病的自然潜伏期一般为2~9d，由于鹅的抵抗力和病原菌毒力强弱不同，在该病流行时鹅群表现出的症状不同。按照病程长短和严重程度，该病可分为最急性、急性和慢性三种病型。

1. 最急性型
常发生于该病流行初期，在鹅群无任何临床症状的情况下，常有个别突然死亡，例如在奔跑、交配、产蛋等。有时见晚间大群饮食正常，次日清晨发现许多死亡病鹅。在分散饲养的情况下，仍有些个体出现最急性病例，患鹅突然不安，倒地后双翅扑打地面，随即死亡，以肥胖和高产的成年鹅只为主。

2. 急性型

该型在流行过程中占较大比例，发病急，死亡快，出现症状后数小时到两天内死亡。病鹅采食量减少，精神沉郁，不愿下水游动，羽毛松乱，体温升高，饮水增多。蛋（种）鹅产蛋量下降。也有病鹅咳嗽、呼吸困难、气喘、甩头，口、鼻常流出白色黏液或泡沫。病鹅腹泻下痢，排稀薄的黄绿色粪便，有时带有血便，腥臭难闻。病程为 2～3d，很快死亡，死亡率高达 50% 甚至以上，耐过病鹅转为慢性病例。

3. 慢性型

一般发生于流行后期或该病常发地区，也有的是由于毒力较弱的菌株感染所致，或是急性型病例耐过后转成慢性。病鹅消瘦，腹泻，有关节炎症状的，关节肿胀、化脓、跛行，严重者甚至瘫痪不能行走；口和鼻有黏液流出，呼吸困难，常张口呼吸，伴有甩头动作，努力排出上呼吸道中存留的黏液。患鹅排泄物有一种特殊的臭味，有时混有血液。死亡率低，但对鹅的生产性能影响较大，而且长期不能恢复。少数病例出现神经症状，病程常为数周至一个月以上。在发病群中，有些个体在整个流行过程中不发病，但其中少数病鹅为带菌者，是潜在的传染源。

仔鹅感染该菌后发病和死亡率最高，多为急性型，主要表现为精神萎靡，食欲减退至废绝，喉头有黏稠的分泌物，腹泻，排黄白色或绿色稀便。喙和蹼等部位发紫，眼结膜有出血点，1～2d 后很快死亡。

四、病理变化

1. 最急性型

常见不到明显的变化，或仅表现为心外膜或心冠脂肪有针尖大小的出血点，肝脏有细小的坏死点。

2. 急性型

其特征性病变为肝脏肿大，呈土黄色或灰黄色，质地脆弱，表面散在大量大小不一的出血点和坏死点（图 4-310、图 4-311、4-312）；脾脏肿大，呈紫黑色（图 4-313）；心外膜和心冠脂肪上有出血斑点，心内膜出血（图 4-314、图 4-315、图 4-316）。心包积液增多，呈淡黄色透明状，有时可见纤维素样絮状物。胆囊肿大，肠道黏膜充血、出血（图 4-317），部分肠段呈卡他性炎症，盲肠黏膜溃疡；气管、肺脏充血、出血、水肿，或有纤维素渗出物（图 4-318、图 4-319）。

3. 慢性型

因病原菌侵害部位不同而表现的病变不同。在呼吸系统症状为主的病例中，可见鼻腔、鼻窦以及气管内有卡他性炎症，其内脏特征性病变是纤维素性坏死性肺炎，肺组织由于瘀血和出血呈暗紫色，局部胸膜上常有纤维素性凝块附着，胸腔中也常见淡黄色、干酪样化脓性或纤维素性凝块。侵害关节炎病例中，可见一侧或两侧的关节肿大、变形，关节腔内还有暗红色脓样或干酪样纤维素性渗出物。

患鹅的组织学变化主要表现为肝脏出现不同程度的实质性肝炎，肝细胞发生颗粒变性、脂肪变性和坏死，窦间隙扩张充血，含有大量的炎性细胞，肝小叶内有大小不一的坏死灶。肺脏表现为细

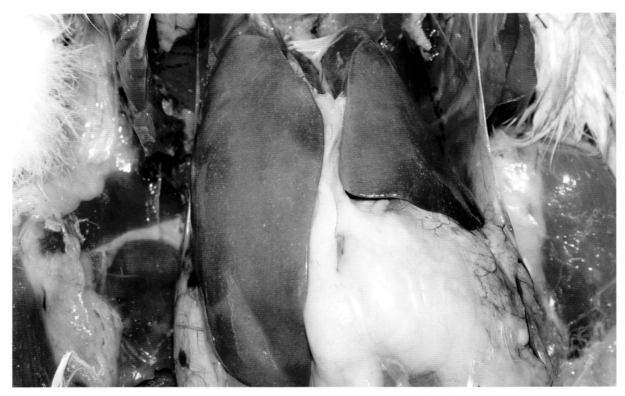

图4-310　肝脏肿大，表面有大小不一的坏死点（刁有祥 供图）

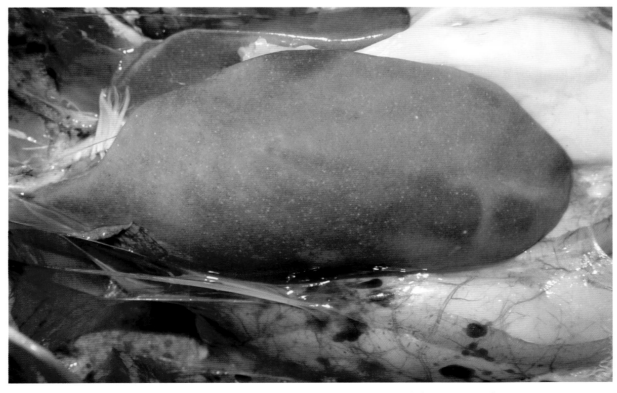

图4-311　肝脏肿大，呈浅黄色，表面有大小不一的坏死点（刁有祥 供图）

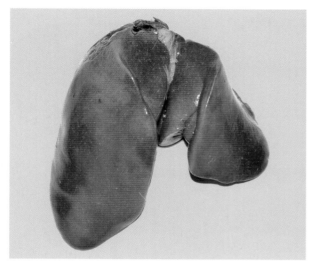

图 4-312　肝脏肿大，表面有大小不一的坏死点
（刁有祥　供图）

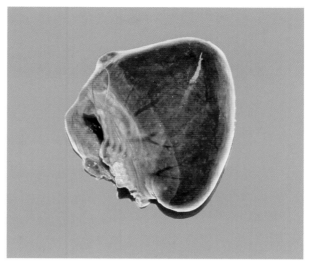

图 4-313　脾脏肿大，呈紫黑色（刁有祥　供图）

图 4-314　心冠脂肪有大小不一的出血点（刁有祥　供图）

图 4-315　心脏表面大小不一的出血斑点（刁有祥　供图）

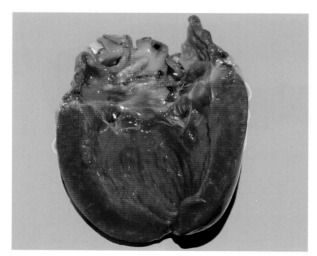

图 4-316　心脏内膜出血（刁有祥　供图）

图 4-317　肺脏出血（刁有祥　供图）

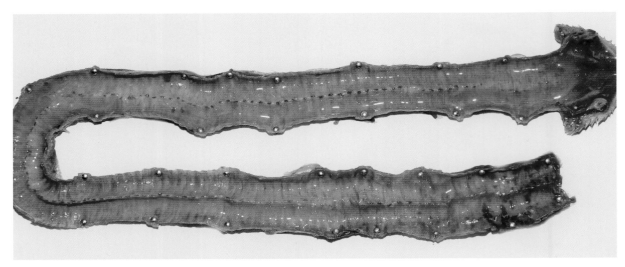

图4-318　气管环出血（刁有祥 供图）

图4-319　肠黏膜弥漫性出血（刁有祥 供图）

末支气管充血，上皮细胞肿胀、脱落，内有数量较多的淋巴细胞浸润和不同程度的纤维素渗出。心肌纤维变性、断裂，肌间有少量的淋巴细胞浸润。肠道有卡他性炎症，病变以黏膜表层为主，十二指肠最为明显，黏膜上皮间杯状细胞肿胀、增多，黏膜上皮脱落，固有层充血、出血、水肿、增厚，肠绒毛变粗。

五、诊断

鹅霍乱可以根据流行病学、发病症状和剖检变化进行初步诊断，但确诊还需要进行病原的分离和鉴定来综合判定。

1. 染色镜检

可以采集新鲜的患鹅病料（肝脏、血液和渗出液等）直接涂片，经碱性美蓝或瑞氏染液进行染色。镜检可见两极浓染的短杆菌或球杆菌，可初步确诊。慢性型或腐败样本中不易观察到该菌，须进行分离培养和动物试验。

2. 分离培养

无菌操作下将病鹅的肝脏或脾脏组织接种于普通琼脂平板上或禽血液琼脂平板上，37℃培养24h可见浅白色、圆形、湿润的露珠样菌落，不溶血。挑取典型菌落涂片，染色后镜检观察，并结合生化试验确定分离菌株。

3. 动物试验

利用病料组织悬液或分离培养物皮下接种动物，待动物死后进行剖检和涂片观察、镜检进行鉴定，并做重培养。此外，也可采用血清学试验和分子生物学方法进行巴氏杆菌病的诊断。

六、类症鉴别

该病与副伤寒、中暑等易混淆，诊断时应注意区分。鹅发生副伤寒时肝脏肿大，呈青铜色，边缘坏死灶多见于被膜下，脾脏明显肿大，表面散在针尖大小坏死点，呈花纹状，盲肠多含有干酪样物质。中暑时鹅也会出现突然死亡，但一般常见肝脏破裂，胸腔瘀血。发生霍乱时，鹅肝脏呈黄褐色，坏死点较大。

七、预防

鹅群发生禽霍乱后，必须立即采取有效的防制措施。病死鹅全部烧毁或深埋，鹅舍、场地和用具彻底消毒。病鹅进行隔离治疗。鹅群中未发病的鹅，应及时饲喂敏感的抗菌药物，防止疾病蔓延。带菌的鹅是该病的主要传染源，因此，应及时隔离和治疗患鹅。平时加强鹅场的饲养管理工作，严格执行消毒卫生制度，尽量做到自繁自养。引进种鹅或鹅苗时，必须从无疫区购买。新购进的鹅必须施行至少两个星期的隔离饲养，防止把疫病带进鹅群。由于该病多呈散发或地区性流行，因此，在一些该病常发地区或发生过该病的养殖场，应定期进行免疫预防接种。实际生产中由于病原菌的抗原结构与疫苗菌株的有所差异而影响免疫效果，多采用本地流行血清型菌株为疫苗株或制备多价苗用于该病的预防，尽管如此，仍无法实现100%的完全保护。目前常用的多杀性巴氏杆菌疫苗主要有灭活苗、弱毒苗、亚单位疫苗等。①油乳佐剂灭活苗：用于2月龄及以上鹅群，按照1mL/羽皮下注射，能获得良好的免疫效果，保护期为6个月；②禽霍乱氢氧化铝甲醛灭活苗：2月龄以上的鹅群按照2mL/羽肌内注射，隔十天加强免疫一次，免疫期为3个月；③弱毒疫苗：

通过不同途径对一些流行菌株进行致弱获得疫苗株，优点是免疫原性好，血清型之间交叉保护力较好。缺点是免疫期短，致弱的菌株不稳定，回归易感动物后易复壮。使用该类疫苗时前后五天内禁止使用任何抗菌药物，已发病的禽群严禁使用，最佳免疫途径为气雾或饮水途径；④亚单位疫苗：多是从多杀性巴氏杆菌中提取的荚膜成分作为免疫原制备而成。具有安全无毒，保护力好，免疫期长达 5 个月或更久，但由于成本较高，市场应用具有一定的局限性。此外，在家禽收购、长途运输等过程中由于应激造成机能下降，为了避免慢性或隐性感染禽霍乱的暴发流行，可按照 3 ~ 5mL/ 羽皮下或肌内注射高免血清，有效预防期为 7d 左右，由于该方法免疫期短，成本较高，生产中应用较少。

八、治疗

1. 喹诺酮类

这类药物具有抗菌谱广、杀菌力强和吸收快等特点，对革兰氏阴性菌、阳性菌及支原体均有作用。其中最常用的是环丙沙星、恩诺沙星，按 0.01% 饮水，连喂 4 ~ 5d。

2. 磺胺类

磺胺噻唑（SN）、磺胺二甲嘧啶（SM2）、磺胺二甲氧嘧啶（SDM）等都有疗效。一般用法是在饲料中添加 0.5% ~ 1% 的 SN 或 SM2，或是在饮水中混合 0.1%，连续喂 3 ~ 4d。或者在饲料中添加 0.4% ~ 0.5% 的 SDM，连续喂 3 ~ 4d。

3. 抗生素

氟苯尼考或强力霉素饮水，连用 3 ~ 4d。或阿莫西林饮水，连用 4 ~ 5d。

多种药物对鹅霍乱都有一定的治疗作用，但效果取决于药物选择、治疗时机和方案等。有些菌株可能产生抗药性，导致疗效不佳或甚至完全无效。应根据结果选用最敏感的药物治疗患鹅。一般连续用药应不少于 5d，间隔一周或外界环境变化较大时，观察鹅群，再用药 1 ~ 2d，防止复发。

第十二节　沙门菌病

鹅沙门菌病（Salmonellosis）又称鹅副伤寒（Paratyphoid），是由沙门菌属中除禽白痢和禽伤寒沙门菌之外的其他血清型菌株引起的沙门菌病的总称。该病对仔鹅的危害较大，呈急性或亚急性经过，表现出腹泻、结膜炎、消瘦等症状。成年鹅多呈慢性或隐性感染。

一、病原

引起鹅副伤寒的沙门菌（Salmonella）血清型菌株多具有鞭毛结构，其中最严重的是鼠伤寒沙门菌（S. typhimurium），此外，肠炎沙门菌、加利福尼亚沙门菌、都柏林沙门菌等危害也较严重。

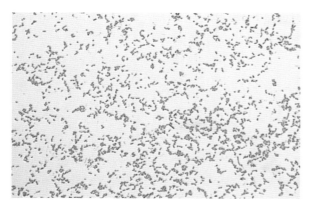

图 4-320　沙门菌染色特点（刁有祥 供图）

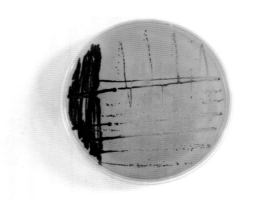

图 4-321　沙门菌菌落特点（刁有祥 供图）

这些血清型菌株均是革兰氏阴性菌，菌体单个存在，无芽孢（图 4-320），有周身鞭毛，能够运动，偶见不运动的变种。在多种培养基上均可生长，普通琼脂培养基上菌落分散、光滑、透明、隆起、形态不一，以圆形和多角形为主。新分离的菌株中有时可出现粗糙性菌落，菌落较大，边缘不整齐，肉汤培养后有大量颗粒状沉淀，而上清液澄清透明；光滑型菌株经 24h 肉汤培养，菌液混浊，无菌膜。在 SS 琼脂培养基上形成黑色菌落（图 4-321）。副伤寒群中细菌均具有沙门菌典型生化特征，能够发酵葡萄糖、甘露醇、麦芽糖、卫矛醇和山梨醇，不产气；甲基红试验、赖氨酸、精氨酸和鸟氨酸脱羧酶试验均为阳性；VP 试验、氰化钾和苯丙氨酸脱羧酶试验均为阴性。该菌抵抗力不强，对热和常用消毒药物敏感，60℃下 5min 死亡，0.005% 的高锰酸钾、0.3% 的来苏儿、0.2% 福尔马林和 3% 的石炭酸溶液 20min 内即可灭活。该菌在粪便和土壤中能够长期存活达数月之久，甚至 3～4 年。在孵化场绒毛中的沙门菌可存活 5 年之久。这些特性导致副伤寒的防控工作难度较大。

二、流行病学

由于禽副伤寒沙门菌群的自然宿主广泛，包括鸡、鸭、鹅、火鸡、鹌鹑等多种禽类，猪、牛、羊等多种家畜，以及多种冷血和温血动物等。由于该菌群分布极为广泛，因此，其传播途径多、速度快，防控难度较大。主要传播方式包括：①母鹅卵巢受到感染后，直接经蛋垂直传递；②病菌经蛋壳上的气孔进入卵黄内，经蛋传递；③孵化器、出雏器或育雏器被病菌污染；④禽舍环境、垫料、粪便、饲料袋、器具、水等受到病菌污染；⑤成年鹅与雏禽的直接或间接性接触传播；⑥人和其他动物，包括野鸟、鼠、鸽等的跨宿主传播。

各日龄鹅均可感染，以 1～3 周龄内仔鹅最为易发，死亡率在 10%～20%。发病鹅群中有一定比例的隐性感染和康复带菌个体，间歇性排菌，是主要的传染源。该菌主要的传染途径是消化道，也可通过气溶胶传播感染。此外，卫生状况较差、饲养管理不良、应激或其他疫病发生能够诱发鹅副伤寒，并显著增加该病的发病率和死亡率。

三、症状

该病潜伏期一般为 10～20 h，少数潜伏期更长。根据症状可分为急性、亚急性和隐性经过。

1. 急性型

多见于 3 周龄内的仔鹅。一般出壳数日后出现死亡，死亡数量逐渐增加，至 1～3 周龄达到死亡高峰。病雏表现出精神沉郁、食欲不振至废绝，不愿走动，两眼流泪或有黏性渗出物。腹泻，粪便稀薄带气泡呈黄绿色，泄殖腔周围布满干燥的粪便，排泄困难。病雏常离群张嘴呼吸，两翅下垂，呆立，嗜睡，缩颈闭眼，羽毛蓬松。体温升高至 42℃ 以上。后期出现神经症状，颤抖、共济失调，角弓反张，全身痉挛抽搐而死。病程为 2～5d。

2. 亚急性

常见于 4 周龄左右雏鹅和青年鹅。表现为精神萎靡不振，食欲下降，粪便细软，严重时下痢带血，消瘦，羽毛蓬松凌乱，有些亦有呼吸困难、关节肿胀和跛行等症状。通常死亡率不高，但在其他病毒性或细菌性疾病继发感染情况下，死亡率升高。

3. 隐性感染

成年鹅感染该菌多呈隐性经过，一般不表现出临床症状或较轻微，但粪便和种蛋等携带该菌，在孵化阶段出现死胚或啄壳后数小时内死亡，严重影响种鹅生产性能和雏鹅健康，极易导致该病在育雏期发生和流行。

四、病理变化

急性发病死亡鹅只剖检可见卵黄囊吸收不良，肝脏肿大，表面有细小的灰白色坏死点（图 4-322、图 4-323）。脾脏肿大呈暗红色（图 4-324）；胆囊扩张、充满胆汁；肠黏膜充血呈卡他性肠炎，有点

图 4-322　肝脏肿大，表面有大小不一的灰白色坏死点（刁有祥 供图）

图4-323　肝脏肿大，表面有大小不一的灰白色坏死点（刁有祥 供图）

图4-324　脾脏肿大，表面有大小不一的灰白色坏死点（刁有祥 供图）

状或块状出血。气囊轻微混浊，有黄色纤维素样渗出物；心包、心外膜和心肌出现炎症等。亚急性患鹅主要表现为肠黏膜坏死，带菌的种（蛋）鹅可见卵巢及输卵管变形，个别出现腹膜炎，角膜混浊，后期出现神经症状，摇头和角弓反张，全身痉挛，抽搐而死。成年鹅感染多呈慢性，表现下痢、跛行、关节肿大等症状，肠黏膜有坏死性溃疡，呈糠麸样，肝、脾及肾肿大，心脏有坏死性小结节。

组织学变化表现为肝细胞排列疏松、紊乱，呈蜂窝状；肝细胞脂肪变性、空泡化，窦间隙瘀血；肝实质区域有大小不一的坏死灶，大部分肝细胞坏死崩解，有淋巴细胞和单核巨噬细胞浸润。脾脏弥漫性出血，部分淋巴细胞坏死。肠黏膜上皮细胞变性坏死、脱落；黏膜下层毛细血管扩张、充血，有淋巴细胞和单核巨噬细胞浸润。肺部毛细血管出血，细末支气管间有少量淋巴细胞浸润。

五、诊断

根据流行病学、症状和病理变化可以进行初步诊断，确诊需要进行细菌的分离鉴定。根据发病情况取患鹅的不同器官组织进行病菌的分离。急性败血症死亡鹅采集多种脏器分离，亚急性病鹅以盲肠内容物和泄殖腔内容物检出率高。隐性经过的鹅产的蛋蛋壳表面或孵化的雏鹅散落的绒毛中易分离到该菌。常用 SS 培养基和麦康凯培养基进行鉴别培养。

1. 玻片凝集试验

将待检血液 1 滴置于玻片上，加入 2 滴有色抗原（含菌 10^{11} 个 /mL，以及结晶紫染色和枸橼酸钠抗凝），轻摇，室温下 2min 内出现凝集者为阳性。

2. 试管凝集试验

待检血液 12.5 倍稀释，取 1mL 置于试管内，加入等量抗原，37℃水浴 20min，出现凝集为阳性。

六、类症鉴别

应注意该病与鹅霍乱、呼肠孤病毒病的区别。关节炎症状时要注意与病毒感染或葡萄球菌性关节炎区分。鹅霍乱死亡率较高，喙和蹼等部位瘀血发紫，肝脏肿大呈黄色，坏死点较大，脾脏肿大。鹅感染水禽呼肠孤病毒后表现为生长障碍和关节炎症状，剖检可见肝脏呈出血性坏死性肝炎，脾脏出血、坏死，多为大理石样坏死灶。鹅葡萄球菌病感染导致关节炎症状，多由外伤感染造成，腿部或掌部有明显的外伤。

七、预防

由于引起该病的沙门菌血清型较多，目前在养殖场中极少应用疫苗免疫对该病进行防控，多采用综合防制措施。副伤寒的预防与控制，应重视孵化室和大群的卫生管理。

1. 种蛋的卫生管理

种蛋应随时收集，蛋壳表面附有污染物如粪便等不能用作种蛋，收集种蛋时人员和器具应消毒。保存时蛋之间保留空隙，防止接触性污染。种蛋储存温度为 10 ~ 15℃为宜，时间不宜超过 7d。种蛋孵化前应进行消毒，以甲醛熏蒸为最佳，按照每立方米需要高锰酸钾 21.5g 和 40% 的甲醛 43mL，熏蒸时温度高于 21℃，密闭空间熏蒸时间要在 20min 以上，尽量避免种蛋浸泡消毒。

2. 育雏期的卫生管理

为防止在育雏期发生副伤寒，进入鹅舍的人员需穿着消毒处理的衣物，严防其他动物的侵入。料槽、水槽、饲料和饮水等应防止被粪便污染。死亡的弱雏应进行沙门菌的检测。

3. 种鹅群的管理

应定期对鹅舍垫料、粪便、器具和泄殖腔等进行监测，同时应该定期对大群进行消毒。

八、治疗

一旦发生该病，应及时选用头孢类、喹诺酮类和磺胺类药物进行治疗。该方法虽然可以降低雏鹅的死亡率，但经治疗好转的大群仍携带该菌。发病时可采用以下方案进行治疗。

环丙沙星按 0.01% 饮水，连用 3 ~ 5d；或氟甲砜霉素按 0.01% ~ 0.02% 拌料使用，连用 4 ~ 5d。或复方磺胺 -5- 甲氧嘧啶按 0.03% 拌料，连用 5 ~ 7d；此外，新霉素、安普霉素等拌料或饮水使用也有良好的治疗效果。药物使用过程中注意交替用药，避免细菌出现耐药性。雏鹅发生该病，使用药物的同时，饲养管理上应提高育雏温度，延长脱温时间，以促进卵黄的吸收和脐孔的愈合。

近年来微生态制剂逐渐在家禽饲养过程中推广应用，其具有安全、无毒、无副作用，不产生抗药性，有效改善禽舍卫生环境，降低养殖场的粪便污染排放等优点。目前主要推广的发酵床养殖技术，多采用网上养殖 + 发酵床饲养模式，有效地实现了生态环保零排放的低碳养殖。

第十三节 葡萄球菌病

鹅葡萄球菌病（Goose Staphylococcosis）是主要由金黄色葡萄球菌（Staphylococcusaureus，S.aureus）引起的一种急性或慢性传染病。该菌在自然界中分布广泛，健康鹅的皮肤、羽毛、眼睑、肠道等都有该菌存在。此外，该菌也常存在于孵化、饲养和屠宰加工等场所。仔鹅感染发病后呈败血症经过，常表现出化脓性关节炎、皮炎、滑膜炎等特征性症状，发病率高，死亡情况严重。青年鹅和成年鹅感染后多表现出关节炎、腿部或蹼形成外伤性结痂，也会造成较大的经济损失。

一、病原

该病的病原主要是金黄色葡萄球菌，属于革兰氏阳性球菌。具有典型的葡萄球菌形态特点，镜检为圆形或椭圆形，直径 0.7 ~ 1μm，呈单个、成对或葡萄状排列（图 4-325）。在固体培

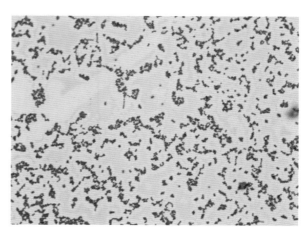

图 4-325 葡萄球菌染色特点（刁有祥 供图）

养基上生长的细菌呈葡萄状，且菌体排列和大小较为整齐，致病性菌株的菌体略小，葡萄球菌易被碱性染料着色，衰老、死亡或被吞噬的菌体等为革兰氏阴性。无鞭毛，无荚膜，不产生芽孢。在普通琼脂培养基上生长良好，形成湿润、表面光滑、隆起的圆形菌落。不同菌株颜色不一，大多初呈灰白色，继而为金黄色、白色或柠檬色（图4-326），在室温下产生色素最佳。若加入血清或全血生长情况更好，有些菌株在血液琼脂板上能够形成明显的溶血环（β溶血），这些菌株多为致病菌（图4-327）。不同菌株的生化特点不尽相同，金黄色葡萄球菌是需氧菌或兼性厌氧菌，凝固酶阳性，能发酵葡萄糖和甘露醇，并能液化明胶。该菌抵抗力较强，在干燥的结痂中可存活数月之久，60℃加热30min以上或煮沸可杀死该菌，3%~5%的石碳酸溶液5~15min内可杀死该菌。

葡萄球菌的毒力、致病力与其产生的毒素和酶或其他代谢产物密切相关，如溶血毒素、杀白细胞素、凝固酶、肠毒素、DNA酶、耐热核酸酶和透明质酸酶。

1. 溶血毒素

是大多数致病性葡萄球菌产生的一种不耐热毒素，在血液琼脂培养基上菌落周围形成溶血环，根据抗原性不同，可分为α、β、γ、δ、ε五种，其中以α溶血毒素为主。该毒素是一种外毒素，具有良好的抗原性，经甲醛处理可制成类毒素，可用于该病的预防和治疗。

2. 杀白细胞素

是一种不耐热、具有抗原性的蛋白质，能破坏人或兔白细胞和巨噬细胞，使其失去活力。

3. 凝固酶

是由多数病原性金黄色葡萄球菌产生的一种类似凝固酶原的物质，能够使含有抗凝剂的人或兔的血浆凝固，保护病原菌不被吞噬或免受抗体等的作用。凝固酶耐热，100℃加热30min或高压消毒后，仍能保持部分活性。凝固酶能刺激机体产生抗体，对血浆凝固酶阳性的葡萄球菌感染有一定的保护作用。

4. 肠毒素

是一种可溶性蛋白质，耐热，100℃加热30min不被破坏，耐胰蛋白酶的影响，在消化道中不易被破坏。根据抗原性可分为A、B、C、D、E、F等多种。葡萄球菌产生肠毒素的最适温度是18~20℃，经36h即可产生大量的肠毒素。

图4-326 葡萄球菌菌落特点（刁有祥 供图）

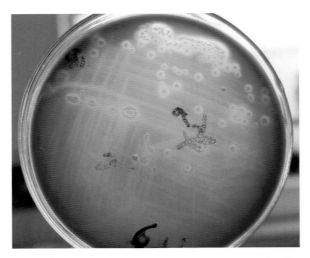

图4-327 血液培养基上形成的溶血环（刁有祥 供图）

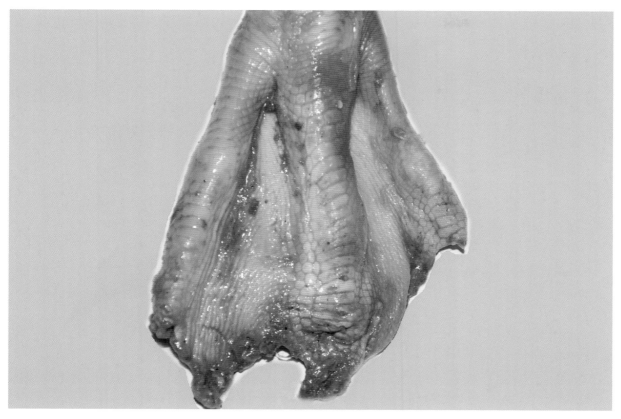

图4-328　爪部皮肤外伤（刁有祥 供图）

5. 透明质酸酶

是一种蛋白水解酶，能特异性地分解细胞外基质成分——透明质酸，有利于细菌和毒素在机体内扩散，是细菌致病的毒力因子之一。

6.DNA 酶和耐热核酸酶

葡萄球菌能够产生 DNA 酶，促进细胞在组织中的扩散。耐热核酸酶具有较强的降解 DNA 的能力，对热有很强的抵抗力。金黄色葡萄球菌能够稳定的产生该酶，是检测致病性金黄色葡萄球菌的重要指标之一。

二、流行病学

金黄色葡萄球菌在自然界中分布广泛，如空气、地面、动物体表、粪便等。许多动物如鸡、鸭、鹅、猪、牛、羊等和人均可感染该菌。该病没有明显的季节性，一年四季均可发生。鹅对葡萄球菌的易感性与表皮或黏膜创伤、机体抵抗力强弱、葡萄球菌污染严重程度和养殖环境等因素密切相关。体表创伤是主要感染途径（图4-328），也可以通过消化道和呼吸道传播。此外，雏禽可通过脐孔感染，引起脐炎。造成创伤的因素很多，如地面有尖锐物、啄食癖、疫苗接种以及昆虫叮咬等。某些疾病的发生和管理不善也是该病发生的诱因，如大群拥挤、通风不良、饲料单一、缺乏维生素及矿物质等。免疫系统由于受到坦布苏病毒、H9 亚型禽流感病毒、呼肠孤病毒等感染而遭到破坏，容易发生败血型葡萄球菌病，导致感染病禽急性死亡。

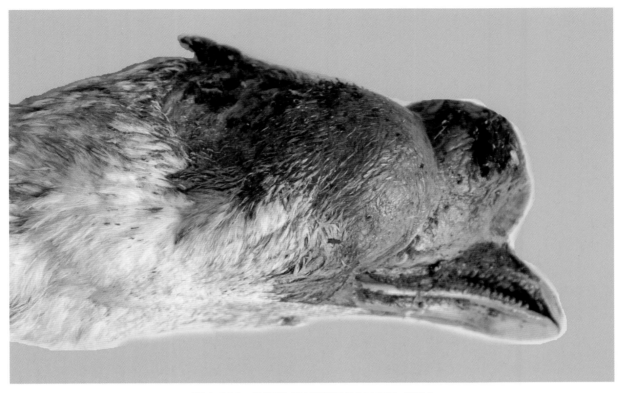

图4-329　头颈部皮肤呈紫褐色（刁有祥 供图）

三、症状

1.急性败血型

主要感染对象为仔鹅。患鹅表现为精神萎靡，常呆立或蹲伏，双翅下垂，缩颈，眼半闭而嗜睡。羽毛蓬松凌乱。食道积食，食欲减退至废绝。部分鹅水样下痢，粪便呈灰绿色。头、颈、胸、翅、腿部皮下有出血点，外观呈紫色或紫褐色，有波动感（图4-329）。在病变皮肤有不同程度的点状出血、炎症、坏死、结痂。跗、趾、翅关节肿胀，病鹅跛行，有时在胸部龙骨处出现浆液性滑膜炎，一般发病后2~5d后死亡。

2.脐炎型

常发生于一周龄内仔鹅。由于某些因素，新出壳雏鹅脐孔闭合不全，葡萄球菌感染后引起脐炎。病禽表现出腹部膨大，脐孔肿胀，局部呈黄色、紫黑色，质地稍硬，中间流有脓性分泌物，味臭，脐炎病雏常在出壳后2~5d内死亡。

3.关节炎型

常发生于成年个体，病鹅可见多个关节肿胀，尤其是跗、踝、趾关节，呈紫红色或紫黑色，有的可见外伤伤口并形成黑色结痂，爪底皮肤长期与地面摩擦引起外伤，感染葡萄球菌，出现增生（图4-330、图4-331、图4-332、图4-333）。患鹅表现跛行，不愿走动，卧地不起，因采食困难，逐渐消瘦，最后衰竭而亡。有时在龙骨处发生浆液性滑膜炎，少数个体消瘦死亡。成年鹅感染葡萄球菌后发病多以关节炎型为主。

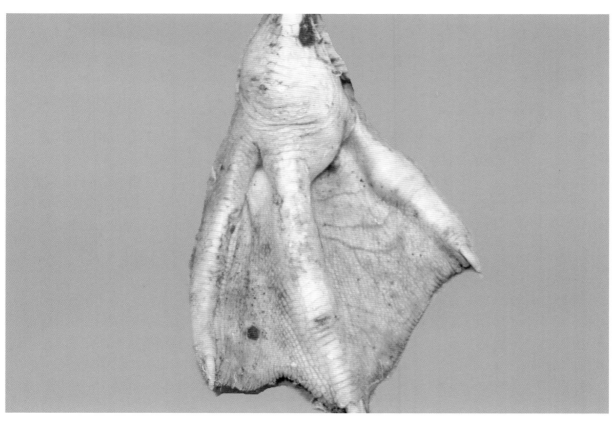

图4-330 跗关节、趾关节肿胀（刁有祥 供图）

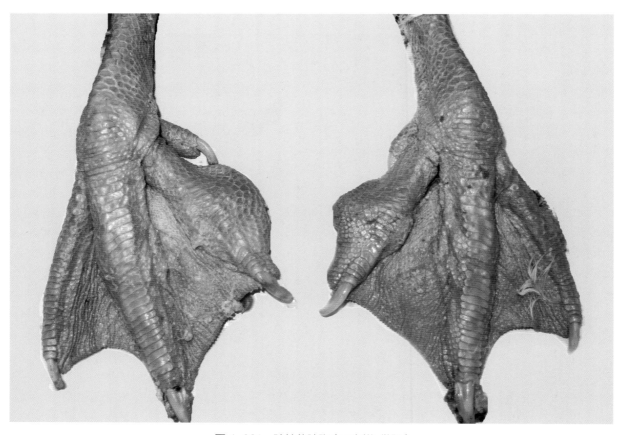

图4-331 趾关节肿胀（刁有祥 供图）

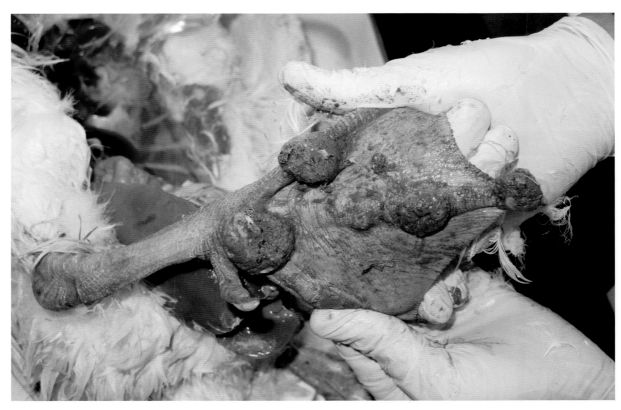

图 4-332 爪底部皮肤增生（刁有祥 供图）

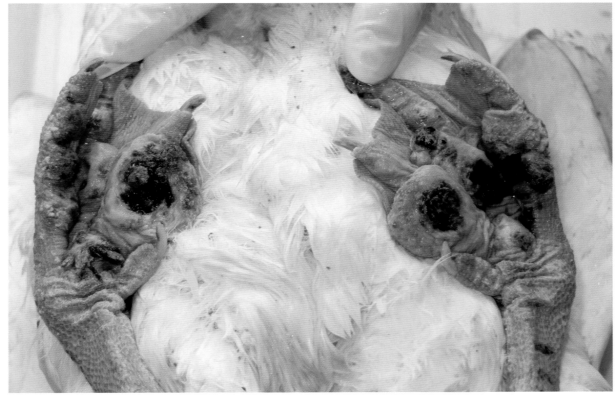

图 4-333 爪底部皮肤增生（刁有祥 供图）

四、病理变化

1. 急性败血型

病死鹅头、颈、胸、腹部或腿部皮肤呈紫黑色或浅绿色浮肿，皮下充血、溶血，积有大量胶冻样粉红色或橘红色黏液，手触有波动感（图 4-334、图 4-335）。胸部和腿内侧偶见条纹状或点状出

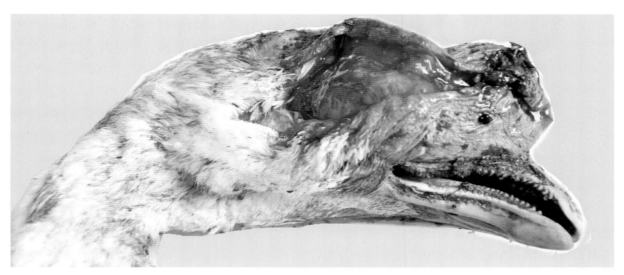

图 4-334　皮下出血，有紫红色渗出（刁有祥 供图）

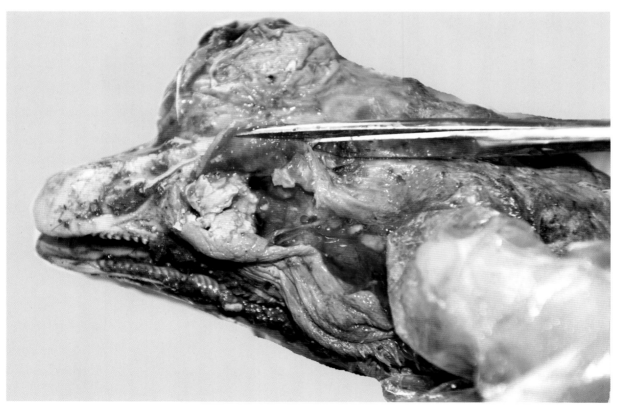

图 4-335　皮下出血，有黄白色干酪样渗出（刁有祥 供图）

图4-336 肺脏出血呈紫黑色（刁有祥 供图）

血，病程久者还可见变性坏死。肝脏肿大，呈淡紫红色，有花斑样变化，肝小叶明显，有些可见黄白色点状坏死灶。肺脏出血，呈紫黑色（图4-336）。肾脏肿大，输尿管充满尿酸盐白色结晶。脾脏肿大呈紫红色，表面有白色坏死点。心包积液，心外膜和心冠脂肪出血。腹膜潮红，腹腔内有腹水或纤维样渗出物。偶见卡他性肠炎变化。关节内有浆液或干酪样渗出物，腱鞘和滑膜水肿、增厚。

2. 脐炎型

卵黄囊肿大，卵黄吸收不良，呈绿色或褐色。腹膜潮红，腹腔内器官呈灰黄色，脐孔皮下局部有胶冻样渗出。肝脏表面常有出血点。

3. 关节炎型

关节肿大，滑膜增厚、充血或出血，关节囊内有浆液或黄色脓样或纤维素样渗出物。病程长的慢性患鹅形成干酪样坏死，严重者关节周围结缔组织增生或畸形。肝脏肿大、质地变硬；脾脏肿大（图4-337、图4-338、图4-339）。

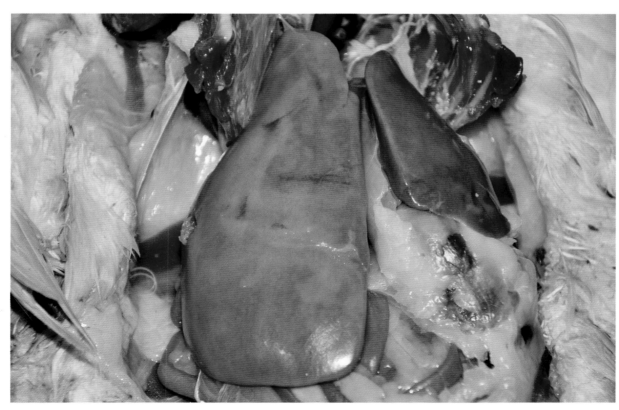

图4-337 肝脏肿大呈浅黄色（刁有祥 供图）

图4-338　肝脏肿大呈浅黄色（刁有祥 供图）

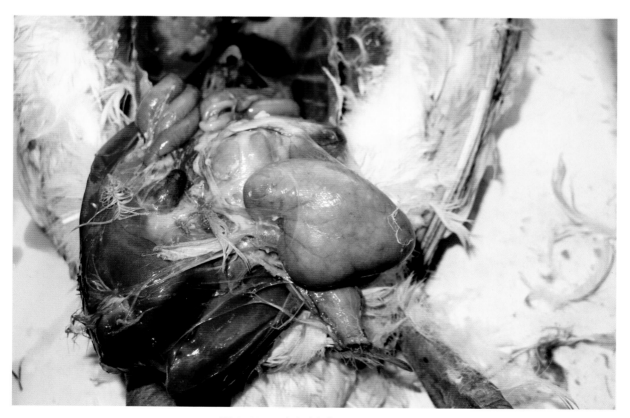

图4-339　脾脏肿大（刁有祥 供图）

五、诊断

根据该病的流行病学、症状和病理变化可以进行初步诊断，进一步确诊需要进行结合实验室检查进行综合诊断。可取病死鹅心脏、肝脏、脾脏或关节液进行细菌分离鉴定。由于该菌抵抗力较强，病料运输过程中一般不需要特殊保护措施。

根据不同症状的患禽取病变部位病料制作组织抹片，经革兰染色后镜检，可见单个、成对或短链状阳性球菌存在。根据细菌的形态、排列和染色特性，作出初步诊断。

将病料接种于普通琼脂培养基、5% 绵羊血琼脂平板和高盐甘露醇琼脂平板上进行分离鉴定。对分离物主要是致病性鉴定，致病性金黄色葡萄球菌其凝固酶试验和甘露醇发酵试验均为阳性，而非致病菌均为阴性。致病性葡萄球菌落具有色素和溶血性，而非致病性菌皆无。此外，还可以通过动物致病试验来测定细菌的毒力和致病力。

六、类症鉴别

该病与鹅霍乱、链球菌病和大肠杆菌病，以及维生素 E 缺乏症等易混淆。禽霍乱特征性病变包括心冠脂肪出血、肝脏表面弥漫大量灰白色坏死点、肠内容物有胶冻样物质。鹅发生链球菌病时，肝脏后缘向前端发生梗死，与肝实质区有明显的界限。常伴有心肌坏死。大肠杆菌病一般无明显外伤，患禽一般发生肝周炎、心包炎等症状。维生素 E 缺乏症时，鹅出现关节炎症状有一定的周期，多发生于 2~3 周龄和 12~14 周龄。仔鹅渗出性皮下水肿，针刺后流出蓝绿色脓液。骨骼肌、胸肌和腿肌等部位有灰白色条纹坏死。肝脏表面有针尖大小的出血点。

七、预防

由于葡萄球菌存在的广泛性，通过提高饲养管理水平和其他一些途径阻断传播途径是预防该病发生的有效手段。

1. 加强饲养管理

饲料中要保证合适的营养物质组成，特别是要提供充足的维生素和矿物质等微量元素，保持良好的通风和湿度，合理的养殖密度，避免大群过于拥挤。公鹅断爪，清除鹅舍和运动场中的尖锐物，避免外伤造成葡萄球菌感染。

2. 做好消毒工作

做好鹅舍、运动场、器具和饲养环境的清洁、卫生和消毒工作，以减少和消除传染源，降低感染风险，可采用 0.03% 过氧乙酸定期带鹅消毒，加强孵化人员和设备的消毒工作，保证种蛋清洁，减少粪便污染，做好育雏保温工作；疫苗免疫接种时做好消毒工作。

3. 加强对发病鹅群的管理

一旦发生葡萄球菌病，要立即对鹅舍、器具、运动场等进行严格的消毒，以杀死环境中的病原，同时将病鹅隔离饲养，病死鹅及时无害化处理。

八、治疗

常用抗生素、磺胺类药物等都具有一定的治疗效果。但由于葡萄球菌耐药菌株增多，因此，在药物治疗之前最好参考药物敏感试验结果。常用药物和使用方法如下：0.01% 的环丙沙星饮水，连用 3 ~ 5d；或用复方泰乐菌素按照 2mg/L 饮水，连用 3 ~ 5d；也可以使用头孢类药物饮水，连用 5d，有较好的治疗效果。某些菌株会产生抗药性，交替用药对该病的治疗效果更佳。

第十四节　鸭疫里默氏菌病

鸭疫里默氏菌病（Riemerellosis Anatipestifer）是由鸭疫里默氏菌（Riemerellaan antipestifer，RA）引起仔鹅急性或慢性败血性传染病，又称传染性浆膜炎。该病在世界上许多地区和国家均有发生和流行，在我国的多个省份如广东、四川、湖北、山东、辽宁、黑龙江、广西、河北、福建、浙江等许多地区均有报道。近几年，随着我国水禽养殖集约化、规模化的发展，该病在我国水禽养殖地区日趋严重。该病主要侵害 2 ~ 7 周龄仔鹅，特征性病变包括纤维素性心包炎、肝周炎、气囊炎、关节炎以及干酪样输卵管炎等。

一、病原

该病的病原是鸭疫里默氏菌。截至目前，共发现有 25 个血清型，我国大多地区主要流行的是 1、2、6、10 血清型菌株。该菌是一种革兰氏阴性菌，不运动，无芽孢，镜检呈单个、成对，偶见丝状排列。细菌大小不一，在（0.2 ~ 0.4）μm ×（1 ~ 5）μm。瑞氏染色后，大多数细菌呈两极浓染。该菌在巧克力琼脂平板、血液琼脂平和胰蛋白酶大豆琼脂培养基上生长良好，增加二氧化碳可使生长更为旺盛（图 4-340）。37℃ 烛缸培养 24h 可见凸起、边缘光滑、透明、发亮、奶油状的直径为 1 ~ 2mm 菌落，48 ~ 72h 培养时生长最好，少数菌株呈黏性生长。斜射光可观察菌落可见虹光。该菌不发酵碳水化合物，不产生吲哚和硫化氢，不还原硝酸盐，不水解淀粉，可以使明胶液化，石蕊牛奶缓慢变碱，可产生磷酸酶。该菌对环境抵抗力不强。绝大多数鸭疫里默氏菌在 37℃ 或室温条

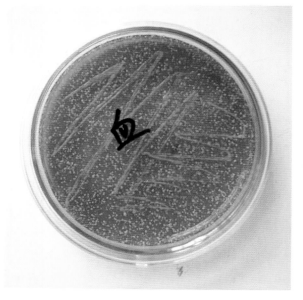

图 4-340　鸭疫里默氏菌菌落特点（刁有祥 供图）

件下于培养基上存活不超过 3～4d，2～8℃下液体培养基中可保存 2～3d，55℃下培养 12～16h 即可失活。在自来水和垫料中分别可存活 13d 和 27d。该菌对多种抗生素药物敏感，但易形成耐药性。

二、流行病学

该病主要感染 1～8 周龄的仔鹅，尤其以 2～3 周龄的仔鹅最为易感，1 周龄内的雏鹅极少发生感染，可能由于母源抗体的保护。该病在感染群中感染率和发病率都很高，有时可达 90% 甚至以上，死亡率为 5%～80% 不等。该病无明显的季节性，一年四季均可发生，但冬春季节发病率相对较高。该病主要经呼吸道或皮肤伤口感染。育雏密度过高，垫料潮湿污秽和反复使用，通风不良，饲养环境卫生条件不佳，育雏地面粗糙导致雏鹅脚掌擦伤而感染；饲养管理粗放，饲料中蛋白质水平、维生素或某些微量元素含量过低也易造成该病的发生和流行。此外，该病常与其他疫病并发，如大肠杆菌病、鸭瘟、禽流感、水禽副黏病毒病、禽霍乱、小鹅瘟等。仔鹅群感染该菌后多呈急性型，成年鹅群感染该菌后多表现为亚急性或慢性型症状，少数呈急性型，极少为最急性型。

三、症状

该病的潜伏期和病程的长短与菌株的毒力、感染途径、应激等多种因素相关。根据病程时间和患鹅症状，可分为最急性型、急性型、亚急性型和慢性经过。

1. 最急性型

该病在仔鹅群中发病很急，常因受到应激刺激后突然发病，看不到任何明显症状就很快死亡。

2. 急性型

此型在该病发生中最为常见，患鹅表现为精神沉郁，离群独处，食欲减退至废绝，体温升高，闭眼并急促呼吸，眼、鼻中流出黏液，眼睑污秽，眼周围羽毛粘连脱落，呈"眼镜鹅"。出现明显的神经症状，摇头或嘴角触地，缩颈，运动失调，少数患鹅出现跛行或卧地不起，排黄绿色恶臭稀便。随着病程延长，患鹅有时出现鼻腔和鼻窦内充满干酪样物质，摇头、点头或呈角弓反张状态，两脚作划舟样前后摆动，不久便抽搐而亡（图 4-341）。部分患鹅后期呈阵发性痉挛，在短时间内发作 2～3 次后死亡。本型多与大肠杆菌病并发，病程缩短，死亡率升高。

3. 亚急性和慢性型

该型多数发生于日龄较大的仔鹅，病程长达一周左右，主要表现为精神沉郁，食欲不振，伏地不起或不愿走动。常伴有神经症状，摇头摆尾，前仰后合，头颈震颤。遇到其他应激时，不断鸣叫，颈部转动。慢性型患鹅一般能长期存活，但发育不良，体态消瘦，多为僵鹅。

四、病理变化

鸭疫里默氏菌病的特征性病变为全身广泛性纤维素性炎症，以心包炎、肝被膜和气囊表面纤维素样渗出物最为明显，脑、脾脏、肾脏、肺脏、消化器官、法氏囊等组织器官也可表现出明显的症状。病程较长的鹅，心包内可见淡黄色液体或纤维素样渗出物，心包膜与心外膜粘连，久之则形成干酪样物质（图 4-342）。肝脏肿大，表面常覆有一层灰白色或灰黄色纤维素样膜状物，易剥离，肝脏

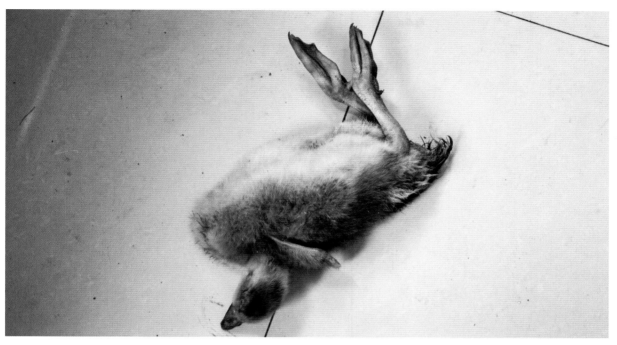

图4-341　发病鹅角弓反张（刁有祥　供图）

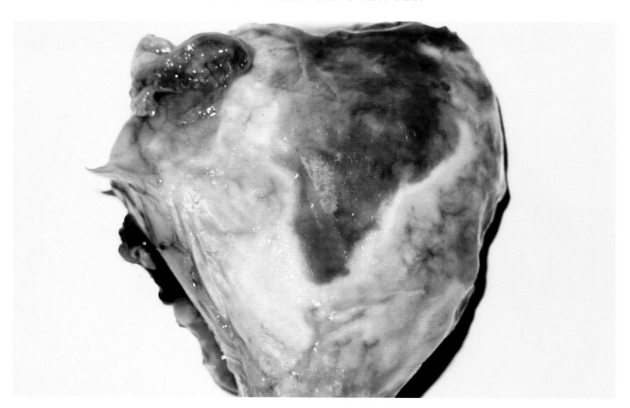

图4-342　心脏表面有黄白色纤维蛋白渗出（刁有祥　供图）

呈土黄色或红褐色，实质较脆，胆囊伴有肿大，充满胆汁（图4-343、图4-344、图4-345）。气囊混浊，壁增厚，覆有大量的纤维素样或干酪样渗出物，以颈胸气囊最为明显，渗出物可部分钙化（图

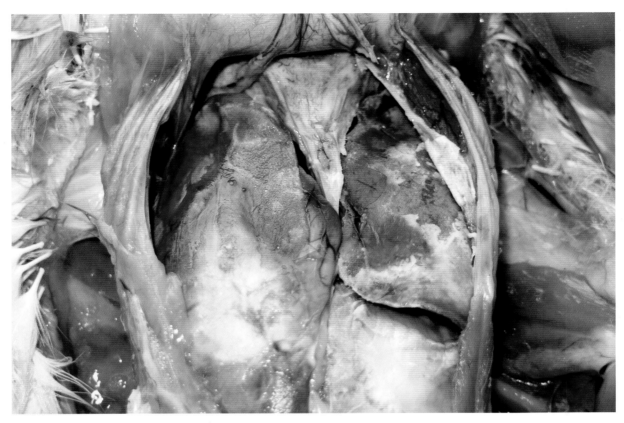

图 4-343　心脏、肝脏表面有黄白色纤维蛋白渗出（刁有祥　供图）

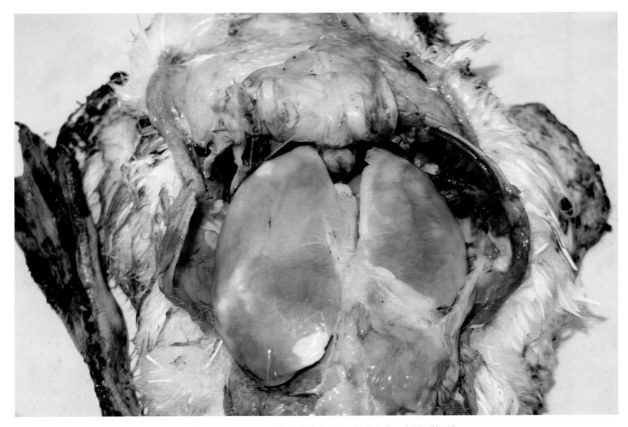

图 4-344　肝脏表面有黄白色纤维蛋白渗出（刁有祥　供图）

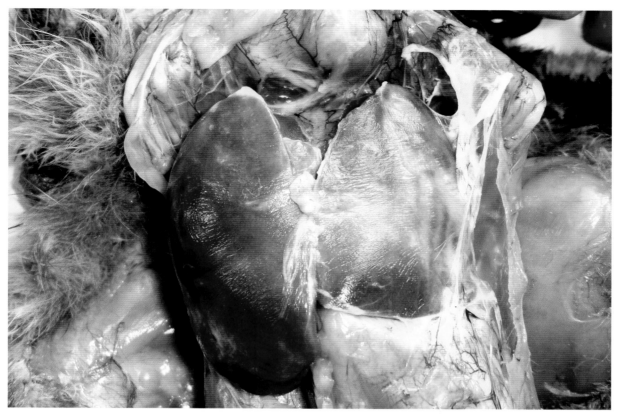

图4-345　肝脏表面有黄白色纤维蛋白渗出（刁有祥 供图）

4-346）。脾脏肿大瘀血，表面覆有白色或灰白色纤维素样渗出，外观呈大理石状（图4-347）。胸腺、法氏囊明显萎缩，同时可见胸腺出血。表现出神经症状的死亡患禽剖检可见纤维素样脑膜炎，脑膜充血、出血，剥离脑膜有液体流出。肺脏充血、出血，表面覆盖一层纤维素样灰黄色或白灰色渗出。肾脏充血肿大，实质较脆，手触易碎。个别病例出现输卵管炎，输卵管膨大，管腔内积有黄色纤维素样物质。在屠宰的肉鹅中可见腹部和肛门周围皮下脂肪或毛囊感染，皮肤或脂肪呈黄色，切面似组织蜂窝炎样变化。此外，有时眶下窦可见干酪样渗出物，慢性或亚急性病例可见跗关节、趾关节一侧或两侧肿大，关节腔积液，手触有波动感，剖开可见大量液体流出。

　　组织学变化表现为肝被膜增厚，有红染浆液性纤维素渗出，内有散在脱落的间质细胞和嗜中性粒细胞和单核巨噬细胞。肝脏中央静脉和间质血管扩张，充满红细胞，肝细胞索结构紊乱，肝细胞颗粒变性、空泡变性，肝细胞坏死严重。肝静脉及汇管区周围有少量嗜中性粒细胞和单核巨噬细胞浸润。心脏血管充血、出血，心肌纤维肿胀，颗粒变性，横纹溶解消失，心肌纤维间有大量纤维素性渗出物。心外膜增厚，开始出现少量浆液性纤维素渗出物，内有少量嗜中性粒细胞和单核细胞浸润。脾脏血管和脾窦扩张，充血、瘀血。脾小体内淋巴细胞增多，分散存在，网状内皮细胞增多。被膜水肿增厚，有浆液性纤维素样渗出物，内有少量的鹅嗜中性粒细胞和单核细胞浸润。肺间质毛细血管和细末支气管极度扩张，充血，出血，三级支气管腔内有时可见红染的浆液纤维素渗出物，小叶间质水肿，伴有嗜中性粒细胞浸润。肾脏间质中血管充血、出血，肾小球毛细血管充血，内皮细胞肿胀，有淋巴细胞和嗜中性粒细胞浸润。肾小管上皮细胞崩解，管腔不明显，甚至消失。肾被膜下有纤维素性渗出。胰腺外分泌腺细胞变性坏死，有大量淋巴细胞浸润，间质水肿，血管充血、出血。

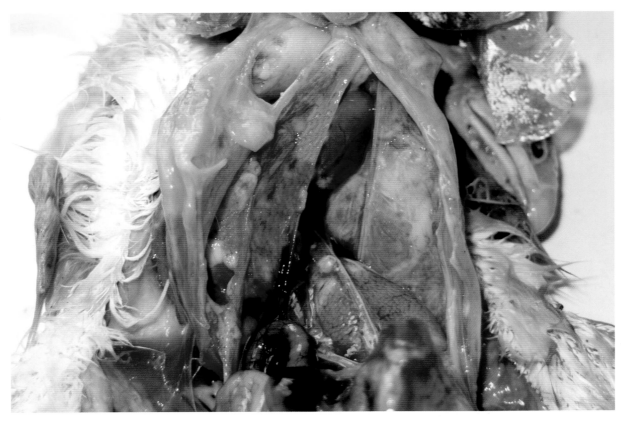

图 4-346 气囊增厚，表面有黄白色纤维蛋白渗出（刁有祥 供图）

图 4-347 脾脏肿大，呈大理石状（刁有祥 供图）

法氏囊皮质变薄，髓质增厚，血管充血，间质水肿增宽，有大量淋巴细胞浸润。肠绒毛溶解、坏死、断裂，并有少量淋巴细胞浸润。固有层和肌层毛细血管扩张、充血，肌纤维断裂、溶解。脑膜嗜中性粒细胞、淋巴细胞浸润，形成脑膜炎。血管充血，有嗜神经现象和卫星现象。

五、诊断

根据流行病学、临床症状、病理变化等可作初步诊断，但确诊还需要通过实验室诊断。

1. 细菌分离与鉴定

无菌挑取病禽的肝脏或脑组织接种于巧克力琼脂、血液琼脂或胰蛋白胨大豆琼脂培养基上，置于二氧化碳培养箱或烛缸内，37℃下培养 24~48h，观察菌落形态，继续纯化培养，可根据细菌特性进行鉴别诊断。将病料组织或纯培养菌落涂片，经瑞氏染色后，显微镜下观察是否呈两极浓染。

2. 血清学检查

可采用荧光抗体法、琼脂扩散试验、平板凝集试验及间接 ELISA 方法进行检测。为了确定分离菌的致病性，通过该菌将分离培养物肌肉接种 2~3 周龄健康仔鹅，观察是否出现该病特征性症状和病变。

3. 分子生物学检测

根据鸭疫里默氏菌 16S rRNA 的基因序列，设计 PCR 扩增用的特异性核酸片段。

六、类症鉴别

该病易与大肠杆菌病、巴氏杆菌病等混淆。一般来说，大肠杆菌可引起各日龄鹅发病，临床上常出现鸭疫里默氏菌和大肠杆菌的混合感染。巴氏杆菌多引起青年或成年鹅发病，发病急、死亡快，在黏膜、浆膜、脂肪组织以及心脏等多处可见出血点或出血斑，肝脏上有灰白色坏死灶。

七、预防

首先要加强饲养管理，有较好的育雏设施、合理的饲养密度以及采取"全进全出"的饲养管理制度。由于该病的发生和流行与环境卫生条件和天气变化之间具有密切的关系，该菌可能通过呼吸道、消化道以及损伤的皮肤等多种途径感染，因此，通过改善饲养管理和禽舍及运动场环境卫生是最重要的预防措施。清除地面的尖锐物和铁丝等，防止造成鹅脚部受到损伤；育雏期间保证良好的温度、通风条件，经常清扫地面并更换垫料，定期清洗料槽、饮水器等，并采取消毒措施保证良好的卫生条件；采取封闭式管理方式，防止传染病的外源性侵入而造成蔓延、流行；严禁从疫区引进种蛋、雏苗等；注意补充维生素和微量元素等，尽量减少因营养不良或其他应激因素造成机体免疫力降低而发病。疫苗接种预防该病也是一种有效的措施。由于该菌有多种血清型，各血清型之间没有或仅有低水平的交叉保护力，在临床感染中可能存在多种血清型混合感染。因此，在选择疫苗时要注意选择同种血清型疫苗以确保最佳的免疫效果。目前常用的传染性浆膜炎疫苗主要有油乳剂灭活苗、蜂胶灭活苗、铝胶灭活苗以及鸭疫里默氏菌 / 大肠杆菌二联苗和组织灭活苗等。一般多采用两次免疫鹅群以获得较高且持久的保护力。肉鹅多于 4 ~ 7 日龄颈部皮下注射鸭疫里默氏菌 / 大肠杆菌油乳剂灭活二联苗；蛋鹅于 10 日龄左右按照 0.2 ~ 0.5mL/ 羽肌内注射或皮下注射灭活疫苗，两周后按照 0.5 ~ 1mL/ 羽进行二免；种鹅可于产蛋前进行二免，并于二免后 5 ~ 6 个月进行第三次免疫，以提高子代鹅的母源抗体水平。需要注意的是，由于水禽对肌内注射和皮下注射等接种方式应激较大，在免疫前后加入适量的维生素有助于减轻应激反应。

八、治疗

喹诺酮类药物及强力霉素、氟苯尼考、安普霉素、新霉素等对该病均有一定的治疗效果。饲料中添加 0.01% 的环丙沙星，连用 3d，效果较好。此外，新霉素以及头孢类药物均具有良好的治疗效果。由于鸭疫里默氏菌菌株的对药物敏感性不同，因此，在临床用药之前，最好根据药物敏感试验结果，确定最佳治疗方案。

第十五节　结核病

　　鹅结核病（Tuberculosis，TB）是由禽结核分枝杆菌（Mycobacterium tuberculosis）引起的一种慢性接触性传染病，主要感染种鹅和其他成年家禽，该病的特征是慢性经过。患鹅渐进性消瘦、贫血、产蛋率下降甚至绝产，剖检可见肝脏或脾脏内有结核结节，在多组织形成肉芽肿，久之为干酪样或钙化结节。该病一旦发生则在鹅群中长期存在，难以治愈、控制和消灭，造成严重的生产性能下降。但该病在水禽养殖过程中发病率较低，对养殖业未构成严重的威胁。

一、病原

　　该病的病原是禽结核分枝杆菌，属于分枝杆菌属。该菌与人型和牛型结核分枝杆菌相似，常根据其致病性不同，通过动物试验进行区分。一般来说，鹅对禽型最为敏感，牛型次之，对人型敏感。镜检该菌呈细长或略弯曲的杆菌，有时呈棒状，单个排列，偶尔成链，有分支生长的趋势，不形成芽孢，无菌毛，不运动，最大特点是具有抗酸性染色体。革兰氏染色阳性。该菌为需氧菌，在 37～45℃ 环境中均可生长，在含 5%～10% 二氧化碳的环境中可促进其更好地生长，初次分离需要特殊的酸性培养基，且生长缓慢。若在培养基中加入甘油则可形成较大的菌落。试验表明细菌的毒力与形成菌落的形态之间存在着密切的关系，光滑透明的菌落致病力较强，而粗糙或呈圆顶型的菌落菌株致病力较弱或无致病力。目前研究表明，与人型和牛型相比，禽型结核分枝杆菌耐受力更强。埋在地下的病禽尸体中的结核菌能保持毒力达 3～12 个月；在河水中经 3～7 个月仍有生活力；在土壤和粪便中，结核杆菌可保持活力达 7～12 个月。结核杆菌耐热能力比较弱，60～70℃加热 15～20min、80℃维持 2min、100℃维持 1min，即可将其杀死。对干燥和化学消毒药物的抵抗力特别强。在干燥的培养物中和冷冻的条件下可以保存生活力达三年。化学药品对该病的消毒效力，常取决于消毒药物能否溶解菌体表面的类脂物质。采用 3kg 苛性钠与等量福尔马林，加上 100kg 水作为消毒剂，其效果良好。用粗制的石炭酸和 10% 的苛性钠溶液的等量混合液配成 5% 的水溶液，4h 可杀死结核杆菌。5% 石炭酸或 2% 煤酚皂需 12h 杀死结核杆菌。酒精对结核杆菌消毒效果最好，75% 酒精能在短时间内将其杀死。

二、流行病学

　　所有的禽类对该菌均易感，其中以鸡最为易感，鸭、鹅、鸽等也可患有该病。此外，一些哺乳动物如兔、猪和水貂等对禽结核分枝杆菌具有较强的易感性，其他动物易感性较差。家兔感染后虽不形成结核结节，但表现出强烈的脾脏肿大、肝脏肿大，并在感染后短时间内死亡。由于禽结核分枝杆菌的病程发展缓慢，早期无明显临床症状，日龄较大的鹅由于饲养周期长更易接触病原而发生此病，在淘汰蛋（种）鹅中感染率较高。在老龄禽类可见严重的开放性肺结核空洞、气管和肠道的溃疡性结核病变，可经呼吸和粪便等途径排出大量病原菌，是该病最主要的传染来源。患禽的分泌物、排泄物及器具等也是该病传染健康禽群的最重要因素。该病的主要传播途径是呼吸道和消化道，呼吸道传染主要是通过禽结核杆菌污染的空气造成空气或飞沫传播，呼吸道传染主要是患禽的分泌物、粪便污染饲料、饮水、器具等被健康水禽摄取或接触而造成感染。此外，还可通过皮肤伤口传染。该病不能通过种蛋、孵化等途径进行垂直传播。一些外界因素，如饲养管理不善、气候变化等也可以促进该病的发生和流行。

三、症状

该病的病情发展缓慢，感染早期没有明显的临床症状。当感染鹅的病情发展到一定阶段时，患鹅表现出精神沉郁，虽然采食和饮水没有明显变化，但患禽表现出进行性消瘦，体重较轻，全身肌肉萎缩，以胸肌最为明显，胸骨突出，甚至变形。裸露处皮肤显得异常干燥而无光泽。体温略有升高。腹泻、下痢，反复发作，导致鹅机体极度虚弱，体力不支而呈蹲坐状。病原菌感染骨髓时，部分患鹅跛行或痉挛性行走，翅下垂。后期肺部有结核病灶的鹅，呼吸困难，咳嗽等。患病蛋（种）鹅产蛋率下降甚至绝产，孵化率也随之下降。该病多呈慢性经过，死亡率较低，多在淘汰或屠宰时才能检查出结核病变。

四、病理变化

典型的剖检病变为肝脏、脾脏和肺脏等实质性器官可见不规则的灰白色或黄白色的大小不一的结核结节，有单独存在亦有成簇生长，结节坚硬，切开后可见表面覆有一层纤维性包膜，内部充满黄白色的干酪样物质。肠壁和腹膜上也常见大小不等的灰白色结节。此外，骨髓、卵巢、睾丸以及胸腺等组织器官也可见到结核结节，但这些结节通常不发生钙化。各脏器病变数量不等，从数个至弥漫性结节。在肝脏、脾脏常见多个发展程度不同的结节，融合成一个不规则形的大结节。外观呈肿瘤样轮廓，表面常有较小结节，随着病程发展，变为中心呈干酪样坏死，外有包膜。骨髓感染多发生在该病早期，其特征是骨髓组织肥厚，多数骨刺消失，最后形成大量肉眼可见的结核结节。

该病的组织病变主要是形成结核结节。在感染早期，组织发生变质性炎症，损伤部位周围组织充血及浆液性-纤维素渗出性病变，同时伴随网状内皮组织细胞的增生，形成淋巴样细胞、上皮样细胞和多核巨细胞。在结节形成初期，中心有变质性炎症，周围被渗出物浸润，外围主要是增生的三种细胞。随着病程的发展，中心发生干酪样坏死。结核结节形成的最后阶段是包膜区的产生，主要由纤维组织、组织细胞、淋巴细胞和嗜酸性粒细胞等组成。新的结核结节多紧贴着多核巨细胞周围的上皮样细胞产生。结核结节很少发生钙化，有时可在肝脏、脾脏中观察到部分周围的实质成分有淀粉样变性。

五、诊断

根据流行病学特点和剖检变化可作出初步诊断。但该病的确诊还需要结合实验室诊断综合判断。

1. 涂片和切片

采集典型的结核结节，制成涂片或组织切片后进行抗酸染色，如观察到有抗酸性结核杆菌，即可确诊为禽结核分枝杆菌感染。

2. 病原分离鉴定

依次选择脾脏、肝脏、腹膜表面的结核结节无菌条件下进行研磨，加入生理盐水制成悬浊液后接种于全蛋或蛋黄培养基上，置于 5%~10% 的二氧化碳环境中，于 37 ~ 41℃ 培养。一周后弃除污染的培养物，每周检查一次并弃除污染培养物，连续培养 8 周后观察。通常 2~3 周可形成分散的灰白色小菌落，随着时间的推移，菌落由灰白色逐渐变为淡赭色，继而随着培养时间的增加颜色逐渐变深。

3. 全血凝集试验

抗原为 0.5% 的石碳酸生理盐水溶液配置的 1% 禽结核分枝杆菌悬液，静脉穿刺采血，分别滴加 1 滴鲜血和一滴抗原在温热平板上充分混匀，若在 1min 内出现凝集则为阳性反应，但该方法缺陷是存在假阳性。

六、类症鉴别

该病与禽霍乱和禽伪结核病易混淆。鹅发生禽霍乱时，死亡率不等，肝脏上有大量灰白色的坏死点。鹅伪结核病的病原是伪结核耶尔森菌，对环境抵抗力较弱，主要感染仔鹅，剖检可见多实质性器官有粟粒大小的干酪样坏死灶。鹅结核病主要发生在成年鹅和老龄鹅，一般不引起死亡。

七、防制

由于禽结核分枝杆菌对外界环境具有很强的抵抗力，其在土壤和环境中可存活数年之久，因此，出现确诊病例的鹅群需全部淘汰，鹅舍也应不再作为养禽使用。消灭该病最根本的措施是建立无结核病鹅群。

（1）淘汰感染鹅群，废弃感染过该病的鹅舍、设备等，在无禽结核病的地区重新建立新鹅舍。

（2）对于新引进的鹅要重复检疫 2~3 次，并隔离饲养 60d。

（3）检测种鹅尤其是母鹅，净化子代鹅群，并定期检疫，以清除传染源。

（4）禁止使用含有该菌的饲料等，以消灭传染源。

（5）加强饲养管理，严禁外来人员进入，限制鹅群活动范围，以防止接触到感染源。该病一旦发生，通常无任何治疗价值，建议采取生物安全措施进行淘汰、扑灭等无害化处理。

第十六节　伪结核病

伪结核病（pseudotuberculosis）是由伪结核耶尔森菌（Yersinia Pseudotuberculosis）引起的一种接触性传染病。其特征性病变为病的初期为急性败血症，随后出现慢性局灶性感染，表现出多个器官中形成类似禽结核病的干酪样结节。伪结核病分布于世界各地，其易感动物以家兔、鼠等啮齿动物为主，哺乳动物和禽类也可感染，但鹅伪结核病发生较少。

一、病原

该病的病原为伪结核耶尔森菌，与同属的鼠疫耶尔森菌和小肠结肠炎耶尔森菌统称为病原性耶尔森菌。该菌是一种兼性厌氧菌，革兰氏阴性，具有低温腐败菌的特性。镜检为多种形态，如圆形、卵圆形，单个、呈短链或丝状存在。在普通培养基上可以生长，37℃下培养形成粗糙的颗粒样透明灰黄色奶油状菌落，在 22℃下培养形成表面光滑、湿润的菌落。在血液琼脂、麦康凯琼脂和巧克力琼脂培养基上均可生长。在肉汤培养基中生长良好，22℃培养物可运动。在病变组织中瑞氏染色呈两极浓染。该菌对外界抵抗力不强，阳光直射、干燥、加热以及各种消毒剂均可以在短时间内杀死该菌，在寒冷天气下该菌存活时间稍久。

该菌发酵葡萄糖、麦芽糖、甘露醇、水杨苷、伯胶糖、果糖、半乳糖、鼠李糖和甘油，产酸不产气；不发酵乳糖、卫矛醇、山梨醇、菊糖和棉子糖。水解尿素，不产生靛基质，不液化明胶，M.R. 试验阴性，V-P 试验阴性，大多数接触酶阳性，能将硝酸盐还原为亚硝酸盐。该菌具有 15 种 O 抗原和 5 种鞭毛抗原，常将其分为 10 种血清型。

二、流行病学

各个品种的鹅均可发生该病，仔鹅更为易感。毒力较强的菌株感染后患禽多呈急性败血性经过，死亡率较高。毒力较弱的菌株感染后病程较长，死亡率较低。患禽或哺乳动物的排泄物等污染土壤、饲料、饮水和器具等而成为传染源。该病一般雨季多发，饲养管理不当、营养不良、受凉或寄生虫病等亦可诱发该病。其他一些能够损伤肠道的疫病也可以促进或加重该病的发生和危害。该病主要经消化道感染，有时也可以通过体表创伤感染。病原菌通过破损的肠壁、皮肤等进入血液循环，造成短期的菌血症。部分病原散布到肝脏、脾、肺、肠道等实质性内脏器官组织，形成结核样结节。该病多发于寒冷季节，在天气温暖和炎热时少见。

三、症状

鹅伪结核病的症状由于病程不一而存在一定差异。最急性型通常以突然出现腹泻和急性败血症为特点，有时看不到任何症状而死亡，有时出现症状后数小时或数天内死亡。病程稍慢的患鹅表现出精神沉郁，食欲减退甚至废绝，两腿发软，喜卧不起，行走困难，闭眼流泪，呼吸困难，排绿色或暗红色水样稀便。后期精神萎靡、嗜睡、消瘦等。慢性患鹅感染初期食欲正常，但在 1~2d 后突然拒食。

四、病理变化

最急性型死亡鹅可见脾脏肿大、肠炎，其他器官没有明显的病变。在亚急性和慢性患鹅中可见脾脏、肝脏、肾脏肿大、肺脏水肿。病死鹅尸体消瘦，泄殖腔松弛，有的外翻，心包积液呈淡黄红色。

在多处实质性内脏器官组织中散在黄白色或灰白色的小结节，切面呈干酪样。心冠脂肪有小出血点，心内膜有出血点或出血斑。胆囊肿大，充满胆汁。气囊增厚，混浊，表面粗糙覆有大量淡黄色的干酪样物质。可见严重的出血性肠炎，肠壁增厚，尤其以小肠黏膜出血最为严重。

组织学变化主要表现为结节中心为坏死的白细胞核碎屑，外周有大量淋巴细胞、单核巨噬细胞、上皮样细胞和少量的成纤维细胞，偶见多核巨细胞增生、浸润。肠黏膜发生急性卡他性炎症变化，脾脏可见网状细胞增生。肝脏瘀血，肝细胞颗粒变性和脂肪变性。

五、诊断

根据症状和病理变化可作出初步诊断，但确诊还需要结合实验室诊断。无菌采集病变组织按照 1% 的比例接种于 pH 值为 7.6 的磷酸盐缓冲液中于 2 ～ 8℃放置 21d 增菌，接种于麦康凯培养基上分别于 22℃和 37℃下培养，即可确诊。此外，还可以通过琼脂扩散试验、间接血凝试验等进行检测。该病易与曲霉菌病、巴氏杆菌病和禽结核病混淆。曲霉菌病的病灶主要集中于肺脏和气囊，而该病形成结节分布于多种内脏、组织，且在心脏、脾脏、肾脏等呈小的出血点或出血斑等。鹅巴氏杆菌病形成的病灶为灰白色针尖大小，与伪结核病形成的黄白色、小米粒大小的病灶不一样，且易发鸭、鹅日龄有所不同。鸭结核病多发于种（蛋）鸭、鹅，而伪结核病多发于雏鹅，且结核病除了形成结节以外，心脏、肾脏等并不出现出血点或出血斑。

六、类症鉴别

鹅发生该病症状与结核病极易混淆。鹅发生结核病时日龄较大，在肝脏、肺脏、肠道等表面和实质性组织有明显的结核结节。发生伪结核病的多为仔鹅，仅在多处内脏器官表面散在有粟粒大小的黄白色小结节。也可通过病原菌的分离鉴定进行鉴别。

七、预防

该病的预防主要是加强饲养管理，防止带菌禽类的侵入和灭鼠。减少应激因素造成鹅群机体抵抗力下降等，最终建立无病鹅群。

八、治疗

该菌对多种抗生素敏感。发生该病后，可使用 0.01%强力霉素拌料或饮水，连用 4～5d；或用 0.01% 环丙沙星饮水，连用 4～5d；或用头孢类药物饮水，连用 4～5d。

第十七节　鹅丹毒

鹅丹毒（Erysipelas）是由红斑丹毒丝菌（Erysipelothrixrhusiopathia）引起的一种急性败血性传染病，该病不仅可以造成死亡，还可以引起公鹅的受精能力下降，母鹅的产蛋率下降以及因败血症死亡后导致胴体的废弃或降级等而造成较大的经济损失。该菌亦可感染多种禽类如鸡、鸭、野鸡等，以及猪、人等多种哺乳动物，在预防和治疗该病时要注意加强自身防护。

一、病原

红斑丹毒丝菌属乳杆菌科，为直或微弯曲的细长的小杆菌，大小为（1～1.5）μm×0.2μm，常单个或呈栅栏状排列，在白细胞内一般呈丝状排列。长时间细菌培养物多为长丝状。不形成芽孢，无荚膜和鞭毛，不运动，初培养革兰氏染色为阳性，久之则呈革兰氏阴性。该菌为需氧或兼性厌氧菌，在4～42℃范围内均可生长，最适温度为37℃。在普通琼脂培养基上可以生长，在血液琼脂平板和血清琼脂培养基上生长良好。在血液琼脂培养基上培养24h后形成针尖大小、露滴样小菌落，呈圆形、透明、灰白色，周围有狭窄的草绿色溶血环。在肉汤培养基中轻度混浊。明胶穿刺培养6～10d，呈试管刷状生长。在含有5%马血清和1%蛋白胨水的糖培养基中，可发酵葡萄糖、单奶糖、果糖和乳糖，产酸不产气。该菌不产生靛基质，不分解尿素，产生硫化氢，V-P和M.R试验均为阴性。该菌对外界环境和多种化学因素具有较强的抵抗力，对干燥的抵抗力也很强。在腌渍的肉品中可存活3～4个月，在尸体中可存活3个月左右。但该菌离开组织后，75℃作用5～10min，50℃作用15～20min即可被杀死。该菌在土壤中存活时间较久，可采用0.5%的氢氧化钠、3.5%的煤酚溶液、5%的石碳酸溶液、1%的漂白粉等杀灭该菌。但该菌对0.001%的结晶紫、0.5%的锑酸钾有抵抗力，在有0.1%叠氮钠存在时能够生长。

二、流行病学

该菌可以从多种禽类如鸡、火鸡、鹌鹑、鸭、鹅、鸽、麻雀以及猪、牛、羊、鱼等体内分离得到，宿主范围广泛，亦可通过伤口感染人。由于多种动物均可带菌排毒，该菌在环境中存活时间较长，因此，带菌动物都有可能引起丹毒。一般认为，鱼粉等是造成水禽丹毒的重要来源。该病的传播途径为伤口、精液和消化道感染。

禽丹毒在世界范围内广泛存在，虽然多种禽类可以感染发病，但危害最严重的是火鸡，鹅发生该病的情况较少。该病的潜伏期不一，多为2～4d。鹅与其他动物混养易造成该病的发生，极少造成鹅死亡。

三、症状

患鹅体温升高至43℃甚至以上，食欲废绝，羽毛松乱，多独处，静闭双目，排墨绿色水样稀便，无泡沫。病程为 3～4d，最后死亡。有些患鹅体质虚弱，关节肿胀，并在肿胀的关节液中分离出丹毒丝菌。蛋、种鹅产蛋量下降。

四、病理变化

患鹅主要表现为全身性败血症变化。全身充血，皮下脂肪、腹腔脂肪有出血点和出血斑；肝脏、脾脏和肾脏肿大，心冠脂肪有出血点。心包内有纤维素性脓样渗出液，心肌有纤维状条纹。肌胃和腺胃壁增厚，有溃疡灶，盲肠呈卡他性或出血性炎症并有黄色结节，小肠黏膜呈弥漫性出血，有胶冻样组织物渗出。部分患鹅关节腔内有纤维素性脓样蛋白渗出液。

病理组织学变化主要是全身多器官、组织的血管、窦充血，毛细血管、窦间隙和小静脉内常见细菌团块和纤维蛋白栓塞，实质性脏器细胞变性、坏死。

五、诊断

根据临床症状和剖检变化很难作出初步诊断，剖检时有全身性败血症病变可作出初步诊断，应结合实验室检测进行确诊。

1. 涂片镜检

因急性败血性丹毒而死亡鹅的血液、内脏器官中存在丹毒丝菌，可直接进行涂片、抹片，已腐败尸体取骨髓抹片，经革兰氏染色后镜检，若有革兰氏阳性、直或稍弯曲的小杆菌散在或呈栅栏状排列，无荚膜，无芽孢杆菌，可作出初步诊断。

2. 分离鉴定

无菌取肝脏、脾脏、肺脏、肾脏、骨髓等器官病料划线接种于血液琼脂或血清琼脂培养基上，经 37℃培养 24～48h，由针尖大小逐渐增大到 0.7～1mm 的圆形半透明菌落。在鲜血琼脂平板上菌落周围可形成狭窄的 α 溶血环。继续培养可出现扁平、不透明的粗糙型菌落，菌体呈长丝状或串珠状，菌体稍长。明胶穿刺生长特殊，沿穿刺线有横纹向周边伸展，呈试管刷状。经生化试验可进一步鉴定，大部分菌株在三糖铁培养基上产生硫化氢，是鉴定该菌的较为可靠的试验。

3. 动物实验

可将病料研磨液或新分离的细菌培养物皮下或腹腔接种小白鼠或雏禽，再从发病动物体内分离该菌，以证明其致病力。

此外，还可以通过分子生物学方法如 PCR 检测 16S rRNA 等，血清学方法如荧光抗体技术等进行病原的确诊。

六、类症鉴别

该病主要表现为急性败血型症状，临床上与败血型巴氏杆菌病易混淆。鹅巴氏杆菌病多发于成年鹅群，患鹅裸露皮肤处发紫，口鼻有黏液流出，剖检可见肝脏和肝被膜下有大量弥漫性、密集的灰白色或黄白色针尖大小的坏死点，大群死亡率较高。该病多发于产蛋初期至高峰期日龄鹅，肝脏、脾脏肿胀不明显。

七、预防

由于该病一般呈散在发生，一般不进行免疫接种预防。防止外源性细菌传入鹅舍是预防该病的重要措施。由于猪是该病重要的感染宿主，因此，避免和猪场距离太近，出入猪场的人员、器具等禁止进入鹅舍，不在废弃的养猪场中从事鹅养殖等。通过有效地切断传染途径从而达到预防该病的目的。

八、治疗

在鹅场中一旦发生此病，要加强患鹅的隔离，养殖场的消毒以及消灭蚊虫和病死鹅的无害化处理以控制传染源。改善饲养管理条件，提高机体的抗病能力。可根据药物敏感试验，选择高敏药物对发病鹅进行治疗。可用 0.01% 环丙沙星饮水，连用 4~5d。或用头孢类药物饮水，连用 4~5d。

第十八节　李氏杆菌病

李氏杆菌病（listeriosis）是由单核细胞增多性李斯特菌（Listeria monocytogenes）引起的多种禽类和哺乳动物的一种散发性传染病，亦可以感染人。鹅感染后主要表现为脑膜炎、坏死性肝炎和心肌炎。其他家禽如鸡、鸭、火鸡等也可感染发病。一般来说，青年鹅较成年鹅更为易感。有报道称该菌可感染人患结膜炎，因此，该病是一种人禽共患传染病，在公共卫生学上具有重要意义。

一、病原

该菌又称李氏杆菌，为革兰氏阳性小球杆菌，两端钝圆，有时呈弧形，多单在或呈 Y、V 形状排列。48~72h 培养物呈现典型的类白喉杆菌样的栅栏样排列。有时呈短链状或丝状，R 型菌落中菌体呈长丝状，在 20~25℃下可形成 4 根周鞭毛，能运动。无荚膜，无芽孢，革兰氏染色呈阳性，为需氧或兼性厌氧，在 22~37℃均可生长，最适温度为 37℃，最适 pH 值为 7.0~7.2。在含有血清或者肝渗出液的营养琼脂培养基上生长良好。在血清琼脂平板上 16~24h 可形成圆形、光滑、透明、淡蓝色的小菌落；在血液琼脂上菌落周围形成狭窄的 β 型溶血环；在肝汤琼脂上形成圆形、光滑、平坦、黏稠、透明的小菌落，反射光照射菌落呈乳白黄色。该菌可于 24h 内分解葡萄糖、鼠李糖和水杨苷产酸，于 7~12d 内分解淀粉、糊精、乳糖、麦芽糖、甘油、蔗糖产酸，对半乳糖、蕈糖、山梨醇和木胶糖发酵缓慢。不发酵甘露醇、卫矛醇、阿拉伯糖、菊淀粉和肌醇。该菌不产生硫化氢和靛基质，不还原硝酸盐为亚硝酸盐。M.R. 试验和 V-P 试验为阳性，接触酶阳性。

李氏杆菌具有菌体抗原和鞭毛抗原，分别用罗马数字和英文字母表示。根据 O 抗原和 H 抗原的不同，可分为 7 个血清型，其中 1 型和 4 型对家禽致病性较强。

该菌在饲料、干燥的土壤和粪便中能长期存活，对碱和盐耐受性较好，对温度和一般消毒剂较敏感，58~59℃ 10min，85℃ 50s 即可灭活。3% 的石炭酸溶液、75% 的酒精和其他一些常用消毒剂可以很快杀死该菌。该菌对反复冻融具有一定的抵抗力。

二、流行病学

该菌主要危害 2 月龄以内的中雏鹅，对鸭致病力不强，亦可感染鸡、火鸡等禽类，多呈散发性，一般仅有少数个体发病，但死亡率较高。啮齿动物易感，以鼠类易感性最高，是该菌的自然贮存宿主。该病一年四季均可发生，以冬春季节多见，夏秋时节偶见个别病例。该菌常存在于土壤和粪便中，通过消化道、呼吸道、眼结膜和创伤等途径感染，患病和带菌鹅是该病发生的重要传染源。患鹅通过粪便、眼鼻分泌物排菌，从而污染饲料、饮水、地面和器具等，进而导致其他健康鹅发病。此外，当天气骤变、饲料配比不当、寄生虫病或其他应激和继发因素存在时，也可以促使该病的发生。

三、症状

该病的自然潜伏期为 2~3 周，有的仅为数天，也可能长达 2 个月，多表现为突然死亡。患鹅表现败血性感染症状，发病初期精神萎靡、羽毛蓬乱，食欲减退至废绝，常离群独处，头伏地，行走无力，两翅下垂，站立不稳，摇晃。雏鹅常突然死亡，继而出现排黄白色有气泡稀便的患鹅。患鹅体型消瘦、腹泻。随着病程的延长，患鹅卧地不起或侧卧，两腿呈划舟状或全身阵发性抽搐，爪尖、蹼边缘潮红，死亡时爪蹼边缘呈干枯焦黑色。病程后期，患鹅常因细菌进入血液循环而发生败血性症状而突然死亡。有的出现中枢神经系统损伤，较为常见的是头颈弯曲、仰头或头颈弯曲呈角弓反张状，可见肢体不全麻痹、痉挛等症状。

四、病理变化

剖检可见患鹅具有败血症特征，可见明显的坏死性心肌炎、心包炎，心外膜有出血点，心冠脂肪出血。肝脏肿大或有部分坏死区，表面有出血泡。有的患鹅气囊和腹腔浆膜有黄色干酪样物质。脾脏肿大呈斑驳状，肌胃角质膜下出血等。患鹅肠道呈现急性卡他性炎症，肠黏膜出血、脱落，直肠充满含气泡的黄白色稀便。输尿管有尿酸盐沉淀。病理组织学观察可见，多处器官组织有淋巴细胞、单核巨噬细胞和浆细胞等浸润。变性、坏死区组织涂片镜检可见病原菌。

五、诊断

该病缺乏特征性症状和病理变化，确诊需通过病原分离鉴定和实验室诊断。

1. 涂片镜检

采血、肝、脾、肾、脑等组织作触片或涂片，革兰氏染色镜检，可见呈 "V" 形排列的革兰氏阳性细杆菌，可作出初步诊断。

2. 分离培养

采集具有明显病变组织无菌在葡萄糖血清（或鲜血）琼脂平板上划线培养，24h后可见露滴样菌落。最好在 10% CO_2 浓度的环境中进行细菌培养。

3. 动物回归试验

可用家兔、小鼠等进行试验，接种途径为结膜囊内滴入或脑内、腹腔内、静脉内注射，动物接种后发生败血症死亡。鸡胚对该菌高度敏感，接种后可引起绒毛尿囊膜的局灶性坏死性病变。此外，还可以应用凝集反应、间接血凝试验等血清学方法进行检测。

六、类症鉴别

该病临床症状和剖检变化与鹅丹毒、链球菌病等易混淆。链球菌感染鹅腿部轻瘫，跗跖关节肿大、跛行，排黄绿色稀粪，足底皮肤组织坏死；部分病鹅羽翅肿胀、流紫红色分泌物，结膜潮红，流泪。脾脏出血性坏死，肺脏瘀血、水肿。鹅丹毒与该病极难区分，可根据病原菌的培养特性等进行鉴别诊断，丹毒丝菌一般 24h 即可形成菌落。

七、预防

预防该病，应加强综合性管理措施，减少鹅群与牛群、羊群等其他畜禽群接触，减少和防止各种应激因素的刺激。加强消毒，对于发病的患鹅应及时隔离，鹅舍内做好灭鼠等工作，禁止从疫区引种或引进雏鹅。一旦发生该病，对于病死鹅及其他禽、畜要深埋或焚烧，被污染的环境、器具等要彻底消毒。

八、治疗

李氏杆菌对大多数抗生素具有抵抗力，但安普霉素、头孢类药物和喹诺酮类药物具有较好的治疗效果，但该菌易形成耐药性，因此，在治疗之前最好先进行药敏试验确定敏感药物。可用 0.01% 环丙沙星饮水，连用 4～5d。或用硫酸新霉素按照 0.01%～0.02% 饮水，连用 3d，用药前禁水 1h。

第十九节　坏死性肠炎

鹅坏死性肠炎（Necrotic enteritis）是发生在种鹅群的一种消化道慢性疾病。该病以鹅体质衰弱、食欲降低、不能站立、常突然死亡为特征性症状。病变特征为肠道黏膜坏死（故称烂肠病）。该病在种鹅场中发生极为普遍，对水禽业影响较大。

一、病原

该病的病原为产气荚膜梭状芽孢杆菌（Clostridium perfringens），亦称产气荚膜梭菌，革兰氏染色为阳性。该菌为两头钝圆的兼性厌氧的短杆菌，大小为（4~8）μm×（0.8~1）μm，单独或成双排列（图4-348）。根据主要致死型毒素和抗毒素的中和试验结果该菌可分为A、B、C、D和E五种血清型，引起该病的主要是A型或C型。该菌在自然界中缓慢形成芽孢，呈卵圆形，位于菌体的中央或近端，在机体内常形成荚膜，没有鞭毛，不能运动。最适培养基为血液琼脂平板，37℃下厌氧条件下过夜培养即可形成圆形、光滑的菌落（图4-349），周围有两条溶血环，内环完全溶血，外环不完全溶血。C型产气荚膜梭状芽孢杆菌产生的α、β毒素和A型产气荚膜梭状芽孢杆菌产生的α毒素是引起感染鹅肠黏膜坏死的直接原因。此外，该菌产生的溶纤维蛋白酶、透明质酸酶、胶原酶和DNA酶等均与组织的分解、坏死、产气、水肿及病变的扩散和全身中毒性症状相关。产气荚膜梭状芽孢杆菌能够发酵葡萄糖、麦芽糖、乳糖和蔗糖，不能发酵甘露醇。糖酵解主要产物是乙酸、丙酸和丁酸。溶化明胶，分解牛乳，不产生吲哚，在卵黄琼脂培养基上生长显示可产生卵磷脂酶，但不产生脂酶。毒素和抗毒素的中和试验可用于鉴定该菌产生毒素的种类。

该菌芽孢抵抗能力较强，在90℃处理30min或100℃处理5min死亡，食物中的菌株芽孢可耐煮沸1~3h。健康鹅群的肠道中以及发病养殖场中的粪便、器具等均可分离到该菌，其致病性与环境和机体的状态密切相关。

二、流行病学

该病主要自然感染种鹅，此外，青年鸡、开产蛋鸡和种鸭也易发生该病。粪便、土壤、污染的饲料、垫料以及鹅肠内容物中均含有该菌，带菌鹅和耐过鹅均为该病的重要传染源。该病主要经过消化道感染或由于机体免疫机能下降导致肠道中菌群失调而发病。球虫感染及肠黏膜损伤是引起或促进该病发生的重要因素，禽流感、坦布苏病毒感染等亦可诱发该病。此外，在饲养管理不良的养殖场，某些应激因素如饲料中蛋白质含量的升高、抗生素的滥用、高纤维垫料或环境中该菌含量增加等均可促进该病的发生。

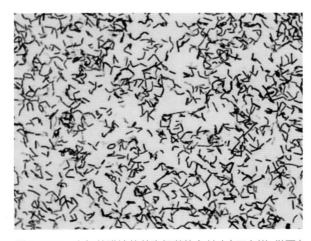

图4-348 产气荚膜梭状芽孢杆菌染色特点（刁有祥 供图）

图4-349 产气荚膜梭状芽孢杆菌菌落特点（刁有祥 供图）

三、症状

种鹅群患病后，产蛋量下降，患鹅虚弱、精神沉郁、不能站立，在大群中常被孤立或踩踏而造成头部、背部和翅羽毛脱落。食欲减退至废绝，排血便或灰白色、黄绿色稀便，污染泄殖腔周围羽毛（图4-350）。患鹅迅速消瘦，常呈急性死亡。某些患鹅出现肢体痉挛，腿呈左右劈叉状，伴有呼吸困难等症状。该病严重者不表现临床症状便死亡，病程多为1~2d，一般不表现出慢性经过（图4-351）。

四、病理变化

病变主要在小肠后段，尤其是回肠和空肠部分，偶见盲肠病变。肠壁变薄、扩张、充满气体，严重者可见整个空肠和回肠充满血样液体，病变呈弥漫性，有散在的枣核状溃疡，十二指肠黏膜出血（图4-352、图4-353），直肠黏膜出血（图4-354）。病程后期肠内充满恶臭气体，空肠和回肠黏膜增厚，表面覆有一层黄绿色或灰白色纤维素性伪膜（图4-355、图4-356、图4-357、图4-358）。个别病例气管有黏液，喉头出血。母鹅的输卵管中常见有干酪样物质，肝脏肿大呈土黄色，表面有大小不一的黄白色坏死斑，边缘或中心常有大片的黄白色坏死区。脾脏充血、出血，肿大，呈紫黑色，表面常有出血斑。该病的组织学变化主要表现为肠黏膜的严重坏死，坏死的黏膜表面多富有纤

图4-350　病鹅排血便（刁有祥　供图）

图 4-351　因坏死性肠炎死亡的鹅（刁有祥　供图）

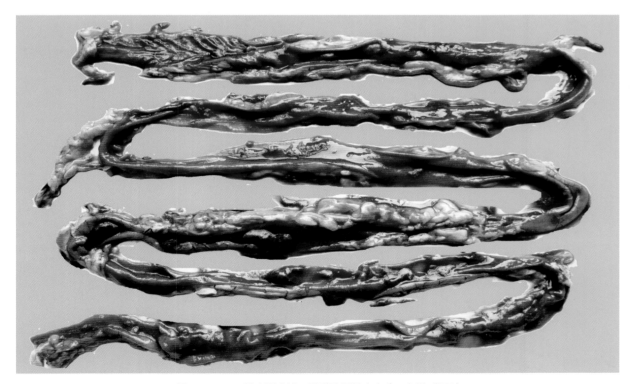

图 4-352　肠管充满血液，黏膜弥漫性出血（刁有祥　供图）

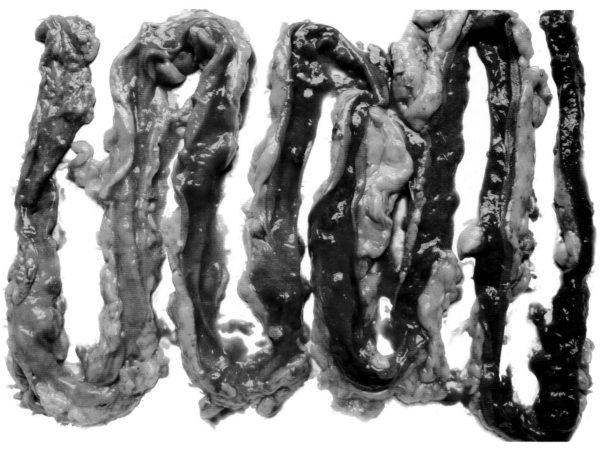

图4-353 肠管充满血液，黏膜弥漫性出血（刁有祥 供图）

图4-354 直肠黏膜出血（刁有祥 供图）

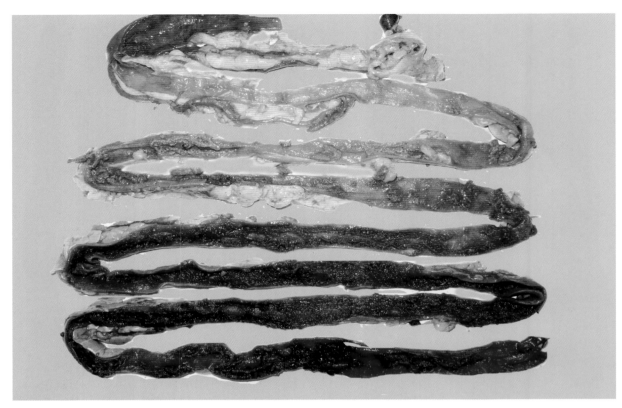

图4-355　肠管充满血液，肠黏膜表面覆盖纤维素性伪膜，肠黏膜弥漫性出血（刁有祥 供图）

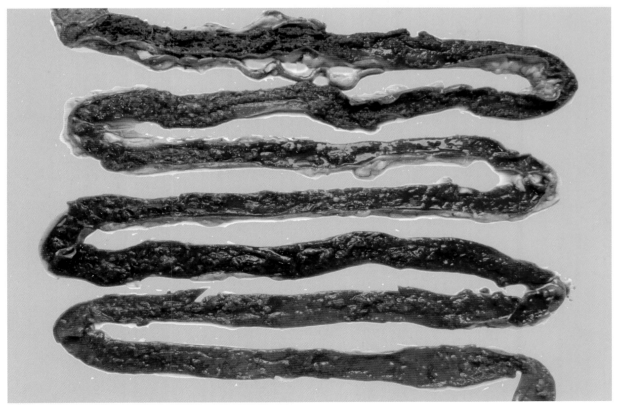

图4-356　肠黏膜表面覆盖一层纤维素性伪膜，黏膜出血（刁有祥 供图）

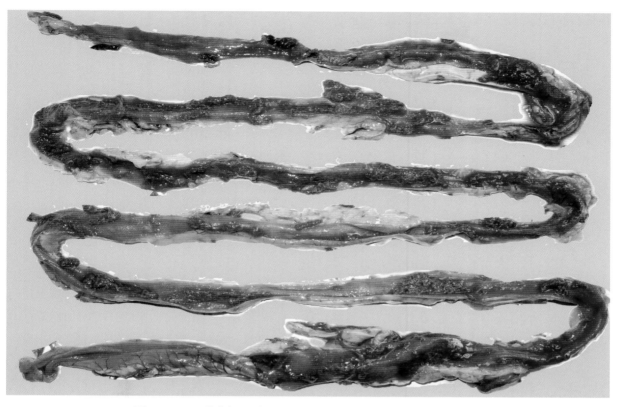

图 4-357　肠黏膜表面覆盖一层纤维素性伪膜，黏膜出血（刁有祥 供图）

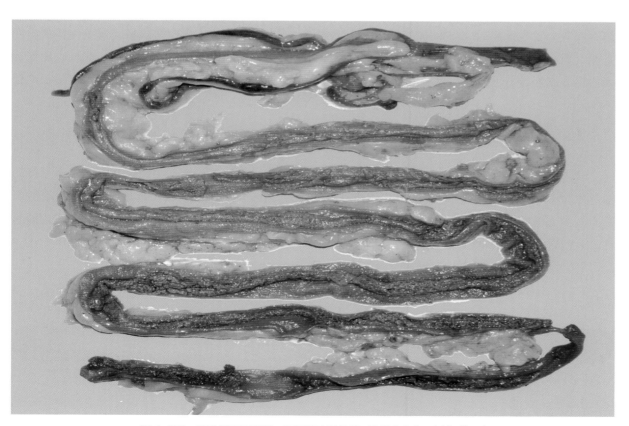

图 4-358　肠黏膜表面覆盖一层纤维素性伪膜，黏膜出血（刁有祥 供图）

维蛋白、脱落细胞并夹杂大量病原菌。

五、诊断

临床上可根据症状及典型的剖检及组织学病变作出初步诊断。进一步确诊还需要进行实验室诊断。自然发病患鹅体内产气荚膜梭状芽孢杆菌的分离与培养，可采用肠内容物、病变肠道黏膜附着物等划线接种血液琼脂平板，37℃下厌氧培养过夜，根据菌落形态、镜检菌体形状和生化特性进行鉴定。但由于正常鹅肠道内多存在该菌，且死亡鹅也很容易感染，可对分离物中的菌落进行计数，一般高于 10^7 个 /g 可认为是该菌感染。此外，对毒素的检测也是一项重要的检测指标。

六、类症鉴别

临床诊断时，该病易与球虫病、小鹅瘟等混淆。可通过粪便样品的镜检观察是否含有球虫进行鉴别诊断。小鹅瘟主要造成 40 日龄以下雏鹅发病，病程多为 3 ~ 7d，死亡率随日龄增加而降低。病毒性坏死性肠炎多发于 10 ~ 55 日龄鹅群，该病常造成肝脏、脾脏、胰腺和肾脏不同程度的出血。

七、预防

由于产气荚膜梭状芽孢杆菌为条件性致病菌，因此，预防该病的最重要措施是加强饲养管理，改善鹅舍卫生条件，严格消毒，使用两种或以上的消毒剂进行消毒，在多雨和湿热季节应适当增加消毒次数。发现病鹅后应立即隔离饲养并进行治疗。适当调节日粮中蛋白质含量，避免使用劣质的骨粉、鱼粉等。避免拥挤、过热、过食等不良因素刺激，有效地控制球虫病的发生。此外，酶制剂和微生态制剂等有助于预防该病的发生。

八、治疗

多种抗生素如新霉素、泰乐霉素、林可霉素、环丙沙星以及多种头孢类药物对该病均有良好的治疗效果和预防作用。对于发病初期的鹅群采用可用 0.01% 环丙沙星饮水，连用 4 ~ 5d。或硫酸新霉素按照 0.01% ~ 0.02% 饮水，连用 3d，用药前禁水 1h。严重的患鹅可采用肌内注射的方式，同时注意及时补充盐分及电解质等。

第二十节　链球菌病

鹅链球菌病（Streptococosis）是由一些非化脓性血清型链球菌感染引起的急性败血型传染病，

雏鹅感染发病后，多会造成急性死亡。成年鹅也会患病，虽然不常见，但是一旦感染，会造成严重的经济损失。由于链球菌是健康动物肠道正常菌群的组成部分，一般认为该病多为继发感染。

一、病原

该病的病原主要是兰氏抗原血清群 C 群的兽疫链球菌（S. zooepidemincus）。链球菌是革兰氏阳性球菌，不能运动，不形成芽孢，兼性厌氧。呈圆形或卵圆形，直径小于 2.0μm，常排列成链状或成对存在。最适生长温度为 37℃，最适生长 pH 为 7.4 ~ 7.6。对营养要求较高，普通培养基上生长不良，需添加血液、血清、葡萄糖等。在血液琼脂平板上形成直径 0.1 ~ 1.0mm，灰白色，表面光滑，边缘整齐的小菌落，周围有明显的 β 溶血环。血清肉汤培养，起初轻度混浊，继而变清，于管底形成颗粒状沉淀。该菌能发酵葡萄糖、蔗糖、乳糖、山梨醇、L 阿拉伯糖和水杨苷，不能发酵海藻糖、棉籽糖、甘露醇等。致病性链球菌可产生各种毒素和酶，如链球菌溶血素、致热外毒素、链激酶、透明质酸酶等，这些产物与该菌的致病性密切相关。该菌的抵抗力不强，对热较敏感，煮沸可很快被杀死。常用浓度的各种消毒剂均能杀死该菌，对青霉素、磺胺类药物敏感。

二、流行病学

该菌在自然条件广泛存在，在鹅饲养环境中分布亦广。该病无明显的季节性，通常为散发或地方流行。该病主要传染源是病鹅和带菌鹅。各种日龄的鹅均可感染发病，但雏鹅更易感，该病的发病率差异较大，死亡率一般在 10% ~ 30%。该病传播途径主要是呼吸道及皮肤创伤，受污染的饲料和饮水可间接传播该病，蜱也是传播者。中雏或成年鹅可经皮肤创伤感染，新生雏经脐带感染，或蛋壳受污染后感染鹅胚，孵化后成为带菌鹅。气雾感染该菌时，可引起鹅发生急性败血症和肝脏肉芽肿，死亡率很高。该病无明显季节性，当外界条件变化及鹅舍地面潮湿、空气污浊、卫生条件较差时，鹅机体抵抗力下降者均易发病。

三、症状

由于感染日龄不同，患鹅表现出不同症状。

1. 病雏

鹅体温升高，呆立不动，食欲废绝，精神萎靡，羽毛松散，缩颈合目，驱赶时步态蹒跚，共济失调。排水样稀便，呈绿色、灰白色，有时带有血便。有脱水现象，发病急，病程短，发病患鹅多在 1 ~ 2d 内死亡。

2. 中雏

主要表现为急性败血症症状。精神不振，喜卧嗜睡，步履蹒跚，运动失调，体温升高，腹泻，食欲废绝，最后角弓反张、全身痉挛而死。急性病程 1 ~ 5d。

3. 成鹅

表现为慢性经过。呈关节炎型，趾关节和跗关节肿大，跛行，足底部皮肤和组织坏死；腹部膨大下垂，部分出现眼部症状。发病率 30% ~ 50%，死亡率低，但淘汰率高。

四、病理变化

剖检患鹅病变，多为急性败血症的特点。实质器官出血较严重，肝脏肿大，表面可见局灶性密集的小出血点或出血斑，质地柔软。脾脏肿胀，呈紫黑色。肺部瘀血、发绀，局部水肿。心包腔内有淡黄色液体即心包炎，心冠脂肪、心内膜和心外膜有小出血点；肾脏肿大、出血，肠道呈卡他性肠炎变化。仔鹅卵黄吸收不全，脐肿胀。喉头充血并伴有黄白色干酪物。成年鹅还有腹膜炎病变。

五、诊断

鹅链球菌病一般根据流行情况、发病症状、病理变化结合涂（触）片镜检作出初步诊断。涂（触）片检查是采用血涂片或病变的心瓣膜或其他病变组织作触片，进行镜检，可见典型的链球菌。确诊需通过细菌分离鉴定，从症状明显的患鹅组织中分离到兽疫链球菌或其他 D 群血清群链球菌时，即可确诊为链球菌病。血液、肝脏、脾脏、卵黄或其他疑似病变组织均可作为细菌分离的材料。

六、类症鉴别

该病与其他败血性细菌性疾病，如葡萄球菌病、大肠杆菌病、鸭疫里默氏菌病和丹毒等容易混淆。鹅发生葡萄球菌病时，皮下呈紫黑色，水肿、充血，皮下肌肉有条纹状出血。患鹅败血性大肠杆菌病以肝周炎、心包炎、气囊炎为特征性病变，肝脏肿大呈紫红色或铜绿色。鹅感染鸭疫里默氏菌出现明显的"眼镜鹅"，此外，表现出神经症状，角弓反张，仰卧两脚呈划舟状。鹅丹毒主要造成鹅体温升高至 43℃以上，全身多处脂肪组织出血。

七、预防

目前，该病没有特异性的方法进行预防，主要通过提高饲养管理水平，减少该病的发生和流行。主要的防制措施应从减少应激因素着手，精心饲养，加强管理。做好其他疫病的预防接种和防制工作。认真贯彻兽医卫生措施，提高鹅群抗病能力。

八、治疗

一旦确诊发病，应及时给药。链球菌对阿莫西林、红霉素、新霉素、安普霉素均很敏感，通过口服或注射途径连续给药 4~5d 可控制该病的流行。在治疗期间加强饲养管理，消除应激因素，搞好综合兽医卫生措施可迅速控制疫情。某些链球菌也会产生耐药性，应当引起注意。一旦患鹅出现细菌性心内膜炎症状时，无特异性治疗方案，应及时淘汰患鹅。

第二十一节　鹅渗出性败血症

鹅渗出性败血症又称鹅流行性感冒、鹅肿头症和鹅红眼病，是鹅尤其是雏鹅的一种急性传染病。临床表现为头颈摇摆、呼吸困难，鼻腔流出大量分泌物。该病具有发病率高、死亡率高的特点，是严重危害养鹅业的重要传染病之一。

一、病原

该病的病原为败血志贺氏菌，亦称鹅渗出性败血杆菌。该菌为革兰氏阴性短杆菌，多呈球杆状，有时呈短链，无芽孢、不运动，用碱性美蓝染色效果较好。该菌为兼性厌氧菌，最适生长温度为37℃，最适培养基为巧克力琼脂平板，在含5%～10%二氧化碳环境中生长良好。培养18～24h后，形成细小、半透明、边缘整齐、表面光滑、有光泽的露滴样菌落，在肠道杆菌选择性培养基上形成无色菌落。该菌对一般消毒剂敏感，56℃下5min即可杀死该菌。

二、流行病学

该病仅发生于鹅，对其他禽类没有致病性，各个日龄和品种的鹅均可感染发病，但以1月龄内尤其是20日龄以内的雏鹅最为易感，成年鹅发病率极低。该病主要由于病原菌污染饲料或饮水经消化道传播，同时也可以经过呼吸道传播。该病在春秋季节多发。天气骤变、雏鹅受寒或长途运输等应激因素均可促进该病的发生。

三、症状

该病的潜伏期较短，感染后数小时内即可发病。患鹅体温升高，精神萎靡，食欲减退，羽毛松乱，缩颈伏地，流眼泪，呼吸困难，严重者甚至张口呼吸，鼻腔不断流出大量浆液性黏液。随着病程的延长，鼻腔内分泌物的刺激和硬化造成机械堵塞而导致鹅呼吸困难，患鹅不断摇头甩颈，努力甩出鼻腔内黏液和干酪样物质。病程后期，患鹅头颈震颤，站立不稳，严重者两脚麻痹，不能站立，死亡之前多出现下痢症状。

四、病理变化

主要病变特征为皮下组织出血。眼结膜和瞬膜充血、出血。鼻腔内有浆液性或黏液性分泌物，喉头、鼻窦、气管、支气管内有明显的纤维素渗出，常伴有黄色半透明的黏液，肺、气囊内有纤维素样分泌物，心内、外膜出血或瘀血，时间稍长的表现为浆液性纤维素性心包炎。肝、脾、肾脏瘀血或肿大，有的脾脏表面散在粟粒大小灰白色坏死灶，胆囊肿大，肠黏膜充血、出血。雏鹅法氏囊出血。蛋鹅卵巢呈菜花样病变，头部肿大的病例可见头部及下颌皮下呈胶冻样水肿。

五、诊断

该病的诊断可以根据症状和剖检变化作出初步诊断。但进一步确诊还需要结合实验室诊断。

无菌采集患鹅的鼻腔分泌物或肝脏、脾脏、肾脏等病变组织，直接在巧克力琼脂平板上划线，置于37℃培养24~48h，根据菌落形态和镜检结果判断。

六、类症鉴别

该病易与禽流感、小鹅瘟、鹅巴氏杆菌病等混淆。低致病力禽流感感染鹅死亡率较低，气管黏膜出血明显，而该病主要形成纤维素性薄膜。小鹅瘟特征性病变为形成肠栓。巴氏杆菌病主要引起鹅肝脏有针尖大、边缘整齐、灰白色的坏死点。

七、预防

加强对鹅群的饲养管理，保证合理的饲养密度，避免因密度过大而造成疫病发生。保持禽舍内良好的通风，鹅舍及运动场的干燥和卫生清洁。雏鹅群要注意鹅舍的防寒保温措施，防止因气温变化引起鹅群机体抵抗力下降，造成一些条件性病原菌的侵害而发病。饲料的配比要合理，垫料和饮水应保持清洁卫生。在发病地区，可在饲料和饮水中添加一定比例的抗生素预防该病。

八、治疗

一旦发生该病，应迅速采取严格措施对患鹅进行隔离，对鹅舍和运动场进行紧急消毒。对于小型鹅群发生该病，应及时采取扑灭等措施。环丙沙星、氟苯尼考、强力霉素、阿莫西林、安普霉素均有较好的治疗效果。可按照2万~3万IU/羽青霉素肌内注射雏鹅，每天两次，连用2~3d。0.01%的环丙沙星饮水，连用3~4d。

第二十二节　鹅奇异变形杆菌病

鹅奇异变形杆菌病（Goose Protteuo Mirabilis Disease）是由奇异变形杆菌（Proteus mirabilis，PM）引起的一种散发性的细菌性传染病，以咳嗽、张口呼吸、气管、肺脏出血、化脓为特征。奇异变形杆菌属于条件性致病菌，随着药物的广泛、大量使用，鹅养殖规模及密度的扩大，该病自2016年来，在我国各地多有发生。

一、病原

奇异变形杆菌属于肠杆菌科、变形杆菌属，是一种常见的条件性致病菌。该菌革兰氏染色阴性，菌体两端钝圆，大小为（0.4~0.6）μm×（0.8~3）μm，无芽孢及荚膜，周身有鞭毛，能活动。奇异变形杆菌在普通琼脂平板上、巧克力平板上、血液琼脂平板上分别长出淡黄色、白色、黄色菌落。菌落不能单个分开，在培养基上呈扩散性生长，形成一层波纹薄膜，成为迁徙生长现象（图4-359）。该菌需要厌氧培养，在10~43℃范围内均可生长。该菌可分解葡萄糖产生少量气体，发酵蔗糖、海藻糖、木糖、纤

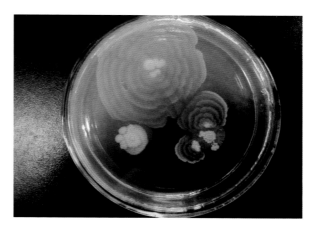

图4-359　奇异变形杆菌培养特点（刁有祥 供图）

维二糖，不发酵乳糖、麦芽糖、鼠李糖、甘露糖、松三糖、卫茅醇、肌醇和甘露醇；MR试验阳性，VP试验阴性，不产生靛基质，产生硫化氢，并迅速液化明胶。具有苯丙氨酸脱氨酶和鸟氨酸脱羧酶。

奇异变形杆菌的主要毒力因子包括菌毛、鞭毛、尿素酶、外膜蛋白、细胞侵袭力和铁获得物等。该菌致病机理复杂，包括毒力因子黏附到宿主黏膜表面，损伤和侵入宿主组织，逃避宿主免疫系统及铁离子的获取等。鞭毛是奇异变形杆菌的毒力因子之一，存在于细菌表面。鞭毛蛋白能够诱导炎症趋化因子在机体细胞中表达，并且有利于奇异变形杆菌在细胞中定植。此外，该菌的大量定植能够引起先天性免疫反应。奇异变形杆菌胞外金属蛋白酶是泌尿道感染的重要毒力因子，同时也是一种广谱蛋白酶，能够降解血清中的IgG和IgA等免疫球蛋白，从而逃避宿主的防御系统。奇异变形杆菌能够形成生物膜，生物被膜对细菌具有较强保护作用，常规的物理、化学消毒方法不能将其消灭；此外，其与浮游细菌相比，生物被膜内细菌对宿主免疫系统和抗生素的抵抗力更强，进而导致许多疾病难以根除。

二、流行病学

奇异变形杆菌属于条件致病菌，在自然条件下，奇异变形杆菌既可由内源性感染，也可由外源性感染。其中，内源性感染主要为垂直传播导致，外源性感染主要是鹅只摄入被病原污染的饲料或饮水经消化道感染，或吸入含细菌微粒的尘埃经呼吸道感染。此外，各种应激因素如温度变化、饲料变化、卫生条件变差，接种疫苗，转运等均可使机体免疫力降低，从而引发该病。常多发于春夏交替时的潮湿季节及冬春季节交替气温变化较大时。

该病多发于3~30日龄雏鹅，其发病率与死亡率与鹅日龄大小密切相关，日龄越小，感染鹅发病率及死亡率越高。其多与鹅常见细菌性传染病如传染性浆膜炎、大肠杆菌病，病毒性传染病如小鹅瘟等混合感染。若治疗不及时，严重者可造成大群生长抑制，生产性能下降，特别是种鹅，感染后，可通过种蛋传播给雏鹅，从而造成雏鹅大批死亡。

三、症状

患鹅体温升高，可达 42℃以上，呼吸困难、急促，常张口呼吸，咳嗽，打喷嚏，口流黏液。患鹅精神沉郁，食欲减退，严重者废绝，羽毛蓬松、脏乱，翅膀下垂，缩颈闭眼，站立不稳，常独居于角落，腹泻，粪便呈白色或白绿色，泄殖腔周围常粘有粪便。部分患鹅跗关节肿胀，瘫痪不能站立。有的病鹅出现脚软，头向上方偏转等神经症状，多在发病后 1～3d 死亡。

四、病理变化

感染鹅剖检可见喉头、气管黏膜出血，气管内有黏性分泌物或有血凝块。肺脏水肿、瘀血，肺脏切面呈大理石样病变，或在气囊、肺脏或输卵管中形成大小不一的脓肿（图 4-360、图 4-361、图 4-362、图 4-363、图 4-364、图 4-365）。肾脏肿大充血、出血，肠管弥散性出血，整个肠管呈紫红色，肠道黏膜水肿、脱落。肝脏肿大质脆，呈土黄色，表面有针尖大的坏死灶，脾脏肿大出血，呈紫红色。感染严重的病例，会出现纤维素性心包炎和肝周炎。

组织学变化表现为胸腺出血，在皮质和髓质有红细胞；肺出血明显，在支气管、肺房和间质中有大量红细胞分布；脑组织血管与周围组织间隙增大，管套现象不明显，神经细胞无明显病变。肝细胞肿大，细胞质疏松，内有大小不等脂滴，窦状隙变窄或不明显。心肌出血，在心肌纤维之间有大量红细胞。肾小管上皮胞质染色变浅，疏松。

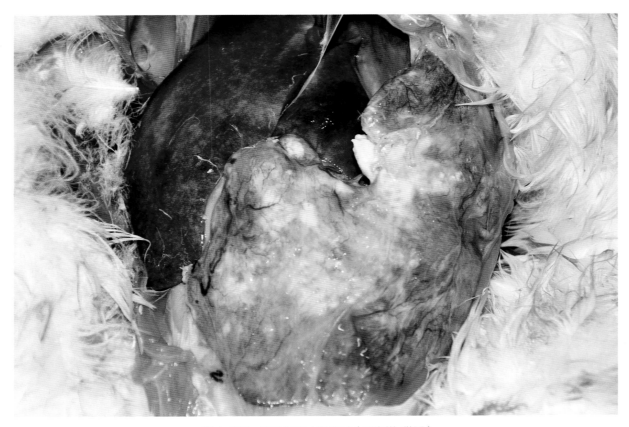

图 4-360　在腹气囊中的脓肿（刁有祥 供图）

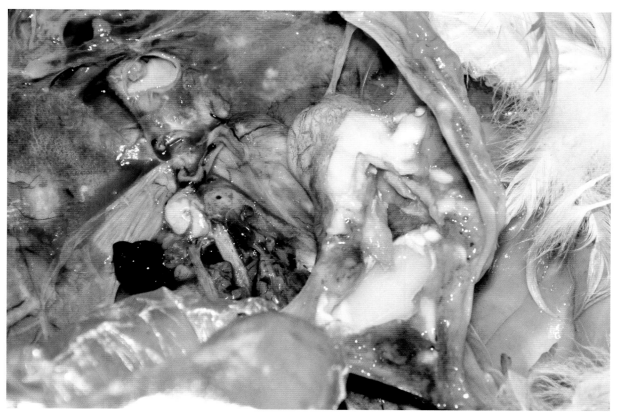

图 4-361　在腹气囊中的脓肿（刁有祥 供图）

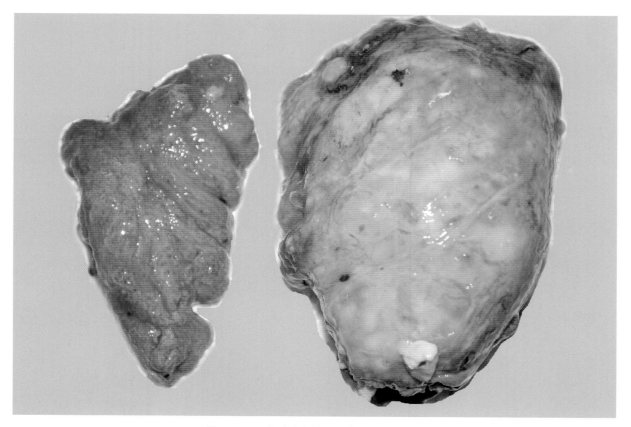

图 4-362　在肺脏中的脓肿（刁有祥 供图）

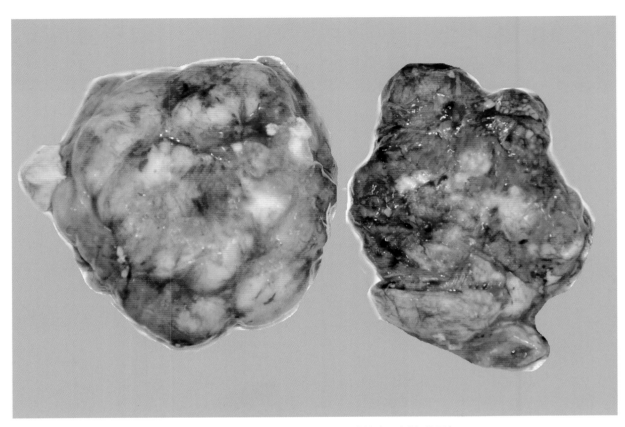

图 4-363　在肺脏中大小不一的化脓灶（刁有祥　供图）

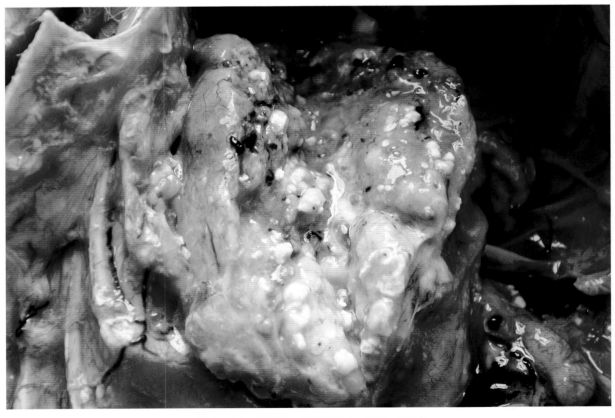

图 4-364　在肺脏中的化脓灶（刁有祥　供图）

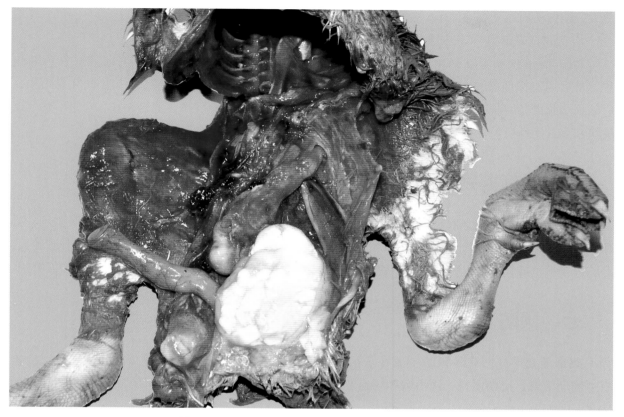

图 4-365　在输卵管中的脓性渗出物（刁有祥 供图）

五、诊断

由于鹅奇异变形杆菌病并不具有特征性的症状及病理变化，确诊该病需借助实验室诊断方法进行细菌分离鉴定。可将病料接种于普通琼脂培养基上，根据迁徙生长现象，及生化实验快速分解尿素即可确诊。

1. 病原分离与鉴定

无菌采集病死鹅的肺脏或肝脏，用接种环划线接种于琼脂培养基，37℃恒温培养 24～48h。挑取培养皿上的疑似单菌落进行纯化培养，再挑取优势菌落，分别接种于普通琼脂平板，SS 琼脂平板，麦康凯平板，血琼脂平板，观察细菌在几种培养基上的菌落生长情况。将获得的纯培养物涂片，革兰氏染色显微镜下观察。

分离菌在琼脂培养基、血琼脂培养基上呈现迁移生长，有腐败臭味；在血琼脂培养基上有 β 溶血现象；在麦康凯培养基上菌落呈圆形，光滑、湿润、灰白色；在 SS 琼脂培养基上形成圆形、稍隆起、中等大小，中心呈黑色周围无色的菌落。革兰氏染色后，可在显微镜下观察到菌体呈单个或成对的球状、杆状、球杆状、长杆状的无芽孢杆菌。

2. PCR 检测技术

随着分子生物学技术的发展，奇异变形杆菌核酸的检测方法越来越受到人们的关注。根据 16S rRNA、ureC 作为靶基因，进行 PCR 检测。

3. 环介导等温扩增检测技术（LAMP）

LAMP 是一项新型的核酸扩增技术，核酸链通过在等温环境下的循环置换扩增实现对靶序列的放大，该方法对仪器要求简单，时间较短，操作方便，适合基层兽医工作。

4. 实时荧光定量 PCR 检测技术（Real-Time PCR）

Real-Time PCR 是在 PCR 反应体系中加入荧光基团，利用荧光信号积累实时监测整个 PCR 进程，最后通过标准曲线对未知模板进行定量分析的方法。PCR 定量技术克服了传统 PCR 易污染、后处理步骤繁杂冗长、缺乏准确定量等缺点，具有特异性强、灵敏度高、重复性好、定量准确、速度快和全封闭反应等优点。

六、类症鉴别

鹅变形杆菌病与大肠杆菌病症状类似，两者都可以引起鹅精神沉郁，食欲减退，呼吸困难，排稀便，鼻腔有黏液等症状。不同的是，鹅大肠杆菌病以败血症病变为特征，剖检可见患鹅肝脏肿大，肝脏呈青铜色或铜绿色；脾脏肿大，呈紫黑色。另外，可以从细菌分离观察到的菌落形态加以鉴别。

七、预防

鹅奇异变形杆菌病的预防主要在于加强饲养管理，改善环境卫生和减少应激。鹅场应完善卫生管理措施，定期清扫、洗消饲养场地及用具。鹅场应注意做好雏鹅特别是 30 日龄以内雏鹅的防寒保暖工作。由于该病可通过种蛋传播，应特别注重鹅群的饲养管理，避免垂直传播的发生。

对于感染严重的地区，可以选用对该菌敏感的药物进行预防，有条件的产区，可以选用本地区分离株制备灭活油乳剂菌苗。采用制备的灭活油乳剂菌苗免疫接种的方法，免疫鹅群，具有良好的免疫保护作用。

八、治疗

隔离发病鹅群，对发病鹅群鹅舍清理垫料，严格消毒，清洁栏舍，可以选用含氯消毒剂进行场地栏舍消毒。出入场区人员及车辆严格消毒，防止因人员流动造成病原扩散。治疗可用新霉素、安普霉素、氟苯尼考、阿莫西林、强力霉素或林可霉素，如强力霉素按 0.01% 饮水，连用 3～4d。

由于奇异变形杆菌病对多种抗生素不敏感，且因各养殖场用药情况不同，容易造成奇异变形杆菌病产生不同的耐药性。在治疗用药前，应分离病原菌进行药敏试验，选择敏感性好的药物进行治疗。

第二十三节　鹅绿脓杆菌病

鹅绿脓杆菌病（Goose cyanomycosis）是由绿脓杆菌（Pseudomonas aeruginosa）感染鹅引起的以败血症、关节炎、眼炎为特征的传染性疾病。该病多以伤口感染为主，能够引起化脓性病变，病变部位浓汁和渗出液多呈绿色。

一、病原

该病的病原是绿脓杆菌，又称为铜绿假单胞菌，属于假单胞杆菌属，革兰氏阴性菌。该菌广泛分布于自然界及正常动物的皮肤、肠道和呼吸道，是临床上较常见的条件致病菌之一。该菌大小为（1.5～3.0）μm×（0.5～0.8）μm，单个、成对或偶尔成短链，最适生长温度为30～37℃，需氧或兼性厌氧，对营养要求不高。菌体有1～3根鞭毛，运动活泼。无芽孢，能形成荚膜。固体培养基上形成两种菌落，一种大而光滑，多为临床分离株；另外一种小而粗糙，多为环境分离株。致病菌在普通琼脂培养基上，形成光滑、边缘整齐或波状、微隆起的中等大菌落。由于产生水溶性的绿脓素（蓝绿色）和荧光素（黄绿色），能够渗入培养基内，呈黄绿色。在肉汤培养物中均匀混浊，呈黄绿色，可以看到长丝状形态，液体上部的细菌生长旺盛，在液面处形成一层很厚的菌膜。在血液琼脂培养上，由于绿脓杆菌产生绿脓酶，可将红细胞溶解，在菌落周围形成 α-溶血环。该菌能分解葡萄糖、伯胶糖、单奶糖、甘露糖，产酸不产气。不能分解乳糖、蔗糖、麦芽糖、菊糖和棉籽糖。液化明胶，不产生靛基质，不产生硫化氢，M.R 试验和 V-P 试验均为阴性。该菌耐药性特别显著，一方面具有强大的物理屏障，包括生物披膜、脂多糖外膜和荚膜；另一方面具有多种药物外排泵。1∶2 000 的洗必泰、度米芬和新洁尔灭，1∶500 的消毒净在 5min 内均可将其杀死。该病的致病因素主要是内毒素、致死毒素、肠毒素、溶血毒素和胞外酶共同作用的结果。

二、流行病学

绿脓杆菌不仅可以感染鹅，也可以感染其他禽类如鸡、鸭、火鸡、鸽子等，和其他哺乳动物。各个日龄的鹅均可感染该菌，其中新生雏鹅最为易感，随着日龄的增加，易感性逐渐降低。一周龄内的雏鹅群常呈暴发性死亡，死亡率高达85%以上。该病一年四季均可发生，但以春季出雏季节多发。该菌广泛存在于土壤、水和空气中，此外，鹅的羽毛、肠道、呼吸道等也存在。该病主要通过种蛋污染感染，也可因创伤应激因素和机体内源性感染发病。种蛋在孵化过程中污染绿脓杆菌是雏鹅发生该病的主要原因；其次，疫苗刺种、药物注射及其他因素造成的创伤，是该菌感染的重要途径。

三、症状

绿脓杆菌感染因其感染途径、易感动物的抵抗力不同，而表现出不同症状。

急性败血型。多发于雏鹅，患鹅精神萎靡，食欲减退或废绝。羽毛粗乱，无光泽，两翅下垂。不同程度下痢，粪便水样，呈白色或淡绿色或黄绿色。严重的病例粪中带血。患鹅腹部膨大，手压柔软，外观呈暗青色。口角边缘皮肤、头部、下颌、腿（有毛部）等处，有绿豆大至蚕豆大脓疱，触之柔软、有波动感。有的病例颈部皮下水肿，严重病鹅两腿内侧部皮下也见水肿。眼半开半闭，流泪，眼周围发生不同程度水肿，水肿部破裂后流出液体，形成痂皮。呼吸困难，呼吸音粗而有啰音，病雏最后极度衰竭，突然倒向一侧，全身抽搐而死亡。

慢性型。主要发生于青年鹅和成年鹅，患鹅眼睑肿胀，发生角膜炎和结膜炎，眼睑内有大量分泌物，严重时单侧或双侧失明，关节炎型患鹅跛行，关节肿大。局部感染在患处流出黄绿色脓液。被该菌污染的种蛋在孵化过程中常出现爆破蛋，孵化率降低，死胚增多。

四、病理变化

剖检可见病雏颈部、头部皮下呈黄绿色胶冻样渗出物，有时可蔓延至胸部、腹部和两腿内侧皮下，切开，见有淡绿色黏稠液体流出。头颈部肌肉和胸肌不规则出血，后期有黄色纤维素渗出物，颅骨骨膜充血、出血。脑膜下有针尖大小出血点。肝脏肿大，质脆，表面有黄色斑点状坏死灶。肾肿胀，呈暗红色。脾肿大、充血，有针尖大灰白色坏死灶。心冠沟脂肪出血，并有胶冻样浸润，心内、外膜有出血斑点。肠黏膜弥漫性充血，呈现卡他性炎症变化。腹腔有淡黄绿色清亮腹水，后期腹水呈红色，肝脏、法氏囊和腺胃浆膜有大小不一的出血点。气囊混浊增厚，肺脏瘀血，切开流出暗红色泡沫状液体。卵黄吸收不良，呈黄绿色，内容物呈渣滓状，严重患鹅出现卵黄性腹膜炎。关节炎型患鹅，关节液混浊增多。

组织病理学变化表现为头颈部皮下和肌肉间大量出血，水肿，血管壁崩解，肌肉横纹消失，后期有大量异嗜性细胞、淋巴细胞和少量单核巨噬细胞浸润。脑膜和实质出血，血管壁和血管周围的脑组织水肿，血管周围单核巨噬细胞和异嗜性细胞浸润。肺间质水肿增宽，血管壁疏松，细末支气管间有异嗜性细胞和少量淋巴细胞。脾脏红髓瘀血，鞘动脉周围网状细胞变性、坏死，血浆组分渗出，呈均质红染。小肠和盲肠浆膜层水肿增厚，有大量异嗜性细胞和淋巴细胞浸润。

五、诊断

由于该病在临床上缺乏特征性症状和病理变化，不易与其他细菌性疾病鉴别诊断，确诊需进行细菌分离鉴定或血清学诊断。

1. 涂片检查

无菌操作采取病死雏鹅肝脏、心血涂片染色，镜检可见杆状、单个红色菌体，菌体细小，两端钝圆，无芽孢，无荚膜。

2. 细菌分离鉴定

无菌采取病死雏鹅肝脏、脾脏及心血组织，接种于普通琼脂平板和麦康凯培养基上，经37℃培养24h，根据菌落大小、形状、气味和颜色等作出初步判断；进一步通过镜检和生化试验进行确诊。

3. 动物实验

用分离到的肉汤培养液，小白鼠腹腔接种0.1mL/只，在18h内全部死亡，剖检有败血症变化，用肝组织、血液涂片、染色、镜检，可见与病死雏鹅相同的细菌，再次分离回收到绿脓杆菌。用分离的肉汤培养物腹腔接种2日龄健康雏鹅。接种的雏鹅在24h内全部死亡，症状及剖检变化与自然发病死亡雏鹅相同。

六、类症鉴别

该病无特征性症状和病理变化，与其他细菌性疾病难以区分。多采用实验室检查的方法进行该病的鉴别诊断。此外，该菌易与其他病原菌如大肠杆菌、葡萄球菌等混合感染，细菌分离鉴定时，需挑取不同形态菌落进行鉴别诊断。

七、预防

为预防该病，雏鹅在育雏期要加强饲养管理，搞好环境卫生，每天要清扫舍内的粪便、垃圾和污物；建立严格的消毒制度，进行带雏鹅喷雾消毒，可减少环境中的含菌量，减少感染机会，防止该病的发生。对淘汰的雏鹅和死亡雏鹅的尸体要深埋或焚烧，作无害化处理，以防扩大传染。同时，也应加强对种鹅舍、孵化场等场所的清洁工作和消毒。一旦发现有爆破蛋，应及时清除，并对种蛋和孵化器进行彻底消毒。

八、治疗

对于发病鹅群，应选择敏感的抗生素药物进行治疗。由于该菌易产生耐药性，因此，在临床用药时应按照药物敏感试验结果选择敏感药物。一般来说，该菌对安普霉素、新霉素、环丙沙星、氟苯尼考等较敏感。庆大霉素：肌内注射按每千克体重用 3 000～5 000IU，每日 1 次。或用 0.01% 的环丙沙星饮水，连用 4～5d，以注射效果最好。应注意交替用药和循环用药。

第二十四节　鹅曲霉菌病

鹅曲霉菌病（Goose aspergillosis）是由曲霉菌引起的一种呼吸道疾病，以在肺和气囊形成霉菌结节为特征，故又名曲霉菌性肺炎。该病主要发生于雏鹅，呈急性群发性暴发，发病率和死亡率较高。

一、病原

导致鹅曲霉菌病的主要病原是烟曲霉菌（A.Fumigatus）、黄曲霉菌（A.Flavus）和黑曲霉，其他曲霉菌还有土曲霉、灰绿曲霉等。烟曲霉和黄曲霉没有有性阶段，分类学上属于半知菌纲、丛梗孢目、丛梗孢科。其病原特性分别如下。

烟曲霉（A.Fumigatus）　烟曲霉的繁殖菌丝呈圆柱状，色泽由绿色、暗绿色至熏烟色。菌丝分化后形成的分生孢子梗向上逐渐膨大，其顶端形成烧瓶状顶囊，再于顶囊的 1/2～2/3 部位产生孢子柄。孢子柄的壁光滑，常为绿色，不分枝，其末端生出一串链状的分生孢子。孢子呈球形或卵圆形，并含有黑绿色色素，直径为 2～3.5μm。

该菌在沙氏葡萄糖琼脂培养基上生长迅速，菌落最初为白色绒线毛状，迅速变为深绿色或绿色，随着培养时间的延长而颜色变暗，以至接近黑色绒状（图 4-366）。

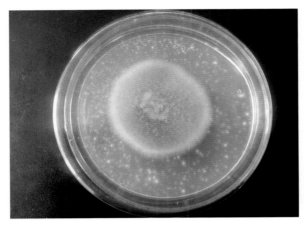

图4-366　烟曲霉菌落特点（刁有祥 供图）

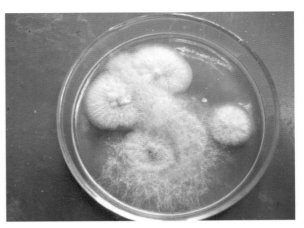

图4-367　黄曲霉菌落特点（刁有祥 供图）

黄曲霉（A.Flavus）　黄曲霉的分生孢子梗的壁厚、无色，多从基质生出，长度小于1mm，孢子梗极粗糙，顶囊下面的分生孢子梗的直径为10～20μm。顶囊早期稍长，晚期呈烧瓶形或近似球形。其直径一般为25～45μm。在所有顶囊上着生小梗，小梗呈单层。双层或单、双层同时生在一个顶囊上。该菌的孢子头呈典型的放射状，大部分菌株为300～400μm，较小的孢子偶尔呈圆柱状，为300～500μm，黄曲霉的孢子呈球形或近似球形，大小一般在3.5μm×4.5μm左右。

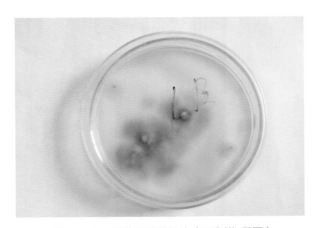

图4-368　黑曲霉菌落特点（刁有祥 供图）

该菌的生长条件要求不严格，最低生长温度为6～8℃，最高为44～47℃，一般在25℃左右，要求基础水分15%以上，相对湿度80%以上。在察氏琼脂培养基上菌落生长较快，在24～26℃下培养10d，生长快的菌落直径可达到6～7cm，生长缓慢的直径也在3cm以上。一般呈扁平状，但偶尔也会出现放射沟。最初带黄色，然后变为黄绿色，时间经久后颜色变暗，其反面无色或带褐色（图4-367）。

黑曲霉（A. Nige）　黑曲霉的菌丝、孢子经常呈现各种颜色，如黑色、棕色、绿色、黄色、橙色、褐色等，菌种不同，颜色也不同。壁厚而光滑，顶部形成球形顶囊，其上全面覆盖一层梗基和一层小梗，小梗上长有成串褐黑色的球状，直径2.5～4.0μm。分生孢子头呈球状，直径700～800μm，褐黑色。蔓延迅速，初为白色，后变成鲜黄色直至黑色厚绒状，背面无色或中央略带黄褐色（图4-368）。分生孢子头褐黑色放射状，分生孢子梗长短不一。顶囊球形，双层小梗。菌丛呈黑褐色，顶囊大球形，小梗双层，分生孢子为球形，呈黑色、黑褐色，平滑或粗糙。生长适温37℃，最低相对湿度为88%，能引致水分较高的饲料霉变。对紫外线以及臭氧的耐性强。

曲霉菌对物理及化学因素的抵抗力极强。120℃干热1h或煮沸5min才可将其杀死。2%苛性钠、0.05%～0.5%的硫酸铜、2%～3%的石炭酸、0.01%～0.5%的高锰酸钾处理，短时间内不能使其死亡。而5%甲醛、0.3%的过氧乙酸及含氯的消毒剂，需要1～3h方能杀死该菌。

二、流行病学

曲霉菌及它们所产生的孢子在自然界中分布广泛，鹅一般会通过接触发霉的饲料、垫料、用具而感染。雏鹅的易感性最高，常为群发性和呈急性经过，成年鹅仅为散发。出壳后的雏鹅进入霉菌严重污染的育雏室或装入被污染的笼具，48~72h后即可开始发病和死亡。4~12日龄是该病流行的高峰，以后逐渐减少，至3~4周龄时基本停止死亡。

污染的垫草、木屑、土壤、空气、饲料是引起该病流行的传播媒介（图4-369、图4-370、图4-371、图4-372、图4-373），雏鹅通过呼吸道和消化道而感染发病，也可通过外伤感染而引起全身曲霉菌病。育雏阶段的饲养管理及卫生条件不良是引起该病暴发的主要诱因。育雏室内日夜温差大、通风换气不良、密度过大、阴暗潮湿以及营养不良因素，都能促使该病的发生和流行。

曲霉菌病主要经呼吸道感染，亦可经消化道和皮肤伤口感染，静脉接种也会造成肺脏和肝脏曲霉菌病。此外，曲霉菌孢子对蛋类也有感染和致病能力，当保存条件不合适，或在潮湿和水浸的情况下，破坏了石灰壳外面的胶质膜时，曲霉菌的孢子容易透过蛋壳而侵入蛋内，并在其中萌芽繁殖。尤其是当孵化器不卫生、消毒不严格而严重污染曲霉菌时（图4-374、图4-375），这些曲霉菌较容易穿过蛋壳感染正在孵化的鹅胚，造成鹅胚中途死亡，或一出生即患有曲霉菌病。

图4-369　小麦枯萎霉变（刁有祥　供图）

图 4-370 小麦枯萎霉变（刁有祥 供图）

图 4-371 育雏舍顶棚霉变（刁有祥 供图）

图4-372 发酵床霉变（刁有祥 供图）

图4-373 霉变的玉米（刁有祥 供图）

图 4-374　孵化器发霉（刁有祥 供图）

图 4-375　孵化室窗帘表面大量的霉菌斑（刁有祥 供图）

三、发病机理

在自然界中，曲霉菌能在各种环境条件下许多不同基质上腐生性生长繁殖，因而在禽类饲料、垫料、器具和空气中广泛存在。当经各种途径进入禽类机体后，很快适应机体的内环境，以寄生性形式在体内大量生长繁殖，从而产生严重的致病作用。据报道，在禽类机体内，曲霉菌孢子很快转变成致病性较强的菌丝形式，且菌丝形态不断发生变化。此外，曲霉菌毒素如烟曲霉素 A、B 和烟曲霉酸等也是致病的主要因素。综上所述，曲霉菌病的发生主要归因于曲霉菌在机体内环境中顽强的生长繁殖和代谢过程中所分泌的具有破坏性的毒性物质的共同作用。

四、症状

自然感染的潜伏期为 2 ~ 7d，人工感染为 24h。幼鹅发生该病常呈急性经过，出壳后 8d 内的雏鹅尤易受感染，一个月内雏鹅，大多数在发病后 2 ~ 3d 内死亡，也有拖延到 5d 后才死亡。雏鹅发生该病时，死亡高峰是在 5 ~ 15d，3 周龄以后逐渐下降。日龄较大的幼鹅及成年鹅呈个别散发，死亡率低，病程长。患鹅食欲显著减少，或完全废绝，精神沉郁，离群独处，不爱活动，翅膀下垂，羽毛松乱，嗜睡，对外界反应冷漠（图 4-376、图 4-377）。

随着病情的发展，患鹅出现呼吸困难，张口伸颈，当张口吸气时，常见颈部气囊明显肿大，一起一伏，呼吸时如打呵欠和打喷嚏样，一般不发出明显的"咯咯"声。由于呼吸困难，颈向上前方伸得很快，一伸一缩，口黏膜和面部青紫，呼吸次数增加。由于腹式呼吸牵动两翼煽动，尾巴上下摇动。当把雏鹅放在耳旁，细听可听到沙哑的水泡声。当气囊破裂，呼气时发出尖锐的"嘎嘎"声。有时患鹅流出浆液性鼻液。病的后期下痢，排出黄色或绿色的稀粪。

患鹅还会出现麻痹症状，或发生痉挛或阵发性抽搐。出现摇头，头向后弯，甚至不能保持平衡而跌倒。有的病例（7 ~ 20 日龄）发生曲霉菌性眼炎，其特征是眼睑黏合而失明。当眼炎分泌物积蓄多时，便会使眼睑鼓凸。当幼鹅缺乏维生素 A 时，眼的疾患更为严重。有些慢性病例症状不太明显，病程可延至数周，逐步消瘦，死亡率甚高。

图 4-376　雏鹅精神沉郁（刁有祥 供图）

图 4-377　雏鹅精神沉郁（刁有祥 供图）

五、病理变化

　　病变的主要特征是肺及气囊有霉菌结节，有时也发生于鼻腔、喉头、气管及支气管。肺部病变最为常见，肺、气囊和胸腔浆膜上有针头大至米粒或绿豆粒大小的结节（图 4-378、图 4-379、图 4-380）。结节呈灰白色、黄白色或淡黄色，圆盘状，中间稍凹陷，切开时内容物呈干酪样，有的互相融合成大的团块（图 4-381、图 4-382、图 4-383）。肺脏上有多个结节时，可使肺组织实变，质地坚硬，弹性消失（图 4-384）。严重者，在病雏的肺、气囊或腹腔浆膜上有肉眼可见的成团的霉菌斑或近似于圆形的结节（图 4-385）。病鹅的鸣管中可能有干酪样渗出物和菌丝体，有时还有黏液脓性到胶冻样渗出物。脑炎型曲霉菌病其病变表现为在脑的表面有界限清楚的白色到黄色区域。皮肤感染时，感染部位的皮肤发生黄色鳞状斑点，感染部位的羽毛干燥、易折。

　　组织学变化特征为局部淋巴细胞、巨噬细胞和少量巨细胞积聚；后期病变由肉芽肿组成，肉芽肿中心坏死，内含异噬细胞，周围有巨噬细胞、巨细胞、淋巴细胞及纤维组织，采用特殊染色，病灶的坏死区内可见到真菌。脑病变为孤立的脓肿，中心坏死并有异嗜细胞浸润，周围有巨噬细胞，在病灶中心区可见菌丝。眼病变的特征为瞬膜水肿，大量异噬细胞及单核细胞浸润，瞬膜上可见到典型的肉芽肿，在眼房和视网膜内可见菌丝、异嗜细胞、巨噬细胞和细胞碎片。

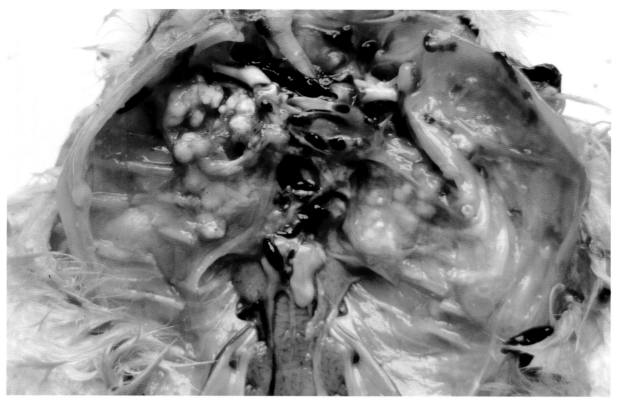

图 4-378　肺脏表面大小不一的霉菌结节（刁有祥 供图）

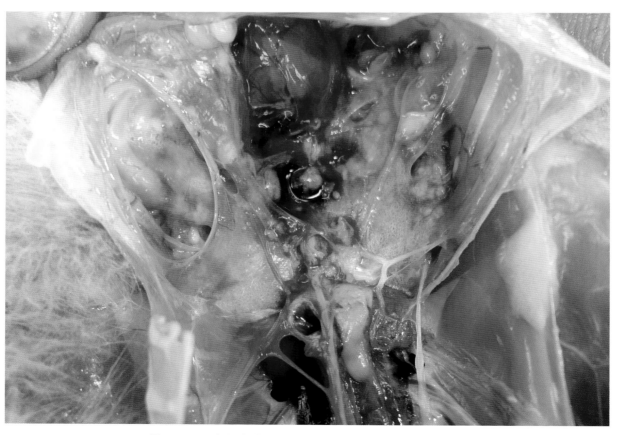

图 4-379　肺脏、气囊表面大小不一的霉菌结节（刁有祥 供图）

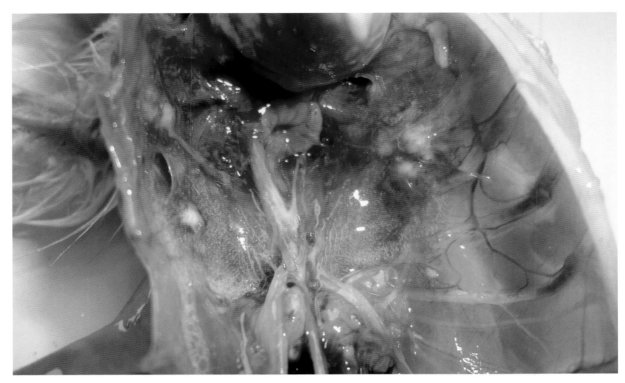

图 4-380　肺脏、气囊表面大小不一的霉菌结节（刁有祥 供图）

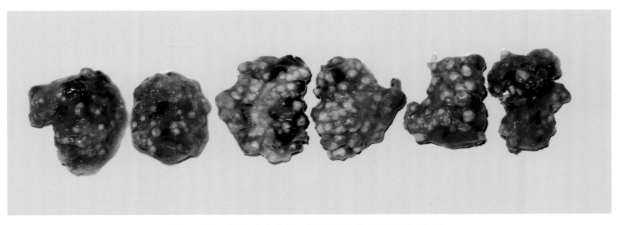

图 4-381　肺脏中大小不一的霉菌结节（刁有祥 供图）

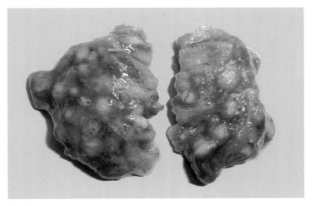

图 4-382　肺脏中大小不一的霉菌结节（刁有祥 供图）

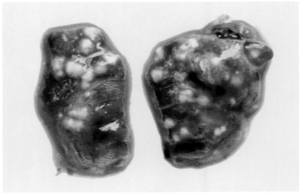

图 4-383　肺脏中大小不一的霉菌结节（刁有祥 供图）

图 4-384　肺脏中大量的霉菌结节，肺脏实变（刁有祥 供图）

图 4-385　肺脏中成团的霉菌（刁有祥 供图）

六、诊断

根据流行特点、呼吸道症状及肺脏特征性的结节即可作出初步诊断,但确诊需进行实验室诊断。

1. 直接涂片镜检

取肺部黄白色结节或其他部位的病料,放入灭菌平皿内,用剪刀尽量剪碎,取少量剪碎组织于载玻片上,向其中加入 10%~20% 氢氧化钾溶液 1~2 滴,加盖玻片后,在酒精灯上微加温,然后轻压盖玻片,使其透明。显微镜下观察,可见短的分支状分隔菌丝,菌丝直径 2~4μm,据此可作出初步诊断。肺部病变易观察到菌丝,气囊上的小结节则难以看到。

2. 分离物直接制片镜检

用接种针挑取少量培养物,置于载玻片上,滴加少量乳酸苯酚液(配方:乳酸 20mL、石炭酸 20g、甘油 40mL 和蒸馏水 20mL。若要观察菌丝结构可在该溶液中加入 0.05g 棉蓝),用针将菌丝体分开,加盖玻片,置显微镜下观察。曲霉菌的形态特征是分生孢子呈串珠状,在孢子柄膨大形成烧瓶形的顶囊,囊上呈放射状排列。烟曲霉菌的菌丝是由具横隔的分支菌丝构成,呈圆柱状,色泽由绿色、暗绿色至熏烟色;其他曲霉菌的顶囊多呈球形,顶囊表面密集放射状生长的单层小柄,末端连接孢子,孢子为球形或近球形,表面带细刺。

3. 病原菌分离培养

将无菌采集的病料剪碎,以点种法分别接种数个沙堡弱琼脂培养基上,分别放 27℃ 和 37℃ 温箱内培养,每日观察 1 次,10d 不生长时为阴性。曲霉菌生长迅速,初期为灰白色丝状结构的菌落,随着培养时间的延长,菌落渐变为暗绿色、土黄色或烟熏色。烟曲霉菌在 25~37℃ 条件下,培养至 7d 时,菌落直径为 3~4mm,表面颜色由最初的深绿色变为暗绿色,最后几乎成蓝绿色。菌落背面一般无色,部分菌丝可能变黄,继而淡绿色或暗赤,最后变为淡紫色。

七、类症鉴别

曲霉菌病应与败血支原体感染、沙门菌病、结核病相鉴别。鹅感染败血支原体后,呼吸道困难,发出明显的"咯咯"声,而曲霉菌病可见张口气喘,但无声音。沙门菌、结核病可在肺脏、心脏、肌胃出现黄白色肉芽肿,与曲霉菌病在肺脏、气囊形成的霉菌结节类似,但沙门菌结节不规则,而曲霉菌结节很规则,中间凹陷呈圆盘状。

八、预防

防止该病的发生最根本的办法是贯彻"预防为主"的措施。搞好孵化室、育雏室的清洁卫生工作,不使用发霉的垫草和饲料,是预防该病的重要措施。

1. 孵化室的孵化器、胚床等用具要保持清洁,定期消毒或翻晒

尤其在阴雨季节,为防止霉菌生长繁殖,可用福尔马林熏蒸。

2. 育雏室应注意通风换气

保持室内干燥、清洁,注意卫生,经常消毒。垫草(料)经常在烈日下翻晒。长期被烟曲霉污染的育雏室,在其土壤中、空气尘埃中含有大量的孢子,雏鹅进入之前,应彻底清扫,消毒,用福

尔马林熏蒸，或用 0.4% 的过醋酸，或用 5% 的石炭酸消毒，然后再垫上清洁的垫料。

3. 饲料的贮藏要合理，防止受潮、霉变

在饲料中添加防霉剂是预防该病发生的一种有效措施。目前国内外最常用的霉菌抑制剂包括多种有机酸，如丙酸、醋酸、山梨酸、苯甲酸、甲酸等，以及各种染料如龙胆紫和硫酸铜等化学物质。

4. 对雏鹅应注意加强饲养管理，注意添加维生素及矿物质，提高鹅的抵抗力

5. 处理发霉饲料，更换霉变垫料

鹅舍垫料霉变，要及时发现，彻底更换，并进行禽舍消毒，可用福尔马林熏蒸消毒或 0.4% 过醋酸或 5% 石炭酸喷雾后密闭数小时，通风后使用。停止饲喂霉变饲料，霉变严重的要废弃，并进行焚烧。

九、治疗

一旦发现鹅群发生该病、立即开展调查发病的原因，尽快更换垫料，或换去发霉的饲料，清理及消毒育雏室。挑出病鹅，及时隔离，杜绝该病的继续发生。

制霉菌素对该病有一定疗效，其用量为每千克体重 10 000 ~ 20 000IU，拌料喂服，每天两次，连用 3d，也可采取灌服；或每只雏鹅每日用 3 ~ 5mg 拌料，喂 3d，停 2d，连续使用 2 ~ 3 个疗程；或用 1 : 3 000 硫酸铜溶液饮水，连用 3 ~ 5d。或用两性霉素 B 混饮，雏鹅每只用 0.12mg，1 ~ 2d 1 次，连用 3 ~ 5d；或伊曲康唑每千克料用 20 ~ 40mg，连用 5 ~ 7d。

第二十五节　念珠菌病

念珠菌病（Moniliasis）是由白色念珠菌（Candida albicans）引起的一种消化道真菌病。该病的特征是在消化道黏膜上形成乳白色渗出并导致黏膜出血，口腔黏膜念珠菌病通常称为鹅口疮（Thrush）。念珠菌多侵害幼禽，给养禽业造成一定的损失。

一、病原

念珠菌为酵母样真菌，该菌为半知菌亚门、芽生菌纲、隐球酵母菌目、隐球酵母菌科、念珠菌属。念珠菌种类繁多，与人类和动物有关的有：白色念珠菌、热带念珠菌、类星形念珠菌、伪热带念珠菌、近平滑念珠菌、克柔氏念珠菌、季也蒙念珠菌、皱褶念珠菌，对家禽危害严重的是白色念珠菌。白色念珠菌在病变组

图 4-386　白色念珠菌染色特点（刁有祥 供图）

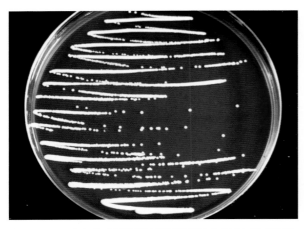
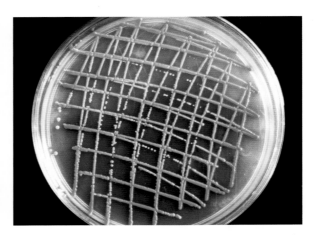

图4-387　白色念珠菌沙氏培养基菌落特点（刁有祥 供图）　　　　图4-388　白色念珠菌鉴别培养基菌落特点（刁有祥 供图）

织、渗出物及普通培养基上能产生芽生孢子和假菌丝，不形成有性孢子。出芽细胞呈卵圆形，直径
2～4μm，革兰氏染色呈阳性，但内部着色不均匀，假菌丝是由真菌出芽后发育延长而成（图4-386）。
该菌在吐温-80玉米琼脂培养基上可产生分枝的菌丝体、厚膜孢子及芽生孢子。在沙氏琼脂培养基
上37℃培养24～48 h，形成白色、奶油状、明显凸起的菌落（图4-387）。幼龄培养物由卵圆形出
芽的酵母细胞组成，老龄培养物显示菌丝有横隔，偶尔出现球形的肿胀细胞，细胞膜增厚。在显色
培养基上37℃培养24～48h，形成绿色、明显凸起的菌落（图4-388）。该菌能发酵葡萄糖、果糖、
麦芽糖和甘露醇，产酸、产气；在半乳糖和蔗糖中轻度产酸；不发酵糊精、菊糖、乳糖和棉籽糖。
明胶穿刺出现短绒毛状或树枝状旁枝，但不液化培养基。

二、流行病学

　　白色念珠菌是念珠菌属中的致病菌，通常寄生于家禽的呼吸道及消化道黏膜上，健康鹅的带菌
率较高。当机体营养不良，抵抗力降低，饲料配合不当以及持续应用抗生素、免疫抑制剂，使体内
常居微生物之间的拮抗作用失去平衡时，容易引起发病。该病主要见于幼龄的鸡、鸽、火鸡和鹅。
此外，野鸡、鸭、松鸡和鹌鹑也有报道。幼禽对该病的易感性比成年禽高，且发病率和死亡率也高，

图4-389　水槽卫生不良（刁有祥 供图）

随着感染日龄的增长，它们往往能耐过。病鹅的粪便含有大量病菌，这些病菌污染环境后，通过消化道而传染，黏膜的损伤有利于病原体的侵入。饲养管理不当，卫生条件不良（图4-389），以及其他疫病都可以促使该病的发生。该病也能通过蛋壳传染。

三、症状

该病无特征性的症状，患鹅表现为精神沉郁，呆立，食欲减退甚至废绝，羽毛乱且沾有水，食道膨大部肿大，吞咽困难，叫声微弱，粪便呈黄白色或绿色。少数病例表现为呼吸困难，体温上升，腹部变大。快要死亡的雏鹅倒地后不能站立，心跳加快，甚至抽搐。一旦全身感染，食欲废绝后约2d死亡。

四、病理变化

死后剖检，病变多位于消化道，特别是食道的病变最为明显而常见。急性病例，眼观食道黏膜增厚，黏膜表面有白色、圆形、隆起的溃疡，形似撒上少量凝固的牛乳（图4-390、图4-391）。慢

图4-390 食道黏膜表面凝乳状渗出（刁有祥 供图）

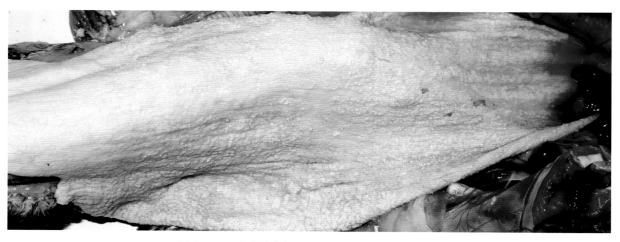

图4-391 食道黏膜表面凝乳状渗出（刁有祥 供图）

性病例，食道壁增厚，黏膜面覆盖厚层皱纹状黄白色、褐色坏死物，形如毛巾的皱纹，剥去此坏死物，黏膜面光滑（图4-392、图4-393、图4-394、图4-395）。此种病变，除见于食道外，有时也

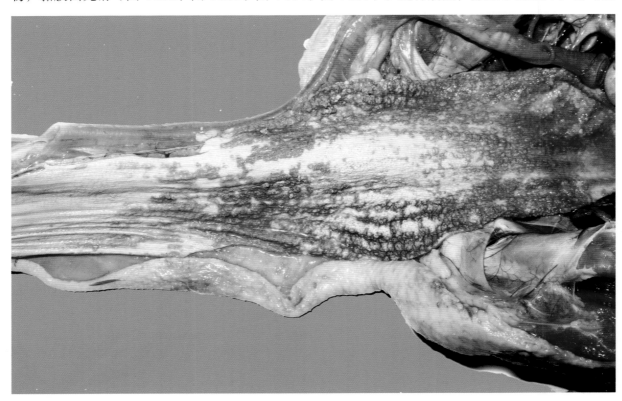

图4-392　食道黏膜表面红褐色渗出（刁有祥　供图）

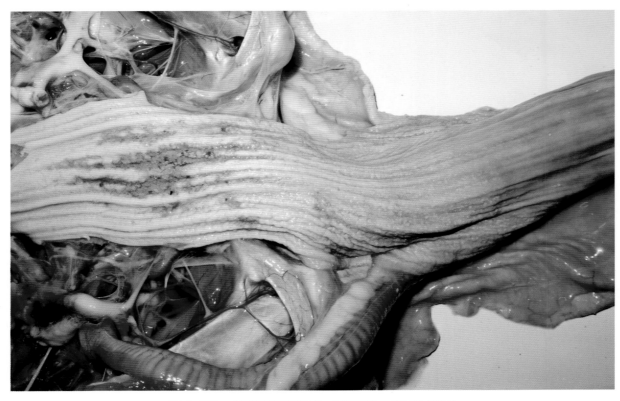

图4-393　食道黏膜表面溃疡，褐色渗出（刁有祥　供图）

图 4-394　食道黏膜表面黄白色的渗出物（刁有祥 供图）

图 4-395　食道黏膜表面黄白色的渗出物（刁有祥 供图）

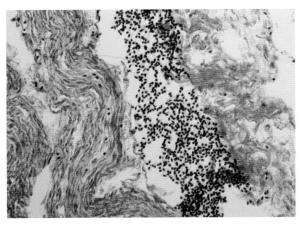

图 4-396　组织中的酵母样菌体（刁有祥 供图）

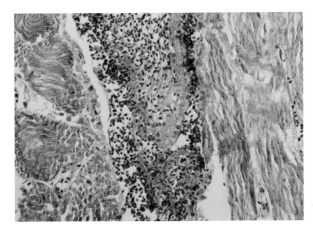

图 4-397　组织中的酵母样菌体（刁有祥 供图）

见于口腔和腺胃黏膜。

组织学变化表现为食道黏膜复层上皮出现广泛性破坏，深达生发层，并常出现分隔的溃疡或固膜样至固膜性伪膜，病变的特征是没有炎性反应。在上皮细胞碎屑内可见到许多酵母样菌体，而在角化层的下部则可发现假菌丝，但后者却很少穿透到生发层（图 4-396、图 4-397）。刮下食道黏膜坏死物制涂片，染色后镜检，可发现酵母样真菌。

五、诊断

根据病鹅消化道黏膜特征性增生和溃疡病灶，即可作出初步诊断，但确诊需进行实验室检查。

1. 病料压片镜检

刮取食管分泌物或食道黏膜制成压片，在 600 倍显微镜下弱光检查，见椭圆形有核孢子，呈芝麻大小，革兰氏染色阳性，并可见边缘暗褐，中间透明，一束束短小枝样菌丝和卵圆形芽生孢子，是酵母状的真菌，又名白色假丝酵母。

2. 分离培养

取病料（心、肝、脾和小肠黏膜）接种沙堡劳琼脂平板上，经 37℃ 培养 24h 后，形成 2 ~ 4mm 大小、奶油色、凸起的圆形菌落，菌落表面湿润，光滑闪光，边缘整齐，不透明，较黏稠略带酒酿味。涂片镜检见到两端钝圆或卵圆形的菌体，菌体粗大，呈杆状酵母样芽生，菌体呈单个散在。该菌革兰氏染色阳性，有些芽生孢子着色不均，用乳酸酚棉蓝真菌染色法，芽生孢子和厚膜孢子为深天蓝色，厚膜孢子的膜和菌丝不着色，老菌丝有隔膜。

3. 动物接种

用 96h 肉汤培养物 1mL，颈部皮下注射家兔 1 只，2 周后接种部位有炎症，剖检见肾和心有局部脓肿，自炎症部取小块组织接种沙堡劳琼脂培养基上，经培养分离到白色念珠菌可确诊。

六、类症鉴别

该病特征性病变是在消化道黏膜上形成白色伪膜，易与鹅痘和鸭瘟混淆。除有伪膜外，鹅痘患鹅的喙和皮肤表皮以及羽囊上皮发生增生和炎症，最后形成结痂和脱落。鹅痘并不严重，病死率也低，但对鹅生长有一定影响。鹅发生鸭瘟时，在口腔和食道黏膜上有坏死性伪膜和溃疡病灶。但鸭瘟在泄殖腔黏膜上可见出血和坏死，肝脏有不规则的大小不一的坏死点和出血点。

七、预防

1. 加强饲养管理，改善卫生条件

该病与卫生条件有密切关系，因此，要改善饲养管理及卫生条件，舍内应干燥通风，防止拥挤、潮湿。

2. 加强消毒

鹅舍可用 2% 的福尔马林或 1% 的氢氧化钠进行消毒。由于蛋壳表面常带菌，所以孵化前，应将种蛋浸泡在碘制剂的消毒液中，以消除感染的可能性。

3. 饲料中定期加喂制霉菌素或在饮水中加硫酸铜

八、治疗

每千克饲料中加入 0.22g 制霉菌素，连用 5 ~ 7d。或用 1 : 2 000 硫酸铜饮水，连用 5 d。或用两性霉素 B 混饮，雏鹅每只用 0.12mg，1 ~ 2d 1 次，连用 3 ~ 5d。或伊曲康唑每千克料用 20 ~ 40mg，连用 5 ~ 7d。

第二十六节　鹅传染性鼻窦炎

鹅传染性鼻窦炎又称为鹅支原体病（Avian mycoplasmosis，AM）或鹅慢呼吸道病，由支原体（Mycoplasma）引起的以慢呼吸道疾病为特征的疾病。该病广泛发生于世界各地的养鹅地区。由于该病对鹅群危害较小，一直未引起养殖从业人员的重视。除鹅以外，鸡、鸭、火鸡等家禽也可感染发病。

一、病原

目前国内已鉴定得到多种支原体，其中对鹅具有致病性的为败血支原体和滑液囊支原体，以败血支原体危害最为严重。败血支原体结构比较简单，多数呈球形，没有细胞壁，只有三层结构的细胞膜，故具有较大的可变性。大小为 0.25 ~ 0.5μm，用姬姆萨氏染色法染色着色良好，革兰氏染色呈弱阴性。败血支原体为需氧和兼性厌氧，对营养要求较高，且生长缓慢，2 ~ 6d 才长出用低倍显微镜才能观察到的小菌落。培养时需要培养基含有较丰富的营养成分，在普通培养基上不能生长。

液体培养时可用鸡肉浸出汁，另加 15% 的猪、鸡或马血清、0.5% 的水解乳蛋白和酵母浸出液、1% 的葡萄糖、0.005% 的酚红，加青霉素（1 000～2 000IU/mL）和醋酸铊（1∶4 000）以抑制其他细菌生长，调 pH 值为 7.6，细菌滤器过滤除菌。败血支原体在此培养基中 37℃ 培养 5～7 d，因分解葡萄糖产酸而使培养液变黄。初次分离，有时败血支原体生长不明显，培养 3～5d 后连续盲传 2～3 代，可提高阳性分离率。因败血支原体能还原氯化 2，3，5 - 三苯四唑使培养液变红，有的液体培养液中不加葡萄糖和酚红，而用 0.002 5% 的氯化 2，3，5 - 三苯四唑作为生长指示系统。在上述液体培养基中加入 1% 的琼脂即成为固体培养基，可用于划线分离，获得单个菌落，在比较湿润的环境中于 37℃ 培养 3～5 d 形成菌落，菌落直径 0.2～0.3mm，光滑、圆整、呈露滴状，中心比较致密，深入培养基中，不易从培养基表面剥离。用 80 倍放大镜检查，有的菌落中央有脐，呈乳头状。菌落能吸附鸡的红细胞，借此可与非病原性菌株相区别。败血支原体能在 7 日龄鸡胚卵黄囊中生长繁殖，部分鸡胚于接种后 5～7d 死亡，病变鸡胚生长不良，全身水肿，皮肤、尿囊膜及卵黄囊有时可见到出血点。死胚的卵黄及绒毛尿囊膜中含败血支原体的浓度最高。败血支原体能发酵葡萄糖、麦芽糖，产酸不产气，不发酵乳糖、卫茅醇和水杨苷，很少发酵蔗糖，对半乳糖、果糖、蕈糖及甘露醇的发酵结果不定。不水解精氨酸，磷酸酶活性阴性，可还原 2，3，5 - 三苯四唑（变红）和四唑蓝（变蓝）。败血支原体对外界环境抵抗力不强，离体后即迅速失去活力，一般消毒剂均能将其迅速杀死。但在粪便中 20℃ 存活 1～3 d，卵黄中 37℃ 18 周，20℃ 时 6 周。败血支原体对热敏感，感染败血支原体的绒毛尿囊膜的肉汤悬液，于 45℃ 1 h、50℃ 20min 后或 5℃ 的第 3 周失去感染力，将蛋加热到 45.6℃，持续 12～14h，败血支原体在感染了的蛋中被灭活，但败血支原体在低温条件下可长期存活，经真空冻干的培养物，贮存于 4℃ 冰箱中能存活 7 年以上。败血支原体对新霉素、多黏菌素、醋酸铊、磺胺和青霉素有抵抗力，对链霉素、金霉素、丁胺卡那霉素、红霉素、泰乐菌素、北里霉素敏感。感染败血支原体的鹅血清中存在血凝抑制抗体，故可利用血凝和血凝抑制试验来诊断该病。

二、流行病学

该病可发生于各日龄的鹅，但以 2～4 周龄的雏鹅最为易感，成年鹅较少发病。患鹅和隐性感染鹅是重要的传染源，鹅舍和运动场的不良的环境卫生也是该病发生和流行的重要诱因。病原可通过空气、飞沫和尘埃颗粒等途径水平传播，也可以通过种蛋垂直传播。传播方式的多样性决定了该病在生产中发生和流行的普遍性。鹅群一旦发生该病，极易在鹅舍循环发病。该病发病率可高达 80% 以上，但死亡率不高，主要为慢性经过，该病在新建鹅舍传播较快，而在疫区呈慢性经过。疾病的严重程度与饲养管理、环境卫生、营养组分、其他疫病的继发或并发具有密切的关系。该病没有明显的季节性，但在寒冷季节由于保暖和通风等因素的控制不当而造成该病的流行严重。

三、症状

该病一般多呈慢性经过，患鹅多表现出轻微症状。一侧或两侧眶下窦肿胀，引起眼睑肿胀。发病初期手触柔软，有波动感，窦内充满浆液性渗出物，部分患鹅还表现出结膜炎。随着病程的发展逐渐形成浆液性、黏液性和脓样渗出物，病程后期形成干酪样物质，肿胀部位变硬，渗出物减少。患鹅鼻腔内也有分泌物，导致呼吸不畅，患鹅常努力甩头，有些患鹅眼内也充满分泌物，甚至造成

图 4-398　鹅精神沉郁，眼肿胀（刁有祥 供图）

失明。患鹅多能耐过，但精神萎靡，生长缓慢，商品代生产性能下降（图 4-398）。蛋（种）鹅感染后多造成产蛋下降和孵化率降低，孵化雏鹅中弱雏较多，常继发大肠杆菌，出现食欲减退和腹泻等症状。

四、病理变化

剖检可见鼻腔、气管、支气管内有混浊的黏稠状或卡他性渗出物，个别病例症状较轻不易观察。发生气囊炎可导致气囊壁增厚、混浊，严重者表面覆有黄白色大小不一的干酪样渗出物（图 4-399、图 4-400）。眶下窦黏膜充血增厚。自然病例多为混合感染，可见呼吸道黏膜充血、水肿、增厚，窦腔内充满黏液性和干酪样渗出物，严重时在气囊和胸腔隔膜上覆有干酪样物质（图 4-401）。若

图 4-399　气囊混浊不透明，有黄白色渗出物（刁有祥 供图）

图4-400　气囊混浊不透明，有黄白色渗出物（刁有祥 供图）

图4-401　气囊有黄白色干酪样渗出物（刁有祥 供图）

与大肠杆菌混合感染，可见纤维素性心包炎和肝周炎等。

五、诊断

一般根据症状和剖检变化可进行初步诊断。进一步确诊需结合实验室诊断。血清凝集反应：磷酸盐缓冲液稀释血清，然后取一滴抗原与一滴血清混匀后，1～2min内观察是否出现凝集。此外，还可以采用琼脂扩散试验和酶联免疫吸附试验进行血清分型鉴定。

1. 病原体分离鉴定

病料可直接采病发病鹅的气管、气囊渗出液等加液体培养基磨碎制成悬液，接种于液体培养基。也可将气管、气囊或其他组织块直接接入液体培养基中，但接种的组织块应小，因组织酶能降解葡萄糖，使培养基 pH 值下降，或可能存在有能抑制支原体生长的组织抑制物。在 37℃培养至少 5 ~ 7 d，培养物一定要培养到酚红指示剂的颜色从红色变为橘黄或黄色，然后再接种于新的肉汤管和新的平板，酚红指示剂变黄后不要再继续培养，因为败血支原体对 pH 值敏感。有时初次分离生长不很明显，须每隔 3 ~ 5 d，盲传移植新管，连续培养 2 ~ 3 代后，若酚红指示剂变黄（因发酵葡萄糖产酸）即只有支原体生长。然后移植于固体培养基，在 37℃和非常湿润的环境下培养，形成中央致密隆起的、直径 0.1~ 1 mm 的、微小、平滑的露滴状小菌落。挑取菌落涂片、姬姆萨染色镜检，败血支原体在镜下呈直径为 0.25 ~ 0.5mm 球状。

2. 血清学试验

在败血支原体感染的初期，首先出现凝集抗体，稍迟才有血凝抑制抗体，之后两种抗体几乎平行消失。在一般情况下，感染的后期血凝抑制抗体占优势。因此，在感染的初期可用凝集反应检查，后期用血凝抑制试验检查。

3. PCR 检测方法

PCR 是一种特异性 DNA 促扩增技术，PCR 和多重 PCR 对败血支原体的检测不仅特异、敏感、快速，而且操作简便，对阳性样品检测的符合率 100%，十分适合在临床上推广应用。

六、类症鉴别

该病易与其他呼吸道疾病如低致病性禽流感、新城疫等混淆，但眶下窦肿胀是该病的特征性病变，可进行鉴别诊断。

七、预防

为预防该病，应加强饲养管理，保持鹅舍的通风和良好的卫生条件，合理的饲养密度，避免大群拥挤，保证合理的营养比例是控制该病的重要措施。此外，对健康鹅群尤其是种鹅应进行疫苗接种预防该病的发生。在育雏期间采取全进全出，空舍后彻底消毒，可以减少该病的发生。严禁从疫区或患病种鹅场引种。定期对种鹅群进行致支原体检测，一旦发现阳性个体，应立即淘汰。此外，还可以用抗生素在育雏期进行药物预防。

八、治疗

对于发病鹅群，可选择泰乐菌素、替米考星、环丙沙星、强力霉素、泰妙霉素等进行治疗，为防止耐药性产生，最好选择 2 ~ 3 种药物联合或交替使用，连用 3 ~ 7d。可用 0.01% 强力霉素饮水，或用 0.02% 拌料，连用 4 ~ 5d；或用 0.05% 北里霉素饮水，连用 3 ~ 5d；或用 0.05% 泰乐菌素饮水，连用 4 ~ 5d。

第二十七节　鹅衣原体感染

鹅衣原体病（Goose chlamydiosis）是由鹦鹉热衣原体（Chlamydia psittaci）引起鹅的一种接触性传染性疾病。该病可在多种禽类中发生和流行，以鹦鹉感染率最高，因此又称为鹦鹉热或鸟疫。该病可以传染给人，能够引起沙眼和性病，人感染衣原体多与接触家禽和鸟类有关。该病为一种人畜共患病，在公共卫生上也有重要意义。

一、病原

该病的病原是鹦鹉热衣原体，呈球形，不能运动。具有严格的寄生性，必须在活的细胞内才能生长繁殖。鹦鹉热衣原体可在 6 ~ 8 日龄的鸡胚卵黄囊中生长繁殖，小鼠腹腔和脑内接种也能增殖。可用于衣原体培养用的传代细胞有 Hela 细胞、L 细胞和小鼠成纤维细胞等。由于衣原体缺乏主动侵入宿主细胞的能力，在培养时可加入二乙基葡聚糖促进衣原体侵入细胞，以提高细胞对衣原体的敏感性。衣原体可产生内毒素，注射小鼠体内能迅速使动物死亡，这种毒性可被特异性抗体中和。衣原体对环境抵抗力不强，56 ~ 60℃仅能存活 5 ~ 10min，在室温条件下很快失去传染性。在 4℃条件下可保存 24h，−50℃能保存一年之久，在干燥的粪便中可保持数月之久。一般消毒剂如 0.5% 的石炭酸溶液、0.1% 甲醛及 75% 酒精可在 30min 内使其失活。

二、流行病学

除鹅以外，其他禽类如鸭、鸡、鸽等均可以感染该病，但以雏禽最为易感。该病主要通过空气传播，患鹅的排泄物中含有大量的病原菌，干燥后随风散落，易感家禽吸入含有病原的尘土等而发病。此外，该病原还可通过皮肤伤口等侵害易感动物，鹅感染后多呈隐性经过。该病一年四季均可发生，以秋冬和春季发病较多。饲养管理不善、营养不良、天气骤变、鹅舍湿度过大、通风不良等应激因素聚能增加该病的发病率和死亡率。该病可通过呼吸道、处理病死禽或接触污染的羽毛、粪便以及啄伤等感染人。因此，在处理疑似该病的鹅时应注意自身防护。

三、症状

由于衣原体的毒力不同，不同禽类易感性不同，感染动物的临床症状和病理变化亦有所差异。患鹅步态不稳、震颤、食欲减退至废绝、腹泻、排绿色水样稀便。眼和鼻腔中流出浆液性或脓性分泌物，眼睛周围羽毛上有结痂样干燥凝块。随着病程的发展，患鹅明显消瘦，肌肉萎缩，最后发生惊厥呈痉挛状死亡。

四、病理变化

临床上出现流泪和鼻腔黏液的患鹅，剖检可见气囊增厚，结膜炎、鼻炎、眶下窦炎并偶见全眼球炎和眼球萎缩等变化。胸肌萎缩和全身性的多发性浆膜炎，常见胸腔、腹腔和心包中有浆液性或纤维素性渗出物，肝脏、脾脏肿大，肝被膜炎，偶见散发灰色或黄色坏死灶。

五、诊断

该病的症状和剖检变化仅能作出初步的诊断，确诊需要进行病原的分离和鉴定。必要时结合动物回归试验和血清学试验。

1. 病原体的分离

通常将病料用链霉素处理后，接种于鸡胚卵黄囊内或小白鼠腹腔内，用卵黄囊涂片染色镜检可发现衣原体，死亡、扑杀的小白鼠肝脏有坏死灶，腹腔蓄积大量纤维素性渗出物，脾脏显著肿大；从肝组织涂片染色镜检亦见有衣原体，即可确诊。

2. 酶联免疫吸附试验（ELISA）

用 ELISA 检查衣原体脂多糖（LPS）抗原（群特异性抗原），能检出所有衣原体种，包括禽源鹦鹉热衣原体。

3. PCR 检测方法

PCR 已被广泛用于鹦鹉热衣原体的外膜主要蛋白基因的检测和多形态膜蛋白基因的检测，或用套式 PCR 扩增，可以提高本方法的敏感度。

六、预防

加强饲养管理，保持良好的卫生条件，对鹅舍和运动场地进行日常清洁和消毒。对引进的种鹅或雏鹅要严格检疫，以防止外来病原菌的污染。保证合理的饲养密度，增强鹅群的抵抗力。

七、治疗

常用的抗生素如青霉素、金霉素、氟甲砜霉素、红霉素及多黏菌素等可抑制衣原体的生长繁殖。治疗时可在饲料中加入 0.01% 的强力霉素，连用 5 ~ 7d。

第五章

鹅寄生虫病

鹅寄生虫病是各种寄生虫暂时或永久性寄生于鹅体内或体表引起的疾病总称。由于养殖环境和生活习性特点，鹅感染寄生虫的途径很多。最常见的感染途径是鹅经口食入了感染阶段的寄生虫卵、幼虫或携带感染性幼虫的中间宿主从而造成寄生虫进入体内。同时，健康鹅与患病鹅接触，使用被寄生虫污染的器具也会感染体表寄生虫病。另外，部分寄生虫还可以通过吸血节肢动物叮咬、蜇刺进入鹅体内。由于目前鹅养殖多采用圈养模式，鹅接触粪便机会较多，因此寄生虫感染较为普遍，给鹅养殖业造成了较大的经济损失。

寄生虫侵入鹅体内或体表，对鹅的危害主要体现在以下方面。

一是寄生虫侵入鹅体内后，在寄生部位附着或在体内移行的过程中，常对鹅的体内组织和器官造成机械性损伤，如创伤、肿胀、炎症、穿孔、破裂等，进而产生临床症状。

二是寄生虫会吸取鹅体内的营养，导致鹅营养不良、消瘦、贫血、发育迟缓甚至死亡，严重影响鹅生产性能的发挥。

三是寄生虫在鹅体内寄生过程中，其分泌物、代谢废物及寄生虫死亡后的虫体崩解物均对鹅的机体有毒害作用，尤其对神经系统和血液循环系统危害较大。

四是经粪便排出的虫卵可作为传染源在环境中长期存在，增加健康鹅患病风险。另外，某些寄生虫除本身可以导致鹅发病、死亡外，还可携带其他寄生虫或细菌、病毒等病原，造成鹅混合感染，加重临床症状和死亡率，严重危害鹅的健康。

由于寄生虫对养鹅业的危害较为严重，因此为保障鹅的健康，降低寄生虫对鹅的危害，必须重视对鹅寄生虫病的防范。在预防和治疗过程中，注意利用多种手段杀灭各个发育阶段的寄生虫，达到对鹅寄生虫病预防和控制的目的。

第一节　鹅球虫病

鹅球虫病（Coccidiosis in Goose）是一种或多种球虫寄生在鹅肠黏膜上皮细胞而引起的一种急性流行性寄生虫病。由于多雨潮湿，每年的 5—8 月是鹅球虫病的高发季节，8 周龄内雏鹅感染后临床症状较为严重。患鹅消瘦，排血水样稀便，感染后 4~7d 出现死亡，死亡率为 10%~80% 不等，对养鹅业尤其是饲养密度高的集约化养鹅业造成极大威胁。

一、病原

寄生于鹅体内的球虫共有 16 种，绝大多数为艾美耳球虫（Eimeriida）。艾美耳球虫中致病力较强的有 5 种，分别是截形艾美耳球虫、科特兰艾美耳球虫、鹅艾美耳球虫、有毒艾美耳球虫、多斑艾美耳球虫。除截形艾美耳球虫寄生在肾脏之外，其余多数艾美耳球虫都侵害肠道，特别是造成空肠以下肠段严重的出血性炎症。国内流行的主要是肠道球虫病，通常为混合感染。

二、生活史及流行病学

球虫属直接发育型，不需要中间宿主，其生活史分为裂体增殖、配子生殖和孢子生殖三个阶段。球虫的卵囊壁在肌胃中被碾碎，释出子孢子，进入小肠黏膜并开始繁殖，核进行无性复分裂，形成多核的裂殖体。裂殖体分裂成数目众多的裂殖子，破坏肠道上皮细胞。从被破坏的上皮细胞释放的裂殖子侵入新的上皮细胞内，继续进行繁殖。裂体繁殖数代后，部分裂殖子转化为有性的配子体，随后分别发育为大配子和小配子。小的能运动的配子寻找大配子，并与之结合，形成合子，合子发育成熟形成卵囊，卵囊从肠黏膜上释放，随粪便排出。

感染鹅粪便中排出卵囊的时间可持续数日或数周。粪便中的卵囊经过约为 2d 的孢子化过程而逐渐发育为感染性卵囊。同群的易感鹅通过啄食含卵囊的垫料、饲料和水而被感染。各种年龄的鹅都可感染球虫病，雏、幼鹅的易感性最高，发病率和死亡率也最高。1 周龄雏鹅感染发病的死亡率可达 80% 以上；2 月龄鹅的发病率也很高，但死亡率要低得多，为 10% 左右。该病主要发生在阴雨潮湿的季节，每年 5—8 月为高发季节。

球虫卵囊对外界环境的不利影响抵抗力较强，在隐蔽的土壤中可保持活力达 86 周。26～32℃的潮湿环境有利于卵囊的发育，但高温、低温和干燥环境能够抑制和杀死卵囊。55℃或冰冻能很快杀死卵囊，在 37℃情况下连续保持 2～3d 也会对卵囊产生极大影响。因此，在热而干燥的气候条件下，球虫病的威胁较小，而在潮湿阴凉的条件下，则威胁较大。

三、症状

感染鹅临诊主要表现为精神沉郁、萎靡，眼睛迟钝、下陷、翅膀下垂、羽毛逆立、口流白沫，继而伏地不起。

截形艾美耳球虫侵害幼鹅的肾脏，感染鹅主要表现为腹泻、粪便中白色尿酸盐增多，出血、水样稀粪，甚至为褐色的凝血。

其他侵害肠道的球虫主要引起出血性肠炎，感染鹅表现为肛门松弛，周围羽毛污染，急性发病的多在 1～2d 内死亡。病程稍长的患鹅食欲减退、继而废绝，精神萎靡，缩颈，翅膀下垂，排稀粪或排混有红色黏液的粪便（图 5-1），最后衰竭死亡。耐过的患鹅生长和增重均迟缓。

图 5-1 病鹅排橘红色稀便（刁有祥 供图）

四、病理变化

截形艾美耳球虫感染后的剖检变化主要表现为肾脏肿大，呈淡黄色和红色，表面有出血斑或针点大灰白色病灶，其中含有大量的卵囊及尿酸盐。

侵害肠道的球虫感染后的剖检变化主要表现为出血性肠炎，肠道呈严重的卡他性出血性炎症，肠黏膜增厚、出血、糜烂。小肠中段和下段大部分部位，可见大的白色结节或纤维素性类白喉坏死肠炎。严重病例可见肠黏膜脱落形成"腊肠样"肠芯，肠管膨大充实，切开肠管可见白色肠栓，取出肠芯，见肠黏膜上面有淡黄色黏液性分泌物。回肠淋巴滤泡肿大，个别病鹅肠内可见大量脓血样的腥臭黏液（图5-2）。泄殖腔黏膜出现炎症和出血病变。十二指肠和空肠的病变较轻，呈轻度卡他性炎症。

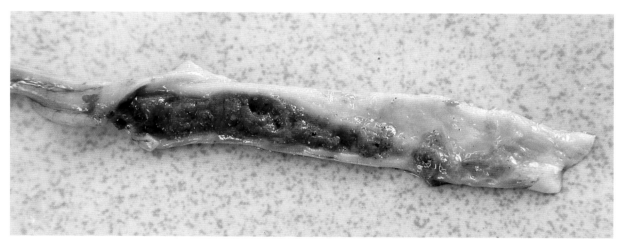

图 5-2　肠道中充满脓血样内容物（刁有祥 供图）

五、诊断

根据感染鹅临诊表现，参照流行病学调查，可作出初步诊断。采集粪便或感染鹅肠黏膜、肾脏组织置于载玻片上，加生理盐水搅拌均匀，盖上盖玻片，置于显微镜下观察，发现椭圆形浅黄色的卵囊或大量的裂殖体或香蕉形的裂殖子即可确诊。成年鹅由于带虫现象很普遍，所以粪便中存在球虫卵囊不能作为诊断依据，必须根据临诊症状、病理变化和存在球虫卵囊进行综合诊断。

六、预防

1. 加强饲养管理及鹅舍消毒管理

成年鹅应与雏鹅分群分舍饲养，以防止带虫的成年鹅散播病原导致雏鹅大规模暴发球虫病。保持鹅舍清洁、干燥，通风良好，有条件应采取措施保持鹅舍内温湿度的相对恒定。加强鹅饮用水的卫生管理，采用乳头式饮水器，尽可能减少粪便对饮水的污染。供给优质全价的配合饲料，满足鹅营养需要，提高鹅对球虫病的抗病能力。

2. 严格执行鹅场消毒措施

防治球虫病必须严格执行消毒卫生制度，消毒时应注意不要有遗漏区域。对木质、塑料器具可采用 2%～3% 的热碱水浸泡洗刷消毒，对料槽、饮水器，应每周使用热碱水或沸水浸泡杀毒，球虫病流行期间，需要增加消毒次数。鹅舍执行常规球虫消毒程序后，建议使用酒精喷灯对鹅舍墙面、地面进行火焰消毒。如果场地已被严重污染，应将鹅移至未污染的场地饲养。

3. 免疫预防

对球虫病开展免疫预防在多数情况下是有良好免疫效果的。目前，可供选择的球虫疫苗有强毒苗，弱毒苗及基因工程疫苗。需要注意的是，选用强毒苗进行免疫治疗时，由于强毒虫株虫苗未经致弱，如果免疫剂量不准确，有可能导致球虫病的暴发。

七、治疗

磺胺六甲氧嘧啶（制菌磺、SMM）按 0.1% 混饲，或复方磺胺六甲氧嘧啶（SMM+TMP，以 5∶1 比例）按 0.02%～0.04% 混于饲料中，连续饲喂 5d，停药 3d，再喂 5d，有良好疗效。也可使用磺胺甲基异噁唑（SMZ）按 0.1% 混入饲料，或复方甲基异噁唑（SMZ+TMP，以 5∶1 比例）按 0.02%～0.04% 混于饲料，连续饲喂 7d，停药 3d，再用 3d，有良好疗效。或氨丙啉，10mg/kg 体重，混饲，进喂 3d。

第二节　鹅毛滴虫病

鹅毛滴虫病（Goose trichomoniasis）是由毛滴虫引起的一种原虫性疾病。在流行地区，成鹅有 50%～70% 因轻度感染而成为带虫者。

一、病原

毛滴虫虫体呈圆形或梨形，大小为（7.9～15）μm×（4.7～13）μm，有 4 根活动的前端鞭毛，沿着发育很好的波状膜边缘长出第 5 根鞭毛，像一根活动的皮鞭。一根细长的轴杆常延伸至虫体的后缘以外。波动膜起始于虫体的前端，终止于虫体后端的稍前方，使被包裹的鞭毛没有延伸至体后。虫体鞭毛和内部构造只有用相差显微镜或特殊染色方法才可观察到。

二、生活史及流行病学

鹅毛滴虫是通过被口腔分泌物污染的食物、饮水经消化道传播。感染时虫体寄生在鹅肠道的后段，以二分裂的方式进行繁殖，以黏液、黏膜碎片、微生物、红细胞等为食物，经胞口或以内渗方式吸收营养。感染鹅或带虫鹅是主要的感染源。当饲养管理不当或由于其他疾病，使消化道后段黏膜受到损伤时，极易感染该病。群饲养密度大，鹅舍通风不良，粪便蓄积，空气污浊，也会增加该病发生的机会。该病潜伏期为 6 ~ 15d，一般 5 ~ 8d 后出现症状。

三、症状

雏、幼鹅多呈急性型，感染鹅表现精神萎靡，体温升高，食欲减退，少食或不食。感染鹅跛行，行走困难，常蹲卧不起。头向下弯曲，口腔和喉头部可见淡黄色小结，呼吸困难，食道膨大部体积增大。腹泻，下痢、粪便呈淡黄色，感染鹅体重明显下降。部分雏鹅还会出现流泪，结膜炎症状。

成年鹅感染多为慢性型，感染鹅表现为消瘦，绒毛脱落，部分皮肤如头颈部、腹部较为严重，常出现无毛区，生长发育缓慢。感染鹅口腔黏膜积聚干酪样物质，导致张嘴采食困难。

四、病理变化

该病的特征性病理变化是在肠道后段的溃疡性损伤及肝脏等器官发生肿大。感染鹅剖检可见肠黏膜卡他性炎症，盲肠黏膜肿胀、充血，并有凝乳状物。肝脏肿大，呈褐色或黄色。口腔黏膜的表面出现小的、界限分明的干酪样病灶，在病灶周围可能有一窄的充血带。由于干酪样物质的堆积，可部分或全部堵塞食道腔。感染严重的患鹅可见干酪样物质穿透组织并扩展到头部和颈部的其他区域，包括鼻咽部、眼眶和颈部软组织。母鹅出现输卵管炎，蛋滞留，蛋壳呈黑色，内容物腐败，黏膜坏死，管腔积液呈暗灰色脓水样，卵泡变形。

带有干酪样坏死的脓性炎症是毛滴虫病的主要病理组织学变化。毛滴虫局限在口咽黏膜表面的分泌物中繁殖。病原体侵害口腔、鼻窦、咽、食道的黏膜表层，偶尔侵害结膜及腺胃的黏膜表层。肝常受侵害，偶尔也损害其他器官，但不损害腺胃以下的消化道。在感染后的第 4 天发生黏膜溃疡和以异嗜白细胞为主的剧烈炎性反应。在肝小叶区出现局灶性坏死性脓肿及以单核细胞和异嗜白细胞为特征的炎性反应。肝的病变开始出现在表面，后扩展到肝实质，呈现为硬的、白色至黄色的圆形或球形病灶。随着肝损害的加剧，在病灶中心没有完整的肝细胞存留，在病灶的周围有大量的毛滴虫。

五、诊断

诊断时临床症状和大体病变有很大的参考价值，可在剖检的基础上综合分析，观察涂片寻找虫体，必要时可在培养基上接种后检查。

取口腔黏液直接涂片，用显微镜检查，观察到圆形或梨状可活动的虫体，前端有 4 根比虫体长 2 ~ 3 倍的鞭毛，且有活动性，再结合临床症状和病理变化，可确诊为雏鹅毛滴虫病。在新鲜的涂片上找不到虫体时，进行病理组织学检查或人工培养基上接种培养有助于诊断。

需要注意的是，毛滴虫病与念珠菌病及维生素 A 缺乏症的临诊症状类似，诊断时应注意鉴别。病史调查、虫体观察、真菌培养和病理组织学的检查等手段有助于以上疾病的鉴别。

六、预防

加强饲养管理，成年鹅与雏鹅分群分舍饲养。由于成年鹅有亚临床症状而成为传播者，因而不能将雏鹅和成鹅混养或养在已养过成鹅的地方；远离成鹅饲养场饲养仔鹅，对饲养过成鹅的饲养场进行杀虫。因为鹅毛滴虫是通过被口腔分泌物污染的食物和饮水传播的，因此必须尽一切努力将病鹅从群体中隔离出来，做好分群饲养。

对啮齿类动物较多的地方，及时采取措施灭鼠，其他动物要设置拦阻网，防止其进入饲养场。

保证舍内外环境卫生清洁，保持每天供给清洁的新鲜饮水，必要时对饮水进行适当的消毒，对食槽和饮水器等经常进行消毒，毛滴虫虫体对高温和消毒药抵抗力很弱，在55℃时经2min可杀死虫体。常用消毒药，如3%~5%火碱液、石灰乳、来苏儿等均能很快杀死虫体。不用有可能被污染的水源，减少被感染的机会，鹅群要进行定期驱虫。

七、治疗

硫酸铜0.05%饮水，连用5~7d。也可使用甲硝唑（灭滴灵）0.2%饮水，连用5~7d，停药3d，再用3~5d。或用阿的平，按50mg/kg体重，溶于1~2mL水中喂服，24h后再服一次。

第三节　鹅绦虫病

鹅绦虫病（Goose cestodiasis）是由一种或多种绦虫寄生在鹅体内而导致的寄生虫病。鹅体内寄生有多种绦虫，其中最常见的是矛形剑带绦虫、片形皱褶绦虫、巨头膜壳绦虫，寄生于鹅的小肠，主要为十二指肠。鹅发生绦虫病时，感染鹅主要表现为贫血、消瘦、下痢、产蛋减少。饲养管理条件差、营养不良的鹅群，该病易发生和流行。

一、病原

绦虫呈带状、扁平，体常分节。每天都有一至数个孕节从绦虫体后端脱落下来。每个成熟节片含有一至数套生殖器官，当成熟节片变为孕卵节片时，节片内便充满了虫卵。

1. 矛形剑带绦虫

矛形剑带绦虫主要寄生于鹅的小肠内，其成虫呈白色矛形带状，虫体长达11~13cm，分头、颈和体三部分。头节小顶上有8个小钩，颈短体节长，链体有节片31个，前端窄，往后逐渐加宽，最后的节片宽14mm。睾丸为椭圆形横列于卵巢内生殖孔一侧，卵巢和卵黄腺在睾丸的另一侧，生殖孔位于节片上角的侧缘。

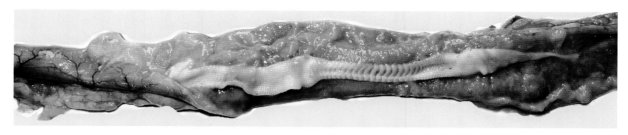

图5-3 片形皱褶绦虫（刁有祥 供图）

2. 片形皱褶绦虫

片形皱褶绦虫虫体较大，长 10～50cm，宽 0.5cm。头部分为两个部分，头节很小，有椭圆形吸盘和顶突，顶突上有 10 个没有吸盘的小钩（图 5-3）。另外，在头节之下还有一个扩张的假附着器。睾丸 3 枚，卵巢网状。虫体扭曲，具有一喇叭形的颈部区，称为假头节。从外观上看，链体是不分节的，但有横的条纹，给人以分节的印象。

3. 巨头膜壳绦虫

虫体长 3～6mm，在泄殖腔或法氏囊上附着一大的头节，头节宽 1～2mm；吸盘和顶突上无钩，顶突含有一发育不良的中心凹窝，卵不在卵袋中。

二、生活史及流行病学

1. 矛形剑带绦虫

矛形剑带绦虫成熟的孕节片在感染鹅或带虫鹅体内自动脱落，随粪便排出。孕节片被适宜的中间宿主吞食后，在中间宿主体内经过 2～3 周时间发育为具有感染能力的似囊尾蚴，鹅摄入携带似囊尾蚴的中间宿主而被感染。似囊尾蚴在鹅小肠内经 2～3 周发育为成虫。感染多发生在中间宿主活跃的 4—9 月。各种年龄的鹅均能感染矛形剑带绦虫，雏鹅易感性最强，且发病率及死亡率较高。雏鹅感染严重时会表现出明显的全身症状，成鹅也可感染，但症状一般较轻。

2. 巨头膜壳绦虫

六钩蚴在介形类甲壳动物体内发育为似囊尾蚴需 18 d。鹅因为摄食介形类甲壳动物而获得感染的。

3. 片形皱褶绦虫

成虫寄生在鹅的小肠内，孕卵节片随鹅粪排出到外界，孕卵节片崩解后，虫卵散出。虫卵如果落入水中，被水蚤吞食后虫卵内的幼虫就会在其体内逐渐发育成为似囊尾蚴。当鹅采食到了这种体内含有似囊尾蚴的剑水蚤就会发生感染。在鹅的消化道中似囊尾蚴能吸着在小肠黏膜上并发育为成虫。绦虫无消化系统，靠从宿主肠道内容物里吸收营养。多数绦虫寄生于十二指肠、空肠和回肠。

三、症状

感染鹅精神不振，羽毛蓬乱无光泽，食欲减退或不食，日渐消瘦，发育不良，出现消化机能障碍的症状。排灰白色或淡绿色稀薄黏液状物质的臭便，污染肛门四周羽毛，粪便中混有白色的绦虫节片。病程后期患鹅拒食，口渴增加，生长停顿，消瘦，精神萎靡，不喜活动，常离群独居，翅膀下垂，羽毛松乱。有时出现神经症状，运动失调，走路摇晃，两腿无力，向后面坐倒或突然向一侧跌倒，不能起立。头向后背，肢体强直，痉挛抽搐，呈划水动作而死亡，发病后一般 1～5d 死亡。有时由于其他不良环境因素（如天气、温度等）的影响，导致大批幼年患鹅突然死亡。

四、病理变化

病鹅消瘦，剖检可见小肠内黏液增多，黏液恶臭，小肠黏膜增厚，有出血点和米粒大、结节状溃疡，呈卡他性炎症，严重感染时，可见虫体阻塞肠道。十二指肠和空肠内可见扁平、分节的虫体，有的肠段变粗、变硬。心外膜有明显出血点或斑纹。

五、诊断

诊断时可根据粪便中观察到的虫体节片以及小肠前段的肠内虫体作出诊断。剖检鹅只时，最好用剪刀在水中剖开肠道，这样有利于虫体漂游起来，暴露出头节附着处。由于头节特征对虫种鉴别具有重要意义，在剖检诊断时应特别注意头节的分离。头节常易丢失，分离时要用两根解剖针剥离黏膜，用锋利的外科刀深割下带头节的黏膜；将浸在生理盐水中的带虫肠段置冰箱内数小时。将盖有盖玻片的湿制头节标本置 100 倍或更高倍镜下观察，会看到足以鉴别到种的特征。

六、预防

在绦虫流行地区，带虫成鹅是鹅绦虫的主要传染源，通过粪便可排出大量虫卵。因此，雏鹅和育成鹅需要严格分群分舍饲养，避免使用同一场地放牧。

种鹅应在每年的春、秋、冬三季，及时进行彻底驱虫。因为绦虫的虫体成熟期为 20 d，幼鹅应在 18 日龄时对全群驱虫 1 次。有条件的应杀灭水体中的剑水蚤，消灭中间宿主。

鹅舍内外以及放牧的地方要定期消毒，彻底清理鹅粪便，驱虫期间产生的粪便要堆积发酵，以杀死其内的虫卵，防止虫卵落入水中，使水源受污染。在已被污染的水塘，可干水一次，以便杀死水中的剑水蚤。

由于剑水蚤在不流动的水里较多，因此鹅群应尽可能放养在流动且最好是水流较急的水面，避开剑水蚤繁衍生活较多的死水塘（池）等处。

七、治疗

硫双二氯酚（别丁），使用剂量为 150～200mg/kg 体重，一次喂服，或按 1：30 比例与饲料混合，揉成条状或豆大丸状剂型填喂。也可使用吡喹酮，使用剂量为 10mg/kg 体重，一次喂服，还可使用原粉拌料或饮水，服药数小时即可见到排出虫体。或氯硝柳胺（灭绦灵、血防 -67），使用剂量为 100～150mg/kg 体重，一次喂服，可以杀死绦虫头节，促使虫体排出。

或丙硫咪唑（抗蠕敏），使用剂量为 20～30mg/kg 体重，一次喂服，共给药 2 次，间隔 10d。

或槟榔与南瓜子按 1：10 制成合剂，南瓜子炒熟与槟榔一起研成条状或颗粒状填饲，填饲剂量为 1g/kg 体重。喂后饮水，效果较好，无副作用。

第四节　鹅隐孢子虫病

鹅隐孢子虫病（Goose cryptosporidiosis）是由孢子虫纲、球虫目、隐孢子虫科、隐孢子虫属的火鸡隐孢子虫及贝氏隐孢子虫引起，以鹅呼吸困难或腹泻为特征的寄生虫病。至少 9 种家禽已报道自然感染，隐孢子虫是引起家禽呼吸系统与肠道疾病和死亡的重要病原。

一、病原

隐孢子虫卵囊呈圆形或卵圆形，无色，表面光滑，卵囊内含有一团颗粒状残体和 4 个长形弯曲的裸露子孢子，无卵膜孔、孢子囊及极粒。火鸡隐孢子虫卵囊大小为（4.5~6.0）μm×（4.2~5.3）μm，平均 5.2μm×4.6μm，主要寄生于鹅小肠和直肠。贝氏隐孢子虫卵囊大小为（6.0~7.5）μm×（4.8~5.7）μm，平均 6.6μm×5.0μm，卵囊中有 4~5 个暗色颗粒或点状折光物，位于卵囊中央或近中央，主要寄生于鹅泄殖腔、腔上囊及呼吸道的各部位。

隐孢子虫卵囊为圆形或近圆形，略呈粉色，卵囊壁薄而致密，无微孔和极粒，大小为（4.1~6.8）μm×（4.0~6.5）μm，平均为 5.2~5.0μm，卵囊指数 1~1.2，平均为 1.1（n=90）。

二、生活史及流行病学

隐孢子虫生活史包括裂殖增殖、配子生殖和孢子生殖三个阶段，均在宿主体内完成。卵囊经粪便排出，污染饲料或饮水。健康鹅经口食入被污染的饲料或饮水后，隐孢子虫卵囊在肠道内脱囊，释放出子孢子。子孢子与黏膜上皮细胞表面接触后，逐步发育为呈球形的滋养体，经裂殖增殖形成第一代裂殖体。第一代裂殖体破裂后，裂殖子侵入新的上皮细胞，并形成第二代裂殖体，第二代裂殖体每个内含 4 个裂殖子。裂殖子进一步发育为大、小配子体，并进一步发育为大、小配子，二者在宿主黏膜上皮细胞表面形成合子，随后发育为两种类型的卵囊。其中，薄壁型卵囊可在宿主体内自行脱囊，导致宿主自体感染和新的生活史发生；厚壁型卵囊随宿主的粪便及痰液排出，并且已具有感染能力。

隐孢子虫的细胞内阶段仅局限于宿主细胞的微绒毛区，卵囊在细胞内孢子化，随粪便刚排出的卵囊就具有感染性。卵囊有 2 种类型：薄壁型，或厚壁型。薄壁型卵囊对外环境抵抗力不强，其子孢子由一层单位膜所包裹，当卵囊从宿主细胞释出时，感染性的子孢子钻入附近的宿主细胞，重新开始新的发育史。

电镜观察其在禽类体内的寄生情况，发现有 3 代裂殖生殖现象，裂殖生殖共产生 2 种类型的裂殖体，第一种类型含 8 个裂殖子，第二种类型含 4 个裂殖子，孢子化卵囊具有 4 个子孢子，裂殖子前端有顶泡、锥体前环、锥体、棒状体和微线，后端有致密体、粗面内质网、高尔基体和细胞核，但没有发现线粒体、多糖颗粒、微孔和膜下微管；大配子除有 1~4 个成熟体和 2 种成囊壁颗粒外，还有多糖颗粒、粗面内质网和液泡，从滋养体到孢子化卵囊的各期虫体均在黏膜上皮细胞表面的带虫空泡内发育。观察到成熟小配子钻破表膜向外释放的现象、大小配子结合现象和虫体寄生于杯状细胞的现象。

鹅隐孢子虫病基本上遍布于世界各地，一年四季均有发生，没有明显的季节性，但以春季稍多，冬季比其他季节要少。气候潮湿，水域丰富的环境，迁徙和觅食增加了隐孢子虫卵囊的扩散和接触机会，从而增加了感染隐孢子虫卵囊的概率。当卵囊从宿主细胞释出时，感染性的子孢子钻入附近的宿主细胞，重新开始新的发育史，就会使鹅致病，且日龄越小感染率越高。幼龄鹅免疫力低下，易感性强，随着年龄的增长，鹅免疫力增强，感染率逐渐降低。

三、症状

感染鹅表现为呼吸道症状，主要寄生于喉头、法氏囊和气管。病理形态学表现为气管纤毛脱落，杯状细胞排空，上皮细胞肥大或增生，有明显的排黄色稀粪症状。感染后第 3 天引起雏鹅强烈的腹泻症状，其主要寄生于雏鹅回肠，十二指肠、空肠和回肠也可发现虫体。虫体寄生部位肠绒毛大量脱落，黏膜上皮细胞肿胀，炎性细胞浸润。

四、病理变化

感染鹅剖检可见呼吸道及肠道呈现卡他性及纤维素性炎症，感染严重的鹅呼吸道及肠道有出血点。心、肺、肾、肝、卵巢等内脏器官可见灰白色小坏死灶。小肠有透明水样物，取各部位黏膜涂片，可在小肠内发现卵囊。

组织学病变主要表现为法氏囊上皮细胞局灶性或弥漫性增生，及不同程度的异染性细胞浸润。在黏膜上皮细胞的表面有大量的隐孢子虫寄生。呼吸道的鼻窦和气管黏膜上皮细胞增生、变厚，且伴有淋巴细胞和异染性细胞浸润。

五、诊断

由于鹅隐孢子虫病不具有明显的临诊特征，不能作为诊断的依据，隐孢子虫病的临床诊断是比较困难的。同时，隐孢子虫虫体很小，而且寄生部位是肠上皮细胞的刷状缘，在镜检条件下，很难与其背景区分。所以，确诊该病需采用实验室检验的方法。

1. 粪便涂片染色检查法

取感染鹅黏液性粪便，采用生理盐水 1∶1 稀释成匀浆后涂片，经甲醛固定，萨姆染色后观察。隐孢子虫卵囊呈 2 透亮环形，胞浆呈蓝色至蓝绿色，且胞浆内可见红色颗粒。观察到以上特征时可作出初步诊断。由于粪便中常含有酵母样真菌，萨姆染色有时不易与隐孢子虫卵囊相区别，可采用乌洛托品硝酸银染色法，此时如果含有酵母样真菌会被染成黑褐色，而隐孢子虫卵囊则不着色。

2. 粪便漂浮检查法

隐孢子虫卵囊浮力较大，常位于液体的最表面。取感染鹅粪便加入 15mL 生理盐水中混悬，然后使用 4 层纱布过滤，500r/min 离心 10min，弃去上清液。沉淀物重悬于比重为 1.27 的漂浮液（蔗糖 454g、液态石炭酸 6.7mL、去离子水 355mL），500r/min 离心 10min。取最上层液面涂片镜检。可见圆形隐孢子卵囊，并伴有胞浆质膜。

六、防治

目前尚没有有效的杀灭隐孢子虫的药物和防疫用疫苗。其他控制方法仍处于试验阶段，加强卫生和消毒对控制该病可能有所帮助。

有研究表明，动物自然或人工感染隐孢子虫后可产生特异性的血清 IgG、IgA、IgM、IgE 以及分泌型 IgA。感染早期出现的是 IgM、IgA，持续数周后消失，IgG 则在感染后 6d 左右出现，且在整个感染期维持较高水平。通过人工感染方法可获取抗隐孢子虫高效价免疫血清用于隐孢子虫病的治疗。

据报道，大蒜素治疗隐孢子虫一定的治疗效果。另有报道以苦参、黄芪为主的中药治疗隐孢子虫肠炎能达到驱虫目的，并能增强细胞免疫力。

第五节　线虫病

一、鹅蛔虫病

鹅蛔虫病（Goose ascariasis）是鸡蛔虫寄生于鹅的小肠内所引起的一种常见的鹅消化道寄生虫病。鸡蛔虫属于禽蛔科（Ascardiidae）、禽蛔属（Ascaridia），可寄生于鸡、吐绶鸡、珍珠鸡、鹌鹑、番鸭、鹅等家禽及野禽的小肠内。该病遍及全国各地，尤其鹅与鸡混养的地方感染率最高。该病可感染各个日龄的鹅，但以幼鹅表现最为明显，严重影响了鹅的正常生长发育，甚至造成了大批死亡，给养鹅业造成了一定的经济损失。

1. 病原

鹅蛔虫病是由于鹅吞食侵蚀性蛔虫卵引起的一种肠道寄生虫病。蛔虫属于禽蛔科（Ascardiidae）、禽蛔属（Ascaridia），是鹅体内最大的一种线虫。该虫虫体粗大，呈淡黄白色或乳白色、豆芽梗状（图 5-4），体表角质层具有横纹，头端有三个唇片，口孔周围有 1 个背唇和 2 个侧腹唇。口孔下接食道，在食道前方 1/4 处有神经环。雌雄异体，雄虫长 26 ~ 70mm，尾端向腹面弯曲，有尾翼和尾乳突 10 对，一个

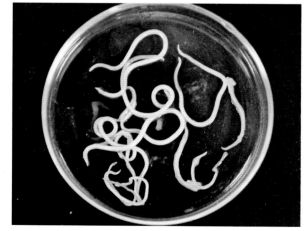

图 5-4　鹅蛔虫（刁有祥　供图）

圆形或椭圆形的泄殖腔前吸盘，吸盘上有明显的角质环，雄虫有交合刺 1 对，几乎等长。雌虫长 65～110mm，阴门开口于虫体中部，尾端钝直，肛门位于虫体亚末端。虫卵呈深灰色，椭圆形，卵壳厚而光滑，新排出虫卵内含有一个椭圆形胚细胞。虫卵对寒冷有较强的抵抗力，但对 50℃ 以上高温、干燥、直射阳光敏感，对常用的消毒药有很强的抵抗力。在阴暗潮湿的地方，虫卵可存活较长时间，在土壤中，感染性虫卵可存活 6 个月以上。

2. 生活史与流行病学

鹅蛔虫为直接发育型寄生虫，不需要中间宿主，并且寄生期不发生移行。蛔虫的雌、雄成虫在鹅小肠内交配后，受精的雌虫在鹅的小肠内产卵，虫卵随粪便一起排出体外。刚排出的虫卵没有感染能力，在湿度和温度适宜的外界条件中，虫卵便可继续发育，经 1～2 周发育为含感染性幼虫的虫卵，此时的虫卵具有了感染性，称为感染性虫卵。此时卵内已形成一条盘曲的幼虫，在土壤中一般能够生存 6 个月，鹅一旦食入这种感染期虫卵，便可发生感染。虫卵内的幼虫进入宿主的腺胃或肌胃后脱掉卵壳进入小肠，钻入小肠黏膜内，经一段时间发育后返回肠腔发育为成虫。从鹅食入感染性幼虫至性成熟需 35～60d，这时鹅粪中就有蛔虫排出。

由于虫卵比较适合在温度适宜、阴雨潮湿的环境中发育，在温度 19～29℃ 和 90%～100% 的相对湿度时，最易发育到感染期。因此，该病一般在春季和夏秋季流行传播，并且主要发生于鹅与鸡混养的地方。

鹅蛔虫病主要经口感染，鹅吞食了被感染性虫卵污染的饲料、饮水或啄食了携带有感染性虫卵的蚯蚓而感染。鹅蛔虫病可以感染各个龄期的鹅，其中以幼鹅最易感，但随着日龄的增加，其易感性逐渐减低。同时鹅的易感性与饲养条件有很大的关系。饲料营养全价，含有足量维生素 A 和 B 族维生素的饲料，鹅群营养状况良好，鹅有较强的抵抗力。当饲料中缺乏维生素 A、B 族维生素时鹅抵抗力下降，易发生感染。另外，鹅群管理粗放，卫生条件差，鹅也易患蛔虫病。

蛔虫虫卵对不良的外界环境和常用的消毒药抵抗力较强，感染性虫卵在土壤中可存活 6 个月。虫卵可耐低温，温度在 10℃ 以下或相对湿度在 60% 以下，可存活 2 个月以上。但对高温和干燥敏感，温度超过 40℃ 或阳光直射下 1～1.5h 即可死亡。

3. 症状

鹅感染蛔虫后表现的症状与鹅的日龄、感染虫体数量、本身营养状况有关。雏鹅轻度感染或者成年鹅感染时，一般不表现明显症状。雏鹅发生蛔虫病及患病严重者通常表现生长发育不良，精神不振，行动迟缓，有的患鹅长时间卧伏不动，翅膀下垂，羽毛蓬松，黏膜贫血，食欲减退或异常，消化机能障碍，下痢和便秘交替，有时稀粪中混有带血黏液。严重者可造成肠堵塞导致患鹅死亡。

4. 病理变化

幼虫侵入肠黏膜时，破坏黏膜及肠绒毛，引起卡他性肠炎，严重时导致出血性肠炎，并易引起病原菌继发感染，此时在肠壁上常见有颗粒状化脓灶或结节形成。成虫寄生在小肠时，损伤小肠黏膜，导致小肠黏膜充血、出血，黏液增加等。大量虫体聚集时（图 5-5、图 5-6），相互缠绕呈团，可发生肠阻塞甚至肠破裂或腹膜炎，最后导致鹅死亡。剖检还可见患鹅肝脏或肾脏体积变小。虫体寄生在宿主体内大量吸收宿主营养，并产生有毒的代谢产物，常使雏鹅发育迟缓，产蛋鹅产蛋量下降。

5. 诊断

流行病学资料和症状可作参考，饱和盐水漂浮法检查粪便发现虫卵可确诊该病。患鹅发病严重者，可通过剖检，在小肠或腺胃、肌胃内发现大量虫体，载玻片蘸取后镜检，观察虫卵形态与数量确诊。

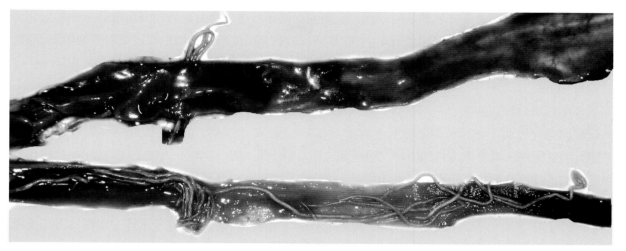

图 5-5 肠道中有大量蛔虫，肠黏膜出血（刁有祥 供图）

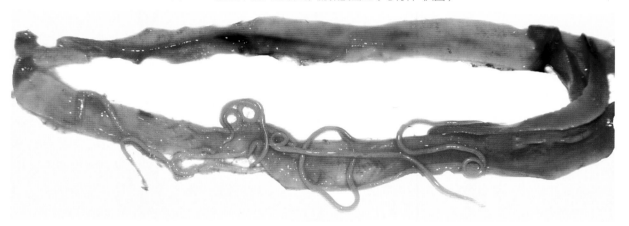

图 5-6 肠道中有大量蛔虫，肠黏膜出血（刁有祥 供图）

6. 预防

加强饲养管理，饲喂全价饲料，适量补充多种维生素或维生素 A、B 族维生素等可提高鹅群抵抗力。

搞好鹅舍的清洁卫生，特别是垫草及地面的卫生，定期消毒；及时清除鹅舍及运动场地的粪便并进行发酵处理，杀灭虫卵；运动场地保持干燥，有条件时铺上一层细沙；做好鹅群的定期预防性驱虫，每年 2~3 次。成年鹅多为带虫者，应与雏鹅严格分群饲养，不使用公共运动场或牧场。

7. 治疗

鹅发病时，应及时用药治疗，可用下列药物进行驱虫治疗。

磷酸哌嗪片，0.2g/kg 体重拌料，连续饲喂 1 周。或用枸橼酸哌嗪（驱蛔灵），0.25g/kg 体重拌料，或在饮水或在饲料中添加 0.025% 驱蛔灵，连续服用 1d。或四咪唑（驱虫净），60mg/kg 体重拌料，或用甲苯咪唑，每千克体重 30mg，一次喂服。或用左旋咪唑，25~30mg/kg 体重拌料溶于日半量饮水中，在 12h 内饮完。或用丙硫苯咪唑（抗蠕敏），10~20mg/kg 体重混料喂服。

二、异刺线虫病

异刺线虫病又称盲肠虫病，是由异刺科（Heterakidae）、异刺属（Heterakis）的异刺线虫（Heterakis gallinae）寄生于鸡、火鸡、鹌鹑、鸭、鹅、孔雀和雉鸡等鸟类动物的盲肠内，引起的一种线虫病。异刺线虫成虫寄生在鹅、鸭、鸡的盲肠内，除本身可使禽类患病外，它的虫卵还可以携带组织滴虫，使禽发生盲肠肝炎。该病可发生于全国各地，在鹅群中也普遍存在。

1. 病原

异刺线虫又称盲肠虫，属于异刺科（Heterakidae）异刺属（Heterakis），虫体为细线状，呈淡黄白色，头端略向背面弯曲，在其前端带有两个侧翼。有 3 个唇，1 个背唇，2 个亚腹侧唇。食道末端有一个膨大的食道球，为虫体全长的 1/10。排泄孔位于食管全长的中央附近。雄虫长 7～13mm，尾直，末端尖细，排泄孔前有 1 个圆形的肛前吸盘。左、右两根交合刺不等长、不同形，左交合刺后部狭而尖，右交合刺较粗短；尾翼发达，有性乳突 12～13 对，其中肛前吸盘周围 2～3 对，泄殖孔周围 6 对，肛后 3～5 对。雌虫长 10～15mm，宽约 0.4mm，尾部细长，阴门位于虫体中部稍后方，不隆起。虫卵呈灰褐色，椭圆形，卵壳厚，内含一个胚细胞，卵的一端较明亮，内含未发育的胚细胞，大小（65～80）mm×（35～46）mm，可区别于蛔虫卵。

2. 生活史和流行病学

异刺线虫为直接发育型寄生虫，不需要中间宿主。成熟雌虫在盲肠内产卵，卵随粪便排出外界，在适宜的温度和湿度条件下，约经 2 周发育成含幼虫的感染性虫卵。此时被鹅吞食后，幼虫在肠管内破壳而出，进入盲肠并钻进黏膜中，2～5d 重新回到盲肠腔内继续发育。从感染性虫卵被鹅食入到盲肠内到发育为成虫需 24～30d。虫卵对外界环境因素的抵抗力很强，在阴暗潮湿处可保持活力10 个月，能耐干燥 16～18d，但在干燥和阳光直射下很快死亡。此外，异刺线虫还是盲肠肝炎病原体的传播者，当一只鹅体内同时有异刺线虫和组织滴虫寄生时，组织滴虫可进入异刺线虫卵内，并随虫卵排到体外，当鹅吞食了这种虫卵时，便可同时感染这两种寄生虫。

异刺线虫病主要感染季节在 6—9 月。鸡、火鸡、鹌鹑、鸭、鹅、孔雀和雉鸡等鸟类动物均易感此虫。异刺线虫是常见的一种线虫，鹅吞食感染性虫卵而感染。蚯蚓和鼠妇可充当保虫宿主，当鹅吞食了这些动物亦可感染。蚯蚓吞食异刺线虫虫卵后，第 2 期幼虫在蚯蚓内可保持活力达 1 年以上。

由于异刺线虫的虫卵对外界抵抗力较强，在阴暗潮湿处可保持活力达 10 个月；0℃时存活67～172d，温度升高后能继续发育，虫卵在 10% 硫酸溶液中仍可正常发育。该虫在国内分布甚广，各地都有发生，对鹅养殖业造成危害较大。

3. 症状

雏鹅感染该病后常表现生长发育不良，精神萎靡，食欲不振，采食量下降，消瘦、腹泻、贫血，严重时甚至会发生食欲废绝，从而使雏鹅摄入的营养不足而使患鹅生长发育缓慢，体质逐渐衰弱，若症状较为严重时还会因机体过于衰弱而发生死亡。

成年鹅患此病后表现发育受阻，或者停止增重、消瘦等现象，而产蛋鹅则会发生产蛋量急剧下降，或者停止产蛋。此外，当鹅盲肠内同时有异刺线虫和组织滴虫寄生时，后者可进入异刺线虫内，并随之排出，当鹅食入后同时感染异刺线虫和组织滴虫，这种患鹅还会传播盲肠肝炎，极易死亡。

4. 病理变化

患鹅尸体消瘦，剖检可见主要病变发生于盲肠，变现为盲肠肿大，盲肠壁有严重炎症，肠壁增厚，有时出现溃疡灶。严重者可引起黏膜损伤而出血，甚至在黏膜或黏膜下层形成结节；有的盲肠一侧或者双侧有充气样的肿大，导致肠壁变薄，呈透明状，肿大严重时甚至可以透过肠管壁清晰地看到寄生在此处的虫体不断蠕动。从盲肠外观看，有的盲肠呈透明点状出血且出血严重，有的盲肠内充满白色豆渣样内容物，切开盲肠，内容物恶臭，伴有水样或气泡糊状物流出。有的盲肠黏膜严重出血、脱落，而其他组织器官未见异常变化。

5. 诊断

该病诊断时，参考流行病学资料和临床症状，结合病原检查即可确诊。病原检查可采用饱和盐水漂浮法检查粪便发现虫卵，需注意与蛔虫虫卵的区别。异刺线虫虫卵呈长椭圆形，小于蛔虫虫卵，呈灰褐色，壳厚，内含为分裂的卵细胞。病理剖检在盲肠中发现虫体，异刺线虫虫体呈细线状，尾部尖细，有两根不等长的交合刺，两种方式结合即可确诊。

6. 预防

加强饲养管理，成年鹅应与雏鹅严格分群饲养，不使用公共运动场或牧场。搞好环境卫生，特别是鹅舍的清洁卫生、垫草及地面的卫生，定期消毒。饲喂全价饲料，适量补充多种维生素或维生素 A、B 族维生素等可提高鹅群抵抗力。

及时清除鹅舍及运动场地的粪便并进行堆积发酵处理，杀灭虫卵。运动场地保持干燥，防止鹅食入蚯蚓和鼠妇等保虫宿主，有条件时运动场铺上一层细沙。做好鹅群的定期预防性驱虫，每年 2~3 次。发现感染鹅应及时从大群中隔离。

7. 治疗

丙硫苯咪唑（抗蠕敏），20mg/kg 体重，1 次投服。或用左旋咪唑，20~30mg/kg 体重，1 次投服。或枸橼酸哌嗪（驱蛔灵），250mg/kg 体重，一次拌料内服。或用噻咪唑（驱虫净），40~60mg/kg 体重，一次拌料内服。或用甲苯咪唑，每吨饲料添加 30g，连续饲喂 7d。或用吩噻嗪，0.5~1g/kg 体重投服，给药前绝食 6~12h。

三、四棱线虫病

四棱线虫是家禽中常见的一种寄生虫，主要寄生于水禽前胃，偶尔也寄生于鸡、鸽、鹌鹑等禽类。鹅四棱线虫病是由裂棘四棱线虫寄生于鹅的腺胃内引起的一种寄生虫病，可影响鹅的消化功能，并导致出血，影响其正常生长，给养鹅业造成一定的经济损失。

1. 病原

该病的病原四棱线虫属于四棱科、四棱属，虫体无饰带，雌雄异体，形态各异。雄虫白色细长，长 3~6mm，宽 0.09~0.2μm，沿中线和侧线有 4 列纵行的小刺。交合刺不等长，长的为 0.28~0.49μm，短的为 0.082~0.15μm。雌虫血红色，长 1.7~6.0mm，宽 0.13~0.5μm，呈纺锤形，并在纵线部位形成 4 条纵沟，前、后端自球体部伸出，形似圆锥状附属物。头狭小，角皮有横纹，体表的四条纵沟，将虫体分为四个膨大部分，膨大部的两端细小部分为头部和尾部，从顶端观可见 4 个乳突分别位于 4 个角，中央为口孔，口孔两侧中部各有 1 个乳突，口孔内具有 10 个内叶冠；体被上有 1 对颈乳突，呈锥形。虫卵呈长椭圆形，两端钝圆，大小为 （48~56）μm×（26~30）μm；在虫卵的一端具有卵孔结构，表面粗糙；虫卵表面的其他部分光滑，内含幼虫。

2. 生活史及流行病学

四棱线虫的发育必须有中间宿主，其中间宿主主要包括端足类、蚱蜢、蜚蠊、蚯蚓和蟑螂。寄生在鹅胃内成熟的雌虫，周期性的排出成熟的虫卵，卵从胃中随食物进入肠道，最后连同粪便排出外界，落在鹅舍内、运动场内或水池内。若鹅吞食了刚排出的虫卵，不会感染四棱线虫病。虫卵需要被中间宿主吞食后，在中间宿主体内经过一段时间的发育，大约为 10 d，才能发育为感染性的幼虫。当鹅吞食了带有感染性幼虫的中间宿主之后，约经 18 d，便可在腺胃内发育为成虫，继而感染四棱线虫发病。

据报道，裂棘四棱线虫分布在我国南部的福建、江西、广东、台湾及西部的甘肃、宁夏和青海等地。在国外见于北美、欧洲、前苏联和波多黎各。从裂棘四棱线虫发育史看，由于发育时间短，该病流行传播速度较快，一旦天气变暖，中间宿主活动，鹅群便容易经口感染，尤其是放牧养鹅的地方更易感染。鹅群放牧水域中有钩虾、水蚤等，鹅吃食了具有感染性的中间宿主、鱼虾、浮游生物等即可感染发病。该病多发生于每年的 3—6 月，感染率大约为 59%，病程长，传播广，死亡率为 10% ~ 16.5%。

3. 症状

裂棘四棱线虫对鹅群的危害相当大，虫体大量吸食宿主营养，导致机体抵抗力下降。该病轻度感染时，患鹅基本不表现明显症状，严重感染时出现精神沉郁，食欲减退或废绝、口有黏液，生长发育停滞、消瘦、缩头垂翅，羽毛松乱等症状。患鹅消化系统损伤，出现腹泻，排黄或灰白色粪便，产蛋鹅表现产蛋量下降甚至产蛋废绝，贫血，严重病例常导致鹅死亡。

4. 病理变化

四棱线虫的成虫吸血，寄生于腺胃；幼虫移居于腺胃壁，刺激分泌毒素而引起炎症。剖检可见患鹅消化道表现轻微炎症，消化道、肠道鼓气，腺胃黏膜表面有大量渗出物披覆，除去黏膜层后在腺胃深处布满暗红色的成熟雌虫，形状有的似芝麻状，有的为线形，长为 1.5 ~ 3.5mm。腺胃组织受虫体刺激后产生强烈的反应，并伴有腺体组织变性，水肿和广泛的白细胞浸润。严重者腹腔积水，肠道浆膜及肠系膜充血、出血，肠腔炎症严重。腺胃肿胀，黏膜面易脱落，渗出物多而稠，挤压胃壁腺体，可见肉红色虫体。其他脏器如心、肝、肺、脾等均无明显病理变化。

5. 诊断

参考流行病学资料和临床症状，结合病原检查即可确诊该病。

实验室检查常采用剪取终末宿主的食道及腺胃，进行虫体检查，雄虫以沉淀法从黏膜上获取，雌虫从拉培根窝内（erypt of Lieberkuehn）挑出，中间宿主以活体压片后，在显微镜下观察。或取发病鹅场的新鲜粪便样品，以水洗沉淀法镜检虫卵。

6. 预防

搞好鹅舍内的清洁卫生，定期对鹅舍及用具进行消毒。及时清除粪便，可采用鹅粪堆积发酵杀灭虫卵和幼虫。不同日龄的鹅分开饲养，防止交叉感染。放牧时防止鹅与寄生中间宿主接触。在引进鹅群时必须进行严格的检疫。饲养场地空饲时，用 0.015% ~ 0.03% 的溴氰菊酯或五氯酚钠喷洒以消灭中间宿主。放牧的水塘可用生石灰、漂白粉或其他消毒药消毒。雏鹅 7 日后进行驱虫，每年春秋两季定期进行预防性驱虫，降低大群带虫率。

此外，平时在日粮中增加蛋白质、维生素等，增强鹅体质，以提高抗病能力。

7. 治疗

对于确诊为四棱线虫病的患鹅，可采用以下治疗措施：阿苯达唑，在感染初期按 10 ~ 20mg/kg 体重，拌料喂服，连用 2 ~ 3d。或用左旋咪唑，10mg/kg 体重，均匀拌料饲喂，一次喂服。或四咪唑（驱虫净），40 ~ 50mg/kg 体重，混饲，或采用苯唑，0.5g/kg 体重，混饲。

或用四氯化碳：2mg/kg 体重，注射器将药物直接注入食管膨大部，或用胶管插入胃内给药。

或用炒苦楝根皮 1 ~ 2g/ 只，水煎取汁，内服，也有较好的治疗效果。

四、裂口线虫病

鹅裂口线虫病是由鹅裂口线虫寄生于肌胃和肌胃角质膜下引起的一种常见的消化道寄生虫病。该病以肌胃角质膜的脱落和急性炎症与溃疡为主要特征。

1. 病原

鹅裂口线虫属线虫纲、圆形目、毛圆科。鹅裂口线虫是一种小线虫，虫体呈细长线状，表面具有纤细横纹，尖端无叶冠，生活时灰白色或微红色。口囊发达，角质呈杯状。口底部有 3 个三角形尖齿，其中背侧 1 个为大齿，尖端接近口囊的上缘，近腹侧的 2 个为小齿，高度为口囊的一半。口囊前缘有 1 对乳突，1 对头感器。食道呈棒状，向后逐渐膨大，内有 3 个角质板，由口囊基部向后延伸达到食道后部。雄虫长 10 ~ 17mm，宽 250 ~ 350μm，末端有交合伞，并且交合伞发达，其中有三片大的侧叶和一片小的中间叶，伞膜上有泡状花纹。前腹肋和后腹肋分离且远端向前弯曲，外背肋短，背肋细小，起于背叶基部。距远端 1/3 处分成二支，每支又分为二小支，具伞前乳突。交合刺 1 对，褐色，等长，较纤细，长 200μm，在靠近中间处又分为两支。引带位于两根交合刺之间，呈三棱镜形状。雌虫长（12 ~ 24）mm ×（0.27 ~ 0.32）mm，尾部呈刀状，阴门呈横隙缝状，具短舌瓣，位于虫体的偏后方。虫卵呈长椭圆形，大小为（60 ~ 73）μm ×（11 ~ 18）μm。

2. 生活史及流行病学

鹅裂口线虫发育无需中间宿主。受精后的雌虫每天在胃内排出大量的肉眼看不见的虫卵。卵随粪便排泄到外界之后，不能感染鹅，只有在适宜的条件下，一般温度在 28 ~ 30℃，经 24 ~ 28h 后在卵中发育成有活动性的幼虫，再经 20 ~ 24h 后孵出，第一期幼虫经 2d 蜕变为第二期幼虫，然后再经过 3 ~ 4 d 蜕皮，发育成具有感染性的第三期幼虫，破壳而出，游于水中或者沿草茎或地面蠕动。鹅食入含有侵袭性幼虫的草而受到感染。幼虫在前 5d 栖息居于鹅的腺胃，最后进入肌胃内或钻入肌胃角质层下，此处经过 17 ~ 22d 发育为成虫。鹅裂口线虫寿命只有 3 个月。

无论虫卵还是幼虫在干燥环境下 30 ~ 60h 后死亡。第三期幼虫在室温条件下的水中可存活 3 ~ 4 周，在 0℃水中可活长达二个月，在温度 10 ~ 15℃下，三期幼虫可从 10cm 深的水中游于水面达 30d。虫卵和幼虫对干燥敏感，对化学物质抵抗力较强。直射阳光不易杀灭薄层水膜中的感染性幼虫，但紫外光可在短时间内杀灭它们。鹅裂口线虫有宿主特异性，鸭与鹅均能感染鹅裂口线虫，而其他家禽、野禽均未发现感染。在鹅群中，2 月龄左右的雏鹅更易感，鹅年龄越大对裂口线虫的抵抗力越强。除经口感染外，试验证明经皮肤也可感染，此时线虫的幼虫在鹅体内移行要经过肺。该病常发生在夏秋季节，感染后发病严重，常呈地方性流行，具有较高的死亡率。

3. 症状

当鹅感染鹅裂口线虫后，其消化系统出现障碍，饲料的消化率明显下降，特别是对谷物饲料的消化利用率。患鹅羽毛蓬乱，精神萎靡，食欲减退或废绝，仅进食少量水，蹲伏不动，嗜睡。有的眼睑肿胀，行走摇晃，生长发育受阻，消瘦、体弱、贫血，有时腹泻，粪便呈棕黑色或灰白色。一般呈慢性经过，病程 15 ~ 30d，严重的病鹅衰竭死亡。若饲养管理不当，虫体数量过多，可造成大批死亡。如果虫体数量少，或鹅年龄较大，感染鹅症状不明显，将成为带虫者和该病的传播者。

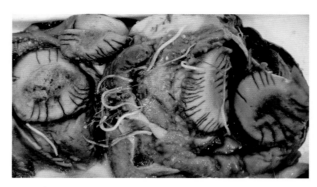

图 5-7　肌胃中的裂口线虫，角质膜糜烂（刁有祥 供图）

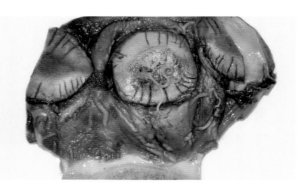

图 5-8　肌胃中的裂口线虫（刁有祥 供图）

4. 病理变化

该病主要病变表现在肌胃，肌胃角质层坏死、溃疡、脱落，在肌胃角质层及腺胃黏膜上覆盖着一层暗黑色薄膜，薄膜的表面疏松、不平滑。角质层内及表面有发菜样细丝状物，肉眼可见其摆动，用 10 倍放大镜可见虫体一端深入角质层下，一端游离在角质层外，长为 0.5～1cm（图 5-7、图 5-8）。腺胃黏膜因水肿而增厚，偶有虫体附着。回肠黏膜上有散在的虫体群，每个群约黄豆大小，边缘整齐，其中密布虫体。有虫体存在的肌胃角质层易碎，坏死呈棕色硬块，如果除去角质层，可见有黑色溃疡病灶。在角质膜和黏膜层内见有大量粉红色、细线样虫体，肠道常呈现卡他性炎症，有的胆囊表现肿大。

5. 诊断

根据患鹅的临床症状、病变及虫体的寄生部位，可初步诊断为鹅裂口线虫病。剖检观察患鹅的肌胃，在肌胃角质膜发现溃疡病变，在角质膜下获取虫体，经鉴定可确诊。为准确诊断，常采用饱和盐水漂浮法检查粪便中的虫卵，取完整虫体置于载玻片上，常规处理后镜检，可见虫体表皮有整齐的横纹。

6. 预防

首先要搞好鹅舍内外清洁卫生和消毒工作，常用开水或烧碱水对食槽和饮水用具进行消毒，彻底消灭虫卵和感染性幼虫。做好周边环境的消毒工作，及时处理鹅粪便，以杀死虫卵。幼虫在外界环境中只能存活 15d，虫体在 0.5cm 深的水中能正常发育，而 10cm 深的水中可以存活 25d。鉴于上述情况，要清除病原体是不难的，只要让鹅场休闲 1～1.5 个月，在休闲期间，搞好鹅舍的清洁卫生，加强消毒，则可以在 1.5～2 个月内清除病原。

雏鹅、成鹅分群饲养或放牧，避免雏鹅、成鹅使用同一个场地或放牧场，成鹅、雏鹅隔离饲养，就能够有效避免雏鹅受到鹅裂口线虫的侵袭。

要进行预防性驱虫，鹅裂口线虫的幼虫侵入到机体内，经 17～22d 发育为成虫。因此在疫区的鹅场，从雏鹅第 1 天放牧开始，经 17～22d 即进行第 1 次驱虫，并按具体情况制定第 2 次驱虫的时间和计划。在疫区鹅每年最少要进行 2 次预防性驱虫。驱虫应在隔离鹅舍内进行，投药后 2d 内彻底清除粪便，运往远离鹅舍 500m 以外的下风口的地方，进行无害化生物发酵处理。

7. 治疗

该病的治疗可用以下药物：左旋咪唑，25～40mg/kg 体重，均匀拌料，一次喂服，间隔 1～2 周再给药一次。或丙硫咪唑，10～30mg/kg体重，拌料或饮服。或用四咪唑（驱虫净），40～50mg/kg体重，均匀拌料饲喂，一次喂服。或按0.01%的浓度溶于饮水中，连用7d为一疗程。或甲苯咪唑，30～50mg/kg体重，每日1次，或按0.0125%混饲，连用2d。

不论用上述哪一种驱虫药，都要尽可能早确诊，早治疗，以尽量减少经济损失。

五、毛细线虫病

禽毛细线虫病（Avian capillariaosis）是由毛细科（Capillariidae）、毛细属（Capillaria）的多种线虫寄生于禽类食道、嗉囊（食道膨大部）、肠道等处所引起的一类线虫病，主要包括有轮毛细线虫、鸽毛细线虫、膨尾毛细线虫和鹅毛细线虫等。能引起鹅毛细线虫病的毛细线虫有鹅毛细线虫、鸭毛细线虫、捻转绳状线虫和膨尾毛细线虫。线虫可寄生在鹅的消化道前半部分，在极少情况下还寄生于消化道的后半部。该病在我国各地均有发生，各种饲喂方式均可引起该病的发生，严重感染时，可引起鹅死亡。

1. 病原

鹅毛细线虫虫体呈细小的毛发状，雄虫长10～13mm，其中部具有一根圆柱形的交合刺，长度为1.36～1.85mm，宽约0.01mm。雌虫长16～26.4mm，虫卵大小为（50～58）μm×（25～30）μm。

鸭毛细线虫雄虫长6.7～13.1mm，雌虫长8.1～18.3mm，寄生于鸭、鹅、火鸡的盲肠，属于直接型发育，不需中间宿主。

捻转绳状线虫雄虫长14.3～15.6mm，体部与食道部的比例为（1:2）～（1:4），交合刺细长。雌虫长28～70mm，体部与食道部的比例为（1:4）～（1:8），阴门突起，位于食道部与体部交界处的后方。虫卵大小为（46～70）μm×（24～28）μm。寄生于火鸡、鸭、鹅的食道，属于直接型发育，不需中间宿主。

膨尾毛细线虫雄虫长9～14mm，体部与食道部的比例大约为1:1。尾部两侧各有一个大而明显的伞膜，有一根很细的交合刺。雌虫长14～26mm，体部与食道部的比例大约为1:2，阴门开口处有一处发达的角膜突起覆盖。虫卵大小为（49～56）μm×（24～28）μm，椭圆形，两端瓶口状，有卵塞。寄生于鸡、火鸡、鸭、鹅和鸽的小肠，中间宿主为蚯蚓。

2. 生活史及流行病学

毛细线虫有直接发育和间接发育两种。鹅毛细线虫、鸭毛细线虫和捻转绳状线虫为直接发育，成熟雌虫在寄生部位产卵，虫卵随粪便排到外界，直接发育型生活史的毛细线虫卵在外界适宜的环境中发育成感染性虫卵，其被鹅吞食后，幼虫透出，进入寄生部位黏膜内，约经一个月发育成成虫。膨尾毛细线虫为间接发育，中间宿主为蚯蚓，虫卵被蚯蚓吞食后，在蚯蚓体内孵出第一期幼虫后经2～3周蜕皮，发育为感染性幼虫，鹅食入了带有感染性幼虫的蚯蚓后，蚯蚓被消化，幼虫释出并移行到食管、小肠等处黏膜内，经19～26d发育为成虫。

该病流行地区一般一年四季均能在鹅体内发现毛细线虫，在患病的鹅体内，一般夏季虫体数量较多，冬季虫体数量较少。毛细线虫成虫的寿命为9～10个月，虫卵耐低温，发育慢，未发育的虫卵比已发育的虫卵抵抗力强，在外界可以长期保持活力，如膨尾毛细线虫卵在普通冰箱中可存活344d。干燥的环境不利于毛细线虫的发育和生存，鹅毛细线虫虫卵在22～27℃下，需要8d才能发育成感染性虫卵。

3. 症状

该病在 1 ~ 3 月龄的雏鹅中发病最为严重。轻度感染时不出现明显的症状，严重感染的病例，表现为食欲不振或废绝，但饮水量增加。精神萎靡、翅膀下垂，常离群独处，蜷缩在地面上或在鹅舍的角落里。消化紊乱，开始时呈现间接性下痢，而后呈稳定性下痢。随着病程的发展，下痢加剧，在排泄物中出现黏液。患鹅很快消瘦，生长停滞，发生贫血。由于虫体数量多，常引起机械性阻塞，虫体分泌毒素而引起鹅慢性中毒。患鹅常由于极度消瘦，最后衰竭而死亡。

4. 病理变化

虫体对寄生部位的黏膜造成化学性刺激及机械性损伤导致黏膜肿胀，增厚，黏膜表面覆盖有絮状渗出物或黏液脓性分泌物，黏膜溶解、脱落甚至坏死。小肠前段或十二指肠有细如毛发样的虫体，严重感病病例可见大量虫体阻塞肠道，在虫体固定的地方，肠黏膜浮肿、充血、出血。由于营养不良，可见肝、肾缩小，尸体极度消瘦，慢性病例中，可见肠浆膜周围结缔组织增生和肿胀，整个肠管黏成一团。虫体寄生部位的组织中有不明显的虫道，淋巴细胞浸润，淋巴滤泡增大，形成伪膜，并导致腐败。

5. 诊断

结合临床症状表现，通过剖检在小肠中发现细毛发状虫体或者通过检查粪便找到虫卵可确诊该病。粪便检查的原理主要是基于毛细线虫的虫卵密度比水大但是比饱和食盐水小。向盛有水的烧杯内加入 3 ~ 5g 粪便，调和直至获得稀薄稠度为止，将上述混合物过金属筛或者纱布滤到离心管中，离心 1 ~ 2min，弃上清。加入提前配制好的含有硫酸镁（每 1L 加 200g）的饱和氯化钠溶液。混合均匀后离心 1 ~ 2min，毛细线虫的虫卵就会悬浮于溶液的表面。使用金属环从上层液面取出液膜，放在载玻片上进行镜检。

6. 预防

做好鹅场清洁卫生工作，及时清理粪便并进行发酵消毒处理以杀灭虫卵，保持鹅舍内通风干燥。消灭鹅舍中蚯蚓，防止鹅群吞食蚯蚓。雏鹅出壳后应置于未感染毛细线虫病的地区育雏。对鹅群定期进行预防性驱虫，每隔 1 ~ 2 个月驱虫一次。

7. 治疗

只有在鹅大群流行鹅毛细线虫而且危害严重时，才应当进行全群驱虫。使用驱虫药物时应注意药物的种类和剂量，为避免大群中毒，可先在小群中确定投药种类和剂量，同时还应该考虑使用药物而造成的药物残留问题。

该病的治疗可用以下药物：甲氧啶，200mg/kg 体重，配成 10% 的水溶液，皮下注射或口服。或按每只鹅注射 25 ~ 50mg，24h 大多数虫体可被排出。或用甲苯咪唑，70 ~ 100mg/kg 体重，一次口服或混料喂服，对 6 日龄、12 日龄、24 日龄虫体有极高疗效。或用左咪唑：25mg/kg 体重饲喂，对 16 日龄以上幼虫及成虫有明显疗效，但对 3 ~ 10 日龄虫体无效。此时，可选用噻苯唑，按 0.1% 的量混饲，可驱除 13 日龄内幼虫。或用越霉素 A，35 ~ 40mg/kg 体重，一次口服。或按 0.05% ~ 0.5% 的比例混入饲料，拌匀后连喂 5 ~ 7d。

六、气管比翼线虫病

鹅气管比翼线虫病（syngamiasis）是一种由比翼科、比翼属的气管比翼线虫寄生于鹅的气管引

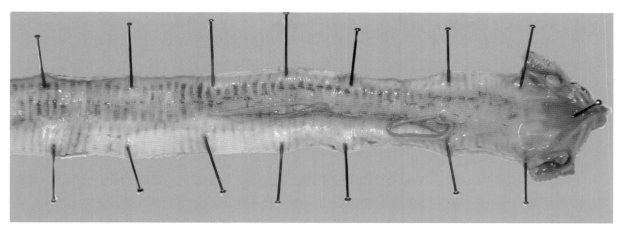

图 5-9　气管比翼线虫（刁有祥 供图）

起的呼吸系统疾病。患鹅呈张口呼吸症状，又称"开口病"，该病呈地方流行，主要侵害幼鹅。气管比翼线虫在寄生状态时，雌雄虫体总是交合在一起，故又名交合线虫病。该病多见于散养放牧鹅群，圈舍饲养鹅群发病极少。

1. 病原

气管比翼线虫虫体呈血红色，头端膨大呈半球形。口囊宽阔，呈杯状，基底部有 6~10 个三角形小齿。雌虫比雄虫大，雌虫体长为 7~20mm，其阴门位于体前部。雄虫虫体细小，体长仅为 2~4mm，雄虫交合伞厚，肋粗短，交合刺短小。雄虫以其交合伞附着于雌虫阴门部，永久保持交合状态，呈"Y"字形。其虫卵大小为（78~110）μm ×（43~46）μm，两端有透明的栓塞样的厚卵塞，内含 16~32 个卵细胞。

2. 生活史及流行病学

气管比翼线虫雌虫在寄生鹅的气管内产卵，虫卵随气管黏液进入口腔，随后经消化道，随粪便排出体外，此时的虫卵并不具有感染能力。虫卵在体外适宜温度（25℃左右）和湿度（80%~90%）下，虫卵经过两次蜕皮发育（约3d时间），形成感染性虫卵或形成外被囊鞘的感染性幼虫。在自然环境中，感染性虫卵、幼虫对外界抵抗力较差，仅可在土壤中存在 8~9 个月，但感染性幼虫或虫卵被贮藏宿主如蚯蚓、螺、蝇等无脊椎动物摄入后，虫体可在其肌肉内形成包囊，虫体不发育，但保持对禽类宿主的感染能力。包囊化的虫体可在蚯蚓体内保持感染力 4 年之久，在蜗牛、蛞蝓体内保持感染力 1 年以上。

鹅感染气管比翼线虫主要有三种途径：一是鹅吞食了感染性虫卵；二是鹅吞食了从卵内排出的感染性幼虫；三是鹅吞食了含有幼虫的储藏宿主造成感染。鹅感染后，幼虫钻入肠壁进入血液，经血液流经肺脏，在肺房内经过两次蜕皮，在感染后第 3 天，在肺房内形成第 4 期幼虫。之后幼虫移行至细支气管和支气管，在细支气管和支气管内形成第 5 期幼虫。感染后第 7 天，在气管内发育为成虫。感染后第 18 天，成虫发育至性成熟并开始产卵。

气管比翼线虫主要侵害幼鹅，幼鹅发病及死亡率较高，感染幼鹅死亡率最高可达 100%。成年鹅感染，主要成为带虫者，常不表现明显的临床症状，极少死亡，但成年鹅感染后排出的幼虫通过蚯蚓等，对鹅的感染力增强，会加剧该病的流行与扩散。

3. 症状

感染鹅食欲减退，生长不良，消瘦。感染严重的鹅只食欲减退至废绝，口腔内有泡沫性唾液，腹泻，排红色黏液性粪便，肛门部位羽毛沾污、粗乱。由于成虫寄生在气管、支气管黏膜，导致鹅只卡他性气管炎，分泌大量黏液，影响气管通畅。感染鹅表现呼吸困难，鹅只伸颈张口呼吸，此为该病特征性症状。患鹅常咳嗽或打喷嚏，头部左右摇甩，排出黏性分泌物。最后，感染鹅因衰竭或因虫体堵塞气管窒息而死，病程为 5 ~ 20d。

4. 病理变化

病鹅贫血、机体消瘦，剖检可见气管黏膜潮红、出血，有大量黏液，气管黏膜上可见虫体附着，虫体附着处周围呈卡他性坏死，严重病例可见气管被虫体堵塞。肺部呈炎性病变，严重感染时，肺部可见因幼虫移行引起的肺脏溢血、肺水肿、大叶性肺炎，且肺内有大量白色虫体。肠道弥漫性出血，特别是盲肠、直肠，肠壁黏膜上附着大量的红色虫体。其他组织器官无明显病理变化。

5. 诊断

根据病鹅呼吸困难、张口呼吸等症状，结合剖检检查气管黏膜病变可作出初步诊断。虫体检查，使用无菌棉签采集气管黏膜黏液，或打开口腔观察气管喉头部，或采集患鹅粪便用饱和盐水浮集法检查粪便中的虫卵。根据观察到的呈头圆口宽，口囊基底部有锯齿状小齿，雌雄交合附着的红色虫体，或两端有卵塞的椭圆形虫卵，可确诊气管比翼线虫感染。

6. 预防

加强饲养管理，雏鹅与成年鹅分群分运动场地饲养。运动场地应保持干燥，并有充足的阳光照射，阴雨天气应减少或避免舍外活动。按时清理鹅舍，保证鹅舍清洁卫生，按时对鹅舍进行消毒，鹅舍及用具可用 1% ~ 3% 的新洁尔灭消毒，运动场地可用 1% ~ 2% 的氢氧化钠消毒，鹅场粪便应及时清理，并进行发酵等无害化处理。

提高饲料质量，饲料中应适量添加维生素 A、B 族维生素和维生素 K，提高鹅只抗病能力。流行区域定期检查，可对鹅只粪便进行抽样镜检，发现虫卵应立即作驱虫处理，以确保杀灭病原，切断流行链，保障鹅群安全。驱虫时采用硫双二氯酚，100 ~ 200mg/kg 体重，一次内服。

7. 治疗

病鹅及时隔离，严格按照上述消毒处理方法处理运动场及病鹅粪便，以防病原扩散。健康鹅群应立即改放牧为舍饲，防止其接触病原。

使用 1:1 500 倍稀释碘液（1g 碘加 1.5g 碘化钾混合研磨成粉末后加水定容至 1 500mL），1 ~ 1.5mL/ 只，使用无针头的注射器将稀释后的碘液注入感染鹅气管内，连用 3d。或用塞苯唑，300 ~ 1 500mg/kg 体重，内服，连用 2 ~ 3 周。或用丙硫咪唑，混饲，25mg/kg 体重，并在饮水中添加 5% 脱脂奶粉和复合维生素，连续服用 3 ~ 5d。或用左旋咪唑，20 ~ 25mg/kg 体重，内服，连用 3d。也可以使用硫双二氯酚，混饲，40mg/kg 体重，并配合左旋咪唑饮水，30mg/kg 体重，连续服用 3 ~ 5d。

第六节　鹅吸虫病

鹅吸虫病是各种吸虫寄生在鹅的体内而引起的各种疾病的总称。与鹅生产有关的吸虫种类很多，对鹅养殖业的危害性较大。

一、嗜眼吸虫病

嗜眼吸虫病俗称眼吸虫病，是由多种嗜眼吸虫寄生于鹅的眼结膜而引起的寄生虫病。临床上常见于成年鹅，主要表现为眼结膜、瞬膜出现水肿、充血、流泪等现象，严重者可引起失明而导致采食困难并逐渐消瘦死亡。嗜眼吸虫病是一种危害鹅健康的常见吸虫病。

1. 病原

嗜眼吸虫病的病原是嗜眼吸虫，属于嗜眼科。嗜眼吸虫病主要寄生在禽类的结膜囊及泄殖腔，有时寄生于鸟类的肠道。嗜眼吸虫的虫体中等大小，口吸盘位于虫体的最顶端，腹吸盘很发达，位于虫体的前半部或者中部。虫体多数是长叶形，也有纺锤形和梨形。嗜眼吸虫病两条盲肠很长，一直可以延伸到虫体的末端，其生殖孔在肠分叉处附近，睾丸位于虫体的末端，前后、斜位或者并列分布。卵巢位于睾丸的前部，有内外贮精囊、劳氏管，子宫呈盘曲状，位于两个盲肠、腹吸盘和睾丸之间。虫卵没有卵盖，内含有带眼点的毛蚴，毛蚴内没有活动的雷蚴。

2. 生活史及流行病学

淡水螺为嗜眼吸虫的中间宿主，鹅等禽类为终末宿主。虫体寄生于眼结膜囊内，虫卵随眼分泌物排出，遇水立即孵化出毛蚴，毛蚴进入适宜的螺蛳体内，经发育后形成尾蚴，从毛蚴发育为尾蚴约需 3 个月。尾蚴主动地从螺蛳体内逸出，可在螺蛳外壳的体表或任何一种固体物的表面形成囊蚴，当含有囊蚴的螺蛳等被禽类吞食后即被感染。囊蚴在口腔和食道内脱囊逸出童虫，在 5d 内经鼻泪管移行到结膜囊内，约有一个发育成熟。含有囊蚴的螺蛳被鹅吞食是鹅感染嗜眼吸虫病的主要原因。

3. 症状

嗜眼吸虫虫体主要寄生在鹅的结膜囊和瞬膜。虫体的机械性刺激及本身分泌的毒素会使宿主的眼结膜充血、化脓、溃疡、眼睑肿大。轻度感染的家禽，可表现为消瘦和发育不良，重度感染的雏鹅可致失明，由于不能正常的采食而变得消瘦，羽毛粗乱，两腿瘫痪，严重的甚至死亡。

嗜眼吸虫大多吸附于内眼角瞬膜下，大多数患病鹅单侧眼有虫体，只有少数病例双眼患病。由于虫体机械性刺激并分泌毒素，患鹅病初流泪，眼结膜充血潮红，泪水在眼中形成许多泡沫，眼结膜和瞬膜水肿，虫体的刺激致使病禽用脚蹼不停地搔眼或头颈回顾翼下或背部将患眼揩擦。病鹅常双目紧闭，少数病例角膜出现点状混浊，或角膜表面形成溃疡，严重时双目失明，不能觅食，行走无力，离群，逐渐消瘦、瘫痪、衰竭死亡。早期病鹅症状不明显，流泪、眼结膜充血潮红，眼睑水肿，用脚搔眼，摇头弯颈用眼睛擦背羽，第 3 眼睑晦暗、增厚，呈树枝状充血或潮红，眼结膜有少量针状出血点，少数严重病例角膜深层有细小点状混浊，表面光滑晦暗，有的角膜形成溃疡，被黄色块状坏死物突出于眼睑之外。虫体较多的病鹅，日久可见精神沉郁，很快消瘦，产蛋鹅则产蛋减少，最后失明或并发其他疾病而死亡。

4. 病理变化

剖检可见部分病例眼结膜炎症出血，常伴有黏液或脓性分泌物。另外，可在患鹅眼角内的瞬膜处发现虫体，内脏器官无明显病变。

5. 诊断

检查病鹅的眼部是否有黏膜充血、眼睑肿大、化脓性溃疡等病变，可作出初步诊断。如果从患鹅的结膜囊内检出虫体便可以确诊为嗜眼吸虫病。实验室诊断方法为，取眼内虫体 1 条，置载玻片上，滴加生理盐水 1 滴，压片，置 10×10 显微镜下检查，虫体显淡黄色，半透明，前端较狭窄呈纺锤形，体表粗糙，长 × 宽为 3.0mm×（0.8~1）mm，睾丸两个，近似卵圆形，前后排列于卵巢后方，子宫内充满大量虫卵。

6. 预防

做好环境卫生工作，对鹅的生活区和活动区进行灭螺，消灭传播媒介，杜绝病原散播。做好消毒工作，对鹅舍和放牧场地用生石灰撒布。消灭中间宿主瘤拟黑螺；鹅饲料应该进行灭囊处理；在该病流行的季节应该防止鹅在水边放牧；对鹅应经常性的检查，发现病鹅及时驱虫。

在有该病发生的养鹅区，散养的鹅尽量不要在流行地段的水域中放养，若将水生作物（或螺蛳）作为饲料饲喂，应事先进行灭囊处理。

7. 治疗

应用 75% 酒精滴眼，将鹅体及头固定，右手用钝头金属细棒或眼科玻璃棒插入眼膜，向内眼角方向拨开瞬膜（俗称内衣），用药棉吸干泪液后，立即滴入 75% 酒精 4~6 滴。用此法滴眼驱虫，操作简便，可使病鹅症状很快消失，驱虫率可达 100%。酒精驱虫后有部分鹅眼睛出现暂时性充血，但不久即恢复正常，可在驱虫后用环丙沙星眼药水滴眼，有助于炎症的消除。

酒精驱虫后不要马上将鹅放入水塘中，防止鹅很快便将酒精洗去，而影响效果。由于场地及水塘的污染很难避免，故鹅驱虫后一段时间内可能再次感染，故应定期进行检查鹅的感染情况，以便在一定期间内进行一次全面的驱虫，确保鹅群的健康。

二、卷棘口吸虫病

卷棘口吸虫病是棘口科（Echinostomatidae）的各种吸虫引起鹅寄生虫病的统称。棘口类吸虫的种类非常多，分布也很广泛，对鹅有一定的危害。卷棘口吸虫主要寄生于鹅的大肠和小肠内，在胆管内偶尔也能见到虫体。我国江苏、浙江、福建、广东、广西、云南、四川以及天津等地的鹅，发病率较高。该病感染十分普遍，感染量不大时，可能不表现出明显症状，但可造成鹅的饲料报酬降低，生长速度较慢，免疫力下降等。如果感染量大时，可造成鹅的大量死亡。

1. 病原

卷棘口吸虫呈长叶状，体表有小刺，活时虫体呈淡红色，固定后虫体呈灰白色，长 7.6~12.6mm，宽 1.26~1.60mm。卷棘口吸虫头襟发达，大小为 0.54~0.78mm，具有头棘 37 个，其中两侧各有 5 个排列成簇，称为角刺。卷棘口吸虫的口吸盘位于虫体前端，小于腹吸盘，睾丸呈长椭圆形，前后排列，位于卵巢后方，贮精囊位于腹吸盘前，肠管分叉之间，生殖孔开口在腹吸盘的前方，卵巢呈圆形或扁圆形，位于虫体中央或中央稍前，向后发出输卵管，与子宫相接。子宫弯曲盘绕，分布在卵巢的前方，经腹吸盘下方向前通至生殖腔，子宫内充满虫卵。卷棘口吸虫的卵黄腺发达，分布在腹吸盘后方的两侧，伸达虫体后端，其虫卵椭圆形，金黄色，大小为（114～126）μm×（64～72）μm，前端有卵盖，内含一个胚细胞和很多卵黄细胞。

卷棘口吸虫分布于世界各地，在我国除了青海、西藏以外，其他地区均有报道。国内有人对这种吸虫的染色体核型进行研究，通过观察30个染色体分散较好的细胞，发现其染色体数目均为18，因此可确定卷棘口吸虫的染色体数目为2n=18。

2. 生活史及流行病学

棘口科吸虫的发育一般需要两个中间宿主。第一中间宿主为淡水螺类，第二中间宿主有淡水螺类、蛙类及淡水鱼，终末宿主为鹅类。

成虫寄生在鹅的直肠或盲肠中，虫卵随粪便排至外界，落于水中的虫卵在31～32℃的温度下，只需10d即孵出毛蚴。毛蚴游于水中，遇到第一中间宿主时，即侵入其体内，在30℃温度下，经4d形成胞蚴。胞蚴在螺的心室中，经7d成熟，内含母雷蚴，第9天母雷蚴脱囊而出，随其发育过程而向螺的消化腺及心腔移动，15d后母雷蚴成熟，内含子雷蚴，32d后子雷蚴成熟，内含成熟尾蚴。尾蚴成熟后离开螺体，游到水中，如遇第二中间宿主，即侵入其体内，尾部脱落而形成囊蚴，但也有成熟尾蚴不离开螺体直接形成囊蚴的情况。囊蚴呈圆形或扁圆形，被有透明的囊壁。终末宿主吞吃含有囊蚴的螺蛳、蝌蚪、蚬等而感染。囊蚴进入动物的消化道后，囊壁被消化液溶解，童虫脱囊而出，吸附在终末宿主的直肠和盲肠上发育为成虫。感染后16～22d，虫体成熟，排出虫卵。该病在我国广泛流行，尤其是南方。据报道，福建鹅的感染率在26%左右，感染强度是1～40；昆明鹅类的感染率大约为57%，感染强度是1～20；广东的鹅感染率在40%以上，感染强度是1～56，严重病例的达137。由于鹅水塘放养时，经常能够采食到水草、螺蛳、浮萍等，螺蛳经常和水草伴生，有的地区更有用螺蛳饲喂鹅的习惯，从而造成鹅广泛感染该病。

3. 症状

虫体寄生的数量少时，对鹅的危害并不严重。病鹅表现为生长不良，瘦弱，蹲伏于岸边或浮于水面上，不愿活动。雏鹅严重感染时，由于虫体吸收了大量的营养物质及分泌了很多的毒素，使鹅的消化机能发生障碍，可引起患鹅的食欲下降、下痢，消化不良，粪便中混有黏液，排白色或红色稀粪，鹅体消瘦，贫血，生长发育受阻，甚至停滞，严重的病例会因机体衰竭而死亡。

4. 病理变化

卷棘口吸虫对雏鹅的危害较为严重。由于虫体的机械性刺激和毒素作用，使消化机能障碍，食欲减退，下痢，贫血，消瘦，生长发育受阻，严重的因极度衰弱而死亡。

由于虫体的吸盘、头棘和体棘的刺激，剖检可见患鹅有出血性肠炎，许多虫体附在直肠和盲肠黏膜上，引起黏膜的损伤和出血。患鹅的肠黏膜被破坏，引起肠壁炎症，肠道有点状出血，肠内容物充满黏液，并可在肠黏膜上发现大量虫体。病鹅严重脱水，消瘦，肝充血，胆囊肿胀，肠腔充满卡他性黏液，空肠段可见黑褐色、条状血凝块，肠壁变薄。剖开鹅的肠道可见小肠、盲肠、直肠中有很多密集的、粉红色细叶状的虫体，虫体的一端埋入肠黏膜内，且吸附部位有溃疡，用镊子用力将虫体夹起，可见有口钩样东西紧紧地叮在肠壁上。其他脏器无肉眼可见病变。

5. 诊断

该病可通过剖检发现虫体确诊，或生前粪便检查获得虫卵作出诊断，也可以用直接涂片法或者离心沉淀法进行确诊。

用生理盐水冲洗虫体，然后滴上甘油压片镜检。虫体呈长叶状，长为7.6～12.6mm、宽为

1~2mm，体表有小棘；活时虫体呈淡红色或淡黄色，虫体的前端有头冠，头冠上有多个头棘，在头冠的两侧各有腹角棘5枚；口吸盘位于虫体的前端，小于腹吸盘，睾丸呈长椭圆形，前后排列于卵巢后方，卵巢呈圆形或扁圆形位于虫体中部，子宫弯曲在卵巢的前方，内充满虫卵，卵黄腺发达，分布在腹吸盘后方的两侧，伸达虫体后端。根据镜检可确定此虫为卷棘口吸虫。

6. 预防

在流行区，对患病的鹅有计划地进行驱虫，驱出的虫体和排出的粪便应严加处理，做堆积发酵，杀灭虫卵。改良土壤，施用化学药物消灭中间宿主。因螺类经常夹杂在水草中，所以不要用浮萍或者水草作为饲料，不要用生鱼和蝌蚪及贝类等做饲料饲喂鹅群，以防止感染。

7. 治疗

氯硝柳胺，100~200mg/kg体重，一次口服。或用丙硫咪唑，15mg/kg体重，一次口服。或吡喹酮，10mg/kg体重，一次口服。或用硫双二氯酚150~200mg/kg体重，可以将粉剂拌在饲料中饲喂。或用槟榔煎剂：槟榔粉50g，加水1 000mL，煮沸制成槟榔液，按7~12/kg体重的剂量，用细胶管插入食道内灌服或食道膨大部内注射。

发病后要加强饲养管理，改善饲料营养，将鹅群转移至流动水域喂养，在选用以上药物的同时给予环丙沙星等抗菌药饮水或拌料，以治疗肠炎和预防继发感染。另外，添加多种维生素，可促进快速康复。

三、气管吸虫病

禽类气管吸虫病主要病原是禽舟形嗜气管吸虫，其主要侵害鸭、鹅和野生水禽，寄生在水禽的气管中。虫体肉红色，长为6~12mm，宽为3~4mm，呈船形。鹅被禽舟形嗜气管吸虫轻度侵害时，首先是影响生长发育和生产性能的发挥，继而发生气喘、咳嗽，并逐渐加剧，虫体阻塞气管时呼吸困难。

1. 病原

舟形嗜气管吸虫主要寄生于鹅的气管、支气管，也偶见于鼻腔。舟形嗜气管吸虫虫体扁平、椭圆形，两端钝圆，活时虫体呈暗红色或粉红色，大小为（6.0~11.5）×（2.5~4.5）mm，无口、腹吸盘，口孔位于体前端，咽圆球形，食道短，两根肠管在体后合并成"肠弧"，肠管内侧有许多盲突。

舟形嗜气管吸虫虫卵呈卵圆形，具卵盖，大小为122μm×63μm，卵内含毛蚴，毛蚴具黑色眼点并含有雷蚴。虫体扁平，新鲜虫体呈棕褐色，长6~12mm，宽3~7mm，前端稍宽于后端，朝向虫体的后方渐渐地狭小而末端钝圆。口吸盘不明显，腹吸盘缺乏，口孔距前端约0.3mm，生殖孔开口于口孔稍后方，食道很短，消化道发达，肠管与体的侧缘平行。舟形嗜气管吸虫的生殖器官位于虫体的后部肠节之内，睾丸呈圆形，边缘整齐，其横径为0.3mm，一个睾丸位于虫体中线，以其后缘与肠弓之内缘相毗连，另一个位于外侧右前方。卵巢比睾丸稍大，边缘完整，呈圆形或椭圆形，横径为0.4mm左右，其位置与前睾丸在同一水平线上，在一般情况下这三个性腺呈等腰三角形。舟形嗜气管吸虫子宫发达，充满于全部肠干所围绕的空隙，卵黄腺很发达，开始于咽头，它的主干接于肠枝的外缘和虫体侧缘之间的空隙，终于虫体后端。

2. 生活史及流行病学

舟形嗜气管吸虫的发育需要中间宿主。中间宿主主要为扁卷螺科（Planorbidae）的淡水螺，如尖口圆扁螺、半球多脉扁螺和凸旋螺，这3种为国内证实的中间宿主。发育阶段包括虫卵、毛蚴、雷蚴、尾蚴、囊蚴和成虫。成虫寄生于鹅的气管和支气管，产出的虫卵随黏液进入口腔，被吞咽而随终末宿主粪便排至外界，落入水中孵出毛蚴，毛蚴体内含有一个活泼的雷蚴。在水中游泳的毛蚴遇到扁卷螺就附着于螺体表皮上，体内的雷蚴侵入螺体并移行至螺的围心腔中定居，雷蚴仅一代，体内形成尾蚴。发育成熟的尾蚴从雷蚴的产孔钻出，就在原螺的围心腔壁组织附近形成囊蚴。当鹅类宿主吞食了带有囊蚴的扁卷螺后，童虫在鹅的小肠中脱囊而出，穿过肠壁进入腹腔，经胸部气囊8~9d后进入气管，逐渐发育为成虫，在成虫子宫中即含有体内已有活泼雷蚴的成熟毛蚴，童虫在鹅体内发育至性成熟只需1个月左右。

当虫体刺激鹅气管黏膜，引起分泌物增多，虫体及大量黏液造成鹅呼吸道的阻塞，患鹅咳嗽、气喘、伸颈张口呼吸，少数病鹅躯体两侧和颈部皮下发生气肿。大量虫体寄生时，则可引起窒息死亡。解剖可见咽喉及气管黏膜充血，分泌物增多，气管中有虫体。成虫在鹅气管内产卵，卵与痰随食物进入消化道并随粪排出体外。在外界环境中毛蚴从卵中逸出进入锥实螺和扁卷螺（中间宿主）体内，发育成尾蚴和囊蚴，鹅吃进有囊蚴的螺而被感染。

气管吸虫主要感染放养在水面的鹅，该病从感染至发病为2~3个月。该病多发生于青年和成年鹅，尤其是地方品系的鹅，由于饲养周期长，多为水面放养模式，因此，感染的几率更高。该病主要影响患鹅的生长和产蛋性能，病死率为3%~5%，耐过或症状较轻的患鹅成为该病的传染源。

3. 症状

患鹅主要表现为精神沉郁，喜卧地，不愿走动，强行赶走行动极慢、无力、跛行，食欲减少，伸颈摇头，放水时病鹅不愿拍水。雌鹅鸣叫似雄鸭叫声，或鸣叫声嘶哑，甚至无声，急促气喘，鼻孔里有较多的黏液流出。病鹅消瘦，羽毛无光泽，产蛋率显著下降二至三成，严重时呼吸困难，张口呼吸，有时头颈部肿胀，最后窒息、陆续死亡。该病发病初期可见轻微咳嗽和气喘，随着病程的发展，症状不断加重。患鹅精神萎靡，食欲减退，常卧地不起，不愿走动。严重病例伸颈张口呼吸，摇头、咳嗽，呼吸困难，鼻腔内有较多的黏液流出，少数患鹅因上呼吸道堵塞而窒息死亡。多数患鹅精神沉郁，食欲减退至废绝，表现出渐进性消瘦、贫血，生长发育受阻，打开病死鹅口腔有时可见咽喉部有虫体。

4. 病理变化

气管吸虫病主要病变集中在鹅呼吸道，在鹅鼻腔上部、气管和支气管的黏膜上吸附深红色、体扁平、长椭圆的吸虫。气管内有扁平、棕红色、大小形状似黄瓜籽样的虫体。气管呼吸道严重炎症，黏膜潮红充血、黏液增多，有散在出血斑点。用镊子取下虫体，吸附处黏膜出血斑点颜色更加鲜红，虫体两端翘起，向气管深部不断蠕动，肝脏明显肿大，颜色呈黑褐色，表面有粟粒至黄豆大白色坏死灶，肺部有明显炎症。

5. 诊断

结合流行病学，临床检查发现患鹅伸颈张口，走近鹅群则可听到"哈、哈"声，若人为打开口腔，刺激咽喉，有时会咳出虫体。叩诊胸背、腹部及至两腿部呈浊鼓音。可初步诊断为鹅舟形嗜气管吸虫病。

此外，可结合病理剖检及发现虫体最终确诊。剖检鹅呼吸道可见黏膜潮红充血、黏液增多，有散在出血斑点，并在气管中发现1~3条扁平、棕红色、大小形状似黄瓜籽样的虫体，根据镜检可确定此虫为舟形嗜气管吸虫。

6. 预防

消灭中间宿主，捕捞锥实螺，尽量减少锥实螺总体数量。捕捞到的螺煮熟后喂鹅，禁止食用生螺。水塘投放 1：50 000 硫酸铜或生石灰，消灭锥实螺。可结合农田基本建设，减少滋生环境或用灭螺药灭螺。

尽量避免在不安全的水域放牧鹅群。处理鹅粪，从鹅舍清扫出来的粪便应堆积发酵，以杀死虫卵。及时治疗鹅病，减少病原的传播。

7. 治疗

病鹅用 0.15% 的碘液直接气管注入，1.5mL/ 只，间隔两天后，每只鹅再注入 1 次，同时给予一定量的青霉素于饮水中。或用 1% 碘溶液气管内注射，每只病鹅注射 1mL。或口服吡喹酮，按 12mg/kg 体重计算，拌料饲喂一次。或用丙硫苯咪唑，30mg/kg 体重，投服 7h 开始排虫，16h 达高潮，32h 排完。或用硫双二氯酚（别丁），100 ~ 200mg/kg 体重，内服，当剂量稍大时，有些鹅会出现腹泻、精神沉郁、食欲减少、产蛋下降等副作用，但数日内可逐渐恢复。

四、前殖吸虫病

前殖吸虫病是由前殖科（Prosthogonimidae）、前殖属（Prosthogonimus）的多种吸虫寄生于鸡、鸭、鹅等禽类、鸟类的直肠、泄殖腔、腔上囊和输卵管内引起的，常导致母禽产蛋异常，甚至死亡。鹅前殖吸虫病的病原体是前殖吸虫，散养在近水，特别是静水地区的鹅最易被感染。该病对鹅产蛋和健康影响很大，并可致死。一般认为有 6 种前殖吸虫有致病力，其中致病力最强、传播最广的是卵圆前殖吸虫和楔形前殖吸虫。

1. 病原

病原体较常见的有下列 5 种：卵圆前殖吸虫、透明前殖吸虫、楔形前殖吸虫、鲁氏前殖吸虫、家鸭前殖吸虫。

卵圆前殖吸虫体扁，呈梨形，前端狭窄，后端钝圆，体表有小棘，长 3 ~ 6mm，宽 1 ~ 2mm。其口吸盘呈椭圆形，位于虫体前端，长 0.15 ~ 0.17mm，宽 0.17 ~ 0.21mm，腹吸盘位于虫体前 1/3 处，长 0.4mm，宽 0.36 ~ 0.48mm。卵圆前殖吸虫前咽不发达，咽小，直径 0.10 ~ 0.16mm，食道长 0.25 ~ 0.4mm，盲肠末端终止于虫体后 1/4 处。睾丸 2 个，呈椭圆形，不分叶，位于虫体的后半部，卵巢位于腹吸盘的背面，分叶。其卵黄腺位于虫体的两侧，前起于肠管分叉部的稍后方，向后到达睾丸后缘，子宫环不但越出肠管，其上行支还分布于腹吸盘与肠之间，形成腹吸盘环，子宫颈与雄茎并列，生殖孔开口于口吸盘的左侧，其虫卵较小，壳薄，大小为（22 ~ 24）μm×13μm。

楔形前殖吸虫呈梨形，长 2.89 ~ 7.14mm，宽 1.7 ~ 3.71mm，口吸盘的大小为（0.32 ~ 0.50）mm×（0.30 ~ 0.48）mm，腹吸盘的大小为（0.54 ~ 0.81）mm×（0.52 ~ 0.81）mm。其咽呈球状，大小为（0.14 ~ 0.20）mm×（0.14 ~ 0.22）mm，盲肠末端伸达虫体后部 1/5 处，睾丸呈卵圆形，大小为（0.52 ~ 0.97）mm×（0.30 ~ 0.60）mm，卵巢有 3 叶以上，卵黄腺自腹吸盘向后，伸达睾丸之后，每侧 7 ~ 8 簇，子宫越出盲肠之外，虫卵（22 ~ 28）μm×13μm。

透明前殖吸虫呈椭圆形，体表小，棘仅分布在虫体前半部，体长 5.86 ~ 9.0mm，宽 2.0 ~ 4.0mm，口吸盘近圆形，大小为（0.63 ~ 0.83）mm×（0.59 ~ 0.90）mm。腹吸盘圆形，直径为 0.77 ~ 0.85mm。透明前殖吸虫盲肠的末端伸达虫体后部，有两个睾丸，呈卵圆形，左右并列或者稍微斜着排列于虫体中央两侧，大小为（0.67～1.03）mm×（0.48～0.79）mm。其卵巢有 3～4 叶，位于睾丸前缘与腹吸盘之间；排泄管呈 Y 形，排泄孔在虫体的末端；雄茎囊弯曲于口吸盘与食道的左侧；卵黄腺分布于腹吸盘后缘与睾丸后缘之间的虫体两侧，后端终于睾丸之后。子宫呈盘曲状态，分布于腹吸盘和睾丸后的广大空隙内，其充满虫体的大部，内部含有大量的虫卵。虫卵与卵圆前殖吸虫卵基本相似，为深褐色，一端具有卵盖，另一端有小刺，大小为（26～32）μm×（10～15）μm。

鲁氏前殖吸虫呈圆形，长 1.35～5.75mm，宽 1.2～3.0mm，口吸盘大小为（0.18～0.39）mm×（0.20～0.36）mm，腹吸盘大小为（0.45～0.77）mm×（0.45～0.80）mm，咽大小为（0.16～0.17）mm×（0.15～0.18）mm，食道长 0.26mm。其睾丸位于虫体中部的两侧，大小为（0.4～0.5）mm×（0.24～0.27）mm，贮精囊伸过肠支，卵巢分为 5 叶，卵黄腺前端起自腹吸盘，后端越过睾丸，伸达肠管的末端，子宫分布于两盲肠之间，虫卵大小为（24～30）mm×（12～15）μm。

家鸭前殖吸虫呈梨形，大小为 3.8mm×2.3mm，口吸盘 0.33mm×0.44mm，与腹吸盘的比例为 1：1.5，咽 0.13mm×0.15mm，盲肠的末端在虫体后 1/4 处。睾丸大小为 0.27～0.21mm，贮精囊窦状，伸达肠支与腹吸盘之间，卵巢小，有 5 叶，位于腹吸盘与睾丸之间。家鸭前殖吸虫的卵黄腺每侧有 7 簇，子宫环不越出肠管，虫卵大小为 23μm×13μm。

前殖吸虫虫体呈棕红色，呈扁平梨形或卵圆形，体长 3～6mm，宽 1～2mm，口吸盘位于虫体前端，腹吸盘在肠管分叉之后。其两个椭圆或卵圆形睾丸，左右并列于虫体中部两侧，卵巢分叶，子宫有下行支和上行支，生殖孔开口于虫体前端口吸盘左侧，虫卵呈棕褐色，椭圆形，一端有卵盖，另一端有一小突起，内含一个胚细胞和许多卵黄细胞，虫卵大小为（22～29）μm×（12～15）μm。本虫要经过两个中间宿主。前殖吸虫寄生于成年鹅的输卵管和雏鹅的腔上囊或直肠内，虫卵随粪便排出，落入水中，被某些淡水螺蛳（第一中间宿主）吞食，在其体内孵化为毛蚴，然后发育成许多尾蚴，离开螺蛳到水中游动。遇到蜻蜓幼虫（第二中间宿主），即钻入它们的体内变成囊蚴，当蜻蜓幼虫发育成蜻蜓时，囊蚴仍留在蜻蜓体内。鹅吃了含有蚴的蜻蜓或蜻蜓幼虫时，便容易感染前殖吸虫病。在鹅的消化道内，囊蚴的囊壁被消化掉，里面的幼虫就出来沿着肠管向下移动，到达腔上囊、输卵管或直肠中，发育成成虫。前殖吸虫感染鹅的概率为 17.3%，前殖吸虫病是由前殖吸虫寄生于鹅的输卵管、法氏囊、泄殖腔及直肠所引起的疾病，感染群比正常群的产蛋量下降 10%～15%。

2. 生活史及流行病学

前殖吸虫病多为地方流行，其流行季节与蜻蜓出现的季节是一致的。每年的 5—6 月蜻蜓的稚虫聚集在水池岸旁，并爬到水草上变为成虫。农村多放养鹅，在水边易感染此病。夏秋季天气变化或台风过后，蜻蜓群飞，鹅常去捕食蜻蜓，感染的机会也较多，这是造成前殖吸虫病流行的主要因素。在我国江湖河流交错的地区适宜于各种淡水螺的滋生和蜻蜓的繁殖，当被吸虫感染的鹅在水边放养或鹅下水时，虫体的虫卵可以随动物的粪便排入水中，从而造成该病的自然流行。

前殖吸虫寄生在鹅的输卵管内，虫体的吸盘和体表的小刺可刺激输卵管黏膜并破坏腺体的正常机能。最初可破坏壳腺的机能，使石灰质的产生加强或停止，然后破坏白腺的功能，引起蛋白分泌过多。因蛋白积聚的刺激，扰乱输卵管的收缩，影响卵的通过而产生畸形蛋、软壳蛋、无壳蛋或排出石灰质等。由于输卵管炎症的加剧，严重时可能导致输卵管壁破裂，卵子、蛋白质或石灰质落入腹腔，引起腹膜炎而死亡。鹅被寄生后可以产生免疫力，当第二次感染时，虫体即离开输卵管，随卵黄经输卵管的卵黄腺部分与蛋白一起，包入蛋内，所以鹅蛋内常见有前殖吸虫存在。

3. 症状

患鹅病初无明显症状，产蛋鹅产薄壳蛋，产蛋量减少或产蛋停止，有的病鹅因蛋未产出前就已破裂，可见蛋黄和蛋清流出。当前殖吸虫破坏输卵管的黏膜和分泌蛋白及蛋壳的腺体时，可见病鹅腹部膨大，下垂，产畸形蛋（无壳蛋、软蛋、无黄蛋），并见有石灰样液体从泄殖腔流出。鹅步态不稳，常卧伏，后期病鹅精神萎靡，食欲不振，消瘦，体温升高可达43℃，渴欲增加，腹部压痛，泄殖腔突出，肛门周边潮红，病情严重的，特别是诱发腹膜炎的，3～5d内死亡。

4. 病理变化

患鹅剖检主要病变表现为鹅输卵管炎和泄殖腔炎，黏膜充血、肿胀、增厚，在管壁上可发现红色的虫体，有的输卵管破裂引起卵黄性腹膜炎，并可见外形皱褶、不整齐、内容物变质的卵子。腹腔中有多量黄色混浊的渗出液，并可见脏器粘连。

5. 诊断

根据鹅排畸形蛋、变形蛋、变质蛋及剖检时的输卵管炎症，输卵管黏膜充血、肿胀、增厚，卵黄性腹膜炎等病变，结合流行季节作出初步诊断。用反复水洗沉淀法镜检病鹅粪便发现虫卵，在输卵管等处发现虫体即可确诊。或进行粪便检查寻找虫卵。

（1）挑起米粒大小的乳白色虫体，在显微镜下观察，可见虫体扁平，长为3～5mm，宽约2mm，外观呈梨形或卵圆形，前端狭窄、后端钝圆，虫体颜色呈棕红色，较透明，内部器官清晰可见，口吸盘位于虫体前端，呈椭圆形，腹吸盘位于虫体中前部，两个椭圆或卵圆形睾丸，左右并列于虫体中部两侧。

（2）采集患鹅粪便，用粪便水洗沉淀法检查虫卵，在40倍显微镜下观察，可见到大量虫卵，呈棕褐色，椭圆形，前端有卵盖，后端有一小突起，大小为（0.022～0.025）nm×（0.012～0.015）nm。

6. 预防

对前殖吸虫病流行的地区或农场，根据该病出现的季节，进行预防性驱虫。消灭第一中间宿主淡水螺，即在周围的池塘、沟渠定时灭螺，防止鹅啄食第二中间宿主蜻蜓及其幼虫。粪便要勤清理，并通过发酵处理，杀死虫卵后再被利用。经常检疫，发现病鹅应立即隔离驱虫，减少环境污染。在不安全的农场或鹅场内的鹅群，每3个月普查一次，发现病鹅，立即进行隔离驱虫。

7. 治疗

四氯化碳，每只鹅2～3mL，以小胶管插入食道灌服，或直接用注射器注入食道膨大部。投药后18～20h，可见有虫体排出，并延续3～5d。服药后，其恢复期的长短视病情轻重而异。需要注意的是，本处方对发病初期患鹅治疗效果显著，但对发病严重的患鹅，治疗效果不佳。或丙硫苯咪唑，30mg/kg体重，投服7h开始排虫，16h达高潮，32h可排完。或用硫双二氯酚（别丁），100～200mg/kg体重，内服，当剂量稍大时，有些鹅会出现腹泻、精神沉郁、食欲减少、产蛋下降等副作用，但数日内可逐渐恢复。

第七节 虱 病

虱是鹅常见的外寄生虫，属于节肢动物门，昆虫纲，食毛目。它们以鹅的皮屑和羽毛为食，常寄生于鹅的体表、附着在羽毛或绒毛上，致使鹅体出现奇痒。寄生数量多时，病鹅瘦弱，羽毛脱落，生长发育阻滞，产蛋量下降，严重影响鹅群健康和生产性能，常造成很大的经济损失。

一、病原

虱个体较小，一般体长 1 ~ 5mm，呈淡黄色或淡灰色，由头、胸、腹三部组成，咀嚼式口器，头部一般比胸部宽，上有一对触角，由 3 ~ 5 节组成。有 3 对足，无翅。虱的种类很多，寄生于鹅的有：细鹅虱（Anaticola anseris，slender goose louse），鹅巨虱（鹅巨羽虱 Trinoton anserinum，鹅体虱 goose body louse）等。

二、生活史及流行病学

虱的一生均在鹅体上度过，属永久性寄生虫，其发育为不完全变态，所产虫卵常簇结成块，黏附于羽毛上，经 5 ~ 8d 孵化为稚虫，外形与成虫相似，在 2 ~ 3 周内经 3 ~ 5 次蜕皮变为成虫。虱的寿命只有几个月，一旦离开宿主，它们只能存活数天。

鹅虱主要靠直接接触传染，传播很快，往往整群传染。鹅虱一年四季均存在，特别在冬春季大量繁殖。鹅虱以啮食鹅的羽毛和皮屑为生，有时也吞食皮肤损伤部的血液。母鹅抱窝时，由于鹅舍狭小，舍地潮湿，也常耳内生虱。圈养鹅、产蛋鹅较易感染，而常下水的鹅及肉用鹅不易感染。环境因素如鹅舍太小，过于拥挤；鹅舍卫生条件差，公共用具未消毒使用等；季节因素如冬春季节鹅的绒毛浓密，体表温度较高，适宜虱的发育和繁殖，易造成该病的流行。

三、症状

虱寄生在鹅的体表，以鹅的羽毛和皮屑为食，甚至吸食鹅血液对机体产生不良刺激，导致皮肤奇痒。严重感染时，病鹅会由于严重瘙痒而明显不安，精神沉郁，食欲不振，贫血消瘦，羽绒脱落，产蛋量下降，母鹅抱窝孵蛋受到影响。用手翻开鹅耳旁羽毛，可见耳内有黄色虱子，甚至全身毛根下、皮肤上都有黄色虱子。如不及时治疗，10d 内可使鹅致死。

四、诊断

参照临床症状，取鹅的羽毛及毛根进行实验室检查时，可见到淡黄色或淡灰色的虫体。虫体扁平呈长椭圆形，分头、胸、腹三部分，3 对足，无翅，咀嚼式口器。雄虫体长 3 ~ 5mm，雌虫体长 4 ~ 5mm，全身生有密毛，腹部各节有明显的横带。其大小不一，数量不等。其他部位，如外耳道、颈部也有少量虫体。通过查到的虱及其卵，即可确诊为鹅虱病。

五、预防

养鹅场应制定严格的卫生消毒和疾病防疫制度，做好场舍和用具的消毒工作及疾病的预防检疫工作，减少疾病的发生概率，防止野禽和鹅接触，绝不能将有虱子的鹅放入无虱的鹅群中。新引进种鹅时，要进行严格的检疫，如发现感染了虱，要隔离治疗，待痊愈后，方可混群饲养。

养鹅场如发现流行鹅虱，要进行彻底的消毒。对墙壁、栏梁、饲槽、饮水器及工具等要用 0.03% 除虫菊酯，或用 0.5% 杀螟松喷洒。也可用 2%～3% 氢氧化钠（烧碱溶液）喷洒消毒。用喷枪进行火焰消毒，效果也很好。

六、治疗

内服阿维菌素，1～3mg/kg 体重，一次内服，15～20d 再服一次，有良好治疗效果。或用 0.2% 敌百虫或 0.3% 杀灭菊酯晚上喷洒鹅体羽毛表面，当虱夜间从羽毛中外出活动时沾上药物即被杀死。

如果病鹅发生比较严重的感染，可按体重皮下注射 0.2 mg/kg 灭虫丁（伊维菌素）注射液，但要在宰前 28 d 开始停药。

对于颊白羽虱可用 0.1% 敌百虫滴入鹅外耳道，涂擦于鹅颈部、羽翼下杀灭鹅虱。

第八节　蜱　病

蜱是大型的螨，属于蜱螨目（Acarina）、蜱总科（I×odoidae）。蜱虫感染鹅体后可引起产蛋鹅产蛋量降低（这与贫血有关，但也可能是由蜱产生的毒素物质所致），患鹅由于失血可导致死亡。

一、病原

蜱有一对靠着基节后部或侧方的卵圆形或肾形气门，口下板演化成一个穿刺器官，其上生有弯曲的逆齿，在第一对腿的跗节上有一个穴窝样感觉器官，称哈氏器。大多数蜱未饱血的成虫长 2～4mm，但饱血的雌蜱可达 10mm 以上。未饱血的幼虫与螨的成虫大小相似，寄居于鹅舍的蜱，属于软蜱科（Argasidae）的软蜱，这些蜱无盾板（背盾板）。脾除去幼虫以外，其余各生活阶段都是间歇性吸血。表皮呈革质，有皱纹及细颗粒。假头位于靠近躯体前缘的腹面。Cooley 和 Kohls 及 Diamant 和 Strickland 所编的鉴定检索表对确定北美蜱种最为有用。

软蜱体扁平，稍呈长椭圆形或长圆形，淡灰色、灰黄色或淡褐色。雌雄形态相似，吸血后迅速膨胀。最显著的特征是：躯体背面无盾板，由有弹性的革状外皮构成，上或有乳头状、颗粒状结构，或有圆的凹陷，或呈星形的皱褶。假头位于虫体前端的腹面（幼虫除外），隐于虫体前端之下。假头基小，无孔区。须肢是游离的，不紧贴于螯肢和口下板两侧，各节均为圆柱状，末数节常向后下弯曲；末节不隐缩。口下板不发达，齿亦小。螯肢的结构与硬蜱同。气门一对，居于第四基节之前。大多数无眼，如有眼，则居于第 2 ~ 3 对足之间的外侧。生殖孔和肛门的位置与硬蜱相似。腹面无几丁质板。背、腹面有各种沟。腹面有生殖沟、肛前沟和肛后沟。足的跗节背面生有瘤突，第 1、4 对足的瘤突数目，大小是分类的依据。沿基节内、外两侧有褶突，内侧为基节褶，外侧为基节上褶。幼虫有足三对，虫体接近圆形，假头突出，无圆窝和颊叶，跗节上的瘤突不明显。

二、生活史及流行病学

软蜱的发育包括卵、幼虫、若虫和成虫四个阶段，其中若虫阶段有 1 ~ 7 期，由最后一个若虫变为成虫。由虫卵孵出幼虫，在温暖季节需 6 ~ 10d，凉爽季节约需 3 个月。幼虫在 4 ~ 5 日龄时寻找宿主吸血，吸血 4 ~ 5 次后离开宿主，经 3 ~ 9d 蜕皮变为第一期若虫，其寻找宿主吸血 10 ~ 45min 后，离开宿主隐藏 5 ~ 8d，蜕皮后变为第二期若虫；第二期若虫在 5 ~ 15d 内吸血，在吸血 15 ~ 75min 后，隐藏 12 ~ 15d 蜕化为成虫。大约 1 周后，雌虫和雄虫交配，之后 3 ~ 5d 雌虫产卵。整个发育过程需 1 ~ 12 个月，其各活跃期均有长期耐饿能力，软蜱的寿命可达 15 ~ 25 年。蜱虫白天隐匿于鹅的窝巢、房舍及其附近的砖石下或树木的缝隙内，夜间活动和侵袭鹅体吸血，但幼虫的活动不受昼夜限制。软蜱的各活跃期都是鹅螺旋体病病原体的传播者，并可作为布氏杆菌病、炭疽和麻风病等病原体的带菌者。

蜱虫吸血常在夜间进行，只有吸血时才会附着在鹅体上，附着时间可达 5 ~ 6d，完成吸血后离开鹅体，藏在鹅舍的墙壁、柱子、巢窝等缝隙里。

三、症状

蜱虫在侵袭鹅后，通常寄生在体毛较短的部位，如耳朵、眼皮、前胸、前后肢内侧以及肛门周围等，并进行叮咬，同时将口腔刺入皮肤吸取血液。通常是由一只雌蜱在病鹅体表叮咬形成一个伤口后，吸引多只雄蜱在该处进行吸血。当聚集大量蜱虫吸血时，会损害皮肤，并伴有创痛和剧痒，导致机体烦躁不安，且促使伤口部位组织发生水肿、出血，皮肤明显肥厚。有时还能够继发感染细菌，导致伤口发生肿胀、化脓以及蜂窝组织炎等。如果小鹅感染大量蜱虫，由于被吸取大量血液，再加上蜱虫唾液内所含的毒素侵入体内，导致造血器官被破坏，使红细胞发生溶解，引起恶性贫血。另外，由于某些蜱虫唾液内的毒素还能够引起麻痹及神经症状，从而出现"蜱瘫痪"。如果病鹅长时间寄生有大量蜱虫，在以上损伤和毒害作用下，会导致贫血、机体衰弱、发育不良、逐渐消瘦等。

四、诊断

蜱叮咬后临床症状轻重差异很大，有时与其他昆虫叮咬难以区分，必须在鹅体表发现虫体才能确诊。

五、预防

由于蜱的种类多分布广，生活习性多样，能侵袭鸟类、爬行类和哺乳类等多种宿主，所以应在充分调查研究蜱的生活习性（蜱滋生的场所、寄生部位、消长规律、宿主范围等）的基础上，发动群众、因地制宜地采取综合性预防措施，比如，定期修理鹅舍、堵塞所有的裂口和缝隙并进行粉刷，定期清除垃圾和灰尘等都能起到良好的预防效果。

六、治疗

利用控制蜱来达到防治蜱传病是目前较为根本的方法。关于防制软蜱的生物学方法，国外近年来研究出一种灭蜱的新途径，对软蜱的效果较好。其方法是将苏云金杆菌（Bac.thuringiensis var.palleriae）的制剂—内晶菌灵（Entobacterin），涂洒于鹅体表，对波斯锐缘蜱的致死率达70%～90%；1970年以后，有人试将1%～1.5%内晶菌灵和0.2% chlorphos混合液涂洒于鹅体表，能使蜱的死亡率达90%～100%。据报道，在该菌细胞内能形成一种毒性很高的结晶，称为内毒素，当毒素随同食物进入蜱的肠道后，破坏其肠内pH值的稳定性，使其消化紊乱，停止采食，虫体麻痹，进而使虫体内共生的其他微生物具有致病力，使其染病死亡。许多国家已广泛应用了这种微生物药剂，取得了良好的防治效果，被认为是一种有前途的防治方法。

近年来，遗传防治方法也取得了一定进展，国内外利用辐射或化学不育剂使雄蜱产生染色体易位，失去生殖能力，然后释放这种不育雄蜱，使蜱的自然种群不断衰减。

第九节　螨　病

螨类属于蜱螨亚纲，种类很多，几乎地球上任何地方都有螨的踪迹。螨病是鹅群中常见的一种体外寄生虫病，螨的种类很多，较为常见的有鸡刺皮螨、突变膝螨和鸡新勋恙螨。它们除主要寄生在鸡体外，鹅、鸭、火鸡及许多野禽也能感染螨病。螨寄生在鹅体，能引起患鹅奇痒、贫血、产蛋减少，对鹅危害很大，甚至死亡。

一、病原

1. 鸡皮刺螨

鸡皮刺螨虫体呈长椭圆形，后部略宽，呈淡红色或棕灰色，视吸血的多少而异，体表密生短绒毛。雌虫体长0.7～0.75mm，宽0.4mm（吸饱血的雌虫可达1.5mm）；雄虫体长0.6mm，宽0.32mm。假头长，螯肢1对，呈细长的针状，以此刺破皮肤吸取血液。足很长，有吸盘。背板为一整块，后部较窄。背板比其他角质部分显得明亮。雌虫肛板较小，雄虫的肛板较大（图5-10）。

2. 鸡新勋恙螨

鸡新勋恙螨又称鸡奇棒恙螨，成虫呈乳白色，体长为1mm左右。其幼虫很小，肉眼难以观察，饱食后虫体呈橘黄色，大小为0.42mm×0.32mm，分头胸部和腹部，有3对足。背板上有5根刚毛、刚毛远端膨大呈球拍形。

3. 突变膝螨

突变膝螨雄虫的大小为0.2mm×（0.12~0.13）

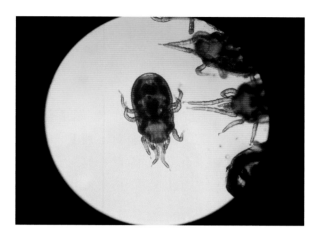

图5-10　鸡的皮刺螨（刁有祥 供图）

mm，卵圆形，足较长，呈圆锥形，足端各有一个吸盘。雌虫的大小为（0.42~0.44）mm×（0.33~0.38）mm，接近圆形，足极短。雌虫和雄虫的肛门均在体末端。

二、生活史及流行病学

1. 鸡皮刺螨

鸡皮刺螨属不完全变态的节肢动物，其生活史包括卵期、幼虫期、2个若虫期和成虫期。雌虫吸饱血后12~24h内，回到鹅舍的墙缝内或碎屑中产卵，每次产10多个，在20~25℃情况下，卵经2~3d孵化为3对足的幼虫，幼虫可以不吸血，2~3d后，蜕化变为4对足的第一期若虫；第一期若虫经吸血后，隔3~4d蜕化变为第二期若虫；第二期若虫再经半天至4d后蜕化变为成虫。鸡皮刺螨主要在夜间爬到鹅体上吸血，白天隐匿在鹅舍内。

2. 鸡新勋恙螨

在发育过程中，鸡新勋恙螨成虫生活在潮湿的草地上，以植物液汁和其他有机物为食，只有幼虫营寄生生活。雌虫受精产卵于泥土上，约经2周时间孵出幼虫。幼虫遇到鹅，便爬至鹅身上，刺吸体液和血液。饱食时间快者1日，慢者30余日，在鹅体上寄生5周以上。幼虫饱食后落地，经过数日发育，经若虫阶段后长成成虫。

3. 突变膝螨

突变膝螨的生活史全部在鹅体皮肤内完成。成虫在鹅的皮下穿行，在皮下组织中形成隧道，虫卵在隧道内，幼虫经蜕化发育为成虫，匿居于皮肤的鳞片下面。突变膝螨通常寄生于鹅腿上的无羽毛处及脚趾。开始是胫上的大鳞片感染，虫体钻入皮肤，引起炎症，腿上先起鳞片，接着皮肤增生，变得粗糙，并发生裂缝，渗出物干燥后形成灰白色痂皮，如同涂有石灰样，故称"石灰脚"病。患肢发痒，因搔痒而致患部发生创伤。

健康鹅群与病鹅直接接触或通过被螨及其卵污染的鹅舍、用具等间接接触引起感染。另外，工作上不注意，也可由饲养人员或兽医人员的衣服和手传播病原。鹅舍潮湿，鹅体卫生状况不良，皮肤表面湿度较高等均适合螨的发育繁殖。

螨在宿主体外的生活期限，随温度、湿度和阳光照射强度等多种因素的变化而有显著的差异。一般仅能存活3周左右，在18~20℃和空气湿度为65%时经2~3d死亡，而在7~8℃时则经15~18d才死亡。疥螨在动物体外经10~30d仍不失去侵袭特性。

鹅螨病主要发生于冬季和秋末春初，因为这些季节日光照射不足，在鹅舍潮湿，鹅体卫生状况不良，皮肤表面湿度较高的条件下，最适合螨的发育繁殖。夏季皮肤表面常受阳光照射、皮温增高，经常保持干燥状态，这些条件都不利于螨的生存和繁殖，大部分虫体死亡，仅有少数螨潜伏被毛深处，这种带虫鹅没有明显的症状，但到了秋季，随着条件的改变，螨又重新活跃起来，不但引起症状的复发，而且成为最危险的传染来源。

三、症状

当虫体大量寄生时，受鸡皮刺螨严重侵袭的鹅，日渐衰弱，发生贫血，母鹅产蛋量下降。幼鹅因失血过多，可导致大批死亡。此虫还可传播禽霍乱等疾病。受鸡新勋恙螨侵袭的鹅，其患部奇痒，鹅表现不安，出现痘疹状病灶，周围隆起中间凹陷呈肚脐形，中央可见到1个小红点，即为恙虫的幼虫。大量虫体寄生时，鹅腹部和翼下布满此种痘疹状病灶。病鹅发生贫血、消瘦、垂头、食欲废绝，严重者死亡。受突变膝螨侵袭的鹅，出现石灰脚病。

四、诊断

对有明显症状的螨病，根据发病季节、剧痒、患部皮肤的变化等，即可作出诊断。当临床症状不够明显时，则需采取患部皮肤上的痂皮，检查有无虫体，才能确诊。

五、预防

注意鹅群中有无发痒、不安的现象，及时挑出可疑患鹅，迅速查明原因，采取相应措施。不要使鹅群过于密集；平时搞好鹅舍的清洁卫生，及时清除粪便、垃圾和污物，可减少该病的传播。该病可经直接接触或间接接触而感染，因此应把病鹅与健康鹅分开饲养。从外地购买、串换或以其他方式引入鹅苗时，应事先了解该地有无螨病存在；引入后应详细观察鹅群，并作螨病检查；最好先隔离观察一段时间，确无螨病时，再并入鹅群中去。

鹅舍内的一切用具，其中包括饲槽、水槽、使用的工具等，必须经常清扫，定期消毒（至少每两周一次），环境可用2%~3%火碱进行喷雾，不留死角，舍内和用具可用0.3%过氧乙酸进行喷雾消毒，或用火焰消毒，更为彻底。

六、治疗

对于鸡皮刺螨，可用拟除虫菊酯，50mg/kg溴氰菊酯或60mg/kg杀灭菊酯（戊酸氰醚酯、速灭杀丁）喷洒鹅体、鹅舍、栖架。更换垫草并烧毁，其他用具可用沸水烫一下，再在阳光下暴晒。刺皮螨的栖息处如墙缝、墙角、饲槽下面等处，隔7~10d重新喷洒一次。特别要注意确保鹅身皮肤喷湿。对鸡新勋恙螨，可用 0.1% 乐杀螨溶液、70% 酒精、2%～5% 碘酊或 5% 硫黄软膏涂擦患部，1 周重复一次。对突变膝螨，可将病鹅脚浸入湿热的肥皂水中浸泡，使痂皮变软，除去痂皮，然后用 2% 硫黄软膏或 2% 石炭酸软膏涂于患部，隔 3d 后再涂一次。或将患脚浸入温的杀螨剂溶液中。阿维菌素，0.2mg/kg 体重，1 次皮下注射。阿维菌素具有广谱、高效、低毒的特点，能够有效杀死上述几种螨虫，如果感染严重者，可隔 7d 再注射一次。

第六章

鹅代谢病

第一节　痛　风

痛风（Gout）是由于动物体内蛋白质代谢发生障碍所导致的一种营养代谢病，该病的主要特征是尿酸盐和尿酸晶体沉积于内脏、输尿管、肾脏和关节腔等器官中，这种尿酸盐由核蛋白产生，主要来源于饲料中的蛋白质或机体本身代谢。此外，该病可引起高尿酸血症。

该病多发生于缺乏青绿饲料的寒冬和早春季节，且在雏鹅、青年鹅和成年鹅中均可发生，特别是在雏鹅或仔鹅群中，有养殖户为了缩短鹅的饲养周期，降低饲养成本，大量饲喂肉鸭料或肉鸡料等高蛋白的饲料，却忽视鹅是食草性为主的家禽，与其他家禽的日粮营养要求有所不同。鹅患该病后可导致运动迟缓、跛行、腿和指关节肿大、食欲下降、体重减轻、消瘦、腹泻且排白色稀便，有时出现较高的死亡率，是危害鹅业生产的一种重要的营养代谢病。

一、病因

鹅痛风病是由多方面的综合因素所造成的，其不仅与饲料营养配制有关，还与药物中毒、传染性疾病、饲养环境、肾脏机能障碍等有关，其中主要以原发性的尿酸生成为主。

1. 饲料营养因素

（1）饲料（如鱼粉、豆饼、骨肉粉和动物内脏等）中的嘌呤碱代谢终产物和蛋白质（特别是核蛋白）含量过高。核蛋白是动物细胞核的主要成分，是由蛋白质和核酸所组成的一个结合蛋白。核蛋白水解时产生核酸和蛋白质，而核酸会进一步分解成单核苷酸、腺嘌呤核苷、次黄嘌呤核苷、次黄嘌呤和黄嘌呤，最后以尿酸的形式排出体外。家禽体内缺乏精氨酸酶，代谢产生的氨不能被合成尿素，而是先合成嘌呤、次黄嘌呤、黄嘌呤，再形成尿素或尿囊素，最终经肾被排泄。健康禽类通过肾脏能把多余的尿酸排除，使血液中维持一定的尿酸水平（1.5～3.0mg/dL），当机体内尿酸产生量较大，若同时伴有肾功能不全，势必造成高尿酸血症，此时血尿酸水平大大增加，可达10～16mg/dL，由于尿酸在水中的溶解度甚小，当血尿酸量超过6.4mg/dL，尿酸即以尿酸钠或尿酸钙等形式在关节、软骨、胸膜、心包膜、腹膜、肠系膜甚至肾脏、肝脏、脾脏、肠道等脏器表面沉积，引起痛风。

（2）饲料中缺乏充足的维生素A。维生素A具有维持上皮细胞完整性的功能，维生素A缺乏会导致肾小管上皮细胞的完整性遭到破坏，进而引起肾小管的重吸收排泄功能受损，致使尿酸盐滞留体内，引起痛风。

（3）饲料中矿物质含量配合不当，可溶性的钙盐含量过高（如饲料中的贝壳粉和石粉含量过高），超出机体的吸收和排泄能力，大量的可溶性的钙就会从血液中析出，沉积于内脏或关节中，引起钙盐性痛风。

（4）饮水不足，尤其在炎热的夏季或在长途运输中，机体缺水会导致体内的代谢产物不能及时有效的排出而造成尿酸盐滞留，可引起痛风。

2. 中毒因素

许多药物过量或配合不当就会造成肾脏的机能障碍，如由于长期大量饲喂磺胺类药物，而又无碳酸氢钠等碱性药物的配合使用，就会使磺胺类药物以结晶体形式析出，进而沉积在肾脏及输尿管中，导致排泄障碍，引起痛风。一些植物毒素和霉菌（如卵孢霉素、橘霉素等）具有肾毒性，由其污染的饲料被鹅采食后也可引起肾功能的改变，导致痛风。

3. 传染病因素

2017年在我国部分地区发生的雏鹅痛风，雏鹅的死亡率可达20%~50%，给我国养鹅业造成了严重的经济损失，病毒分离鉴定证明是由新型鹅星状病毒引起，该病毒可导致鹅肾脏肿胀，肾功能下降，尿酸盐在体内沉积，引起痛风。除此以外，禽肾炎病毒（ANV）和其他相关病毒等具有一定的嗜肾性，引起肾炎和肾功能障碍，导致尿酸盐排泄障碍，也能导致痛风。

二、症状

该病多呈慢性经过。临床上鹅主要表现为精神不振，喙和蹼色浅苍白、贫血，羽毛蓬松且有脱落，行动迟缓，跛行，腿、翅关节肿大，触摸有痛感，肛门松弛、收缩无力，排白色粪便，并污染肛门附近羽毛。根据尿酸盐在体内沉积位置的不同，可以分为内脏型痛风和关节型痛风。内脏型痛风是指尿酸盐沉积在内脏器官，关节型痛风是指尿酸盐沉积在关节腔及其周围。这两种病型有时也同时发生。

1. 内脏型痛风

该病型较为常发且主要见于1周龄内的幼鹅，患病鹅生长不良，食欲减退，精神不振，呼吸困难、加快、加深，表现全身性营养障碍，仅健康鹅的1/3~1/2体重；肛门松弛，收缩无力，常排出白色半黏液状水样粪便，含有大量的灰白色尿酸盐，肛门周围有白色的、半液状稀污粪；患病鹅喜卧，不愿下水，不愿活动；逐渐消瘦和衰弱，羽毛松乱，脱毛且无光泽，贫血，该病的发病率和死亡率较高（图6-1）。有时青年鹅在捕捉追赶过程中突然死亡，多因心包膜和心肌上有大量的尿酸盐沉积，影响心脏收缩和扩张活动，最终导致急性心力衰竭。患病产蛋母鹅的产蛋率下降，甚至完全停产。

2. 关节型痛风

该病型主要见于成年鹅或青年鹅，患病鹅行走困难，跛行，严重者瘫痪，无法行走。关节肿胀（图6-2），尤其腿部关节，由于尿酸盐在关节腔内有不同程度的沉积，使之触之硬实，以后便逐渐形成硬而轮廓明显的可以移动的结节，结节破裂后，排出灰黄色干酪样尿酸盐结晶并出现出血性溃疡。活动困难，有些鹅翅、腿关节显著变形，呈蹲坐或独肢站立姿势。采食量大减，消瘦，尤其患病雏鹅和仔鹅生长缓慢，仅健康鹅的1/3体重。

三、病理变化

肾脏是维持动物体生命活动的重要器官，其主要的功能是排除新陈代谢所产出的废物，维持体

图6-1　因痛风而死亡的雏鹅（刁有祥　供图）

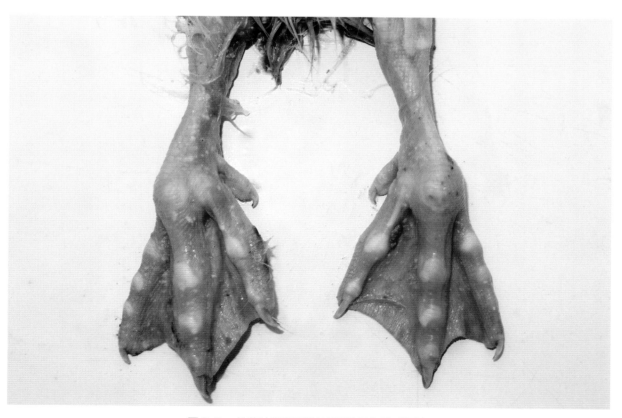

图6-2　关节肿胀有尿酸盐沉积（刁有祥　供图）

液化学成分的平衡，调节血容量以及产生血压的激素分泌等。当肾脏受到损害时，正常有肾脏分泌排泄的尿酸将蓄积在血液中，并随着血液循环到达全身各处。因此，血流量大的组织器官，如肝脏、肾脏或心脏等，痛风的病变就越明显。根据痛风发病部位的不同，痛风的病理变化也主要表现为以下两种。

1. 内脏型痛风

剖检可见病鹅的胸腹壁、心脏、肝脏、肠道、肠系膜、腹膜的表面有大量石灰渣样尿酸盐沉积，严重者胃肠道、肝脏与胸壁粘连（图6-3、图6-4、图6-5、图6-6、图6-7、图6-8）。肾脏肿大，色泽变淡，红白相间，呈花斑状，表面有尿酸盐沉着所形成的白色斑点。输尿管肿胀变粗，管壁增厚，管腔内有大量的石灰样尿酸盐沉淀物，易形成尿结石或输尿管阻塞（图6-9）。严重的在肌肉、腺胃表面均有尿酸盐沉积（图6-10），这些灰白色沉积物在显微镜下呈现许多针状的尿酸钠结晶。

2. 关节型痛风

关节腔表面和周围组织中有白色或淡黄色黏稠的尿酸盐沉着（图6-11）。有些关节面和周围组织坏死，关节腔表面发生溃疡、坏死，甚至糜烂。

四、诊断

该病根据发病情况，临床症状即可作出初步诊断，确诊则需结合剖检变化、病理变化等实验室

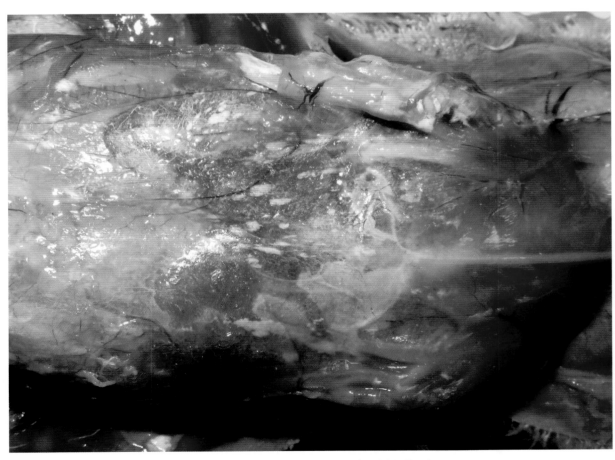

图6-3 胸腹壁表面有白色尿酸盐（刁有祥 供图）

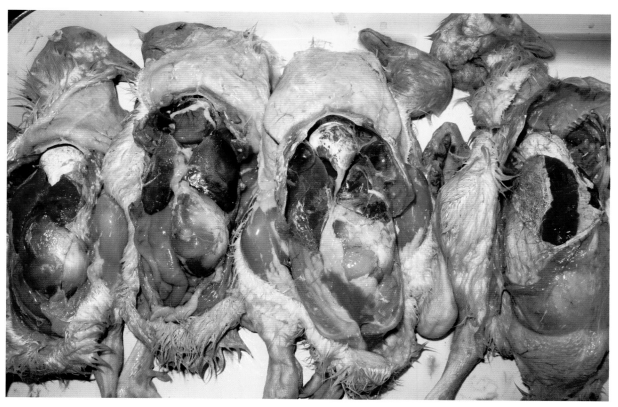

图6-4　在心脏、肝脏、胃肠道表面有白色尿酸盐（刁有祥 供图）

图6-5　在心脏、肝脏表面有白色尿酸盐（刁有祥 供图）

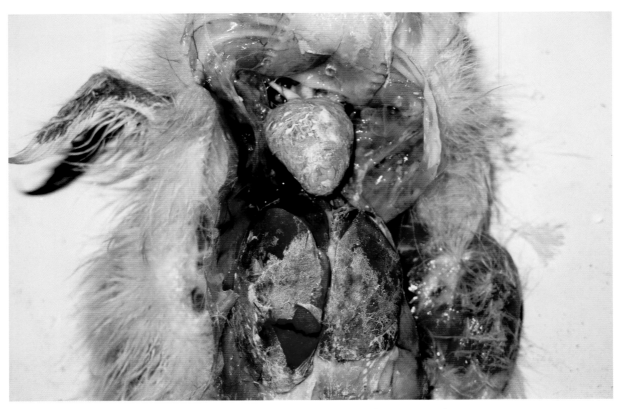

图6-6　在心脏、肝脏表面有白色尿酸盐（刁有祥 供图）

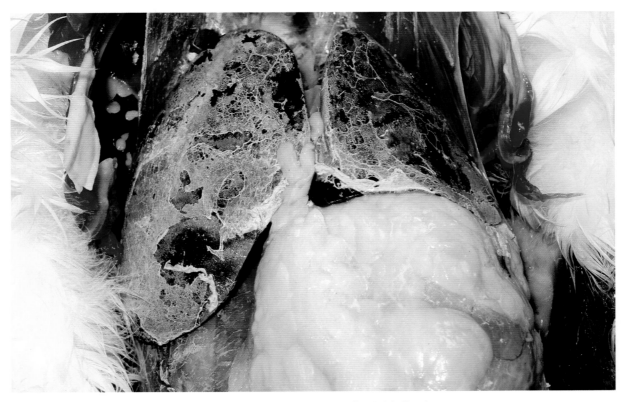

图6-7　肝脏表面有白色尿酸盐（刁有祥 供图）

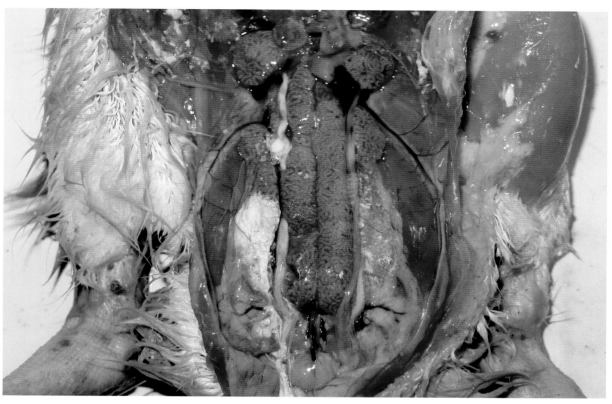

图6-8　肾脏肿大，输尿管中有白色尿酸盐（刁有祥　供图）

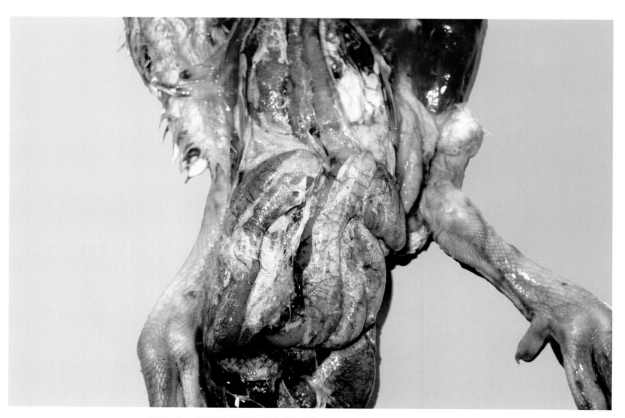

图6-9　胃肠道表面有白色尿酸盐沉积，胃肠粘连（刁有祥　供图）

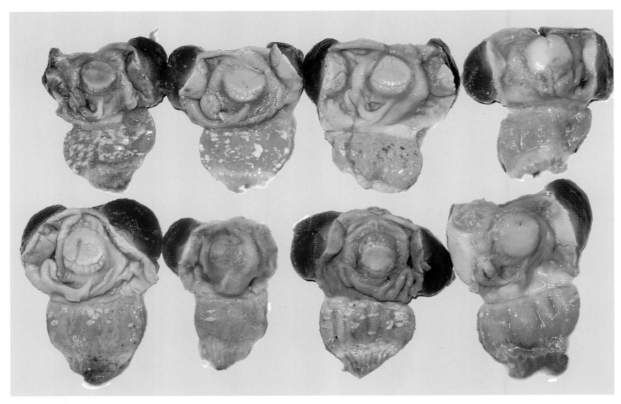

图6-10 腺胃表面有白色尿酸盐（刁有祥 供图）

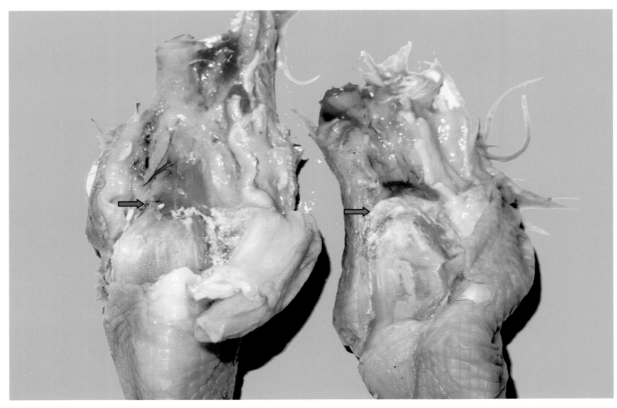

图6-11 关节腔中有白色尿酸盐（刁有祥 供图）

诊断。其中在实验室检查中可按照如下步骤进行：取患病鹅的气囊或关节处石灰样物做涂片，置于低倍显微镜下观察，如见有大量针尖样的尿酸盐结晶物即可确诊。

五、预防

对于该病的预防：首先要坚持科学的饲养管理措施。根据鹅不同的日龄、种型科学配制饲料营养，调整各种营养物质的量和比例，添加一定量多种维生素、微量元素并给予充足的饮水，补给青绿饲料，控制高钙、高蛋白饲料。此外，还要把好饲料质量关，不可使用陈化、劣质原料，保证饲料的加工、运输、存储、饲喂等过程不受污染，防止雨淋或霉变。在应用磺胺类药物进行相应疾病的治疗时也要防止过量服用。另外，要适当的增加鹅群的运动量，保持鹅舍环境卫生，注意开窗通风，降低舍内氨气等有害气体浓度，避免过大的饲养密度。对新型鹅星状病毒引起的痛风，种鹅在生产前可接种星状病毒灭活疫苗。

六、治疗

发现该病时，首先查明病因，对于饲料高蛋白因素所致的痛风病，应立即停用或减少蛋白质含量高的（特别是动物性蛋白质，如肉鸭料或肉鸡料）饲料，同时要给予充足的饮水，以促进尿酸盐的排出；对于摄入食用磺胺类药物所引起的痛风病，应停止或减少该药物，控制好药物的用法用量，减小对肾脏损伤，并供给充足的饮水和新鲜青绿饲料，饲料中补充丰富的多种维生素（特别是维生素A），适当增加鹅群运动量。

对于已发病的鹅群可选用药物治疗，即阿托方（又名苯基喹啉羟酸）0.4～0.6g/kg，2次/d，口服5d为一个疗程。或用嘌呤醇10～30mg，2次/d，口服3～5d为1个疗程（如有肾、肝疾病者禁止使用）；也可应用大黄苏打片拌料，剂量为1.5片/kg体重，2次/d，连用3d。或用0.2%～0.3%的小苏打饮水，以中和尿酸。另外，减少20%的饲喂量，连续5d，并同时添加青绿饲料，多饮水，可促进病鹅体内尿酸盐的排出。

第二节　脂肪肝综合征

脂肪肝综合征（Fatty Liver Syndrome，PFLS）又称脂肪肝出血综合征（Fatty Liver - Hemorrhagic Syndrome，FLHS），是由于长期饲喂高能量低蛋白饲料所导致的以个体肥胖、产蛋量下降、肝脏脂肪变性或破裂出血为主要特征的一种营养代谢病。该病在20世纪30年代在美国的产蛋鸡群中发现，并在1956年由美国得克萨斯农工大学的Couch首次以"脂肪肝综合征"（Fatty Liver Syndrome，FLS）进行报道，随后全世界对该病进行了广泛和深入的研究和报道。该病主要发生于寒冷的冬季和早春季节，主要见于高产蛋鹅群，肉鹅也有发生。患该综合征的鹅群产蛋率降低

20% ~ 30%，死亡率较低，仅为 2%。

一、病因

该病的发生是由营养、环境、应激、遗传和其他等多方面的综合因素所导致。但归纳起来主要有以下几方面原因。

一是养鹅场为了降低养殖成本，长期饲喂单一饲料或高热能低蛋白的日粮（如谷物或玉米），导致鹅的消化系统未能有效吸收过剩热能致使脂肪量增加而不断地在肝脏中沉积，导致脂肪肝的发生。同时，长期的低蛋白日粮饲养，也会影响鹅机体内脱脂肪蛋白的合成。

二是机体合成蛋白质需要磷脂酰胆碱，而氨基酸和胆碱是合成磷脂酰胆碱的必要原料。胆碱可源于饲料或丝氨酸或甲硫氨酸等在体内的合成，但这个合成过程有维生素 B_{12}、叶酸、生物素、维生素 C 和维生素 E 等的参与。当饲料中缺乏合成脂蛋白的胆碱、生物素、含硫氨基酸、肌醇、蛋氨酸、B 族维生素和维生素 E 等合成磷脂所必需的因子时，脂肪蓄积在肝内无法转运，进而导致大量脂肪在肝内聚集。

三是饲料中低含量的钙会引起鹅产蛋量下降，但鹅的采食量基本不受影响，在此情形下，大量的营养物质在鹅体内转化为脂肪，进一步加大了体内脂肪的来源，最终导致脂肪肝的形成。

四是饲料、垫料和饮水中黄曲霉菌毒素的污染，以及长期饲喂抗生素等药物等均可造成肝脏的损伤而形成脂肪肝。

五是鹅舍潮度过大、气温过高或过低、疾病的发生、饮水不足、缺乏运动或运动量减少以及其他应激因素均可能促进脂肪肝的形成。

六是遗传因素是脂肪肝综合征的重要发病因素，大量相关研究证实，家禽的脂肪肝综合征存在重要的遗传效应，且不同品系的家禽，其脂肪肝的发病率也不同。

二、症状

该病在发生初期常无典型症状，营养状态良好。其主要表现为个体肥胖，食欲减少，个别或少数鹅突然死亡。患病鹅精神欠佳，行走迟缓，或卧地，不愿下水，驱赶运动时，常拍翅拖地爬行，最后痉挛、昏迷而死，甚至还未出现明显症状而急性死亡。腹围大而软、下垂，腹泻，粪便中有完整的饲料，蹼和喙苍白，严重病鹅嗜睡、瘫痪。产蛋母鹅发病时，孵化率和产蛋量均下降。

三、病理变化

急性死亡鹅，皮肤和蹼苍白，贫血，肝脏肿大，脂肪变性，表面有出血点，或肝破裂，周围有血凝块。

患病鹅尸体肥胖，剖检可见，皮肤肌肉颜色苍白，皮下脂肪较多，心脏、肝脏、肾脏、肌胃和肠系膜等器官组织周围均有大量的脂肪沉积。其中以肝脏的病变最为明显，肝脏脂肪变性严重，呈黄色油脂状，肿大，出血或充血，边缘钝圆，质地柔软、易碎，色泽变黄，甚至成糊状；表面有散在性的白色坏死灶和出血点（图 6-12）。有的病鹅肝脏发生大出血，肝周围被较大的凝血块附

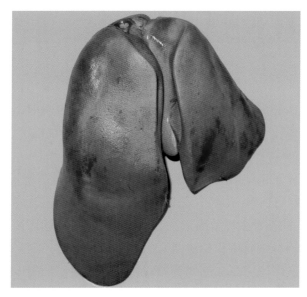

图 6-12 肝脏肿大，表面有大小不一的出血点
（刁有祥 供图）

着，也有的严重病例凝血块完全覆盖于整个肝脏表面，切开肝脏时，肉眼可见刀面上有黄褐色脂肪滴附着。

对患病鹅的脂肪肝进行病理组织学（H.E 染色）检查，肝细胞间和肝的网状结构中有大量的脂肪聚集，以及大小不一的出血、机化的血肿等，肝细胞脂肪变性严重。

四、诊断

该病的临床表现通常为病鹅营养状况良好，无典型的临床特征而急性死亡。从该病的病理变化中可见患病鹅皮肤、肌肉色淡苍白，肝脏肿大、颜色变黄、质地较脆，有时在肝包膜处可见散在的出血点，肠系膜和腹腔处有大量的脂肪组织沉积。结合临床表现、病理变化、鹅群的饲养管理情况便可确诊。

五、预防

对于该病的防治，首先还是要合理搭配日粮成分，增加蛋白质含量，降低能量饲料水平，及时补充氯化胆碱和蛋氨酸（推荐剂量为每千克饲料添加 0.3g 氯化胆碱和 0.5 ~ 1.0g 蛋氨酸）。同时也要加强饲料的保管，不喂发霉饲料。采取适当的饲养规模，控制产蛋鹅育成期的日增重，不宜过肥，防止环境有害应激因素等。在炎热的夏季和产蛋期，每千克饲料添加维生素 E 20 IU、维生素 B_{12} 0.012mg，连用 10d 左右，可有效防止该病的发生。加强鹅群的饲养环境卫生管理，提高适宜的生长空间和环境温度、湿度，对防止该病的发生有一定的积极作用。对于病情较严重的鹅只，治疗价值不大，建议及时淘汰。

六、治疗

鹅群中一旦发现该病，要尽快查明病因，采取针对性的治疗措施。如是否用营养配制不当的饲料，根据不同品种鹅的要求重新用科学配方配制饲料，增加 1% ~ 2% 蛋白质含量，降低能量水平；如饲料是否发生霉变，如有应立即停止饲喂，加强饲料储存管理，及时更换新鲜饲料；根据饲料营养配方及鹅群发病情况，及时添加适量的肌醇、维生素 E、维生素 B_{12}、胆碱、亚硒酸钠、矿物质以及蛋氨酸等。可在每吨饲料中添加 1 万 IU 维生素 E，12mg 维生素 B_{12}，800g 肌醇，1g 硒，2kg 含硫氨基酸和氯化胆碱，连用两周，可有效防止脂肪在肝脏内的沉积，控制该病的发生。

也可在发病鹅群中可添加氯化胆碱、维生素 E 和肌醇，推荐剂量为每千克饲料加 1.0 ~ 1.5g 氯化胆碱、10 IU 维生素 E 和 5mg 肌醇，连续服用 5 ~ 7d，鹅群的发病率明显下降，具有良好的治疗效果。对于病情严重的鹅，治疗价值不大，建议及时淘汰。

第三节　维生素缺乏症

维生素（Vitamin）是维持动物体正常生理功能所必需的微量营养成分，其主要以辅酶或催化剂的形式广泛参与动物体内各种酶的辅酶、辅基的组成，催化和调节碳水化合物、蛋白质和脂肪的代谢过程，以维持动物体的健康和各种生理活动，是家禽日粮中所必需的。

鹅对维生素需要量很少，仅需微量维生素就能满足机体需要，但维生素对鹅只健康生长的作用极大，每一种维生素所起的作用都不能被其他物质所代替。在鹅中大多数维生素不能在体内合成或合成量很少，必须从饲料中摄取，某一种维生素的缺乏都会导致鹅只代谢过程紊乱，这些病症被称之为维生素缺乏症。鹅体内维生素缺乏的主要原因是饲料中供给不足，另外，消化吸收不良、维生素被破坏、生理需要增多等原因也能引起维生素的缺乏。在配制饲料时，通常采用添加高于鹅只需求量的各种维生素，以降低或消除饲料在加工、运输、储存以及环境条件变化下可能造成的维生素损失。

一、维生素 A 缺乏症

维生素 A（Vitamin A）是一种脂溶性的一元醇，不溶于水，在紫外线、酸性环境、遇氧等情况下易被氧化破坏，湿热环境中容易丧失活性。维生素 A 分为维生素 A_1 和维生素 A_2 两种，维生素 A_1 又称视黄醇，维生素 A_2 又称 3- 脱氢视黄醇。通常所说的维生素 A 是指维生素 A_1 即视黄醇。动物组织（主要为肝脏）及鱼肝油含有丰富的维生素 A。除维生素 A 外，自然界中存在许多可以在动物体内转化为维生素 A 的胡萝卜素，因此，胡萝卜素被称为维生素 A 原或维生素 A 前体。青绿饲料特别是青干草、胡萝卜、黄玉米中维生素 A 原含量较高。

当饲料中维生素 A 或胡萝卜素含量不足时，就会造成鹅只发生维生素 A 缺乏症，临床上以干眼症和夜盲症为特征，多发于冬季、早春季节，常见于 1 周左右的雏鹅，多与种鹅维生素 A 缺乏症有一定关系。

1. 生理功能

（1）维生素 A 能够促进黏蛋白的合成，黏蛋白具有黏合和保护细胞的作用，因此维生素 A 有助于维持上皮组织结构的完整性。缺乏维生素 A，容易造成上皮增生、角化，临床表现为皮肤黏膜干燥，对细菌感染的抵抗力降低。

（2）维生素 A 同时也是合成视紫红质的原料。视紫红质是动物视网膜内的一种感光物质，在光感中具有重要的作用。当血液中维生素 A 含量水平较低时，视紫红质合成量不足，就会导致功能性夜盲症。

（3）维生素 A 能够提高鹅只育肥及产蛋性能。维生素 A 能够促进肾上腺皮质类固醇的合成，促进黏多糖的生物合成，促进生长发育，同时能够促进性激素的形成，提高繁殖能力。孙淑洁等，冯少斐等通过研究发现，日粮中添加维生素 A 可以提高鹅的屠宰率、半净膛率和全净膛率，有利于提高鹅养殖经济效益。

（4）维生素 A 作为视黄酸对胚胎形态形成，促进骨骼生长，增强食欲，促进消化，提高机体免疫力，以及其他各种重要的生物过程具有重要的作用。

2. 病因

（1）日粮中维生素 A 或维生素 A 原含量不足。鹅若长期食用维生素 A 及维生素 A 原含量较少的谷物、糠麸、粕类等食物时，易引起维生素 A 的缺乏。饲料配制时，因拌料搅拌不均，维生素 A 添加量计算差错或称量不准，均可造成饲料中维生素 A 不足。

（2）消化道及肝脏疾病，影响维生素 A 的消化吸收。维生素 A 是脂溶性维生素，其消化吸收必须有胆汁酸的参与，维生素 A 必须溶于脂肪中并以胆酸盐的形式将脂肪乳化成微滴才可被机体吸收。当胆囊肿胀导致胆汁排出障碍时，或肠道炎症影响脂肪消化吸收时，也会阻碍维生素 A 的吸收。同时，肝脏疾病也会影响胡萝卜素等转化及维生素 A 的贮存。

（3）寄生虫病。当鹅患球虫病、蛔虫病和毛细线虫病等寄生虫病时，肠壁黏膜上的微绒毛会被破坏，导致鹅对维生素 A 的吸收能力明显下降，同时，肠道内的寄生虫还会直接破坏肠道维生素 A 的活性。

（4）饲料中维生素 A 被破坏而失活。维生素 A 会因如紫外线照射、湿热、阳光暴晒，硫酸锰及不饱和脂肪酸作用等因素丧失活性。饲料贮存时间过长时，也会使维生素 A 失去活性，如黄玉米贮存期超过 6 个月，会损失 60% 的维生素 A；颗粒饲料加工过程中胡萝卜素会损失 32% 以上；夏季添加多维素拌料后，堆积时间过长，维生素 A 遇热氧化分解。如若饲料储运管理不当，即便饲料中添加了适量的维生素 A，但是由于维生素 A 被破坏失活，实际饲料中维生素 A 含量已经严重不足。

（5）胡萝卜素氧化酶等的破坏。胡萝卜素氧化酶能够破坏维生素 A 的吸收，若饲料中含有黄豆，则含有胡萝卜素氧化酶，当鹅食用不熟的黄豆时，这种酶会破坏维生素 A 及胡萝卜素。

（6）维生素 E 的缺乏。维生素 E 是维生素 A 的天然保护剂，当饲料中维生素 E 不足或被破坏时，维生素 A 也会被破坏。

（7）雏鹅、种鹅因其生理特性，对维生素 A 需要量增加，而饲料中未及时提高维生素 A 添加量。

3. 症状

雏鹅缺乏维生素 A 时，表现为精神萎靡不振，食欲下降，羽毛蓬松无光泽。生长停滞，衰弱消瘦，无力运动，两脚瘫痪，呼吸困难，鼻流黏液，眼流泪，上下眼睑粘连，形成一干眼圈（图 6-13），角膜混浊，眼球凹陷，双目失明，眼结膜囊内有干酪样渗出物。严重者出现神经症状，运动失调。6～7 周龄鹅群出现症状后如不及时调整饲料配给，可发生大批死亡。

成年鹅缺乏维生素 A 时，多为慢性经过，表现为呼吸道、消化道黏膜抵抗力降低，易感染细菌、病毒。患鹅出现精神不振、食欲不佳、体重减轻，羽毛松乱，步态不稳，常以尾支地。

产蛋母鹅缺乏维生素 A 时，产蛋率、受精率、孵化率降低，也会出现眼、鼻分泌物增多，黏膜脱落、坏死等。种蛋孵化初期死胚增多，出壳雏鹅体质虚弱，易出现眼病，易感染其他疾病。公鹅性机能衰退，严重者眼内有干酪样渗出，角膜软化、穿孔，最终失明。

4. 病理变化

维生素 A 缺乏症的病变首先发生于咽部，其特征性病变是消化管黏膜上皮角质化。黏液腺导管堵塞，黏液腺导管扩张，充满分泌物及坏死物。口腔、鼻腔、咽、食管及食管膨大部黏膜有炎性渗出，有散在的白色结节坏死灶（图 6-14、图 6-15）。若病情进一步发展，结节会融合成索状或覆盖在黏膜表面，形成一层灰黄色的伪膜。

剖检可见心脏、肝脏、脾脏表面有尿酸盐沉积，这是由于维生素 A 缺乏导致肾脏机能障碍，

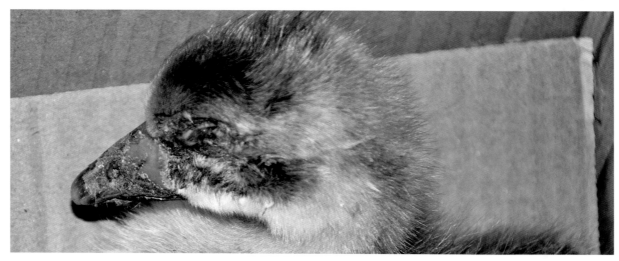

图6-13　眼有脓性渗出，上下眼睑黏合在一起（刁有祥 供图）

图6-14　食道黏膜表面有黄白色结节（刁有祥 供图）

图6-15　食道黏膜表面有黄白色结节（刁有祥 供图）

尿酸盐不能正常排泄所致。胸腺、法氏囊、脾脏等免疫器官萎缩。肾肿大，颜色变浅，呈白色，表现为灰白色网状花纹，输尿管变粗，有白色尿酸盐沉积（图6-16）。

图6-16 输尿管中有白色尿酸盐沉积（刁有祥 供图）

眼结膜、眼睑下积有大量干酪样渗出，眼睑肿胀、突出，眼球萎缩凹陷。角膜混浊、溃疡甚至穿孔。

5. 诊断

根据临床症状、病史调查，配合实验室检查对血浆、肝脏中维生素A及胡萝卜素的含量进行测定，可确诊该病。

6. 预防

日常饲养管理过程中，应认真考虑各种能够导致维生素A缺乏的因素，尽量避免和消除引起维生素A缺乏的因素。当观察到鹅群出现维生素A缺乏症状时，及时确定病因，调整饲料配给或及时给予治疗。

由于维生素A的不稳定性，要做好饲料的储存和保管工作，尽量饲喂鹅新鲜饲料，严禁饲喂发酵酸败或发热氧化的饲料。必要时，须添加抗氧化剂，如乙氧基喹啉及丁基化羟基甲苯，常用量为饲料的0.012 5%~0.025%，防止胡萝卜素和维生素A被破坏。同时，需注意饲料的配制量，一次饲料配制量应根据每个时间段日粮的饲喂量，不宜一次大量配制、存放过久。

配制鹅日粮时，应注意添加青绿饲料或蔬菜块跟、胡萝卜、黄玉米等，必要时可添加维生素A添加剂、鱼肝油等。根据不同季节合理选用当季青绿饲料，夏、秋季节可添加野生水草、绿色蔬菜等，秋、冬季节可添加胡萝卜、胡萝卜缨等，保证日粮中有足够的维生素A和胡萝卜素。使用维生素A

制剂添加时，应准确掌握添加剂量。添加维生素 A 不可过量，肉鹅在 1～12 周龄维生素 A 适宜剂量为 6 000～7 000IU/kg。若添加过量，轻者出现精神和食欲不振，体重明显下降，骨骼畸形，严重者会"中毒"致死。

7. 治疗

饲料日粮中添加维生素 A 制剂或富含维生素 A 的鱼肝油。可在每千克日粮中添加维生素 A 7 000～20 000IU，或每千克日粮中添加鱼肝油 5mL，用水充分搅拌后拌入饲料，连续饲喂 1 周。或皮下注射维生素 A 注射液，按照每千克体重 400U 维生素 A 注射液皮下注射。或滴服或肌内注射鱼肝油，雏鹅每只滴服鱼肝油 0.5mL，成年鹅 1.0～1.5mL，每日 3 次。

维生素 A 吸收较快，发病初期的患鹅在补充维生素 A 制剂后一般数日即可恢复健康，但当患鹅处于病程后期，症状严重，患鹅出现失明时，由于该症状不可逆转，建议淘汰处理。

二、维生素 D 缺乏症

维生素 D（Vitamin D）又称钙化醇，种类较多，均为类固醇衍生物，是一类关系钙、磷代谢的活性物质，被认为是钙代谢最重要的调节因子之一。维生素 D 中较为重要的是维生素 D_2 和维生素 D_3，对鹅影响大的是维生素 D_3。维生素 D 比较稳定，不易被酸、碱和氧化剂破坏。维生素 D_3 存在于鱼肝油、动物肝脏、禽蛋制品中，其中鱼肝油中含量最丰富，因此常用鱼肝油或鱼肝作为维生素 D 添加剂。一般植物性饲料中维生素 D 含量很少或不含维生素 D，青绿饲料中含有大量的麦角化醇，在紫外线照射下可以形成维生素 D_2，所以经过暴晒处理的青干草含有部分维生素 D。另外，在紫外线照射下，动物的皮肤和脂肪中的 7- 脱氢胆固醇可以转变为维生素 D_3。

日粮中添加维生素 D 对鹅的生产性能、屠宰性能、肌肉品质和胫发育具有重要的调控作用。维生素 D 缺乏将造成鹅只生长发育迟缓，肢体无力，骨骼发育不良，柔软、变形、扭曲，导致运动障碍甚至瘫痪。产蛋鹅产软壳蛋、薄壳蛋，成年鹅出现软骨病。

1. 生理功能

（1）维生素 D 能够调节体内钙、磷代谢。维生素 D 在肝脏中转化为 25- 羟维生素 D_3，在甲状旁腺的作用下，在肾脏中转化为 1，25- 二羟维生素 D_3，1，25- 二羟维生素 D_3 在肾脏中或通过血液输送到肠、骨骼等组织中发挥其生理作用，主要表现为：

①可以促进激活上皮细胞，使钙、磷穿越上皮细胞主动转运，增加钙、磷的吸收。

②能够作用于肾小管上皮细胞，促进肾小管对钙磷的重吸收，减少排尿过程中钙的流失。

③能够与甲状旁腺素协同，有效维持血液中钙、磷的正常水平，防止鹅只出现抽搐。

④能够影响成骨细胞和破骨细胞的活性，促进钙结合蛋白的合成，保证骨骼钙化过程正常进行，促进钙、磷在骨骼中的沉积，促进生长发育，是鹅骨骼、喙、爪子和蛋壳合成的必需物质。

（2）维生素 D 能够影响鹅只生产性能。研究发现鹅只生产性能随着日粮维生素的添加量有先升后降的趋势。添加适量的维生素 D 能够提高种蛋受精率和孵化率。高剂量的维生素 D 添加会导致鹅只体重和肉料比下降，使体内血液中钙含量增多，钙盐广泛沉积，各种组织和器官都发生钙盐沉积。

（3）维生素 D 影响鹅只肉品质。随着经济发展，消费者对肉制品品质要求日益提高。肉品中肌原纤维的蛋白降解是肉质幼嫩的关键，其受肌原纤维降解酶系和肌原纤维抑制降解酶系的影响，二者均为该依赖性酶系。

2. 病因

（1）饲料中维生素 D 含量不足或维生素 D、钙、磷缺乏，比例失调。维生素 D 与钙、磷共同参与骨组织的代谢，其中任何一个缺乏或钙、磷比例失调，或日粮中磷的可利用性较差，都会造成对维生素 D 的需要量增加，不及时补充即会造成骨组织发育不良。

（2）阳光照射不足。当阳光照射充足时，一般不会发生维生素 D 缺乏症，当鹅只阳光照射不足，或遭遇连续阴天时，容易发生维生素 D 缺乏症。

（3）肝、肾功能损伤。长期使用磺胺类药物、霉菌毒素，或饲料、饮水中重金属含量超标，容易造成肝肾功能损伤，从而导致维生素 D 合成障碍，造成维生素 D 缺乏。

（4）饲料中矿物质含量过高。铁、锌、锰等矿物质含量过高时，能够干扰钙磷的吸收，当钙磷吸收量不足时，引发维生素 D、钙磷吸收比例失调，从而引发该病。

（5）日粮中脂肪含量过低，其他原因造成的胆汁分泌不足，消化道炎症均能影响机体对维生素 D 的吸收，从而造成该病的发生。

（6）维生素 D 缺乏症可发生于各日龄的鹅，发病与否主要取决于种蛋所含维生素 D、钙、磷的量，取决于雏鹅日粮中维生素 D、钙、磷的添加量。如果种鹅、雏鹅补充不足，维生素 D 缺乏症发病率将增加。

3. 症状

维生素 D 缺乏症一般多发于 1～6 周龄的幼鹅和产蛋高峰期的种鹅。

患病雏鹅生长发育缓慢甚至完全停止生长，羽毛粗乱无光泽。长骨易折弯，失去脆性但不易折断，爪及喙变软，脚趾、腿骨、胸骨具有不同程度的弯曲变形。患鹅腿软无力，不愿走动，步态不稳，以飞节着地，常蹲伏于地面，腿伸向一侧或两侧，需拍动双翅移动身体，跗关节增生、肿大（图 6-17、图 6-18、图 6-19、图 6-20、图 6-21、图 6-22）。最后不能站立，采食困难，下痢，排灰色或灰白色水样粪便，常衰竭死亡。雏鹅发病后如不及时补充维生素 D 及钙、磷，患病鹅只的死亡情况将加重。

图 6-17　雏鹅瘫痪，不能站立（刁有祥 供图）

图 6-18　雏鹅瘫痪，腿伸向两侧（刁有祥 供图）

图 6-19　鹅瘫痪，以跗关节着地（赵希强 供图）

图 6-20　鹅瘫痪，腿伸向一侧（刁有祥 供图）

图6-21　鹅瘫痪，一侧腿前伸（赵希强 供图）

图6-22　关节增生、肿大（刁有祥 供图）

　　成年鹅发生维生素D缺乏症时，一般需要2~3个月才会表现出症状。喙、爪变软，腿骨可弯曲，龙骨呈"S"状弯曲。

种鹅患病时，初期产软壳蛋、薄壳蛋、无壳蛋，随后产蛋量下降，以致完全停产，种蛋孵化率降低，雏鹅出壳困难，死胚增多，孵出的雏鹅体弱无力。

4.病理变化

鹅喙颜色变浅，质软易扭曲，患病幼鹅剖检可见甲状旁腺肿大，骨质变软，胸骨呈"S"状扭曲，长骨变形易扭曲。胸廓正中急性内陷，使胸腔变小（图6-23、图6-24），椎骨与肋骨连接处明显肿大，呈串珠状（图6-25、图6-26）。成年鹅椎骨与肋骨连接处肿胀，呈球状突起，骨质疏松，胸骨变软，胫骨易折。死胚四肢弯曲，腿短，多数可见皮下水肿，肾脏肿大。

5.诊断

根据临床症状及病史调查可作出初步诊断。维生素D缺乏时，血钙、血磷浓度降低，血清碱性磷酸酯酶活性升高，实验室诊断中血液检查可帮助确诊。

图6-23　肋骨向内塌陷（刁有祥 供图）

图6-24　肋骨向内塌陷（刁有祥 供图）

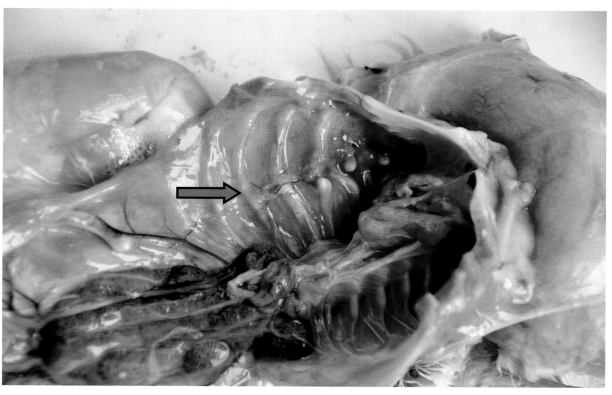

图 6-25　肋骨与肋软骨结合处软骨增生（刁有祥　供图）

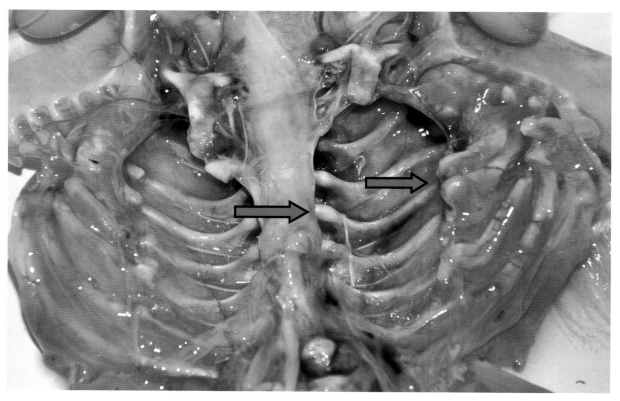

图 6-26　肋骨与椎骨、肋骨与肋软骨结合处软骨增生（刁有祥　供图）

6. 预防

保证饲料中维生素 D 的含量，肉鹅 0 ~ 4 周龄每千克日粮中维生素 D 建议添加量为 400 ~ 500IU，5 ~ 15 周龄每千克日粮中维生素 D 建议添加量为 500 ~ 1 500IU。在饲料中加入晒制的青干草，在饲料中添加 0.5% 的植物油，多饲喂新鲜的青绿饲料或谷类，均能有效预防该病的发生。

保证鹅只每天一定时长的舍外运动，太阳光是获得维生素 D 最低成本的方式，多接触阳光促进机体合成维生素 D。连续阴雨天气无法获得足够光照，及产蛋高峰期，应该适当增加维生素 D 的添加量。当治疗疾病需要使用磺胺类药物时，或饲料中含脂肪水平较低时，也应该适当增加维生素 D 的添加量。

当饲料中添加维生素 D 时，应该尽快食用，不易储存太久，储存时间较长应当适量补充添加维生素 D。保证饲料中钙、磷的含量，并维持适当的比例，建议钙磷比例为 2 ∶ 1，开产期间应调整至 5 ∶ 1，同时保证饲料日粮中有足够的维生素 D 供应。

饲养过程中，应注意防治肠道寄生虫病和肝肾疾病，保障鹅只对维生素 D 的正常吸收和利用。

7. 治疗

每千克饲料中添加鱼肝油 10 ~ 20mg，同时调整饲料中钙、磷含量及比例，一般 2 ~ 3 周可以恢复正常。发病严重者，可口服鱼肝油丸或每只肌内注射维丁胶性钙 1mL。或肌内注射维生素 AD 注射液（每毫升含维生素 D 2 500IU），0.3 ~ 0.5mL/ 只，每天一次，同时饲料中注意补充钙、磷。

雏鹅患病时，可每只一次饲喂 15 000IU 维生素 D，或使用浓缩鱼肝油滴服，每只用鱼肝油 2 滴，每天 2 次。

三、维生素 E 缺乏症

维生素 E（Vitamin E）亦称生育酚（Tocopherol）。维生素 E 是一组有生物活性、化学结构相近似的酚类化合物的总称。目前已知的至少有 8 种，结构上的差别在于甲基的数量和位置。在化学结构上它们均系苯并二氢吡喃的衍生物，其中有四种（α、β、γ、δ）较为重要，而以 α - 生育酚分布最广，效价最高，最具代表性。维生素 E 为黄色油状物，化学性质不稳定，易于被氧化分解，在饲料中可受到矿物质和不饱和脂肪酸的氧化而丧失活性；与鱼肝油混合，由于鱼肝油的氧化作用也可使生育酚的活性丧失。各种植物种子的胚乳中都含有比较丰富的维生素 E，在动物内脏和肌肉中也有一定量的维生素 E。

鹅对维生素 E 的需要量见表 6-1。当鹅因各种因素摄入维生素 E 不足时，会导致机体的抗氧化机能障碍，从而引发生长发育、繁殖等机能障碍，主要病理特征为脑软化症、渗出性素质、肌营养不良、出血和坏死。不同品种和日龄的鹅均可发生该病，但生产上以 1 ~ 6 周龄雏鹅发病较多。

表 6-1　鹅对维生素 E 的需要量

	推荐剂量（每千克饲料中的含量）
雏鹅	10 IU
种鹅	25 IU
1~20 日龄	5 g
成年鹅	15 g

注：1mg α - 醋酸生育酚 = 1 IU（国际单位）

1. 生理功能

（1）维生素 E 是鹅体内一种重要的抗氧化剂，在生物氧化还原系统中是细胞色素还原酶的辅助因子，具有保护细胞内的生物膜结构不被氧化破坏的功能，可以有效防止鹅只发生脑软化症。

（2）维生素 E 能够影响膜磷脂的结构从而影响生物膜的合成，能够帮助预防重金属、肝毒素和各种药物对机体的损害。

（3）维生素 E 能够促进小血管及毛细血管增生，从而改善血液循环减少血栓的发生。

（4）维生素 E 能够通过刺激垂体前叶分泌促性腺激素，促进精子产生，提高精子活力，促进卵巢发育，维持机体正常生育功能。

（5）维生素 E 与硒协同作用，能够协同防止鹅肌营养不良和渗出性素质病。维持肌肉、神经的结构和功能，增强免疫力。维生素 E 与硒和胱氨酸协同作用，能够有效防止营养性肌肉萎缩症的发生。

（6）维生素 E 还是饲料中必需脂肪酸和不饱和脂肪酸、维生素 A、维生素 D_3、胡萝卜素及叶黄素等的一种重要的保护剂，饲料中添加维生素 E，不仅能够保证机体对维生素 E 的吸收利用，同时能够保护上述物质不被氧化分解。

2. 病因

（1）饲料搭配不当，营养成分缺乏。饲料中缺乏足够的维生素 E，或配合饲料中未添加维生素 E 制剂。饲料中的蛋白质及某些必需氨基酸缺乏，矿物质或维生素 C 缺乏，或饲料中添加了过量的对维生素 E 有破坏作用的碱性物质或不饱和脂肪酸，或饲料中铁盐含量过高，均对维生素 E 有破坏作用，能够诱发或加重维生素 E 缺乏症。

（2）饲料储存期过长导致饲料发霉、酸败，会使饲料中的维生素 E 受损失，活性降低。根据测算，储存 6 个月的籽实类饲料，维生素 E 损失可达 50%，储存时间过长导致自然干燥的青饲料，维生素 E 损失可达 90%。使用上述饲料饲喂，鹅只容易发生维生素 E 缺乏症。

（3）硒元素缺乏。硒元素可以促进维生素 E 的抗氧化功能，当饲料、牧草中硒元素含量不足或缺乏时，可促进维生素 E 缺乏症的发生。

（4）肝胆功能障碍。维生素 E 需溶于脂肪酸及脂肪中，经过胆汁酸盐乳化才能够被机体吸收。当肝胆功能障碍，可以影响机体对维生素 E 的吸收。

（5）球虫病或其他因素引起的鹅只胃肠道炎症，采食量下降时，即便饲料中添加了足量的维生素 E，由于消化吸收不足，也会造成维生素 E 的缺乏症。

（6）环境中镉、汞、铜、钼等金属元素与硒之间有拮抗作用，能够干扰硒的吸收利用，当鹅只不能获得足够的硒时，机体对维生素 E 的需要量增加，若添加不足，则会引发缺乏症。

3. 症状

维生素 E- 硒缺乏症主要表现为三种症候群，如鹅只仅维生素 E 缺乏，则主要表现为脑软化症；如鹅只维生素 E 与硒同时缺乏，则主要表现为渗出性素质；如鹅只维生素 E 与含硫氨基酸同时缺乏时，则主要表现为肌营养不良。但是临床上这几种症候群常常相互交织，并不单一出现。

（1）脑软化。鹅脑软化症是一种神经功能异常的疾病，主要表现为神经失调或全身麻痹。脑软化症多发生于 1 周龄雏鹅，早期症状为运动障碍，行走困难，共济失调，步态不稳（图 6-27），头向后仰呈观星状或向下低垂甚至接近地面，翅膀和腿可见麻痹，病鹅食欲减退，最终因极度衰竭而死亡。

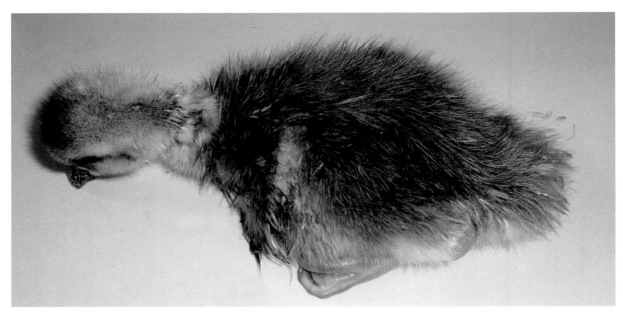

图 6-27　病鹅瘫痪（刁有祥 供图）

（2）渗出性素质。鹅渗出性素质病是毛细血管壁通透性异常引起的皮下组织水肿，以颈、胸、腹部皮下组织水肿为主，多发生于 3～6 周龄幼鹅。患鹅表现为羽毛粗乱，生长发育停滞，食欲下降，站立时两腿叉开，喙尖或脚蹼有发紫现象。皮下组织水肿，在皮肤可见紫蓝色斑块，当渗出加剧时，腹部皮下可见积聚大量的胶冻样液体，穿刺可见蓝绿色液体流出。

（3）肌营养不良。肌营养不良又称白肌病，主要见于 4 周龄左右雏鹅。患鹅食欲减退，发育不良，消瘦并腹泻，运动失调，严重的肌营养不良病例呈躺卧姿势，最后因衰竭造成大批鹅死亡。

除以上三种症候群外，维生素 E 缺乏还会导致鹅只生产性能下降，母鹅产蛋率基本正常，但种蛋孵化率下降，孵化过程中死胚增多。公鹅睾丸萎缩，逐渐丧失性能力。

4. 病理变化

（1）脑软化症。脑软化症患鹅剖检可见脑颅骨较软，小脑柔软肿胀，表面常有散在出血点，脑膜水肿，表面有点状出血，大脑局部坏死，脑内可见黄绿色混浊坏死点。严重病例可见小脑质软变形，切开可见乳糜状液体流出。

（2）渗出性素质。渗出性素质症剖检可见患鹅头颈部、胸前、腹部等有广泛的皮下水肿，胸部、腿部肌肉有出血点，常可见心包积液，心肌变性坏死（图 6-28）。

（3）肌营养不良。患鹅剖检可见全身骨骼肌发生肌营养不良，主要以胸部、腿部及心脏肌肉症状最为明显，肌肉色泽苍白，胸肌、腿肌出现条纹状灰白色坏死。

5. 诊断

根据鹅只运动障碍、发育不良、皮下水肿、神经症状，种蛋孵化率下降的临床症状，结合剖检病理变化可作出诊断。

6. 类症鉴别

渗出性素质病应注意与葡萄球菌感染引起的皮肤及皮下组织坏死性炎症相区别。由于两个病症在临诊上均呈现胸、腹部皮肤外观湿润、水肿，呈暗紫色及出血溃疡等症状，容易造成误诊。剖检时如若患病鹅只肝、脾没有明显病变可初步判断为渗出性素质病，如若发现患病鹅只存在肝、脾肿

图 6-28　心包积液（刁有祥 供图）

大时可初步判断为葡萄球菌感染。确诊可借助实验室诊断，取皮下水肿液涂片染色观察，如未发现致病菌可确诊为渗出性素质病。若观察到革兰氏阳性葡萄球菌菌体，可确诊为葡萄球菌感染。

7. 预防

注意饲料搭配，添加富含维生素 E 的青绿饲料或青干草、谷类或植物油，保证饲料营养均衡，多饲喂青绿饲料、谷物可预防该病，有充足的青绿饲料时一般不会发生维生素 E 缺乏症。由于维生素 E 易被碱破坏，预防该病可在饲料中添加足量的复合维生素、含硒的微量元素、含硫氨基酸，并加入抗氧化剂，防止维生素 E 被破坏。

妥善做好饲料的储存运输工作，在饲料储存过程中，要采取相应的措施避免各种可能破坏维生素 E 的因素，饲料储存应放置于通风干燥处，解封的饲料应尽快食用完。严禁饲喂霉变、腐败的饲料。在每千克饲料中添加 0.5mg 硒和 50IU 维生素 E 可预防该病的发生。

8. 治疗

发病鹅每只喂服 300IU 的维生素 E，同时饮水中每升添加含硒 0.1mg 的亚硒酸钠，或饮水中每升添加含硒 0.1mg 的其他硒制剂，每日 1 次，连用 1 周。或在饮水中加入 0.005% 的亚硒酸钠维生素 E 注射液，添加剂量为每千克饮水中 0.5mL，使用该方法轻度缺乏症 1~3d 可见明显治疗效果，稍重者 3~5d 可见明显效果。或饲料中每千克日粮添加 250IU 维生素 E 或植物油 10g，亚硒酸钠0.2mg，蛋氨酸 2~3g，连用 2~3 周。

治疗过程中，应该考虑在饲料中添加复合维生素及微生态制剂，以增强患鹅的消化吸收能力和抗病能力。同时，应注意硒元素添加不能过量以防止中毒。

四、维生素 K 缺乏症

维生素 K（vitamin K）是几种与凝血有关的脂溶性维生素的总称，主要包括天然存在的维生素 K_1 和维生素 K_2 以及人工合成的维生素 K_3 和维生素 K_4。维生素 K_1 在绿色植物尤其是甘蓝叶、苜蓿以及动物肝脏中含量较为丰富。维生素 K_2 是人及动物胃肠道细菌代谢的产物，但在鹅体内肠道微生物合成的维生素 K_2 并不能满足鹅只的需要。维生素 K_1 在绿叶植物及动物肝脏中含量较丰富；K_2 是人及动物肠道细菌的代谢产物。维生素 K_1 是黄色黏稠油状物；维生素 K_2 是黄色结晶。K_1 和 K_2 对热稳定，但易受碱、乙醇和光的破坏。天然维生素 K 对胃肠道刺激性大，目前在临床上及饲料工业中多用人工合成的、水溶性的维生素 K_3，是亚硫酸氢钠与甲萘醌的加成物。

维生素 K 是鹅合成凝血酶原所必需的物质。鹅只发生维生素 K 缺乏症时，主要表现为皮下、肌肉及胃肠道出血，且血液流出后难以凝固，致使鹅只血液凝固障碍，血液凝固时间延长或出血不止，严重病例会因流血不止而死亡。

1. 生理功能

（1）维生素 K 是动物体内合成凝血酶原所必需的物质。维生素 K 是凝血酶原、骨钙素及其他钙结合蛋白翻译后谷氨酸羧基化的辅助因子，其产物 α- 羧基谷氨酸参与凝血过程中钙离子与蛋白质的结合。当维生素 K 缺乏时，肝脏分泌异常的无 α- 羧基谷氨酸的凝血酶原进入血液。由于凝血酶原是凝血过程中最重要的部分，因而凝血时间延长，造成鹅只的皮下、肌肉、胃肠道及其他脏器出血。严重病例甚至血液完全不凝集，造成鹅只出血不止而死亡。

（2）维生素 K 参与氧化磷酸化过程中的电子传递过程。当维生素 K 缺乏时，会造成肌肉中的 ATP、磷酸肌酸含量减少以及 ATP 酶活性降低。

（3）维生素 K 参与骨骼代谢过程。日粮中添加维生素 K 能够明显促进幼禽和幼畜的骨骼生长发育。研究表明，血清骨钙素的羟基磷灰石结合力、骨骼折断力、骨骼挠度和骨灰分重等随着维生素 K 的添加呈线性增加。

（4）维生素 K 可以抑制肿瘤细胞生长，能对多种肿瘤细胞产生细胞毒性。此外，维生素 K 还具有利尿，强化肝脏的解毒功能，降低血压的作用。

2. 病因

（1）长期服用磺胺类或抗生素类药物，影响了肠道内微生物菌群的稳定，抑制了细菌合成维生素 K 的作用，从而引发鹅只发生维生素缺乏症。

（2）鹅只发生球虫病，肠道黏膜遭到破坏，影响了鹅只的消化吸收能力，影响了维生素 K 的吸收利用。

（3）鹅只发生肝脏系统疾病造成胆汁分泌障碍，或饲料中含有对维生素 K 有抑制作用的双羟香豆素、磺胺喹噁啉，以及饲料霉变或饲料中脂肪性物质含量过低等均能够妨碍机体对维生素 K 的利用，使鹅只出现维生素 K 缺乏症状。

（4）雏鹅发生维生素 K 缺乏症，通常因为种鹅维生素 K 补充不足，雏鹅饲料中的维生素含量缺乏，未及时补充。

3. 症状

维生素 K 缺乏症潜伏期较长，鹅只维生素 K 摄入不足时，通常在 2~3 周后出现维生素 K 缺乏症状。患鹅表现为皮肤苍白干燥、消瘦、精神沉郁、严重贫血，蜷缩聚堆。患鹅躯体胸部、腿部、翅膀、腹腔表面可见出血引起的疤痕，严重者皮下显现紫色斑块。患病严重的病鹅会因轻微擦伤或其他损伤导致流血不止而死亡。部分鹅只会由于肝、肾、脾等内脏器官大量出血而突然死亡，死前鹅只死前全身营养状况良好，并不表现明显症状。

种鹅缺乏维生素 K 时，种蛋孵化过程将出现较多死胚，使孵化率降低。

4. 病理变化

主要病理变化表现为肌肉苍白，腿部肌肉、胸肌及皮下水肿，有大小不一的出血点。心肌、心冠脂肪、脑膜上有出血点或出血斑。发生内脏严重出血的病例，腹腔可见稀薄的血水或血凝块，或在打开腹腔时，在肝脏覆盖有一层血凝块。长骨骨髓呈灰白色或黄色。

5. 诊断

根据临床症状结合剖检病理变化可作出初步诊断，实验室诊断中测定凝血时间是检测维生素 K 是否缺乏的一种有效手段。

6. 预防

保证鹅只充足的新鲜青绿饲料供应，或每千克饲料添加 1mg 维生素 K，使鹅只体内保持一定量的维生素 K 水平。根据种鹅、雏鹅生长特点，需要提高饲料中维生素 K 的添加剂量，或加喂血粉。禁止长时间使用抗生素及磺胺类药物，如为了防治疾病确需在一段时间内添加该类药物时，饲料中维生素 K 的添加剂量应为正常添加剂量的 16 倍。

注意饲料的储运管理。维生素 K 性质比较稳定，但对日光照射的抵抗力较差，配制好的饲料应注意避光保存。同时，应加强饲养管理，做好疾病预防工作，使用微生态制剂，维持肠道内微生物菌群的正常稳定。

7. 治疗

在饲料中补充维生素 K，每千克饲料中添加维生素 K_3 约 8mg，连续饲喂一周后恢复到日常添加量，可见明显治疗效果。发病鹅可肌内注射维生素 K，每千克体重 2mg，每天注射两次。用药 4～6h 后可使血液凝固时间恢复正常，用药一周可治愈出血、贫血症状。

五、维生素 B_1 缺乏症

维生素 B_1（Vitamin B_1）又称硫胺素或抗神经炎素，纯净的硫胺素盐酸盐为白色晶体，易溶于水，不溶于脂肪和脂肪溶剂中。维生素 B_1 干燥状态下可耐热 100℃，在酸性条件下对热、氧稳定，可耐热 120℃，但在中性及碱性环境中极不稳定，易被分解破坏。维生素 B_1 广泛存在于植物性饲料中，在谷物类植物及其加工产品中，如玉米、稻谷、糠麸、麦麸的含量尤为丰富。

维生素 B_1 在鹅只体内被转化为具有活性的焦磷酸硫胺素，焦磷酸硫胺素是碳水化合物氧化脱羧反应和醛代谢转换过程中的重要的辅助因子。鹅只摄入维生素 B_1 不足时，会导致鹅只糖代谢障碍，能量供应减少，引起以神经组织和心肌的代谢以及功能障碍为主要特征的营养代谢病。

1. 生理功能

（1）维生素 B_1 作为 α- 酮酸脱羧酶系的辅酶参与糖代谢 α- 酮酸，如丙酮酸、α- 酮戊二酸的脱羧反应。鹅只缺乏维生素 B_1 会影响丙酮酸氧化分解的顺利进行，使糖的代谢分解停滞。在正常情况下，神经组织所需的能量几乎全部来自糖的分解，当糖代谢受阻时首先影响神经活动。维生素 B_1 缺乏，对鹅周围神经影响极大，易导致鹅只多发性神经炎的发生。

（2）维生素 B_1 够抑制胆碱酯酶活性，使胆碱酯酶的降解保持适当的速度，保证胆碱能神经的正常传导。由于消化腺的分泌和胃肠道的运动均由胆碱能神经支配，所以当维生素 B_1 缺乏时，会引起消化液分泌减少，胃肠蠕动减慢，导致鹅只消化不良，食欲减退，采食量下降。反之，给鹅只补充维生素 B_1 就能增进食欲，促进消化。

（3）近年来的营养研究发现，维生素 B_1 在畜禽生长发育、繁殖、免疫、抗氧化、抗肿瘤及改善肉品质等方面具有重要作用。

2. 病因

（1）饲料储存管理不当，导致饲料发生霉变，饲料中的维生素 B_1 损失较大。

（2）饲料加工过程中碱化、蒸煮，能够破坏维生素 B_1 而引起缺乏症。

（3）饲料中添加了某些碱性物质，防腐剂，球虫药氨丙啉或含有维生素 B_1 分解酶的贝类、生鱼等均对维生素 B_1 有破坏作用，容易引发维生素 B_1 缺乏症。

（4）鹅只发生消化系统疾病时，影响了饲料采食量及消化吸收能力，也是造成维生素 B_1 缺乏的原因。

（5）由于豆类中存在抗硫胺素物质，当配制饲料时添加了较多的大豆或大豆制品时，也会引起鹅只维生素 B_1 的缺乏。

3. 症状

雏鹅发生维生素 B_1 缺乏症时，发病较急，一般 1 周即可表现出明显症状。患鹅初期表现为精神沉郁，羽毛粗乱，食欲减退，进而表现为体重减轻，体温降低，羽毛蓬乱，腿无力，步态不稳，肢体失去平衡，常跌撞几步即蹲下或跌倒侧卧在地上（图 6-29）。随着缺乏症的加剧，肌肉开始出

图 6-29 病鹅瘫痪，不能站立（刁有祥 供图）

现明显的麻痹，腿部、翅膀、颈部伸肌麻痹，头部弯向后方呈"观星姿势"，随后，发病鹅只失去站立、直坐能力而倒地（图6-30、图6-31）。该神经症状通常为间歇性发作，但症状不断加重，最后患鹅因瘫痪、衰竭而死。有的患病雏鹅在游泳时，常发生颈部肌肉麻痹，头颈向后弯曲，不断在

图6-30　病鹅翅腿麻痹，不能站立（刁有祥 供图）

图6-31　病鹅不能站立而蹲坐在地（刁有祥 供图）

水中打转，最后在水中溺亡。

成年鹅只发生维生素 B_1 缺乏症时，发病较慢，一般在发病后 3 周才开始表现出明显症状，表现为食欲减退，羽毛杂乱，体重减轻，步态不稳，行走困难。随病程加剧，神经炎现象越发明显。部分鹅只出现腹泻现象。种鹅出现产蛋率下降，孵化过程中死胚增加，孵化率下降。

4. 病理变化

发病鹅只剖检表现为胃肠炎，胃肠黏膜有炎症，十二指肠溃疡、萎缩，胃肠壁萎缩。皮肤可见广泛性水肿，皮下脂肪呈胶样浸润。肾上腺肥大，特别是肾上腺皮质部，母鹅肾上腺肿大比公鹅更明显。生殖器官萎缩，睾丸较卵巢明显。心脏萎缩，右心常扩张，心房表现较明显。种鹅剖检可见卵巢萎缩。

5. 诊断

参照临床症状，根据鹅特征性的神经症状，当患鹅表现典型的"观星姿势"时，可作出初步诊断。结合鹅群饲养管理情况及饲料配制添加情况，可作出诊断。

6. 预防

注意饲料配制，特别是母鹅饲料的配制。应根据母鹅营养需要，在日粮中搭配含维生素 B_1 丰富的饲料，如新鲜的青绿饲料、酵母粉，以及糠麸等，预防该病的发生有明显的作用。同时，在饲料加工过程中应注意控制碱性物质、防腐剂的添加剂量，以防止产生碱性反应破坏维生素 B_1。日常饲喂过程中应注意避免能对维生素 B_1 产生破坏的因素，如饲喂鲜鱼、虾，蕨类植物，或长期饲喂豆类饲料。在抗球虫药氨丙啉用药期间应适当增加维生素 B_1 添加剂量。妥善保存饲料，防治受潮霉变等因素破坏维生素 B_1。

雏鹅出壳后，可在饮水中添加复合维生素 B 溶液，每天 2 次。或逐只滴喂 B 族维生素溶液 1~2mL，连用 2~3d，保证雏鹅获得足够的维生素 B_1。

7. 治疗

每千克饲料添加 10~20mg 维生素 B_1 粉，连用 7~10d，可见良好治疗效果。或在饮水中添加复合维生素 B 溶液，每只患鹅每日饮水中添加复合维生素 B_1 溶液的剂量为 0.5mL。个别鹅只发病时，可采用肌内注射维生素 B_1，每只每日注射剂量为 0.5mL，注射数小时后即可见效。或口服复合维生素 B 溶液，每只 0.5~1.0mL，每天 2 次。由于维生素 B_1 缺乏症可引起极度的厌食，因此急性缺乏尚未治愈之前，在饲料中添加维生素 B_1 效果不佳，可采取口服维生素 B_1 治疗，雏鹅的口服剂量为每只每天 1mg，成年鹅的口服剂量为 2.5mg/kg 体重，同时在饲料中补充维生素 B_1。

六、维生素 B_2 缺乏症

维生素 B_2（Vitamin B_2）又称核黄素（Riboflavin），是一种橙黄色结晶，它是水溶性维生素，微溶于水，不溶于有机溶剂。维生素 B_2 常温下较为稳定，不易氧化，在碱性环境中及受阳光中紫外线照射后易受破坏。植物性饲料中的紫苜蓿粉、花生饼、豆饼、米糠、麦麸等，动物性饲料中的鱼粉、蚕蛹粉中都含有丰富的维生素 B_2。成鹅胃肠道中的一些微生物能合成较多的维生素 B_2，而雏鹅合成维生素 B_2 的能力较差，常用日粮配方中的维生素 B_2 含量并不能满足其需要，要按照需要量补充添加。

鹅只发生维生素 B_2 缺乏症是由于维生素 B_2 缺乏引起的物质代谢中的生物氧化障碍。临床表现上以患鹅双腿发生瘫痪、坐骨神经肿大，患病雏鹅趾爪向内蜷曲为特征。

1. 生理功能

（1）维生素 B_2 是生物体内黄酶辅基的主要成分，具有可逆的氧化还原特性。维生素 B_2 在组织中通过参与构成各种黄酶的辅基，在生物氧化过程中起传递氢原子的作用，参与碳水化合物、蛋白质、核酸的代谢，具有提高蛋白质在体内沉积，提高饲料利用率，促进家禽正常生长发育的作用。

（2）维生素 B_2 参与脂质代谢。维生素 B_2 维持肝脏对脂质的正常转运，降低甘油三酯、游离脂肪酸、低密度脂蛋白与极低密度脂蛋白水平，抑制胆固醇的生物合成，防止脂质过氧化。

（3）维生素 B_2 参与细胞的生长代谢，能够为肝脏提供营养，修复和强化肝功能，有效预防脂肪肝的发生。

（4）维生素 B_2 还具有保护皮肤、毛囊，调节肾上腺分泌的功能，缺乏维生素 B_2 时，还会影响视觉功能。

2. 病因

（1）鹅只体内不能储存维生素 B_2，由于鹅只对维生素 B_2 的需求量较高，而谷类籽实和糠麸中维生素 B_2 含量较低，日粮中如果没有人为添加维生素 B_2，就会导致其含量不足，引起维生素 B_2 缺乏症。

（2）饲料储存管理不当，即便饲料配制时添加了维生素 B_2，但是由于储存不当，饲料霉变后会使维生素 B_2 受到破坏，如继续长时间储存，维生素 B_2 的损失则会更加严重。

（3）饲料配制过程中，饲料中脂肪和蛋白质含量增加，或饲养环境昼夜温差较大时，会增加机体对维生素 B_2 的需要量，如未及时增加，会引发缺乏症。

（4）当鹅只患有肠道疾病或寄生虫病时，会影响鹅只的采食及消化吸收，同时影响消化道微生物对 B 族维生素的合成，同样能够导致维生素 B_2 缺乏症的发生。

3. 症状

该病主要发生于 2 周龄至 1 月龄的雏鹅，成年鹅发病较少。

患鹅生长缓慢，逐渐衰弱与消瘦，羽毛粗乱无光泽。患鹅不愿行走，驱赶可见行走费力，步态不稳。严重病例强行驱赶可见患鹅借助翅膀以跗关节运动。脚趾向弯曲成拳状，足跟关节肿胀，脚瘫痪，以跗部行走，该症状为维生素 B_2 缺乏的特征症状（图 6-32）。腿部肌肉萎缩，皮肤干燥粗糙。发病后期，患鹅不能走动，两腿叉开，卧地。尽管患病鹅食欲正常，但是由于不能运动无法接近食槽、水槽，最后因饥饿衰竭而死。

种鹅维生素 B_2 缺乏时，产蛋率及种蛋孵化率显著下降，孵化后的雏鹅卵黄吸收较慢，脚趾蜷曲，绒毛稀少呈结节状。

4. 病理变化

剖检可见患鹅极度消瘦。肠道内含有多量的泡沫状内容物，胃肠黏膜萎缩，肠壁变薄。肝脏肿大而柔软，脂肪含量增多。关节腔有淡黄色黏液，间隙组织增生。严重缺乏维生素 B_2 的病例其特征性病变为坐骨神经肿大变软、失去弹性，有时直径可达正常的 4 ~ 5 倍。

剖检死胚可发现胚体水肿（图 6-33），胚胎发育不全，死亡的胚体表面有结节状绒毛，出壳后的雏鹅羽毛短而粗，这种羽毛称为棒状羽。

5. 诊断

参照临床症状，结合病史调查，剖检分析及饲料成分分析，可作出诊断。

图6-32　病鹅脚趾向内蜷曲（刁有祥 供图）

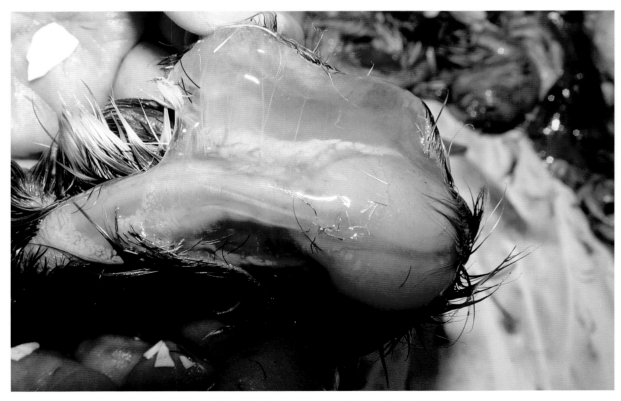

图6-33　死亡鹅胚皮下水肿（刁有祥 供图）

6. 预防

注意日粮配给，动物性饲料和酵母中维生素 B_2 含量丰富，可根据需要添加诸如蚕蛹、啤酒酵母等富含维生素 B_2 的饲料。另外，由于富含维生素 B_2 的饲料在鹅饲料配方中占比有限，所以应在鹅日粮尤其是种鹅、雏鹅日粮中补充维生素 B_2 制剂。雏鹅一开食就应该合理搭配日粮，并添加足够量的维生素 B_2，按每吨饲料添加维生素 B_2 2 ~ 5g，可有效预防该病的发生。应注意避免添加过量的维生素 B_2，王鑫等研究结果表明，饲料中维生素 B_2 添加量超过 10g/t 无生物学意义。加强饲料储运的管理，防止饲料受潮霉变。

7. 治疗

对于早期的病例，可根据发病情况每千克饲料添加 10 ~ 20mg 维生素 B_2 粉剂，连用一周。或饮水中添加复合维生素 B 溶液，每只每次 0.5mL，每天 2 次，连用 2 ~ 3d。严重病例应采用维生素 B_2 治疗，雏鹅每只每天喂 0.2 ~ 0.5mg 维生素 B_2，成年鹅每只每天喂食 5mg 维生素 B_2，连续喂食一周可收到明显治疗效果。或采用肌内注射方法，肌内注射维生素 B_2 针剂，成年鹅每只 5mg，雏鹅每只 3mg。如患鹅出现严重的脚趾蜷曲，坐骨神经损伤严重，往往难以恢复，治疗价值不高，建议淘汰处理。

七、烟酸缺乏症

烟酸（Nicotic acid），又称为尼克酸，抗癞皮病维生素（维生素 PP 或维生素 B_3），是吡啶的衍生物，除烟酸外还包括烟酰胺（Nicotinamide）。其非直接在机体内起作用，而是以其衍生物 - 辅酶 I 和辅 II 形式作为脱氢酶在动物机体的代谢活动中起传递氢和参与葡萄糖酵解、戊糖合成以及丙酮酸、脂肪、蛋白质、氨基酸和嘌呤代谢的作用。此外，它们还在维持机体消化腺分泌、降低血清胆固醇含量、扩张毛细血管和提高中枢神经兴奋性等方面有促进作用。有相关试验数据显示，机体烟酸缺乏会影响肠道内锌、肝脏内铁的吸收。烟酸性质比较稳定，耐热，可升华为无色稍有酸味的气体。常规条件下为无色针状结晶体，可溶于水和乙醇，易溶于沸水和沸醇，在光、热、酸、碱和氧化剂的条件下其性能不易丧失。

烟酸缺乏症是以烟酸缺乏所引起的一种营养代谢疾病，患病鹅以生长缓慢或停滞、羽毛发育不良无光泽、下痢、跗关节肿大等为主要特征症状。此外，该病还有消化道化脓性结节，腿部关节肿大，骨短粗，腿骨弯曲等与滑腱症类似的临床表现，不过其跟腱极少滑脱。

1. 生理功能

游离的烟酸和烟酰胺在小肠迅速被吸收，烟酸在动物体内转化为烟酰胺后才具有活性。烟酰胺是辅酶 I（烟酰胺腺嘌呤二核苷酸，NAD）和辅酶 II（烟酰胺腺嘌呤二核酸磷酸，NADP）的组成成分。烟酸以这两种辅酶的形式参与动物体内碳水化合物、脂肪、蛋白质等供能代谢反应中氢和电子的传递。辅酶 I 和辅酶 II 所催化的氢的传递，在中间代谢中起决定性的作用。一方面，这两种辅酶与特定的脱辅基酶蛋白结合，在脂肪、碳水化合物和氨基酸的降解与合成中参与氧化还原反应；另一方面，这两个辅酶仍与特定的脱辅基蛋白结合，通过接受底物燃烧的氢，并将其传递给呼吸链中的黄素酶，从而在三羧循环底物的最后氧化降解中发挥重要作用。被辅酶 I 和辅酶 II 催化的重要代谢反应有以下几个方面。

（1）碳水化合物代谢。参与葡萄糖的无氧和有氧氧化。

（2）脂类代谢。参与甘油的合成与分解，脂肪酸的氧化与合成，甾类化合物的合成，二碳单位通过三羧酸循环。

（3）蛋白质代谢。氨基酸的降解与合成，碳链通过三羧酸循环的氧化。

（4）视紫红质的合成。

由此可见，烟酸或烟酰胺在机体的细胞中对碳水化合物、脂肪和蛋白质等的供能代谢中起着非常重要的作用，参与细胞的氧化，并且有扩张末梢血管、保护皮肤和消化器官正常功能之功效。烟酸不足可破坏糖的酵解、三羧酸循环、呼吸链以及脂肪酸的合成，使机体出现皮肤病变和消化道功能紊乱，口腔、舌、胃肠道黏膜损伤，神经功能损伤及眼睛病变等。

2. 病因

该病主要是由于鹅对烟酸的需要量未得到足够的供应所导致。如饲料中长期缺乏色氨酸、维生素 B_2 和维生素 B_6，导致鹅体内烟酸合成量降低。常见日粮中的烟酸含量如表 6-2 所示。长期饲喂单一玉米日粮，因玉米含烟酸量很低，并且所含的烟酸大部分是结合形式，未经分解释放而不能被鹅所利用，所以如不额外的添加就会发生烟酸缺乏症。

长期使用某种抗菌药物，或鹅群患有热性病、寄生虫病、腹泻病、肝、胰脏和消化道等机能障碍时，使鹅胃肠道内微生物的活性受到抑制，均可引起肠道微生物烟酸合成减少。其他营养物如日粮中核黄素和吡哆醇的缺乏，也影响烟酸的合成。

此外，饲料在搅拌过程中微量成分混合不均，或饲料搅拌或运输过程中发生了原料相互分离，饲料存储时间过长或存储条件不当，均可造成烟酸缺乏。

表6-2　日粮中烟酸含量　　　　　　　　　　　　　　　　　　（mg/kg）

日粮	平均值	参考范围	日粮	平均值	参考范围
玉米	20	14~29	菜籽饼	200	
麸皮	50	36~75	肉骨粉	50	36~75
鱼粉	120	83~162	小麦	48	34~65
大豆	21	18~24	大麦	53	29~75
棉仁饼	38	29~45	玉米麸	68	50~105

3. 症状

鹅的烟酸缺乏症最初的表现为生产性能下降和饲料转化率降低。该症多发生于幼鹅，患病鹅常表现为羽毛蓬乱稀少、皮肤粗糙角化、生长停滞、发育不良、消化不良以及口腔食道炎症等。头部或脚部皮肤肿胀或有化脓性结节，腿部关节肿大，胫骨短粗，腿骨弯曲，与滑腱症有些相似，不过其跟腱极少滑脱。成年母鹅发病时常表现为体重减轻、羽毛蓬乱无光甚至脱落、产蛋量和孵化率下降。

4. 病理变化

患病鹅剖检可见口腔、食道黏膜有炎性渗出物，胃肠充血，有时可见肝脏呈浅黄色、易碎、肝细胞发生脂肪变性，十二指肠、盲肠和结肠和胰腺黏膜等处有豆腐渣样的覆盖物，肠壁增厚且易碎等病理变化。烟酸缺乏严重时，会引起鹅的糙皮症和骨骼畸形，这些症状在患病鹅的头部或脚部较为常见，如眼睛周围、口角处以及脚踝等部位的炎症反应，这些部位的炎性病变会影响鹅的采食行为，因而会导致采食量下降、体重减轻、抗病能力降低等。

此外，动物机体烟酸缺乏还能导致血液红细胞辅酶（NAD）活性降低，尿液中 N- 甲基 - 尼克酰胺和 N- 甲基 -2- 吡啶酮 -5- 羧酸酰胺的排泄量减少。

5. 诊断

对于烟酸缺乏症的临床诊断，该症在发生早期阶段并无特征性表现，但经过一段时间后便可辨认出来。如皮肤、骨骼和消化道病变，以口炎、下痢、胫跗关节肿大等为主要特征症状。

6. 类症鉴别

烟酸缺乏症的主要症状是胫骨短粗、胫跗关节肿大和双腿弯曲。其与锰缺乏、胆碱缺乏、铜缺乏、钙缺乏、磷缺乏以及维生素 D 缺乏症的区别之处是跟腱很少从骨踝中滑出。

7. 预防

针对发病原因采取相应的措施，避免饲喂单一饲料，调整日粮中玉米比例，或添加色氨酸、啤酒酵母、米糠、麸皮、豆类、肝脏、酵母、鱼粉等富含烟酸的饲料。另外，在动物体内，烟酸也通过色氨酸经犬尿氨酸 3- 羟基 -2- 氨基苯甲酸途径合成。因此，只要摄取色氨酸含量丰富的日粮也可以很好地预防该病。

8. 治疗

对于该病的治疗，患病鹅可内服烟酸 2 ~ 3mg/ 只，2 ~ 3 次 /d，连续服用 1 ~ 2 周。或每吨饲料中添加 30 ~ 50g 烟酸。若病鹅患有肝脏疾病时，可联合使用蛋氨酸或胆碱进行治疗。

八、胆碱缺乏症

胆碱（Choline）通常称维生素 B_4，是磷脂、乙酰胆碱等物质的组成成分。饲料添加剂中常用的胆碱形式为氯化胆碱，氯化胆碱外观为结晶固体，极易潮解，溶于水和乙醇，不溶于乙醚、三氯甲烷和苯。自然界中，动物肝脏、肉粉、麦麸、豆饼、酵母中含有丰富的胆碱，谷实类及青饲料中胆碱含量较低。

日粮中胆碱添加不足会造成鹅只胆碱缺乏。由于维生素 B_{12}、叶酸、维生素 C 和蛋氨酸都能参与胆碱的合成，它们的缺乏同样也会影响胆碱的合成。胆碱缺乏症主要病变为脂肪代谢障碍引起的大量脂肪在鹅的肝脏沉积，又称脂肪肝综合征。

1. 生理功能

（1）胆碱参与甲基代谢。胆碱在鹅只体内肌酸、蛋氨酸和 N- 甲硝胺酸等含甲基的化合物的合成过程中，起着甲基供体的作用，参与体内的甲基化反应。当胆碱缺乏时，乙酰胆碱的合成受到影响，导致鹅只出现胃肠蠕动迟缓，消化液分泌减少，食欲减退等症状。

（2）胆碱参与肝脏脂肪的转运。胆碱作为磷脂的组成成分，在防止脂肪肝，促进代谢等过程中起重要作用。鹅肝细胞中内合成的脂肪只有以脂蛋白的形式才能被转运到肝脏以外，而卵磷脂是合成脂蛋白的重要物质。当鹅只体内胆碱缺乏时，卵磷脂及脂蛋白合成障碍，肝脏中合成的脂肪由于缺乏脂蛋白，导致肝脏内脂肪积聚，从而引起脂肪肝或脂肪肝综合征。

（3）胆碱促进突触的发生和神经的传导。胆碱被乙酰化生成乙酰胆碱，乙酰胆碱作为神经递质，参与神经传导。胆碱在维持神经细胞结构完整性和功能完整性等方面具有重要作用。

（4）胆碱参与细胞膜磷脂的合成。由胆碱生成的磷脂酰胆碱是细胞膜磷脂的重要组成成分，对细胞膜的流动性、通透性、物质交换和信息传递具有重要作用。

2. 病因

（1）日粮中添加不足。鹅对胆碱需求量较大，尤其雏鹅对胆碱的缺乏十分敏感，如日粮中胆碱添加量不足，极易引发鹅只发生胆碱缺乏症。

（2）集约化养殖中，饲喂高能量、高脂肪日粮，易造成鹅只采食量下降，从而引起胆碱摄入量不足引发胆碱缺乏症。

（3）叶酸、维生素 C 或维生素 B_{12} 缺乏。研究表明，当叶酸、维生素 C 或维生素 B_{12} 缺乏时，机体对胆碱的需求量增加，此时，如未增加胆碱添加量同样可引起胆碱缺乏症。

（4）日粮中维生素 B_1 和胱氨酸比例增多时，由于维生素 B_1 和胱氨酸能够促进糖转化为脂肪，促使脂肪代谢发生障碍，易导致胆碱缺乏症的发生。

（5）肝脏功能受损影响胆碱的合成。饲料中长期添加磺胺类药物或抗生素，使肝脏功能受损，影响胆碱在体内的合成，同时胃肠道疾病能够影响胆碱的吸收，从而导致胆碱缺乏症的发生。

3. 症状

患鹅变现为精神沉郁，食欲减退，生长缓慢或停滞。胆碱缺乏症特征症状为胫骨短粗症，跗关节肿大，骨短粗，弓形腿和跟腱滑脱。最初表现为跗关节周围针尖状出血，轻度浮肿，继而胫跗关节由于跗骨的扭曲而明显变平，胫跗关节明显肿胀，造成胫骨弯曲呈弓形。病鹅跛行，常蹲伏地面，不能站立。种鹅产蛋减少，种蛋孵化率降低。

4. 病理变化

患鹅胫骨、股骨变形，关节肿大，关节滑膜有炎症。关节软骨错位，跟腱从踝骨头滑脱。肝脏肿大质脆，呈土黄色，肝脏表面有散在出血点，切面外翻，触之有油腻感，甚至可见脂肪滴，肝脏经 HE 染色后，显微镜观察可发现肝细胞胞浆中有大小不一的脂肪滴。部分病例剖检可见肝被膜破裂。肝脏、肾脏及其他器官表面有明显的脂肪浸润和变性。母鹅剖检可发现卵巢上卵泡内的卵黄"流产"现象增多。

5. 诊断

参照临床症状及饲料配制情况调查，结合剖检观察，当剖检发现胫骨短粗及脂肪肝症状时，可确诊该病。

6. 预防

日粮中应注意胆碱、叶酸、维生素 B_{12}、蛋氨酸、胱氨酸等含量的合理搭配。当日粮中以上成分含量不足时，应提高胆碱的添加量。蚕蛹、鱼粉、肝粉等动物性饲料，豆饼、菜籽饼、花生饼等植物性饲料与酵母等含有丰富的胆碱，可在日粮中添加上述饲料。

长时间使用抗生素或磺胺类药物时，或饲喂高能、高蛋白饲料时，或鹅只发生可损害肝脏功能的疾病时，应提高胆碱的添加量。

7. 治疗

日粮中每吨饲料添加胆碱 400g，连用一周可见明显效果。或口服胆碱，每只鹅每次喂服 0.1 ~ 0.2g，每日 1 次，连续饲喂 1 周。大群混喂胆碱，每千克日粮中添加胆碱 0.6g、维生素 E 10IU，连续饲喂 1 周。鹅在发病后，采用以上治疗方法，补充足够的胆碱后可以治愈缺乏症，但发生肌腱滑脱的病例，由于腱的滑脱往往不可逆，治疗价值低，建议淘汰处理。

九、泛酸缺乏症

泛酸（Pantothenate）通常称为维生素B_5，因为它在自然界中分布十分广泛，所以又称之为遍多酸。它是 α，γ-二羟基-β，β'-二甲基丁酸与 β-丙氨酸通过肽键缩合而成的酸性物质。泛酸为浅黄色油状物，易溶于水及乙醇，在中性溶液中耐热，对氧化、还原剂皆稳定，在酸性及碱性溶液中，易被热所破坏发生水解。游离的泛酸不稳定，吸湿性极强，所以在生产中常用其钙盐、钠盐和钾盐，饲料工业中一般用钙盐。泛酸钙无色粉状晶体，微苦，可溶于水，对光和空气都比较稳定，但是遇到 pH 值为 5~7 的水溶液、遇热而被破坏。

自然界中的绿色植物、向日葵籽饼、花生饼、大豆饼、米糠、麦麸以及动物肝脏中都含有丰富的泛酸，在饲料配制过程中，注意日粮的合理搭配，一般的全价饲料并不会缺乏泛酸。泛酸在糖、脂肪、蛋白质的代谢中起重要作用，泛酸缺乏会引发糖、脂肪、蛋白质的代谢障碍，造成机体的多器官和组织受损。临诊上出现以皮炎、羽毛发育不全和脱落为特征的营养代谢病。

1. 生理功能

（1）泛酸在机体中大部分被用以构成辅酶 A，由于辅酶 A 参与机体一系列的代谢活动，泛酸在糖、脂肪、蛋白质的代谢中起十分重要的作用。当鹅只缺乏泛酸时，糖、脂肪、蛋白质的代谢，脂肪酸的合成及降解都将受到影响，从而引发一系列病症。日粮中添加辅酶 A 能够增强消化吸收，促进养分利用，进而提高饲料利用率。

（2）泛酸与皮肤和黏膜的正常生理功能、羽毛的色泽、对疾病的抵抗力等也有十分密切的联系，在肝脏中，泛酸能使部分磺胺类药物乙酰化，有利于减轻药物对肝脏的损害。

2. 病因

（1）鹅只长期饲喂单一玉米饲料。

（2）饲料中维生素 B_{12} 不足，机体对泛酸的需求量增加，此时如果泛酸的供应量没有及时增加，即会引起泛酸缺乏症。

（3）饲料在加工、储运过程中，受各种理化因素的影响，造成泛酸的损失，使饲料中的泛酸含量实际低于标称值，则可引发泛酸缺乏症。

（4）鹅只的采食、消化、吸收能力受到影响也会造成泛酸的缺乏。

（5）饲料中维生素 B_{12} 缺乏导致鹅只对泛酸需求量增大，而未及时补充维生素 B_{12} 或提高泛酸的添加量。

3. 症状

泛酸的缺乏将使机体代谢紊乱，致使鹅只出现多种缺乏症。患鹅表现为精神沉郁，生长缓慢，病鹅消瘦，羽毛生长阻滞且粗糙，蜷曲粗乱易折断。骨短粗，易发生滑腱症。

病鹅口角处出现局限性痂样病变，口腔有脓样物质。眼睑边缘有小结痂形成，呈颗粒状，眼睑常被黏性渗出物粘在一起而变得窄小，从而使视力受限。

头部、脚底和趾间处皮肤有炎症，皮肤角化上皮脱落，脚趾之间和脚底部皮肤脱落，并在此处形成小的破裂与裂隙，随着破裂与裂隙加重加深，患鹅将极少走动，严重病例患鹅运动失调，不能站立。

患病种鹅并无明显临床表现，产蛋率和受精率受缺乏症的影响不大，但是种蛋孵化率明显降低，在孵化的后期死胚较多，幼雏成活率低。

4. 病理变化

剖检可见口腔内有脓样物，腺胃中有不透明灰白色渗出物。肝脏肿大，呈浅黄至深黄色。脾脏轻微萎缩。法氏囊、胸腺和脾脏有明显的淋巴细胞坏死和淋巴组织减少。脊髓的神经与有髓纤维呈现髓磷脂变性。剖检死胚可见胚体皮下出血和水肿。

5. 诊断

该病通过临床症状和剖检变化可作出初步诊断，补充泛酸有明显治疗效果时可确诊。

6. 预防

满足鹅只需要的最小需求标准，1~4周龄鹅泛酸需求量为15mg/kg，4周龄以后鹅为10mg/kg。应注意，该标准的泛酸水平可以使鹅只表现正常，但不足以在生产上使鹅只生产性能发挥到最佳。从综合效益角度出发，建议日粮中泛酸添加水平为20mg/kg。同时，应注意日粮的合理搭配，注意饲喂全价饲料。绿色植物、向日葵籽饼、花生饼、大豆饼、米糠、麦麸以及动物肝，都含有丰富的泛酸，在饲料的配制过程中，应注意添加上述饲料。当日粮中玉米的比例大，或习惯饲喂单一玉米饲料的养殖户，应特别注意在饲料中添加泛酸。

7. 治疗

发病鹅群可在饲料中添加泛酸钙，每千克饲料中添加泛酸钙20mg，连续饲喂2周。另外，由于泛酸与维生素 B_{12} 之间有密切关系，在维生素 B_{12} 不足的条件下，鹅对泛酸的需求量将增加。当饲料中维生素 B_{12} 量不足时，应注意提高泛酸的添加剂量，同时注意补充维生素 B_{12}。发病较严重的病例，可采取口服或肌内注射泛酸，每只每次 10~20mg，每天 1~2 次，连续口服或注射 3~5d。或喂服泛酸钙，每次每千克体重饲喂 4~5mg，每天 1 次，连续饲喂 5~7d。

十、维生素 B_6 缺乏症

维生素 B_6（VitaminB$_6$）是易于相互转化的 3 种吡啶衍生物，即吡哆醇（Pyridoxin）、吡哆醛（Pyridoxal）、吡哆胺（Pyridoxamine）的总称。维生素 B_6 是白色结晶体，易溶于水及乙醇。在酸性溶液中稳定，在碱性溶液中只有吡哆醛容易失去活性。光或紫外线照射均能使其破坏，特别是在碱性或中性溶液中更是如此。三种衍生物中吡哆醇更耐加工和贮藏，饲料工业中一般用盐酸吡哆醇。

1. 生理功能

维生素 B_6 在大多数食物或饲料中以吡哆醇、吡哆醛和磷酸吡哆胺的蛋白质复合体形式存在。进入机体后，维生素 B_6 经体内的磷酸化作用转变为相应的磷酸脂。参加代谢作用的主要是磷酸吡哆醛和磷酸吡哆胺。

磷酸吡哆醛和磷酸吡哆胺是维生素 B_6 在体内的活性形式，它们既是氨基酸转氨酶和某些氨基酸脱羧酶的辅酶，也可促进半胱氨酸脱硫酸的酶促反应。维生素 B_6 的功能如下。

（1）转氨基作用。磷酸吡哆醛的醛基与氨基酸中的 α- 氨基结合成醛亚胺的复合物，再根据不同酶蛋白的特性，将氨基从一个供体氨基转移至一个受体氨基酸中，以形成另一种氨基酸的作用，这对于非必需氨基酸的形成是重要的。

（2）脱羧作用。参与氨基酸的脱羧基作用，使氨基酸脱去羧基转化为相应的生物胺。如在色氨酸、酪氨酸和组氨酸转化合成 5 - 羟色胺、去甲肾上腺素和组氨的过程中，脱羧基反应起着重要作用。

（3）脱氨基作用。脱掉对生长不需要的氨基酸的氨基。

（4）转硫作用。将甲硫氨酸的巯基（–SH）转移至丝氨酸中形成半胱氨酸。

（5）维持肝中辅酶A的正常水平，参与亚油酸转变为花生四烯酸和降低血清胆固醇的作用。

（6）色氨酸转变为烟酸。

2. 病因

维生素 B_6 的缺乏症一般很少发生，只有在饲料中极度不足或在应激条件下，鹅对维生素 B_6 的需求量增加下才导致缺乏症的发生。

3. 症状

维生素 B_6 缺乏时，雏鹅表现为生长不良，食欲不振，骨短粗病和特征性的神经症状。雏鹅表现出异常兴奋，不能自控地奔跑，听觉紊乱，运动失调，严重时甚至死亡。成年鹅盲目转动，翅下垂，腿软弱，以胸着地，伸屈头颈，剧烈痉挛以至衰竭而死。骨短粗，表现为一侧腿严重跛行，一侧或两侧爪的中趾在第一关节处向内弯曲。产蛋鹅产蛋率和孵化率降低，严重缺乏时导致成年产蛋母鹅的卵巢、输卵管退化，成年公鹅发生睾丸萎缩，最终死亡。此外，雏鹅与成年鹅还表现为体重下降，生长缓慢，饲料转化率低，下痢，肌胃糜烂，眼睑炎性水肿等症状。

4. 预防

饲料中添加酵母、麦麸、肝粉等富含维生素 B_6 的饲料，可以防止该病的发生。按雏鹅和产蛋鹅添加维生素 B_6 3mg/kg、种鹅添加 4mg/kg。在使用高蛋白饲料及应激状态下应增加维生素 B_6 添加量。

5. 治疗

已经发生缺乏的成鹅可肌内注射维生素 B_6 5～10mg/ 只，饲料中添加维生素 B_6 10～20mg/kg，连用 2 周。

十一、生物素缺乏症

生物素（Biotin）又名维生素 H、维生素 B_7 或辅酶 R（Coenzyme R），是 20 世纪 30 年代在研究酵母生长因子和根瘤菌的生长与呼吸促进因子时，从肝脏中发现的一种可以预防由于饲喂生鸡蛋蛋白诱导的大鼠脱毛和皮肤损伤的因子。该物质为一种与硫胺素一样含有硫元素的环状化合物，其广泛存在于动物和植物中，以肝脏、肾脏、酵母、蛋黄、豌豆、大豆和奶汁含量较多，是生物体固定二氧化碳的重要因素。该物质在常温条件下为无色针状晶体状，具有与尿素和噻吩相结合的骈环，并有戊酸侧链，可溶于热水但不溶于氯仿、醚和乙醇，可在一般条件下存储较长时间，但在氧化剂或高温条件下其生物学特性可能丧失。此外，生物素的分子结构中含有两个五元杂环和一个含五个碳原子的 –COOH 侧链，即含有三个不对称的碳原子，所以推测其可能含有八种立体异构体。

鹅生物素缺乏症是由于鹅体内生物素缺乏所导致的以机体内蛋白、糖、脂肪代谢障碍为主要特征的一种营养缺乏性疾病，其典型病变为生长迟缓，皮肤、趾爪发生炎症，骨发育受阻呈现短骨、扭曲变形。

1. 生理功能

在动物体内，生物素以辅酶的形式，直接或间接地参与蛋白质、脂肪和碳水化合物等许多重要的代谢过程，在脱羧、某些羧基转换、脂肪合成、天门冬氨酸的生成及氨基酸的脱氨基中起重要作用。

（1）参与碳水化合物的代谢。生物素是中间代谢过程中所必需的羧化酶的辅酶。生物素酶催化羧化和脱羧反应，参与丙酮酸羧化后变为草酰乙酸和合成葡萄糖的过程。生物素在糖原异生中起重要作用，在碳水化合物进食量不足时，机体通过糖原异生作用，利用脂肪和蛋白质生成葡萄糖，以保持血糖浓度。

（2）参与蛋白质代谢。生物素直接参与氨基酸的降解和间接参与一些氨基酸的合成或蛋白质合成中嘌呤的形成。

（3）参与脂类代谢。生物素直接参与体内长链脂肪酸的生物合成。反应过程为：乙酰辅酶 A 羧化为丙二酸单酰辅酶 A，再与另一分子乙酰辅酶 A 结合，经脱羧、还原和去水后，转化为丁酰辅酶 A。这个衍生物又一步步地重复合成时所述的反应，最后形成长链脂肪酸。

2. 病因

（1）日粮中生物素的添加量不足。鹅肠道微生物所合成的生物素远低于鹅正常的生理需求，故需要在日粮中添加额外的生物素。但谷物类日粮中生物素含量少，利用率低，所以要适当降低谷物类在饲料中的比例，增加含生物素的饲料的比例。

（2）抗生素和药物影响微生物合成生物素。长期滥用会使鹅肠道内的合成生物素的微生物菌群抑制或失衡，导致生物素缺乏。

（3）饲料加工不当造成维生素破坏。饲料在制粒加工过程中，需要高温高压，但如高温高压条件掌握不好就会导致生物素受到破坏，致使饲料中的生物素含量低。

（4）肠道感染性疾病。如肠道因细菌感染发生腹泻，肠道的吸收能力就会降低，最终导致生物素的流失。

（5）其他影响生物素需要量的因素，如饲料中脂肪含量等。

3. 症状

该病在雏鹅和成年鹅中均可发生，主要特征为生长迟缓、食欲不振，羽毛干燥变脆，逐渐衰弱，蹼、喙和眼周围皮肤角化、开裂出血，结痂，有时可见胫骨短粗。

种蛋孵化率低，胚胎死亡率高，未能出壳的胚胎多表现为软骨发育不良且体型小，跗跖骨变粗或扭曲，胫骨弯曲等。出壳的雏鹅多表现为先天性胫骨短粗，共济失调，骨骼畸形。

4. 病理变化

对患病鹅进行剖检可见，病鹅肝脏和肾脏肿大且呈青白色，肝脏脂肪增多且在小叶表面有小出血点。心脏颜色变浅或苍白，肌胃和小肠内容物变为黑褐色。胫骨短粗，扭曲变形，胫骨中部骨干皮质的正中侧增厚，骨密度和灰分增高。

组织切片学检查可见许多器官发生脂肪浸润，肾脏、肝脏细胞浆内有大量的脂肪滴，支气管上皮细胞内和肺房间隙内也发现多量脂肪滴；肾脏苍白，肾小管和输尿管中沉积尿酸盐；心肌纤维变性、水肿、异嗜性细胞浸润；肺脏血管瘀血，结缔组织和三级支气管水肿，黏膜炎性细胞浸润；胆管周围炎性细胞浸润，胆管中度增生。

5. 诊断

该病根据发病情况，临床症状即可作出初步诊断，确诊则需结合维生素测定和病理组织学检查等实验室诊断。

6. 类症鉴别

该病的临床症状与泛酸缺乏症相似，均有典型的皮炎症状。病情轻者不易区别，只是结痂时间和次序有别。生物素缺乏引起的皮炎首先从爪上出现结痂，而泛酸缺乏症的幼鹅先在口角和面部出现，病情严重才会伤及到爪。

7. 防治

对于该病的预防，要注意添加动物性蛋白饲料（如骨粉、肉粉、鱼粉或酵母粉等）和植物性饲料（如米糠和豆饼等）。对于该病发生后的治疗，饲料中添加生物素的剂量为 50mg/kg。也可进行口服和肌内注射，每只鹅 0.01 ~ 0.05mg 生物素。尽量减少长期使用抗生素和磺胺类药物。

十二、叶酸缺乏症

叶酸（Folic acid），又称维生素 B_9（Vitamin B_9），是维生素 B 复合体之一，叶酸是由谷氨酸和蝶酸结合而成，而蝶酸又由对氨基苯甲酸和 2- 氨基 -4- 羧基 -6 甲基蝶呤啶所构成，因 Mitchell,H.K. 于 1941 年在菠菜叶中提取纯化的，故而命名为叶酸，其对动物正常的核酸代谢和血细胞增殖及其重要。叶酸外观为黄至橙黄色结晶性粉末，易溶于稀碱、稀酸，稍溶于水，不溶于乙醇、丙酮、乙醚和三氯甲烷，熔点为 250℃。结晶的叶酸对空气和热均稳定，但受光和紫外线辐射后则降解，在中性溶液中较稳定。酸、碱、氧化剂与还原剂对叶酸均有破坏作用。

鹅叶酸缺乏症是由于鹅体内缺乏叶酸而引起的以贫血、生长停滞、羽毛生长不良或色素缺乏为主要特征的一种营养缺乏性疾病。

1. 生理功能

该物质本身无生物学特性，需要在机体内代谢加氢还原生成 5，6，7，8- 四氢叶酸后才可发挥其生物学特性。四氢叶酸作为一种辅酶，在传递一碳基团如甲基基团、亚胺甲酰、亚甲基和甲酰中发挥重要作用。四氢叶酸的生物学功能如下。

（1）在核酸合成过程中，在转甲酰酶的协同作用下，参与嘌呤环的合成。

（2）促使丝氨酸和甘氨酸的相互转化，如使丝氨酸转化成谷氨酸，苯氨酸转化成酪氨酸，乙醇胺合成胆碱，半胱氨酸合成蛋氨酸以及烟酰胺转化成 N- 甲基酰胺等。

（3）在维生素 C 和维生素 B_{12} 的作用下参与血红蛋白的合成，促进免疫球蛋白的生成和骨髓幼细胞成熟，增加机体对谷氨酸的利用率，具有解毒护肝的作用。

2. 病因

（1）长期饲喂玉米或其他谷物日粮而不添加青绿饲料。

（2）饲喂的商品饲料中叶酸的添加量太低。

（3）动物在疫病预防或治疗过程中，大量服用如磺胺类等抗生素或其他抑菌性药物，影响动物机体肠道内微生物合成叶酸。

（4）动物在热、冷、有害气体（如氨气、硫化氢等）、长途运输等应激或特殊生理阶段下对叶酸的需要量增加；以及其他影响叶酸合成的不良因素等。

3. 症状

患病雏鹅食欲不振，生长缓慢，骨短粗；贫血，红血球数量减少，比正常者大而畸形，血液稀薄；肌肉苍白；羽毛生长缓慢且易折断，羽毛色素消失而褪色，出现白羽，无光泽。叶酸缺乏症的特征性症状是颈麻痹。初期颈前伸，站立不稳（图 6-34），颈直伸不能抬起，以喙着地，与两爪构成三点式，后期腿麻痹、倒地，两腿伸直，颈非常软，可任人摆布而毫无反抗（图 6-35）。若不及时治疗两天以内就会死亡。母鹅产蛋率、孵化率下降，胚胎畸形，出现胫骨弯曲等。此外，贫血是

图 6-34　颈麻痹，前伸，鹅站立不稳（赵希强 供图）

图 6-35　鹅不能站立，倒地，颈麻痹（刁有祥 供图）

该病的一个重要特征。

4. 病理变化

患病鹅剖检可见肌肉苍白，内脏组织器官贫血，颜色浅。HE 病理切片可见颗粒性白细胞减少，巨型红细胞发育暂停。

5. 诊断

对于该病的诊断，通常可根据饲养条件和日粮成分分析，结合病鹅临床症状以及病理变化即可诊断。此外，病鹅血液中低色素性巨幼红细胞增多、红细胞中多谷酰叶酸衍生物的超标以及颗粒型白细胞减少等是该病的特征性指标。

6. 预防

首先要改善饲养管理，调整日粮元素比例，适当添加富含叶酸的日粮，如苜蓿、酵母、肝粉、黄豆粉、亚麻仁饼、青绿饲料等。应用豆饼或鱼粉为蛋白饲料时，要按照每吨饲料 5 ~ 10g 叶酸的剂量添加叶酸。在服用抗生素药物期间也要适当地添加叶酸。另外，用玉米做饲料时要按照每千克玉米中添加 0.5 ~ 1.0mg 的叶酸，也可预防该病发生。

7. 治疗

对于患病雏鹅，可每只肌内注射 10 ~ 15mg 叶酸，连续 3 ~ 5d。对于患病成年鹅，可每只肌内注射 20 ~ 15mg 叶酸，连续 5d。也可按照 5mg/kg 的剂量添加叶酸制剂，同时要配合维生素 B_{12} 和维生素 C 使用，以减少叶酸消耗，治疗效果更佳。

十三、维生素 B_{12} 缺乏症

维生素 B_{12}（Vitamin B_{12}），又称为氰钴胺素或钴胺素，是一种分子结构非常复杂的红色螯合物，分子式为 $C_{63}H_{88}N_{14}PCo$，相对分子质量为 1355.4，也是唯一含有金属元素的维生素。该物质最早于 1948 年从肝脏中分离出，是具有治疗恶性贫血效果的红色结晶物质。该维生素在畜禽机体内主要以 5'- 脱氧腺苷钴胺素的形式存在，是维持畜禽生长和健康所必需的物质。该维生素的分子结构是由一个钴元素为中心的卟啉环所构成，即钴元素如与羟基结合就是羟钴胺素，如与氰基相连就是氰钴胺素，如与亚硝基相连就为亚钴胺素。

该维生素外观呈红褐色结晶样细粉，无色无味，可溶于水，但不溶于氯仿、乙醚和乙酮。其在含矿物质的预混料和颗粒饲料等常规条件下性质稳定，因此在饲料加工过程中的损失很少，但在强酸、强碱、日光、高温、潮湿和氧化剂的作用下易分解。在自然界中，甲基钴胺素、腺苷钴胺素（辅酶 B_{12}）和羟钴胺素是自然界中由微生物合成维生素 B_{12} 的主要形式，但由于这些形式的维生素 B_{12} 性状不太稳定，因此在工业提纯中常人为的添加适量的氰化钠，使天然形式的维生素 B_{12} 转化为性质更为稳定的氰钴胺素。常用的饲料添加剂量有 0.1%、1.0% 和 2.0% 等剂型。

鹅的维生素 B_{12} 缺乏症，是指由于鹅体内缺乏维生素 B_{12} 或钴所导致的以恶性贫血为主要特征的一种营养缺乏性疾病。

1. 生理功能

维生素 B_{12} 在动物体内主要以辅酶的形式参与体内许多物质的代谢活动，如参与转甲基化反应和氧化还原系统、促进核酸合成、碳水化合物和脂肪代谢，促进机体造血机能和日粮中的蛋白质利用率。其还与血液形成有密切关系，往体内注射适量的维生素 B_{12} 有助于血细胞加速成熟。

（1）参与体内一碳基团的代谢。维生素 B_{12} 与叶酸的作用常常是互相关联的。辅酶 B_{12} 在转甲基的过程中，使 5 - 甲基四氢叶酸恢复为四氢叶酸，它能再用以携带其他一碳基因以合成其他物质，如合成胸腺嘧啶核苷酸等。当维生素 B_{12} 缺乏时，引起脱氧核糖核酸合成异常，从而出现巨幼红细胞性贫血。

（2）维生素 B_{12} 是甲基丙二酰辅酶 A 异构酶的辅酶，在糖和丙酸代谢中起重要作用。因此，当辅酶 B_{12} 缺少时，可出现细胞内丙酰辅酶 A 堆积，渗入神经髓鞘，构成异常的奇数碳脂肪酸，引起神经髓的退行性变化，动物出现神经症状。

（3）维生素 B_{12} 在胆碱合成中亦是不可缺少的，而胆碱是磷脂的构成成分，磷脂在肝脏参与脂蛋白的生成和脂肪的运出中起重要作用。

总之，维生素 B_{12} 参与机体蛋白质代谢，提高植物蛋白质的利用效率，保护肝脏，它还是正常

血细胞生长、发育和维持体内各种代谢所必需的物质。

2. 病因

维生素 B_{12} 是一种重要的生长因子，所以其缺乏症表现为饲料利用率和雏鹅的生长速度降低。成年母鹅患病时，维生素 B_{12} 的缺乏影响到了代谢活动，导致蛋重减轻、产蛋率和孵化率的下降。维生素 B_{12} 中在鹅肠道中的合成量较少，不能满足鹅正常的生理生长需要，必须从外界摄取。天然维生素 B_{12} 只能由分布在淤泥、土壤、粪便和动物的消化道等中的异养性微生物合成，植物性饲料不含该型维生素，但其在动物性饲料中的含量较高，故当鹅的日粮以植物性饲料为主而又不额外添加动物性饲料（如骨粉、肉粉和鱼粉等）时，就会容易引起维生素 B_{12} 缺乏症。在疾病治疗过程中，如长期使用磺胺类等广谱抗生素，也会影响肠道中微生物合成维生素 B_{12} 的进程。另外，肉鹅和雏鹅对该型维生素的需要量较高，必要时需要加大添加量。

3. 症状

该缺乏症的临床症状主要表现为食欲不振、生长缓慢甚至停滞、单纯贫血，严重者伴有神经症状。

幼鹅发生维生素 B_{12} 缺乏时，主要表现为生长发育迟缓、消瘦、贫血、羽毛凌乱稀少无光泽、食欲下降、肌胃黏膜炎症、肌胃糜烂甚至死亡。但同时有蛋氨酸和胆碱缺乏时，则病鹅易发生腓肠肌腱从跗关节滑脱，即滑腱症。随着缺乏症的加重，可见神经症状和羽毛缺陷、腿部疲软和滑腱症等。

成年母鹅发生该病时，产蛋量下降，蛋重减轻，种蛋孵化率也降低。

4. 病理变化

病鹅剖检可见骨短粗、腿部肌肉萎缩且有出血点，肌胃糜烂，肾上腺肿大。蛋白利用率降低，尿酸生产增多。有时可见脂肪肝，心脏肥大，形状不规则，肾脏苍白、出血，脊髓仅见一些有髓鞘的纤维。

5. 诊断

该病根据发病情况，临床症状即可作出初步诊断，确诊则需测定饲料中维生素 B_{12} 的含量。

6. 预防

对于该病的预防，应注重鹅群日粮营养配比，含量较低的天然维生素 B_{12} 源于微生物，含量最丰富的来源于发酵残渣。在植物性饲料中添加鱼粉、肉粉、肝粉和酵母等富含钴的原料，或正常饲料中添加氯化钴制剂，均可防止维生素 B_{12} 缺乏。也可按每吨饲料添加 10～15g 维生素 B_{12} 来补充，效果也较好。

7. 治疗

对于患该病鹅的治疗，可以以 5～8μg/（只·d）的剂量和给药次数通过肌内注射维生素 B_{12} 的方式治疗，治疗效果较好。

第四节 矿物质缺乏症

矿物质是一类无机营养物质，存在于机体各种组织中，除碳、氮、氧、氢主要以有机化合物形式出现外，其余各种元素统称为矿物质或矿物元素。

这些矿物元素大多数以无机盐的形式存在于机体中，占机体的 1%～5%，除了作为骨骼的结构原料和血液、体液与某些分泌物及软组织的组成部分外，它们还有调节体内许多重要机能的作用。

矿物元素供应不足，就会导致矿物元素缺乏症。虽然因矿物元素缺乏症而死亡的病例较少，但动物所需的 18 种矿物元素中，任何一种供应不足，都会使鹅体质衰弱，生长受阻和生产能力下降，且往往不易引起人们的注意，只有矿物质元素缺乏十分严重，导致禽类生长严重受阻，生长能力大为降低或者死亡时，人们才开始察觉。

动物所需要的 18 种矿物元素，根据其在机体内的含量分为两类：一类为常量元素，这些元素占体重 0.01% 以上，有 7 种，即钙、磷、钠、钾、镁、氯、硫，另一类为微量元素，这些元素占体重的 0.01% 以下，有 11 种，即碘、锰、铁、锌、铜、钼、氟、铬、硒、硅、钴。

矿物元素的总功能是：

一是构成机体组织的原料。

二是维持体液的渗透压和酸碱平衡。

三是它是许多酶的激活剂或组分。

四是维持肌肉和神经的正常兴奋性。

五是它是体内某些具有重要生理功能物质的组成成分，如碘是甲状腺素的组分，铁是血红蛋白的组分。

一、硒缺乏症

硒（Selenium，Se）具有抗氧化作用，保护细胞脂质膜免遭破坏，机体在代谢过程中产生一些能使细胞和亚细胞（线粒体、溶酶体等）脂质膜受到破坏的过氧化物，可引起细胞的变性坏死。谷胱甘肽过氧化物酶在分解这些过氧化物中起很重要的作用，而硒是该酶的活性中心元素。它能破坏过氧化物（H_2O_2）并还原为元素的羟基（–OH）化合物，从而防止细胞的氧化。含硫氨基酸为谷胱甘肽的底物，而谷胱甘肽又是谷胱甘肽过氧化酶的底物，进而保护细胞内酶的 –SH。当禽类缺硒时，该酶的活性降低，补硒后其活性相应升高。硒还参与辅酶 A 和辅酶 Q 的合成，同时也是一种与电子传递有关的细胞色素成分；硒在体内促进蛋白质的合成；促进脂肪和维生素 E 的吸收。极端缺硒的动物，胰脂酶合成受阻，可影响脂肪和维生素 E 的吸收。

1. 生理功能

（1）抗氧化功能。机体内存在大量的不饱和脂肪酸，当受到具有强氧化力的游离基化合物的侵袭时，会发生过氧化反应生成过氧化物。此反应是一种连锁反应，一旦开始便会与周围各种细胞膜的脂质双层内所含的脂质或其他细胞器产生反应，影响器官的正常代谢功能或其受损时的自我修复功能。机体对脂质过氧化作用损伤有两类防御体系：一类是非酶促反应，包括含巯基化合物、辅酶 Q、维生素（A、C、E 等）、醇类和酚羟基化合物等；另一类是酶促防御体系，包括超氧化物歧化酶（SOD）、过氧化物酶（CAT）、谷胱甘肽过氧化物酶（GPX1）等。它们可以有效地清除 O^-、H_2O_2、ROOH 等活性氧并终止自由基链式反应。Se 的抗氧化作用主要通过 GPX1 酶促反应清除脂质过氧化物，因此通常将 GPX1 活性作为衡量 Se 在生物体内功能的指标。

（2）促进免疫。硒能有效地提高机体的免疫水平，其作用涉及体液免疫和细胞免疫两部分。

硒能增强动物和人的体液和细胞免疫功能，增强 T 细胞介导的肿瘤特异性免疫，有利于细胞毒性 T 淋巴细胞（CTL）的诱导，并明显加强 CTL 的细胞毒活性，还能显著提高吞噬过程中吞噬细胞的存活率和吞噬率。

（3）调控基因表达。在基因表达的 mRNA 翻译阶段存在着硒掺入，在这种情况下 UGA 密码子不是作为翻译的终止信号，而是作为半胱氨酸硒掺入的编码信号，这一过程需要特定的非翻译序列发生结构上的变化来完成。

（4）对亚细胞结构及功能的影响。硒可显著拮抗 T-2 毒素引起的软骨细胞超微结构和功能的改变。

（5）促进基础代谢。甲状腺的功能是提高基础代谢率，增加组织细胞的耗氧率。甲状腺分泌的甲状腺素以四碘甲腺原氨酸（T4）为主，三碘甲腺原氨酸（T3）极少。T3 是甲状腺素中生物活性最强的，其生物活性是 T4 的 5~8 倍，且 T3 还参与生长激素（GH）的合成，它在甲状腺和外围组织中由 T4 经 I 型脱碘酶作用脱碘生成。Se 与 I、II、III 型脱碘酶的活性有密切关系，能通过影响其生物活性而调节甲状腺维持正常的生理功能。

（6）对动物繁殖性能的影响。硒是雄性动物产生精子所必需的元素，精子本身就含有硒蛋白，硒位于精细胞尾部中段。精液中的硒通过 GPX1 的抗氧化作用保护精子细胞膜免受损害。精子内的硒主要存在于线粒体膜中，缺硒导致精细胞受损，释放出谷草转氨酶（GOT），降低精子活力，从而影响受精能力和胚胎发育。补硒可以减少胚胎死亡，提高繁殖率。

（7）减弱微量元素毒性。硒能拮抗和减弱机体内 As、Hg、Cr 等微量元素的毒性。硒与汞存在拮抗作用，汞可以影响硒的吸收、分布、利用，硒也可以改变汞的积累部位和积累方式。另外，Se 与 As 也能发生互作而形成无毒的共轭化合物，并促进其排入胆汁，在胆囊中 Se 与 As 的互作又促进 As 排泄，减少在胆囊中的残留量和滞留时间，并加强肾对 Se、As 的吸收量和尿中的排泄量。

2. 病因

硒缺乏症的病因学比较复杂，它不仅有微量元素硒，而且也包括有含硫氨基酸、不饱和脂肪酸、维生素 E 和某些抗氧化剂的作用。

（1）含硫氨基酸是谷胱甘肽的底物，而谷胱苷肽又是谷胱苷肽过氧化物酶的底物，进而保护细胞和亚细胞的脂质膜，使其免遭过氧化物的破坏，含硫氨基酸的缺乏可促进该病的发生。

（2）维生素 E 和某些抗氧化剂可降低不饱和脂肪酸的过氧化过程，减少不饱和脂肪酸过氧化物的产生。不饱和脂肪酸过氧化酶具有一个嘌呤结构，合成它需要维生素 E，维生素 E 和硒具有协同作用，从其抗氧化作用来讲，含硒酶可破坏体内过氧化物。而维生素 E 则减少过氧化物的产生，维生素 E 的不足也可导致该病的发生。

（3）不饱和脂肪酸在体内受不饱和脂肪酸过氧化物酶的作用，产生不饱和脂肪酸过氧化物，从而对细胞、亚细胞的脂质膜产生损害。脂肪酸特别是不饱和脂肪酸在饲料中含量过高则可诱导该病的发生。

（4）缺硒是该病的根该病因。硒是谷胱苷肽过氧化物的活性中心元素，当缺硒时，该酶的活性降低，对过氧化物的分解作用下降，使过氧化物积聚，造成细胞和亚细胞脂质膜的破坏。

机体的硒营养缺乏，主要起因于饲料（植物）中硒含量的不足或缺乏。而饲料中硒含量的不足又与土壤中可利用的硒水平相关。一般碱性土壤中水溶性硒含量较高且易被植物吸收，故碱性土壤中生长的植物含硒量较丰富。相反，酸性土壤由于硒易与铁形成难溶性的复合物，因而酸性土壤生长的植物含硒量贫乏。种植在低硒土壤上的植物性饲料，其含硒量必然低下，以贫硒的植物性饲料饲喂家禽即可引起硒缺乏症，据报道，土壤含硒量低于 0.5mg/kg，饲料含硒量低于 0.05mg/kg，便可引起家禽发病，因而一般认为饲料中硒的适量值为 0.1mg/kg。

全国约有 2/3 的面积缺硒，约有 70% 的县为缺硒区，明显的地区发病特点，揭示硒缺乏症是受低硒环境所制约的，病情严重的缺硒地带，其自然地理环境的共同特点是地势较高，通常以半山地、丘陵、漫岗及高原地带发病严重。

3. 发病机理

硒具有抗氧化作用，可使组织免受体内过氧化物的损害而对细胞正常功能起保护作用。硒是谷胱甘肽过氧化酶的重要组成成分，动物体内有 30%~40% 的硒是以 GSH-Px 的形态存在，而谷胱甘肽过氧化酶能破坏过氧化物（H_2O_2），并还原为无毒的羟基（–OH）化合物，从而保护细胞膜结构和功能的完整性。硒参与微粒体混合功能氧化酶体系，起传递电子的作用，因此对很多重要活性物质的合成、灭活，以及外源性药物、毒物生物转化过程有密切关系。硒还参与辅酶 A 和辅酶 Q 的合成，同时也是一种与电子传递有关的细胞色素的成分，它们在机体代谢的三羧酸循环和电子传递中起着重要的作用。硒在体内可以促进蛋白质的合成，还能在体内使有毒的金属如砷、汞等失活。当硒缺乏时，血浆中谷胱甘肽过氧化物酶活性降低，使血管内的细胞脂质膜系统过氧化，造成血管壁通透性增加，血红蛋白渗出，从而使雏禽出现皮下水肿和体腔积液；内质网、线粒体、溶酶体膜受过氧化物的侵蚀，导致细胞和细胞器发生广泛性损伤及病变，因而临床上还可见家禽肌营养不良、肌胃变性、胰腺萎缩、脑软化等症状。

4. 症状及病理变化

该病主要发生于雏鹅，表现为小脑软化症，白肌病及渗出性素质。

（1）脑软化症病。雏鹅表现为运动共济失调，头向下弯缩或向一侧扭转，也有的向后仰，步态不稳，时而向前或向侧面倾斜，两腿阵发性痉挛或抽搐，翅膀和腿发生不完全麻痹，腿向两侧分开，有的以跗关节着地行走，倒地后难以站起，最后衰竭死亡。病理病化可见小脑软化及肿胀，脑膜水肿，有时有出血斑点，小脑表面常有散在的出血点。严重病例可见小脑质软变形，甚至软不成形，切开时流出乳糜状液体，轻者一般无肉眼可见变化。

（2）渗出性素质。病雏颈、胸、腹部皮下水肿，呈紫色或蓝绿色，腹部皮下蓄积大量液体，穿刺流出一种淡蓝绿色黏性液体，胸部和腿部肌肉，胸壁有出血斑点，心包积液和扩张。

（3）肌营养不良（白肌病）。病雏消瘦、无力、运动失调，病理变化主要表现在骨骼肌特别是胸肌、腿肌，因营养不良而呈苍白色，肌肉变性，似煮肉样，呈灰白色或黄白色的点状、条状、片状不等，横断面有灰白色、淡黄色斑纹，质地变脆、变软。心内、外膜有黄白色或灰白色与肌纤维方向平行的条纹斑，有出血点。肌胃切面呈兰深红色夹杂黄白色条纹。

5. 诊断

根据症状和剖检变化，可作出初步诊断，实验室诊断可采集饲料或内脏器官测定硒的含量。

6. 预防

对于该病的预防，首先还是要重视日粮的营养搭配，多饲喂谷物、青绿新鲜饲料等维生素 E 含量多的饲料。对于土壤缺硒的养殖地区或饲喂来源于低硒地区的饲料时，应适量的添加亚硒酸钠等硒添加剂。添加量一般为每吨饲料 0.2g 的硒和 20 万 IU 的维生素 E，同时也要注意氨基酸的平衡，不要饲喂含不饱和脂肪酸含量高的饲料。加强饲料的存储保管，饲料解封后，最好在短时间内用完。

饲料应存放于干燥、阴凉、通风的地方，不要受热，在有条件的情况下，可在饲料中加入抗氧化剂，如乙氧喹等，其推荐剂量为饲料总量的 0.0125%～0.025%，防氧化效果较好。此外，要尽量多考虑在饲料中添加多种维生素和微生态制剂，以增强鹅的消化吸收能力和抗病能力。

7. 治疗

对于患病鹅的治疗，病情严重的可每只鹅肌内或皮下注射 1mg 0.005% 的亚硒酸钠和口服 300 IU 的维生素 E，通常数小时后病情减轻。

对于缺硒引起的病鹅，可在饲料中按每千克饲料添加亚硒酸钠 0.5mg，蛋氨酸 2～3g，维生素 E 为 250 IU 或植物油 10g 的剂量，连喂 7d 病情好转。

二、钙磷缺乏症

钙（Calcium，Ca）和磷（Phosphorus，P）是动物生长发育不可缺少的两种矿物质元素，又是骨骼的重要组成成分。其在动物体内以羟磷酸钙的形式积存于骨骼中，使骨质坚硬，支撑躯干，碳酸钙又是蛋壳的主要成分。该病可在各日龄段的鹅群中均可发生，但在 1～6 周龄的幼鹅中较为多发，主要表现为生长发育停滞，骨骼疏松或变形，无力运动甚至瘫痪。母鹅患病时产蛋率下降或产软壳蛋。另外，该病还可诱发其他疾病，对养鹅生产造成一定的经济损失。

1. 生理功能

钙离子和磷酸盐离子是动物机体内重要的电解质，参与机体一系列的新陈代谢和生化反应。钙、磷是维持鹅（尤其是幼鹅）正常生理活动重要的微量元素，需求量较大，一旦饲料中钙磷含量不足或比例不当就会引起动物机体代谢紊乱，导致幼鹅的佝偻病或成年鹅的软骨症。动物体内的钙绝大部分（约 98%）是以羟磷灰石的形式存在于骨骼中，极少部分（约 2%）是以游离状态的形式存在于血液、细胞外液和软组织中，通常也将其称之为混溶钙池。钙对于动物机体骨骼生长发育、蛋壳构成、心脏心率活动、肌肉运动、酸碱平衡、神经信号传递以及细胞膜通透性等都是十分重要的。钙和磷需求量还与饲料中的维生素 D 含量有密切联系。

2. 病因

钙和磷缺乏症的病因通常是由于钙和磷摄入不足以及吸收障碍。常见的病因如下。

（1）日粮中钙和磷的含量较低，钙和磷的比例不当（合理的钙磷比例通常为 2∶1，产蛋期为 5∶1）等。如钙过多影响磷的吸收，磷过多影响钙的吸收。另外，许多二价金属与钙存在拮抗作用，如饲料中的锰、锌、铁等过高会抑制钙的吸收。饲料中过量的草酸盐也可影响机体对钙的吸收。

（2）新生的雏鹅储备钙磷量较低，且其在生长发育时所需的钙磷相对较多，若得不到足量的额外供应，便可导致雏鹅生长发育迟缓和出现程度不同的病理变化，出现钙磷的缺乏症。

（3）维生素 D 具有促进钙、磷在肠道的吸收和参与钙、磷代谢的作用，因此维生素 D 缺乏也会导致钙、磷在动物机体内的吸收和代谢障碍。当维生素 D 缺乏时，给动物额外添加钙磷含量很高的饲料，治疗效果仍然甚微。此外，光照会促进机体对维生素 D 的合成和吸收，长时间的舍内养殖模式得不到阳光照射，就会诱发该病的发生。

（4）由于钙磷必须以溶解状态的钙磷形式在小肠被吸收，因此，任何妨碍钙磷溶解的因素均可影响钙磷的吸收。如植物饲料中的植酸磷，禽最多只能吸收 30%；草酸能与钙形成草酸钙，不溶于水而影响钙的吸收。此外，钙磷吸收也与肠内的 pH 值有关，酸性环境有利于钙磷的吸收，否则相反。

（5）一些肝脏疾病、寄生虫病、传染病等均可引起胃肠道疾病或长期的消耗紊乱，使动物机体对钙、磷和维生素 D 的吸收减少，引起钙磷的缺乏。

3. 症状

该病在各日龄段的鹅群中均可发生，但在雏鹅中较为多发。患病鹅常表现为生长缓慢或停滞，精神沉郁，两腿无力（图 6-36），腿跛，行走不稳，步态异常，常以跗关节触地，采食行动不便。

图 6-36　腿无力，站立时以一侧腿支撑，减轻另一侧腿的压力（刁有祥　供图）

图 6-37　病鹅瘫痪，腿后伸（刁有祥　供图）

图6-38　鹅瘫痪，双腿后伸（刁有祥 供图）

图6-39　病鹅瘫痪，完全不能站立（刁有祥 供图）

病鹅休息时常是蹲坐姿势，病情严重者甚至瘫痪（图6-37、图6-38、图6-39）。

母鹅常表现为产软壳蛋、薄壳蛋或无壳蛋，产蛋量减少，种蛋孵化率下降，死胎增多且死胎四肢弯曲，皮下水肿，随后产蛋停止，出现跛行，食欲下降，喜卧不愿走动。

4. 病理变化

患病鹅剖检可见，病鹅骨骼软化，喙变软，易弯曲，似橡皮样，长骨末端增大，特别是骨结合部位有局限性肿大，呈明显球状隆起或白色骨结节。脊柱质地轻度变软，增粗弯曲，严重者呈"S"状，且以胸腰段最为明显，如胸骨变形、肋骨增厚、弯曲，致使胸廓两侧变扁，有时可见骨折。肋骨与肋软骨结合部出现球状增生，排列成串珠样。关节肿大，跗关节尤其明显。肱骨、桡骨、尺骨、锁骨、股骨和胫骨等长骨骨质软易弯曲。胫骨多见弯曲呈"弓"形或半圆形，骨干增粗同骨骺两端，中间可见骨折处球形膨大，质硬，色灰白，切面上骨髓腔明显缩小或消失。骺的生长盘变宽和畸形或变薄而正常（磷缺乏）。甲状旁腺常明显增大。另外，有相关研究结果显示，钙缺乏和磷缺乏雏鹅血清中的钙和磷含量显著下降，长骨类骨组织轻度增生和钙磷沉积显著减少而显钙化不足。

5. 诊断

该病的诊断鉴别要依据该病的发病史、临诊症状和病理变化等先作出初步诊断。如钙缺乏的病变特征表现为肋骨质软易弯、骨干内表面出现小米粒大佝偻病串珠，胫骨骺生长板增生且有轻度增宽，干骺端类骨组织和疏松结缔组织轻度增生，成骨细胞和破骨细胞偏多。而磷缺乏症的特征是肋骨和翅部长骨质软易弯，胫骨骺生长板肥大有轻度增宽，干骺端类骨组织轻度增生。若要作出确切诊断，则需对所饲喂的饮水、饲料、脏器组织等进行钙磷含量的测定。

6. 预防

该病的发生主要由于饲料中钙磷含量不足（或缺乏）和比例失调，也与饲料中维生素 D 的含量密切相关。对于该病的预防，如果日粮中缺钙，应补充贝壳粉、石粉，缺磷时应补充磷酸氢钙。钙磷比例不平衡要调整，合理的钙磷比例一般为 2∶1，产蛋期一般为 5∶1。由于钙磷在机体内的吸收代谢需要维生素 D 的协同作用，故饲料中需要足量的维生素 D，如果日粮中已出现维生素 D 缺乏现象，应给以 3 倍于平时剂量的维生素 D，持续 2～3 周后，再恢复到正常剂量。阳光可促使机体合成维生素 D，因此鹅群要保证一定的舍外运动。在阴雨季节要注意适当的添加维生素 D 制剂或富含维生素 D 的青绿饲料。在额外添加钙磷时，还要注意饲料中钙、磷的供给，磷钙的比例以及维生素 D 的供给，及时发现病鹅，挑出单独饲养，减少损失。在良好的饲养条件下，不仅能满足鹅的生长发育，且能有效地预防因钙磷缺乏或比例失调引起的佝偻病。

7. 治疗

对于该病的治疗，首先要明确发生原因，是钙缺乏、磷缺乏，还是比例失调。患病鹅群可添加鱼肝油 10～20mg/kg 饲料，同时调整好钙磷比例及用量。病情严重的鹅群可口服鱼肝油胶丸或肌内注维丁胶性钙。或用维生素 D_3，每只内服 1.5 万 IU 或肌内注射 4 万 IU。也可用 0.5%～1.0% 剂量的鱼肝油拌料。若同时服用钙片，则效果更好。需要注意的是维生素 D 不可长时间过量添加，防止中毒。

三、锰缺乏症

锰（Manganese，Mn）是一种银灰色脆性重金属元素，相对分子质量为 54.94。鹅锰缺乏症是由锰缺乏引起的以脱腱症、生长发育受阻、胫骨短粗和种蛋孵化率显著下降为特征的一种营养代谢病。

1. 生理功能

（1）锰是部分酶的组成成分。锰是机体中精氨酸酶、脯氨酸肽酶、丙酮酸羧化酶、多聚酶、超氧化物歧化酶等酶的组成成分，近年的研究发现，哺乳动物的衰老可能与锰超氧化物歧化酶（Mn-SOD）减少所引起的抗氧化作用减弱有关。锰作为金属辅基为 Mn-SOD 活性所必需，锰离子还有激活多种酶的作用，是部分水解酶、脱羧酶、磷酸化酶、羧化酶等的激活剂，锰与多糖聚合酶和半乳糖转移酶的活性有关，若缺锰则这两种酶的活性均降低，缺锰会使软骨生长受到损害，导致骨骼出现广泛畸形。

（2）锰参与脂肪代谢。锰具有特殊的促脂肪动员作用，促进机体内脂肪利用，并有抗肝脏脂肪变性的功能。

（3）提高机体的免疫机能。锰可以提高某些动物体内抗体的效价和增加非特异性抵抗因子的量，锰与嗜中性细胞和巨噬细胞之间的相互作用已被证实，增加锰可以提高非特异性免疫中酶的活性，从而增强巨噬细胞的杀伤力。钙是补体的激活剂，对免疫系统有多种作用，钙与锰在激活淋巴细胞作用上有协同作用，锰影响嗜中性白细胞对氨基酸的吸收，锰缺乏会造成白细胞机能障碍，机体特定免疫力下降。

（4）提高机体的生殖机能。锰是促进动物性腺发育和内分泌功能的重要元素之一，缺锰时雄性动物睾丸的曲精细管发生退行性变化，精子数量减少，性欲减退，雌性动物的性周期紊乱。锰可刺激机体中胆固醇的合成，缺锰会导致性激素合成减少。

（5）锰与造血功能密切相关。在胚胎早期肝脏里就聚集了多量的锰，胚胎期的肝脏是重要的造血器官，若给贫血动物补充小剂量的锰或锰与蛋白质的复合物，就可以使血红蛋白、中幼红细胞、成熟红细胞及循环血量增多。锰还可以改善机体对铜的利用，铜可调节机体对铁的吸收利用以及红细胞的成熟与释放。锰还与卟啉的合成有关，锰具有刺激胰岛素分泌，促甲状腺和促红细胞生成的作用，缺锰则动物的胰腺发育不全，胰岛中的细胞和胰岛素分泌均减少，致使机体中葡萄糖的利用率降低，锰可以与氨基酸形成螯合物参与氨基酸代谢。

2. 病因

锰是动物体正常生理活动必需的微量元素，是多种酶的组成成分和激活剂，对动物生长、骨骼形成和生殖器官发育具有重要作用。鹅对锰的需要量较高，对缺锰较敏感，易发生锰缺乏症。日粮中大都需要额外的添加，但补锰时防止锰中毒，有报道指出高浓度的锰可降低血液中的红细胞压积和血红蛋白含量以及肝脏铁离子的水平，导致贫血，影响雏鹅的生长发育。该病的发生与地理位置、饲料营养因素配制和饲养管理条件等方面有关。鹅锰缺乏症主要与如下原因有关。

（1）某些地区为地区性缺锰，因而在该地区种植的植物性日粮锰含量较低，给动物喂食这些低锰日粮易引起锰缺乏症。

（2）有时尽管日粮中锰含量正常，但锰、镁、烟酸或钙、磷比例失调，或动物机体对锰的吸收消化系统发生障碍等均可引起锰缺乏。有报道指出，日粮中钙、铁、磷或植酸盐含量过多可影响机体对锰元素的吸收和代谢，原因是锰元素会被以上的物质吸附富集而导致可溶性的锰含量降低，从而加重机体锰的缺乏。

（3）性激素的合成原料是胆固醇，而锰元素是合成胆固醇的关键物质，同时也是二羟甲戊酸激酶的激活剂。因此，机体内锰缺乏时，会影响性激素的合成与分泌，公鹅的性欲降低或丧失，生殖器官萎缩，母鹅的孵化率显著降低，胚胎营养不良等。

（4）日粮中甘氨酸的含量过低，赖氨酸的含量过高，蛋白质含量过高等，均可导致该病和其他腿部异常疾病的发病率上升，病情加重。

（5）鹅等禽类与哺乳动物相比，对锰的需求量更大，但鹅的吸收率低，造成鹅较易发生锰缺乏。不同种、品种的鹅对锰的需要量也有较大的差异，如肉鹅比蛋鹅的需要量要多。

（6）鹅患球虫病等胃肠道疾病时，也会影响机体对锰的吸收利用。此外，饲养密度过大也是该病发生的诱因。

3. 症状

该病主要特征是骨短粗，腿部骨骼生长畸形或弯曲（多呈 O 形或 X 形），胫跗关节及胫跗关节变粗变宽以及腓肠肌腱向关节一侧脱出等，且以幼鹅较为多发。

病鹅的主要表现为生长停滞，骨骼畸形且粗。腿部变弯曲或扭曲（图 6-40），腿关节扁平而无法支持体重，将身体压在跗关节上（图 6-41），严重病例多因不能运动无法饮水和采食，致使生长发育不良，最终因饥渴而死。胫 - 跗关节增大变形，跖骨上端和胫骨下端扭转弯曲，使腓肠肌腱

图 6-40　鹅腿弯曲变形（赵希强 供图）

图 6-41　病鹅不能站立，将身体压在跗关节上（刁有祥 供图）

从跗关节的骨槽中滑出而呈现脱腱症状。

母鹅产蛋量和孵化率明显下降，蛋壳易破；鹅胚发育异常，鹅胚常在快要出壳时死亡；孵出的雏鹅软骨发育不良，腿变短而粗、翅膀变短，水肿，头圆、似球形，上下腭不呈比例而呈鹦鹉嘴状，腹部膨大、突出。

4. 病理变化

患病鹅主要表现为多数肌肉和脂肪组织萎缩，骨骼短粗，管骨变形，骺肥厚，骨板变薄，剖面可见密质骨多孔，在骺端尤其明显。与正常骨骼相比，骨骼的相对重量未减少或有所增多，骨硬度变化不大。跗跖骨短粗、弯曲，近端粗大变宽，胫跖骨、腓肠肌腱移位，从胫跖骨远端两踝滑出，移向关节内侧。跗跖骨关节处皮下有一灰白色较厚的结缔组织，因关节长期着地负重，该处皮肤增厚、粗糙。关节面粗糙，关节囊内有炎性流出物，局部关节肿胀。皮下组织树枝状充血，血液呈淡红色，凝固不良。心包液呈粉红色，冠状沟有点状出血，心肌紫红色，松软、左心室壁较薄，有片状出血。肝脏呈紫黑色，色泽不均，灰白色和紫红色相间，质地脆，切面多汁。肺脏呈粉红色，局部气肿。肾脏紫红色，骨盆腔变窄呈菱形。

5. 诊断

该病根据发病情况，临床症状即可作出初步诊断，确诊则需结合剖检变化、检测血液锰含量以及病理变化等实验室诊断。

6. 预防

在日常饲养过程中，应注意饲料配合，磷、锰和胆碱的配合要平衡，过量的锰对钙和磷对动物机体代谢均有不良影响。预防该病的有效办法是饲喂含有各种必需营养物质的饲料，特别要添加含锰、胆碱和 B 族维生素的饲料，如以玉米、大麦为主粮时，要特别配合麸皮、苜蓿、米糠等富含锰的日粮，或添加锰制剂（如硫酸锰、氯化锰、碳酸锰、高锰酸钾和二氧化锰等），按照雏鹅每千克饲料中应含有锰 60mg，成年鹅每千克饲料应含锰 50mg。同时添加烟酸 40～50mg、胆碱 2 000mg、生物素 50～100mg，叶酸 0.5～1.0mg，吡哆醇 10～25mg、硫胺素 2.8mg，硒 0.2mg 等时，预防效果更佳。

7. 治疗

对于已发病的鹅，可按照 1 ∶ 6 000 比例的高锰酸钾溶液饮水，2～3 次 / 日，连用 2d，停药 2～3d，再饮用 2d；也可每千克饲料中添加硫酸锰 0.1～0.2g 拌料，连用 3～5d，治疗效果较好。要注意保持饲料中蛋白质和氨基酸的含量和比例适当；要多喂新鲜青绿饲料；钙和磷的添加切忌过量。并注意鹅舍的通风，防止相对湿度过高，要尽可能多放牧，以减少该病的发生。网上育雏的轻度病例，一般于 3 周龄后进行地面饲养，病鹅能得到恢复，病情严重的如出现骨骼变形、腿扭曲等不能恢复的应及早淘汰。

此外，糠麸、麦麸、苜蓿等是含锰丰富的饲料，每千克米糠中含锰量可达 300mg 左右，用此调整日粮也有良好的预防作用。

四、锌缺乏症

锌（Zinc，Zn）广泛分布于禽体组织内，且以肝脏、骨骼、肾、肌肉、胰腺、性腺、皮肤和被毛中含量较高。血液中的锌主要存在于血浆、红细胞、白细胞中。锌在体内是多种酶的组成成分或激活剂，参与体内正常蛋白质的合成及核酸的代谢。锌也是胰岛素的重要成分，因而对糖代谢具有一定作用，锌对维持皮肤和黏膜的正常结构和功能亦具有重要作用。锌还可能在稳定细胞膜及线粒体膜的结构完整性方面有作用。

1. 生理功能

（1）它是许多金属酶的组成成分或一些酶的激活剂。目前已经明确锌参与 18 种酶的合成，并可激活 80 余种酶。

（2）增强机体免疫力。锌能促进淋巴细胞有丝分裂，能促使 T 细胞的功能增强，补体和免疫球蛋白增加等。

（3）加速创伤愈合。锌为合成胶原蛋白所必需。

（4）促进维生素 A 代谢，保护夜间视力。锌为视黄醛酶的成分，该酶促进维生素 A 合成和转化为视紫红质。

（5）改善味觉，促进食欲。唾液蛋白是一种味觉素，也是含锌的蛋白质。

2. 病因

（1）一般土壤生长的玉米等饲料原料含锌量多在 30～100mg/kg 以上，基本上能满足禽类的营养需要，但缺锌地区含锌量低下，仅 10mg/kg 饲料左右，极易引起禽类发病。

（2）饲料中某些成分含量过多，会影响锌的吸收和利用。饲料中钙盐和植酸盐含量过多，可与锌结合成不溶性复合物而降低吸收率以致锌缺乏。饲料中磷、镁、铁、维生素 D 含量过多以及不饱和脂肪酸的缺乏也能影响锌的代谢，降低锌的吸收和利用。

（3）禽类患有慢性消耗性疾病，特别是慢性胃肠疾病时，可妨碍锌的吸收而引起锌缺乏。

（4）遗传因素对锌缺乏也有一定影响，主要是由于染色体隐性遗传基因的作用而导致锌的吸收量减少。

3. 症状

锌缺乏时鹅主要表现为生长停滞，发育受阻，繁殖力下降及易发皮炎等。

雏鹅体质衰弱，食欲减退，生长发育受阻，营养不良。羽毛生长不良，缺乏光泽，脆弱易碎。皮肤形成鳞片，并主要在脚部发生皮炎，胫部皮肤容易成片脱落。骨骼软骨细胞增生引起骨骼变形，胫骨变短变粗，关节增大且僵硬，翅发育受阻，常蹲伏地面，种鹅产蛋及孵化率降低，胚胎死亡率升高，弱雏比例增多。

4. 防制

饲料中含锌量一般不足，通常用碳酸锌（含锌 52.1%）或硫酸锌（含锌量为 22.7%）加入日粮，肉粉、骨粉中含锌量较高，注意适当搭配，使每千克饲料中含锌量能达到鹅生长和生产的需要。治疗可用硫酸锌或碳酸锌，使日粮中含锌量达到 100mg/kg 饲料，在症状消除后，将添加剂量降为正常。锌过多时会产生不良影响，对钙在消化道内的吸收、蛋白质的代谢、锰和铜的吸收都有影响，还会导致蛋鹅的产蛋量急剧下降和换羽。因此，在治疗时要掌握锌的使用量，不可矫枉过正。

五、铜缺乏症

铜（Copper，Cu）在禽体内含量甚少，但在禽体内各种组织中均有分布，一般以肝、脑、肾、心和羽毛中含量最高。铜是形成血红蛋白所必需的，铜参与铁形成血红蛋白的过程，但铜本身并不是血红蛋白或血细胞的成分。铜是许多酶如酪氨酸酶、单胺氧化酶、细胞色素氧化酶等多种酶的组成成分，同时还参与细胞色素C、抗坏血酸氧化酶、半乳糖酶的合成，具有保证正常的羽毛发育、色素的沉着、骨骼的发育、生殖及其他多种生物学作用。

1. 生理功能

作为机体必需微量元素之一，铜对动物机体起着重要的作用，它是多种酶的重要组成成分，能催化血红素和红细胞的形成，是造血和防止缺铜性贫血所必需的微量元素。铜还能维持细胞结构和功能的完整性，对动物的骨骼、神经细胞、结缔组织、免疫系统的生长发育及动物的生产性能都有积极的促进作用。

（1）铜参与和维持造血机能。铜蓝蛋白（CP）是一种血清a2-糖蛋白，是机体重要的亚铁氧化酶。血浆中的铜90%是以CP的形式存在，CP含有6个铜原子，尽管每个CP分子结合6个铜原子，但CP的主要功能是参与铁的代谢。铜主要通过CP参与造血过程，使铁由二价变为三价状态，因为只有三价铁可以与转铁蛋白结合，促使铁由贮存场所进入骨髓，加速血红蛋白合成，以及幼稚红细胞的成熟和释放。当缺铜时，会使CP减少，从而使铁吸收减少，铁代谢紊乱，血红蛋白合成受阻，继而引起贫血。

（2）铜的抗氧化作用。细胞呼吸代谢过程中由一系列酶促氧化还原反应产生大量超氧阴离子（O^{2-}），一方面过量超氧阴离子是血管平滑肌收缩因子，使血管收缩，血压升高。另一方面过量超氧阴离子将平滑肌内皮诱导松弛因子氧化为过亚硝酸盐。该物质是强氧化剂，它与硫醇反应激发脂质过氧化，脂质过氧化的中间产物自由基和最终产物丙二醛对膜结构产生严重损伤，改变膜成分的活性和膜结构，造成膜运输过程紊乱，还影响膜的流动性、交联、结构和功能，使细胞功能降低。另外，超氧阴离子还使蛋白质变性、多糖解聚。铜保护生物有机组织免受破坏的作用，是通过Cu/Zn-SOD、铜诱导金属硫蛋白和CP来完成。Cu/Zn-SOD是细胞及血浆中超氧阴离子的有效清除剂，铜离子位于Cu/Zn-SOD催化中心，反应产生的过氧化氢被过氧化氢酶和谷胱甘肽过氧化物酶等过氧化物酶分解为水和氧，金属硫蛋白也能有效清除羟基自由基和黄嘌呤氧化酶反应产生的超氧自由基。

（3）铜对免疫功能的影响。铜在机体免疫过程中起着重要作用，这是因为铜参与血清免疫球蛋白的结构组成和免疫相关酶的调节，还可以通过T淋巴细胞影响免疫反应。当铜缺乏时会使白细胞功能减弱，免疫器官如胸腺和脾等含铜量显著降低，机体的免疫系统受到损害。适当质量浓度的铜离子有利于免疫功能的增强，而当质量浓度超过临界点的时候则会抑制免疫调节。

（4）铜对羽毛和皮肤的影响。黑色素是决定皮毛颜色深浅的重要物质，酪氨酸在酪氨酸酶的作用下经过一系列的反应形成黑色素，再由黑色素细胞分泌产生。酪氨酸酶广泛分布于生物体中，其在黑色素合成代谢途径中具有多种催化功能。该酶的生物学活性中心有一个双铜活性部位，双核铜离子通过氧化态、脱氧态和还原态3种形态参与不同的催化反应。如果铜离子缺乏，酪氨酸酶的活性就会降低，黑色素的形成过程将受到抑制，皮肤和羽毛色泽就会减退。

（5）许多酶的辅酶。铜作为多种酶（如细胞色素氧化酶、尿酸氧化酶、氨基酸氧化酶、酪氨酸酶、铜蓝蛋白酶等）的组成成分，是机体代谢的直接参与者。如铜是酪氨酸酶辅基，缺铜则酪氨酸酶活力下降，ATP生成减少，造成皮肤和毛色减退，神经系统脱髓鞘、脑细胞代谢障碍，表现为运动失调等神经症状。

2. 病因

（1）饲料中含量不足。铜与铁一样，禽体对铜可反复利用，排出极少，对铜的需求量很小，但由于铜的吸收率很低，仅为饲料中铜的 10% ~ 20%，当饲料中含量很低时，则出现铜缺乏症。一般认为铜在饲料中不能低于 3mg/kg 饲料。饲料中铜缺乏的根本原因是土壤含铜量的不足或缺乏，在低铜土壤中生长的植物性饲料，其含铜量势必很低，有两种土壤含铜量低下：一类是缺乏有机质和高度风化的沙土；一类是沼泽地带的泥炭土和腐殖土。

（2）钼与铜有颉颃作用，当饲料中钼含量过高时，可妨碍铜的吸收、利用。当土壤中含钼量高时，常可导致植物性饲料中钼浓度增高，从而引起缺铜，其他一些金属如锌、镉、铁、铅等以及硫酸盐过多时，也能影响对铜的吸收。

（3）饲料中的植酸盐可与铜结合形成稳定性的复合物，从而降低铜的吸收性。维生素C的摄食量过多，不仅能降低铜的吸收率，而且还能减少铜在体内的贮存量。

3. 症状

鹅缺铜时主要表现为贫血，运动障碍，神经功能紊乱，骨和关节变形、羽毛褪色，以及产蛋量下降等。

病鹅表现为食欲降低，生长不良，贫血消瘦，羽毛无光，有色羽毛褪色。雏鹅的骨骼变脆，易于折断，骨骺处的软骨增厚；成年鹅则产蛋量下降，蛋壳质量变差，蛋壳变厚，甚至产无壳蛋、畸形蛋以及蛋壳起皱、蛋重变小；种蛋的孵化率降低，胚胎在孵化过程中常发生死亡，即使孵出雏鹅也往往难以成活。

4. 防制

鹅对铜元素的正常需量为饲料中含量 6 ~ 8 mg/kg，因硫酸铜含 25.5% 的铜，每吨饲料中加入硫酸铜约 20mg 即可，发生铜缺乏症后，可用 0.05% 的硫酸铜进行饮水治疗。

第七章

鹅中毒病

第一节　黄曲霉毒素中毒

黄曲霉在自然界分布广泛，是粮食、饲料与种子的主要霉菌之一，通常寄生于玉米、大麦、小麦、豆类、花生、稻米、鱼粉及肉类制品上。若在粮食收获、加工、贮藏过程中处理不当，黄曲霉菌极易大量繁殖。黄曲霉适宜的繁殖温度范围为 24～30℃，27℃为最佳；最适宜的繁殖湿度在 80% 以上，在繁殖过程中产生的代谢产物称为黄曲霉毒素。目前已发现的黄曲霉毒素及其衍生物有 B_1、B_2、B_{2a}、G_1、G_2、G_{2a}、M_1、M_2、P_1 等 20 余种，其中 B_1 毒性最大，为氰化物的 10 倍，致癌力最强。黄曲霉毒素是黄曲霉与寄生曲霉等霉菌产生的结构相似的代谢产物，理化性质十分稳定，能耐高温和紫外线。各种畜禽均可感染，家禽对黄曲霉毒素较为敏感，尤其是雏禽。

黄曲霉毒素被动物摄入后，可迅速被胃肠道吸收，随门静脉进入肝脏，经代谢转化为有毒的代谢产物。动物吸收的黄曲霉毒素主要分布于肝脏，因此，肝脏中毒素含量最高，而肌肉中一般不能检出。黄曲霉毒素是目前已知的较强致癌物，长期持续摄入较低剂量的黄曲霉毒素或较短时间大剂量摄入黄曲霉毒素，都可诱发原发性肝细胞癌。黄曲霉毒素中毒病首次在 1960 年发生于苏格兰，称为"火鸡 X 病"，后在美国、巴西及南非等多个国家报道。我国长江沿岸及其以南地区黄曲霉毒素污染饲料的情况较为严重，而华北、东北等北方地区黄曲霉毒素污染的情况较少。

黄曲霉毒素中毒主要造成鹅群以发育受阻、肝脏损害及神经症状为主要特征的中毒病，对我国养禽业危害严重，造成巨大的经济损失。

一、病因

未及时晒干或贮存、运输不当的玉米、花生、黄豆、棉籽等最易受黄曲霉菌的污染，鹅黄曲霉毒素中毒主要是由于鹅接触了被霉菌污染的饲料与垫料所致。由于玉米、花生等一旦受到黄曲霉菌的污染，其产生的毒素可渗入内部，即使漂洗掉表面霉层，毒素仍然存在。该病一年四季都有发生，但多雨季节或具有霉菌产毒的适宜条件下更容易发生。

二、症状

黄曲霉毒素的靶器官为肝脏，鹅中毒后以肝脏的损害为主，同时伴有血管通透性的破坏与中枢神经的损伤等。雏鹅多表现为急性中毒，1～3 日龄的雏鹅几乎不表现任何明显症状可迅速死亡，

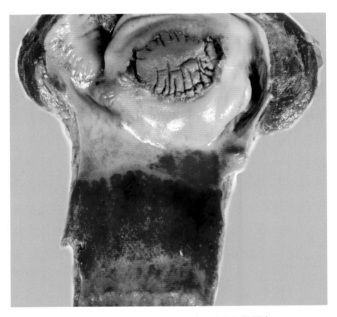

死亡率可达100%，多发于2～6周龄。病程稍长的病例主要表现为食欲不振，两翅下垂，体重减轻、脱毛；腹泻、排白色稀粪；腿和蹼皮下出血，呈紫红色；生长发育缓慢，贫血；肌肉痉挛或跛行，步态不稳，拱背，尾下垂，或呈企鹅状行走。多数病例在发生角弓反张、痉挛时死亡，死亡率较高，可达80%～90%。成年鹅较雏鹅的耐受性强，通常呈慢性经过。其症状不明显，主要表现为采食量降低，消瘦，不愿活动；贫血，体质虚弱；腹泻，粪便中带血，后期表现恶病质，甚至诱发肝癌。产蛋鹅则产蛋量下降，孵化率降低。

三、病理变化

鹅黄曲霉毒素中毒后剖检可见胸部皮下和肌肉有出血点，其特征性病理变化在肝脏。急性中毒后，肝脏肿大2～3倍，色淡而苍白，有弥漫性的出血和坏死；胆囊扩张；肾脏肿大、出血，呈淡黄色；腺胃出血（图7-1），肌胃糜烂（图7-2、图7-3），胰腺有出血点；脾脏呈淡黄色，有出血点和坏死点；心外膜有出血点；十二指肠卡他炎症或出血性炎症。慢性中毒时可见心包积液，腹腔常有腹水，肝脏呈淡黄褐色，有不规则白色坏死灶和多灶性出血，肝脏脂肪含量增加，肝细胞增生、纤维化和硬变。在非致死性黄曲霉毒素中毒病例中，肝脏损害为肝细胞肿胀，呈空泡变性，核过大以及多量的核分裂相。病程长达一年

图7-1　腺胃弥漫性出血（刁有祥 供图）

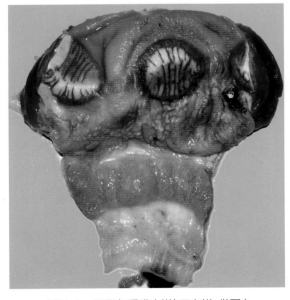

图7-2　肌胃角质膜糜烂（刁有祥 供图）

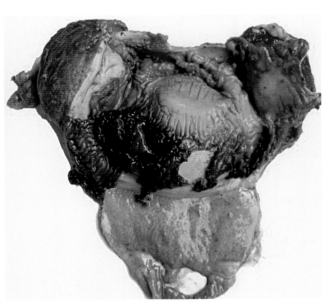

图7-3　肌胃角质膜糜烂（刁有祥 供图）

以上者，多发现肝癌结节或胆管癌。如种鹅饲料中黄曲霉毒素超标，则所产种蛋孵出的雏鹅 1 日龄剖检可见肌胃糜烂（图 7-4）。

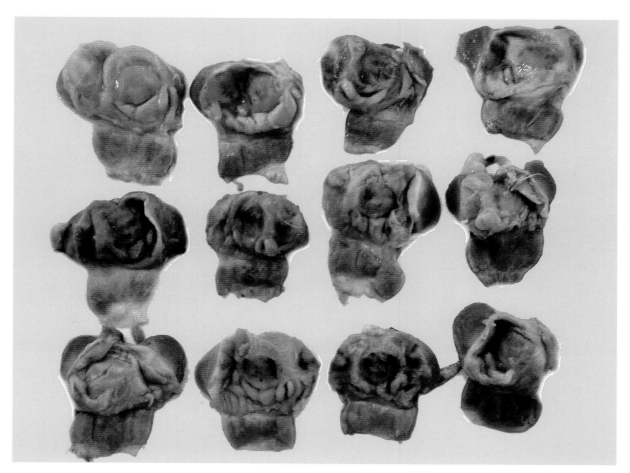

图 7-4　1 日龄鹅肌胃糜烂（刁有祥 供图）

四、诊断

根据病死鹅的病史、症状及病理变化可作出初步诊断。如病死鹅有长期、大量采食被黄曲霉毒素污染饲料的病史，并有食欲不振、生长不良、贫血等症状，同时伴有急性中毒性肝炎等剖检变化；确诊必须对可疑饲料进行黄曲霉菌毒素的定性、定量检验；必要时还可进行雏鹅毒性试验。

黄曲霉毒素的实验室检验方法主要有生物鉴定法、免疫学方法和化学方法，而化学方法是常用的实验室分析法。但由于化学检测方法操作复杂、费时，通常在对一般的样品进行毒素检测前，先用直接过筛法，若为阳性，则在进行化学检测。如取饲料样品盛于盘内，堆成薄层，在 365nm 波长的紫外灯下观察荧光。若饲料样品发出蓝色荧光，则证明含有 B 族黄曲霉毒素；若发出黄绿色荧光，则含有 G 族黄曲霉毒素（图 7-5）。

黄曲霉毒素中毒的鹅只其血液检验结果呈现重度的低蛋白血症；红细胞数量明显减少，白细胞总数增多，凝血时间延长；谷草转氨酶、谷氨酸转移酶和凝血酶原活性升高；异柠檬酸脱氢酶和碱

图7-5　玉米颗粒经照射后发出绿色荧光（刁有祥 供图）

性磷酸酶活性明显升高。

五、预防

1. 防止饲料、谷物霉变 防止饲料霉变是预防饲料被黄曲霉菌污染的根本措施

饲料储存在 24～28℃，相对湿度 80% 以上时，饲料最易受黄曲霉菌的污染，并大量繁殖产生毒素，当温度低于 2℃或高于 50℃时则不能繁殖。因此，在饲料、谷物、饲草收获后应及时进行干燥处理，充分晒干，切勿雨淋，使其含水量下降到 15% 以下；饲料应储存在干燥阴凉处，切勿置于阴暗潮湿处，以防饲料霉变。为防止饲料霉变，可用福尔马林与高锰酸钾的水溶液（每立方米空间用福尔马林 25mL、高锰酸钾 25mL、水 12.5mL 的混合液）或用过氧乙酸喷雾（每立方米空间用 5% 溶液 2.5mL）进行熏蒸；或用防霉剂丙酸钠、丙酸钙等，在每吨饲料添加 1～2kg。

2. 严禁使用霉变饲料

严重发霉的饲料不应饲喂鹅群，应全部废弃。但对于发霉较轻的饲料，若直接废弃，则造成较大的经济损失与浪费。因此，对于霉变较轻的饲料进行去毒处理后，仍可饲喂鹅群，但仍要限量饲喂，并搭配其他饲料共同饲喂。常用的去毒方法有：

（1）连续水洗法。此方法简单易行，成本低，省时省事。将霉变的饲料粉碎后，按 1∶3 的比例与水混合浸泡，反复多次进行，直至浸泡液由黄色变为无色时，可供动物饲用。

（2）化学去毒法。去除饲料中黄曲霉毒素最常用的方法是碱处理法。在碱性条件下，黄曲霉毒素的内酯环结构被破坏，形成香豆素钠盐溶于水，再用水洗法可将毒素去除；也可在每千克饲料中加入 12.5g 的农用氨水，搅拌均匀，倒入缸内，封口 3~5d，去毒效果可达 90% 以上，但在饲喂前应挥发去除残余的氨气；用浓度 5%~8% 的石灰水浸泡霉变饲料 3~5h 后，再用清水洗净，晒干后便可饲喂鹅群；同时，还可用 0.1% 的漂白粉水溶液浸泡处理等。

（3）微生物去毒法。据报道，米根霉、无根根霉、橙色黄杆菌对去除饲料中的黄曲霉毒素也有较好的效果。

（4）物理吸附法。在饲料中加入吸附剂，如活性炭、黏土、白陶土、高岭土、沸石等，可牢固地吸附黄曲霉毒素，从而避免黄曲霉毒素被鹅群胃肠道吸收致使中毒。

3. 正确处理中毒鹅只

中毒鹅只的脏器内部含有毒素，不能食用，应深埋，以免影响公共卫生。中毒鹅只的排泄物也含有毒素，因此其粪便要彻底清除，集中用漂白粉处理，以免污染水源和地面。被毒素污染的用具可用 2% 次氯酸钠溶液消毒，或在浓石灰乳中浸泡消毒。

六、治疗

发现鹅群黄曲霉毒素中毒后，应立即检查饲料是否发霉，若饲料发霉，应立即停喂已发霉的饲料，改用易消化的青绿饲料，同时多给富含碳水化合物的饲料和高蛋白饲料，减少或不喂含脂肪过多的饲料。

一般轻症病例，不给任何药物治疗，便能逐渐康复。对于重症病例，应及时投服盐类泻剂如硫酸钠、人工盐等，加速毒物的排出。为保护肝脏，可在饮水中添加 5%~10% 的葡萄糖溶液或白糖，以及 0.05% 维生素 C 等进行解毒，连用 7~15d。同时，可在更换的新鲜饲料中加入 0.5% 白芍粉或 0.5% 还原型谷胱甘肽。对于被霉菌污染的料槽、水槽等应用 0.2% 次氯酸钠消毒，杀灭霉菌孢子。为避免继发细菌感染，可投喂新霉素、环丙沙星等抗菌药物。

第二节　肉毒梭菌毒素中毒

肉毒梭菌属于梭菌属，为两端钝圆的大杆菌，革兰染色阳性，一般单个存在或呈对排列，偶尔呈短链。无荚膜，周身有鞭毛，为专性厌氧菌。肉毒梭菌可形成芽孢，芽孢为卵圆形，比菌体稍大。肉毒梭菌在普通培养基与厌氧肉汤培养基均能生长，在血液琼脂培养基表面能形成不规则、半透明、灰白色、有 β 溶血的菌落。

肉毒梭菌毒素中毒是由肉毒梭状芽孢杆菌所产生的外毒素引起的一种中毒性疾病。肉毒梭菌是一种腐生菌，可污染水果、肉类、青贮饲料等而大量繁殖，其芽孢广泛分布于自然界中，如空气、土壤、水、腐败尸体与动物肠道中，生长过程中产生的毒素为外毒素。肉毒梭菌毒素毒性较强，是目前已知毒力最强的毒素，1mg 毒素能使 4×10^{12} 只小白鼠死亡。其毒素理化性质稳定，能耐受胃酸、胃蛋白酶与胰酶的作用，不易被破坏，因此能在胃肠道内被吸收引起中毒；耐低温与高温，在 100℃的环境中 15～30min 才能被破坏；但是不耐受碱，易被碱破坏失去毒性。毒素根据相对应的肉毒梭菌的抗原性可分为 A、B、C、D、E、F、G 等 7 个型，其中 A、C 与 E 型毒素主要能使禽类中毒。

一、病因

肉毒梭菌是一种腐生菌，广泛分布于家禽肠道中，在土壤和污泥中及鸟鼠等动物的尸体中均存在。肉类、鱼类、蔬菜、谷物和饲料等在生产加工过程中，如不注意卫生均可被肉毒梭菌污染。肉毒梭菌本身不引起鹅只发病，但在厌氧条件下能产生强烈的外毒素。鹅肉毒梭菌毒素中毒是由于鹅群采食了被肉毒梭菌毒素污染的饲料、腐败饲草与饮水等造成，也有少数通过伤口感染引起，以运动神经、肌肉麻痹为特征，不具有传染性。

肉毒梭菌毒素中毒多发于炎热、潮湿近水的地区，因为在炎热潮湿的夏秋季节，饲料中肉毒梭菌易繁殖而产生大量毒素。饲料中由于毒素分布不匀，吃了同批饲料的鹅不全发病，一般体型较大、食欲良好的鹅更易中毒。

当鹅群摄入肉毒梭菌毒素后，毒素通过胃和小肠黏膜吸收进入淋巴和血液，随血流到达外周神经，抑制突触间乙酰胆碱的释放，从而阻断了运动神经冲动传导，使运动神经麻痹，吞咽困难，最终导致呼吸困难而引起窒息死亡。

二、症状

最急性型的鹅见不到任何症状即死亡。一般情况下，在鹅群采食饲料、饲草、饮水后 1～2h 或 1～2d 发病，以无体温反应或体温低于常温为特征。大多数病例以发生运动器官、咀嚼和吞咽器官麻痹为主要特征，在同一鹅群中，成年鹅、体质强壮、食欲较好的鹅先发病。症状的出现一般经历两个阶段。

第一阶段：患鹅主要表现为精神沉郁，嗜睡，双腿软弱无力，脚趾向下屈曲，行走困难，后期逐步发展到不能站立，摇摆不定或易跌倒。患鹅下水后不能游动，只能漂浮。患鹅呼吸急促，甚至张口呼吸。随着病情发展，病鹅颈部、双翅或双脚神经麻痹，头垂地，双翅下垂，颈部前伸，俗称"软颈病"。

第二阶段：患鹅瘫痪在地不能起立，常呈昏迷状态静伏在地面上。患鹅羽毛松乱，容易脱落，排黄白色或黄绿色稀粪，肛门周围被干粪糊住，泄殖腔黏膜外翻。有时烦躁不安，有时双腿不断做划水动作。短者经数小时，长者经 3～4h 死亡。

若将患鹅放入水中，由于其腿、翅膀神经麻痹而不能游动，一旦头颈下垂便立即溺亡。如有的鹅只采食毒素量少，则只有轻微的共济失调，可以自愈。人工发病的鹅只表现为运动失调，翅膀下垂，颈部及两脚神经麻痹，角膜反射迟缓以致完全消失。

三、病理变化

死亡鹅只无明显肉眼可见的特征性病理变化。有的病例表现为腺胃出血、水肿，胃壁增厚；十二指肠充血、出血，出现卡他性或出血性炎症，肠黏膜脱落，胃内有未消化的食物和腐败物；气管内有带泡沫的渗出物；肺脏充血、出血，水肿；肝脏土黄色，出血、肿大、质脆；心内、外膜出血，心冠脂肪出血，心包积液，心肌和脑组织出现小点状出血；肾脏出血；泄殖腔中有灰白色尿酸盐。

四、诊断

根据鹅群有采食腐败饲料、饲草、饮水的病史，出现运动器官麻痹、共济失调等症状与消化道特征性病理变化，可初步作出诊断。确诊须进行细菌学检验和肉毒梭菌毒素的检验。

1. 病原分离培养

取可疑饲料、饲草、鹅胃内容物等加2倍体积生理盐水，研磨，分为2份。一份80℃加热30min，杀死非芽孢菌，另一份不做任何处理，分别接种于疱肉培养基，37℃培养。8h后细菌生长旺盛，产生气体，12h细菌产生的气体可将培养基表面液体石蜡充起，肉渣变黑，有腐败恶臭。培养至第5天，镜检呈典型的肉毒梭状芽孢菌形态，革兰氏染色阳性，菌体两端钝圆，芽孢位于菌体近端呈卵圆形。在接种至血琼脂平板厌氧培养，可见典型的肉毒梭菌菌落，呈半透明圆形菌落，有溶血环，中间厚，边缘较薄。

2. 毒素检测

取病死鹅胃内容物，研磨制成混悬液，25℃水浴中作用1h，过滤，离心取上清液，加入适量的抗生素后分成2份，一份不经任何处理作为被检材料，另一份经100℃ 30min处理；取4只小鼠，其中2只小鼠每只腹腔内注射被检材料0.5mL，小鼠注射后数小时开始出现腹部凹陷，被毛竖立，四肢麻痹，全身瘫痪而死亡。另外2只小鼠每只腹腔内注射对照材料0.5mL，72h无异常反应；鸡眼睑试验：取体重约0.5kg的健康公鸡2只，每只小公鸡的左下眼睑皮下注射被检材料0.2mL，右下眼睑皮下注射对照材料0.2mL，注射1～14h后，2只小公鸡的左眼相继发生潮红、麻痹、肿胀、闭合，而右眼则正常。

五、预防

禁止饲喂鹅群腐败的饲料和腐烂的饲草；搞好环境卫生，对鹅场及周边环境进行清理，清除场内一切霉变腐败的饲料、饲草等，避免鹅群与死鱼虾等接触；清除环境中的肉毒梭菌及其毒素的来源，及时处理死鹅和病鹅，及时更换污染的垫料；对鹅舍要经常消毒，可用0.5%过氧乙酸进行喷雾消毒，每周消毒2次，周围环境可用2%～3%火碱消毒；夏秋季节，不要将鹅群放养在污秽不洁死水塘或有死尸的沟渠内；及时清除发病鹅的粪便、垫料、垃圾和污物，运往远离鹅舍下风头500m的地方，进行发酵做无害化处理；一旦发现鹅群中有肉毒梭菌毒素中毒，应使整个鹅群离开水源，防止水源被污染；在经常发病的地区，可用明矾沉淀类毒素及菌苗进行预防接种。

六、治疗

发现鹅群肉毒梭菌毒素中毒时，要立即停饲。在摄入毒素后 12h 内，可用同型抗毒素进行中和或注射多价抗毒素血清，剂量为每只成鹅 1 次，注射 2～4mL；可用轻泻剂，每只成鹅可灌服 2～3g 硫酸镁溶液，并进行解毒处理（5%～8% 葡萄糖溶液 +0.2% 维生素 C+ 电解多维 227g 加水至 100L），同时，在饮水中加入口服补液盐让其自由饮用；对于重症病鹅，用胶管投给或喂服糖水，要注意将鹅的头、颈部垫高，否则液体可能误入气管，使鹅窒息死亡；为防止继发感染，还可在饮水中加入复方阿莫西林与头孢噻呋等抗菌药物。

第三节　亚硝酸盐中毒

鹅亚硝酸盐中毒是由于鹅摄食了含大量亚硝酸盐的青饲料后引起的中毒症。各种青绿饲料、蔬菜、野菜，如青菜、白菜、小白菜、芥菜、菠菜、萝卜菜、苋菜、灰灰菜、四季豆、牛皮菜、天星苋等植物，含有大量硝酸盐。若土壤中重施化肥、除草剂或植物生长刺激剂可促进植物中亚硝酸盐的蓄积；若日光不足、干旱或土壤中缺少硫或磷阻碍植物内蛋白质的同化过程，可使硝酸盐在植物中蓄积；在一定条件下，由于饲料、植物的贮存或加工调制不当，可产生有毒的亚硝酸盐。在自然界广泛存在的硝酸盐还原菌是导致家禽亚硝酸盐中毒的必备条件，如温度为 20～40℃，pH 值为 6.3～7.0 的潮湿环境中该菌可将硝酸盐还原为亚硝酸盐。当动物采食了这类饲料时，即可引起亚硝酸盐中毒，以鸭、鹅多发而鸡次之。

亚硝酸盐属于一种强氧化剂毒物，一旦被鹅只吸收入血液后，就可使血红蛋白中的二价铁失去电子后被氧化为三价铁，这样就会使体内正常低铁血红蛋白变为高铁血红蛋白。三价铁与羟基结合较为牢固，流经肺房时不能氧合，流经组织时不能氧离，致使血红蛋白丧失正常携带氧气的功能，而引起全身性缺氧。因此，就会造成全身各组织，尤其是脑组织受到急性损害。此外，亚硝酸盐具有扩增血管的作用，导致鹅只外围循环衰竭，加重组织缺氧、呼吸困难及神经功能紊乱。

一、病因

亚硝酸盐中毒，又称高铁血红蛋白血症，主要是由于富含硝酸盐的饲料在硝酸盐还原菌的作用下，经还原作用生成亚硝酸盐。一旦被吸收进入血液后引起鹅只血液输氧功能障碍。因此，亚硝酸盐的产生取决于饲料中亚硝酸盐含量和硝酸盐还原菌的活力。常见病因有以下几方面。

（1）青绿饲料、菜类饲料堆放时间过长，发霉腐烂。尤其是露水草、菜，被雨淋湿的青草或经烈日暴晒堆放的青草；未煮开焖在锅里过夜或焖在缸里加盖的饲料；保存时间过长的青绿饲料、菜类等，均会使其中的硝酸盐转变为毒性较强的亚硝酸盐，鹅群食入这种饲料后即可引起中毒。

（2）当鹅只本身消化不良，胃内酸度下降，可使胃肠内硝化细菌大量生长繁殖，胃肠内容物发酵，将硝酸盐还原为亚硝酸盐，可引起鹅群中毒。

（3）偶然引用施过硝酸盐化肥耕地排出的水或浸泡过含大量硝酸盐、亚硝酸盐植物的井、泉、池塘水等也可引起鹅只中毒。

（4）偶有误食硝酸铵、硝酸钠、硝酸钾等化肥，在微生物的作用下，硝酸盐在胃肠道内转化为亚硝酸盐亦可引起中毒。

二、症状

鹅亚硝酸盐中毒，多呈急性发作，一般在食入后2h内发病。当鹅采食了含有亚硝酸盐的饲料后，表现为精神不安、站立不稳，多因呼吸困难，最后窒息死亡。病程稍长的病例，常表现为张口、口渴、食欲减退、呼吸困难、口腔黏膜、眼结膜和胸腹部皮肤发绀。多数病例出现腹泻现象；体温下降，心跳减慢；肌肉软弱无力、双翅下垂；双腿麻痹，最后昏睡死亡。中毒较轻的鹅群，仅表现为轻度的消化机能紊乱与肌无力等症状，一般可自愈。

三、病理变化

死鹅剖检可见血液呈酱油色且凝固不良，体表皮肤、肢端与可视黏膜发绀，体内各浆膜颜色发暗；肝脏、脾脏与肾脏等内脏器官均呈黑紫色，切面明显瘀血，流出黑色不凝固血液；心肌软，心外膜有出血点，心肌变性坏死，心冠脂肪出血；食道膨大部充满菜渣和配合饲料，有浓烈的酸败味；气管与支气管充满白色或淡红色泡沫样液体，肺部膨胀瘀血，肺气肿明显；肠黏膜出血，大肠鼓气。

四、诊断

根据病鹅有饲喂过青绿饲料，菜类饲料的病史；采食后突然发病，眼结膜发绀，血液呈酱油色、凝固不良等特征，可作出初步诊断。必要时，可进行亚硝酸盐和血液高铁血红蛋白的检验。

1. 重氮偶合反应

取0.1g甲萘胺、1g对氨基苯磺酸，8.9g酒石酸，研细均匀，存于棕色瓶中备用。检验时，可取胃内容物、饲料的水浸液、血清、腹水等2~3mL，加格氏试剂0.2~0.3g，若出现红色则表示有亚硝酸盐存在。

2. 血液高铁血红蛋白的检验

取病鹅血液5mL置一小瓶（或试管）中，在空气中振荡15min，正常的血液由于血红蛋白与空气中的氧结合而呈现鲜红色，而高铁血红蛋白血液则保持酱油色不变，表示有亚硝酸盐存在。

3. 联苯胺冰醋酸反应

取0.1g联苯胺溶于10mL冰醋酸中，加水稀释至100mL，过滤，即成试剂。然后取检液1滴，置白瓷板上，加1滴联苯胺-冰醋酸试剂，如有亚硝酸盐存在，出现棕红色。

4. 安替比林反应

取5g安替比林溶于100mL 1mol/L硫酸中，即成试剂。然后取检液1滴，置白瓷板上，加1滴安替比林试剂，如有亚硝酸盐存在，出现绿色。

五、预防

青绿和菜类饲料应鲜喂，暂时喂不完的要在阴凉处松散摊放，切忌堆积发热。饲料煮熟时应大火迅速煮开，不要把煮熟的饲料长时间焖在锅里，更不要加盖，蒸煮的饲料不宜久放。已腐败变质与发霉的饲料不能饲喂鹅群，发酵时要注意含水量的控制，一般控制在 50% ~ 60% 为宜。烧煮青绿饲料时，可加入食醋，以杀菌和分解亚硝酸盐。接近收割的青绿饲料不应施用硝酸盐化肥。

六、治疗

发现鹅群亚硝酸盐中毒后，应立即停喂含有亚硝酸盐与硝酸盐的饲料，及时更换新鲜饲料。

美蓝（亚甲蓝）是对该病最有效的解毒药物，一旦发现鹅群中毒，可腹腔注射，每千克体重 0.4mL；或用美蓝 2g，95% 酒精 10mL，生理盐水 90mL，溶解后每千克体重注射 1mL，同时饮服或腹腔注射 25% 葡萄糖溶液，5% 维生素 C 溶液；用盐类泻剂加速胃肠内容物排出；饮水中加入葡萄糖和维生素 C，每天 1 次，连用 2 ~ 3d，也可起到解毒作用。

一般来说食草的鹅类发生亚硝酸盐中毒的可能性是很小的，但由于初春贮备的青菜，堆放不当，加上强阳光直射，导致青菜温度升高，使硝酸盐的含量升高，加之饲喂前不清洗和晾晒，直接饲喂后，硝酸盐转化为亚硝酸盐，容易造成中毒症的发生。

第四节 食盐中毒

食盐的成分是氯化钠，是动物机体保持正常生理活动必需的营养物质，是禽类日粮中必需的营养成分，一般占日粮的 0.2% 左右。食盐主要用于补充钠，以维持鹅体内的酸碱平衡和肌肉的正常活动，同时还可增强鹅群食欲，以促进机体的消化和代谢，这对调节体内渗透压平衡、维持神经系统正常功能都有十分重要的作用。缺乏食盐则会引起食欲减退，疲乏无力，影响发育，增重缓慢，甚至出现低渗性脱水等严重性后果；若摄入食盐过多，则会引起大量氯化钠进入血液，导致组织细胞脱水，血钾增高，红细胞运输氧的能力下降，造成组织缺氧。同时，细胞通透性增强，细胞内的酶和钾离子大量进入细胞外液。由于细胞内渗透压增高，酶活性降低，造成整个机体代谢紊乱。尤其是钠离子过高，可增强神经肌肉的兴奋性，引起神经症状，出现共济失调、肌肉痉挛等症状，高血钾可使心脏在舒张期跳动而死亡。

鹅食盐中毒是由于食入食盐搭配过多的饲料，加之饮水不足而引起的中毒症，其主要以神经系统和消化系统紊乱为主要临诊特征。鹅比其他禽类更易中毒，而雏鹅比成鹅更容易中毒。

一、病因

一是饲料搭配不当，饲料中食盐含量通常为 0.2% ~ 0.4%，当饲料中食盐含量超过 3% 就会引起中毒，重则引起鹅的死亡。

二是饲喂含盐量较高的鱼粉、酱渣、腌制食品、卤汁等，或在沿海、盐湖周围放牧，会造成鹅群的食盐中毒。

三是当饲料中缺乏维生素 E、含硫氨基酸、钙和镁时，可以促进该病的发生。

四是尽管饲料中食盐含量不高，但混合不均，粒度不一，部分鹅采食量过多，也会发生中毒。

五是鹅品种、年龄的不同对食盐的耐受性不同。由于放牧的成年鹅可以自由饮水，较少发生食盐中毒，而雏鹅较为敏感。

六是饲料质量正常但饮水质量较差，含有较高的盐分（往往与地区有关，有的地区水中含盐量均较高），饮水不足则会加重食盐中毒。

七是环境温度较高，机体水分大量丧失，可降低机体对食盐的耐受量。

八是饮口服补液盐过量。口服补液盐中含有食盐和碳酸氢钠，若过量饮用就会引起中毒。

九是疾病因素。饲养管理不当，养殖环境恶劣等会导致鹅群的抗病能力下降，生理机能失调，导致摄入的营养物质不能正常在体内吸收和利用，有毒物质在胃肠道内大量的蓄积，从而引发食盐中毒。

二、症状

初期病鹅表现为惊恐，兴奋不安，食欲减少或废绝。当鹅群摄入大量食盐后，其胃肠内容物渗透压升高，组织失水，导致饮水量增加，食道膨大部扩张，口鼻内有黏液流出。过多食盐被摄入后，大部分滞留于消化道，可直接刺激胃肠黏膜引起炎症反应，如病鹅腹泻，排水样稀粪，呼吸加快，有的出现皮下水肿。不久转为两肢无力，运动失调，不愿走动，精神委顿，重则完全瘫痪。后期病鹅出现呼吸困难，嘴不停地张合，伸颈摇头，有时出现神经症状，头颈痉挛性扭转，口腔黏膜干燥，鸣叫呻吟，胸腹朝天，抽搐，最后衰竭死亡。

雏鹅食盐中毒后，不断鸣叫，盲目冲撞，头颈后仰，或用爪蹬地，头颈不断旋转，很快死亡（图 7-6、图 7-7）。慢性中毒后主要表现为持续性腹泻、厌食或发育迟缓等。

三、病理变化

鹅群发生食盐中毒后，病变主要表现在消化道。食道膨大部充满黏性分泌物，黏膜脱落；腺胃黏膜充血，有时表面形成伪膜；肌胃角质层呈黑褐色、质软、易脱落，轻度充血、出血；小肠发生急性卡他性或出血性炎症，黏膜出血，并有出血点。皮下结缔组织水肿，切开后流出黄色透明液体；皮下脂肪呈胶冻样浸润；腹腔充满黄色透明腹水。肝脏瘀血、肿大，表面覆盖淡黄色纤维素渗出物；肾肿大，呈土黄色，肾及输尿管充满尿酸盐沉积；胆囊充盈；肺脏瘀血、水肿（图 7-8、图 7-9）；心包腔积液（图 7-10），心冠脂肪周围有胶冻样的渗出物，表面有针尖状出血点；脑膜充血、水肿，有时可见针尖状出血点（图 7-11）。慢性食盐中毒的鹅群，其主要病变在脑部，表现为大脑皮层软

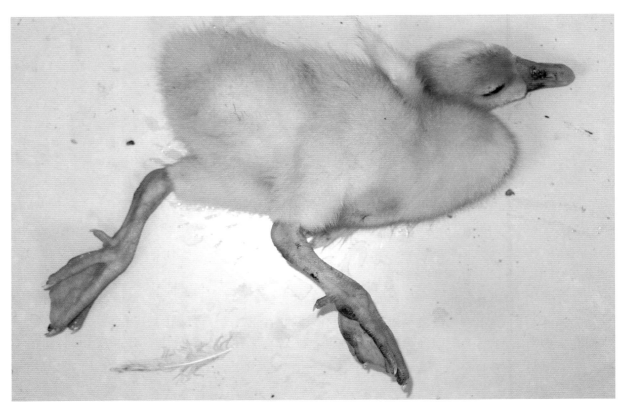

图7-6　鹅食盐中毒后的神经症状（刁有祥　供图）

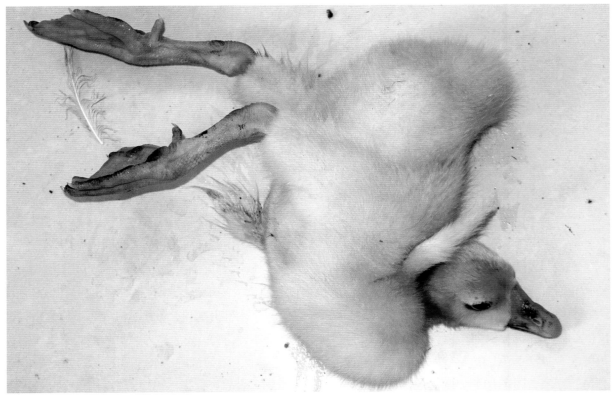

图7-7　鹅食盐中毒后头颈后仰（刁有祥　供图）

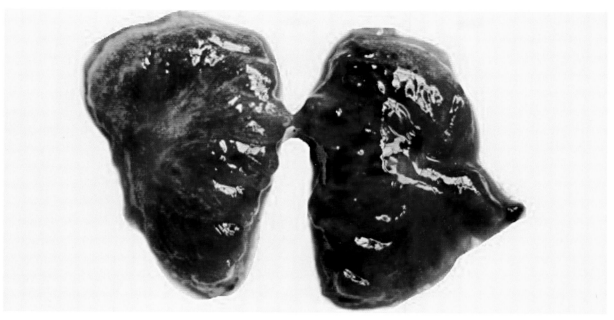

图7-8 肺脏瘀血、水肿（刁有祥 供图）

图7-9 肺脏瘀血、水肿（刁有祥 供图）

图7-10 心包积液（刁有祥 供图）

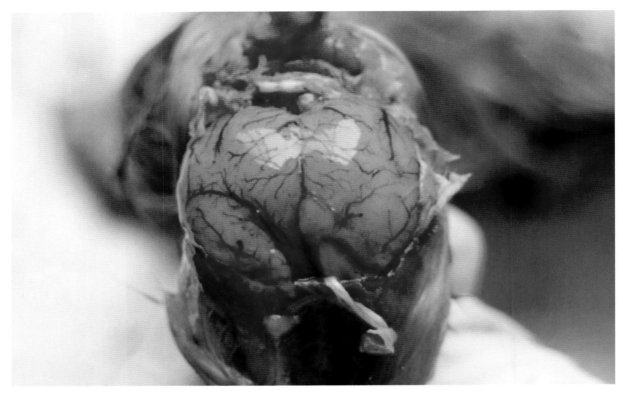

图 7-11　脑膜充血（刁有祥 供图）

化、坏死，而胃肠道病变不明显。

四、诊断

食盐中毒可根据病史和症状进行诊断，也可进行毒物检验，检测食道膨大部或肌胃内容物的氯化钠含量。

根据病史判断鹅是否存在误食大量食盐或者含盐量高食物。比如临诊过程中应该详细询问病史，并且调查清楚饲料、饲喂、采食情况，重点调查给予鹅饲喂的饲料有没有含盐量高，或者有没有饲喂剩菜潲水、酱渣及卤水等饲料。通过饲料配方的组成及养殖过程中是否存在过量饲喂食盐或限制饮水的行为，并结合病死鹅群症状和剖检变化作出初步诊断。

取食道膨大部或肌胃内容物 25g，放于一烧杯中，加入蒸馏水 200mL 放置 4~5h，期间震荡；再加入蒸馏水 250mL 混合均匀后，过滤；取 25mL 滤液，加入 0.1% 刚果红溶液 5 滴，再用硝酸银溶液滴定，出现沉淀后继续滴至液体呈轻微透明为止。记录硝酸银溶液的用量，即可计算出食盐含量。

五、预防

预防鹅群食盐中毒，要严格控制饲料中食盐的含量，尤其是雏鹅更应注意。加强日常的管理工作，给鹅提供充足且清洁的饮水。充分了解该病的发病原因，在鹅的养殖过程中可以通过改善饲养管理方法来有效地预防此病发生，同时做好其他疾病的预防工作，使鹅保持正常的生理机能。

加强饲料的管理与配制工作，在配制饲料时要注意根据鹅不同的生长阶段计算食盐的需求量，并在添加时要严格控制好用量。选择饲料原料时要注意其中的含盐量，尤其对幼鹅更应慎重，其含量不能超过 0.5%，以 0.3% 为宜。购买优质的鱼粉以及其他类的饲料添加物时，要进行含盐量的测定，以决定其添加量，避免发生重复用盐的情况。购买饲料时要先看含盐量化验单或先自行测定后再购买。配制饲料时，粗盐一定要磨细，混合均匀，并保证供给清洁新鲜的饮水。在搅拌饲料时要充分，防止造成局部饲料中含盐浓度过高。

六、治疗

一旦发现鹅群食盐中毒，应立即停止喂原有饲料或者含盐食物，改喂无盐、易消化的饲料直至康复，以加快体内钠离子排出速度、恢复机体水盐平衡、保护胃肠黏膜、降低颅内压等。

一旦发现中毒，应立即停喂原有的饲料和饮水，改喂新鲜重组的糖水或淡水，无盐、易消化的饲料，直至康复。中毒严重时，要限制供给饮水，每隔 1h 让其自由饮水 15min，避免一次大量饮水加重组织水肿。

用 3% ~ 5% 葡萄糖水饮水，并加适量维生素 C，连用 3 ~ 4d，以利尿、解毒、保护肝脏提高其解毒机能，同时消除心包及腹腔内积水。

病鹅可饲喂淀粉、牛奶、豆浆等包埋剂以保护胃肠黏膜。或灌服适量植物油，以排出胃肠道内的食盐，防止食盐进一步损伤消化道黏膜。

对于中毒较轻的病例，要供给充足的新鲜饮水，饮水中可加 3% 葡萄糖，一般会逐渐恢复。严重中毒的病例要控制饮水量，采用间断给水，如果一次大量饮水，反而使症状加剧，诱发脑水肿，加快死亡。

第五节　磺胺类药物中毒

磺胺类药物是化学合成的抗菌药物，其抗菌谱较广，对某些病疗效好，性质稳定易贮存。磺胺类药物能抑制大多数革兰氏阳性细菌和革兰氏阴性细菌，以及某些放线菌与螺旋菌，且有显著的抗球虫作用，其价格低廉，是防治家禽疾病的常用药物。常用的磺胺类药物可分为两类，一类是肠道不易吸收的磺胺类药物，如磺胺脒（SG）、酞磺胺醋酰（PSA）等，这类药物主要用于治疗肠道感染，一般不易引起中毒；另一类是肠道内易吸收的磺胺类药物，如磺胺噻唑（ST）、磺胺嘧啶（SD）等，由于这类药物安全范围小，中毒量很接近治疗量，甚至治疗量也会对造血及免疫系统有毒性作用，若用药不当，如用药量过大或用药时间过长，就会引起中毒。其毒害作用主要损害肾脏、肝脏、脾脏等器官，并导致鹅只发生黄疸、过敏、酸中毒及免疫抑制等，往往会造成鹅的大量死亡。

一、病因

一是大剂量使用。磺胺类药物种类较多，各种药物使用量和差别也较大。因此，如果对磺胺类药物的用量一概而论，盲目加大用药剂量就会发生中毒。每种药物都要严格遵守药物使用说明，合理用药，不得超剂量服用。

二是长期应用磺胺类药物。各类药物都有其安全使用期限，磺胺类药物一般连用 5～7d，若连续使用时间较长，就会发生蓄积中毒现象。

三是当磺胺类药物使用在饲料中搅拌不均匀时，使个别鹅摄入量过大，也会引起中毒。

四是当鹅只肝脏、肾脏患有疾病时，更易造成药物在鹅体内蓄积而造成中毒，尤其是 1 月龄以内的雏鹅因肝脏与肾脏等器官发育不完备，对磺胺类药物的敏感性较高，极易中毒。

五是幼鹅采食含 0.25%～1.5% 磺胺嘧啶的饲料或口服 0.5g 磺胺类药物，即可呈现中毒表现。

六是饲料中缺乏维生素 K 或体弱的鹅只易发生中毒。磺胺类药物口服后，经肾脏排出体外，一般服后 3～6h，血液中就达到最高浓度，以肝脏和肾脏含量最高。因磺胺药的原产物或乙酰化产物的溶解度较小，所以当尿液中的 pH 值偏低时，常在肾小管内析出结晶，严重损伤肾小管及尿道的上皮细胞，或造成输尿管阻塞，从而使病鹅出现酸碱平衡障碍、尿酸盐沉积及尿毒症等。除此之外，还会使机体产生溶血性贫血、再生性障碍贫血及过敏反应等。

二、症状

磺胺类药物能造成骨髓造血机能减弱，免疫器官抑制，肾脏、肝脏功能障碍及碳酸酐酶活性降低。

急性中毒：多见于大剂量服用药物，病鹅主要表现拒食、兴奋、腹泻、痉挛、麻痹、共济失调、肌肉震颤、惊厥、呼吸加快，在短时间内死亡。

慢性中毒：系长期用药引起，病鹅表现为精神沉郁，食欲减退，饮水过多，贫血，可视黏膜苍白或黄染，头部肿大发暗，翅下出现皮疹，腹泻，粪便呈暗红色。引起肾脏病变的，病鹅常排出带有多量尿酸盐的粪便。成年母鹅产蛋率下降或停产，软壳蛋、薄壳蛋数量增多，蛋壳粗糙，最后因衰竭而死亡。

三、病理变化

磺胺类药物中毒时最常见的症状是皮肤、肌肉和内脏器官的出血。血液稀薄，凝血时间延长；骨髓由正常的暗红色变为淡红色或黄色；肝脏肿大，有出血斑；肠道黏膜弥漫性出血，肠壁较光滑；肾脏肿大，呈土黄色，有出血斑；脾脏肿大，有出血点和灰白色的梗死区；心包腔积液，心肌呈刷状出血，有的病例心肌出现灰白色病灶；腺胃黏膜、肌胃角质膜下有出血斑；病程稍长的病鹅肾脏肿大出血，呈花斑样，输尿管增粗，肾小管与输尿管内充满尿酸盐；脾脏、法氏囊发育不良，其体积、重量均低于正常水平。

除了以上变化外，病鹅还会出现红细胞、白细胞总量的减少，血色素降低或溶血性心血；肾小管有中可见有磺胺药结晶，并出现血尿、蛋白尿或结晶尿；组织中磺胺药含量超过 20mg/kg。

四、诊断

该病根据病鹅有使用或大量、长期使用过磺胺类药物的病史；出现以上急性或慢性中毒的症状及剖检变化等，一般可作出诊断。必要时可以测定肌肉、肾脏、肝脏中磺胺药物的含量。

五、预防

预防该病应严格控制磺胺类药物的用药剂量和用药时间。对 1 日龄以下雏鹅或产蛋鹅应少用或禁用，同时，有肝、肾疾病的鹅应尽量避免使用磺胺类药物。应用磺胺类药物时，应严格掌握磺胺类药物适应症，并严格控制用药剂量及用药时间，一般用药不超过 5d，每种磺胺药的预防剂量与治疗剂量应严格按照药物使用说明使用。在使用磺胺类药物期间，应给予鹅群充足的饲料与饮水，同时应提高饲料中维生素 K 和 B 族维生素的含量。应用磺胺类药物特别是在容易吸收的药物期间，应同时服用碳酸氢钠，其剂量为磺胺类药物剂量的 1～2 倍，以防止结晶尿和血尿的发生。准确计算饲料和饮水的消耗量，以便通过饲料和饮水给药时使每只鹅得到正常的日剂量，且饲料与药物一定要混合均匀，防止鹅群采食药物剂量较大的饲料造成其中毒。

六、治疗

发现鹅群出现磺胺类药物中毒时，应立即停止用药，供给充足饮水。轻度中毒的鹅，可用 0.1% 碳酸氢钠、5% 葡萄糖代替饮水 1～2 次，维生素 K_3 5mg 与适量 B 族维生素进行治疗，连续使用，直至症状消失；重症病鹅可饮用 1%～2% 的碳酸氢钠溶液，促进体内药物排泄，以防结晶尿的出现。为提高机体耐受能力与解毒能力，可饮用车前草水或 5% 葡萄糖，均具有一定疗效。

第六节　聚醚类药物中毒

聚醚类抗生素又称为离子载体类药物，主要包括盐霉素、莫能菌素、拉沙里菌素与马杜拉霉素，其中马杜拉霉素应用较为广泛，是常用的抗球虫药。

聚醚类药物的作用机理基本相似。该类药物妨碍细胞内外阳离子（Ca^{2+}、K^+、Na^+）的传递，因为药物与金属离子易形成离子复合物。复合物的脂溶性较强，容易进入生物膜的脂质层，使细胞内外离子浓度发生变化，进而影响渗透压，最终使细胞崩解。在细胞内外离子浓度发生变化的同时，各种代谢物的摄取与排泄出现障碍，并且代谢的微环境发生变化。该类药物的破坏机理是杀伤球虫细胞，并且该杀伤属不可逆。

不同聚醚类药物对金属离子的亲和力不同。盐霉素、马杜拉霉素主要与 K^+、Na^+ 亲和力高，莫能菌素对金属离子亲和顺序为 $Na^+ > K^+ > Rb^+ > Li^+ > Cs^+$，拉沙里菌素不仅与一价离子亲和力高，对二价离子也有很高的亲和力。低浓度或正常浓度使用时，药物对球虫的细胞膜特别敏感，高浓度使用时对宿主的细胞产生同样作用。中毒量的离子载体引起 K^+ 离开细胞，Ca^{2+} 进入细胞，导致细胞坏死。中毒症状与细胞外高钾和细胞内高钙有关。

一、病因

一是由于计算错误或盲目加大剂量使用聚醚类抗生素药物，易造成鹅群中毒。

二是盐霉素、马杜拉霉素、莫能菌素等药物均属于聚醚类抗生素，当成分相同而商品名不同的不同药物同时使用时，易造成鹅群中毒。

三是饲料搅拌不均，造成鹅群采食浓度不均的药物造成中毒。

二、症状

最急性中毒：鹅群在采食后 0.5～2h 发病，表现为乱飞乱跳、口吐黏液、兴奋亢进等神经症状，最后两腿向后伸直而死。

急性中毒：通常鹅群于采食后 2～18h 发病。鹅群采食骤减，饮水量增加，黏膜发绀，一般体温不高。鹅群排稀软粪便，有的病鹅兴奋不安，乱飞乱跑，扭颈转圈或头向后仰，呈观星状。随后倒地侧卧，腿向后伸直，痉挛后很快死亡（图 7-12）。成年鹅除表现麻痹和共济失调等症状外，还表现为产蛋下降，呼吸困难。

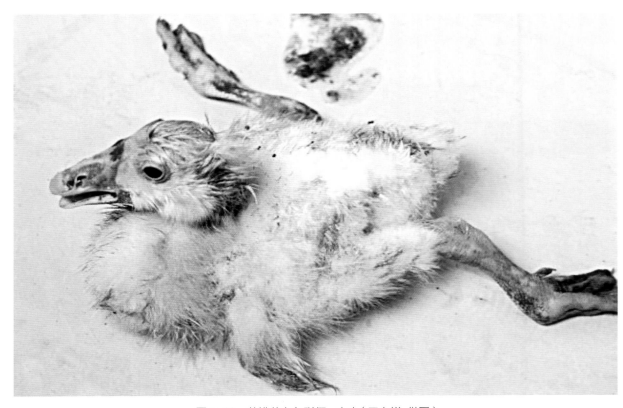

图 7-12　鹅排黄白色稀便，瘫痪（刁有祥 供图）

慢性中毒：鹅群在采食后 2～4d 发病，精神沉郁，食欲不振，羽毛粗乱，嗜睡，伏卧于地，驱赶时站立不稳，腿软行走无力。鹅群还表现为走路摇摆，或以跗关节着地，爪痉挛内收，腹泻，脱水消瘦，羽毛脱落，增重缓慢，饲料转化率低，生长受阻，于数日内死亡。停止喂药料后死亡仍可持续 7～10d。

三、病理变化

肌肉失水呈暗红色，有的轻度出血、萎缩；脑膜充血水肿、出血；肝脏、脾脏肿大、质脆、瘀血，呈暗红色或紫黑色，胆囊肿大，胆汁外渗；十二指肠弥漫性出血，肠壁增厚，肠道黏膜充血水肿；腺胃内容物呈绿色，黏膜充血水肿；肌胃内容物呈绿色，角质层易剥离，肌层有轻微出血；喉头、气管充血、出血；肺脏出血、水肿；心冠脂肪出血，心外膜充血，有出血斑，心外膜也会出现不透明的纤维素斑；肾脏肿大、瘀血，有的输尿管有尿酸盐沉积。

组织学变化主要表现为肌肉坏死、肌纤维变性、有异噬细胞、巨噬细胞浸润及肝脏脂肪变性。

四、诊断

根据鹅群有采食过或饲料中添加有聚醚类抗生素的病史，结合出现厌食、瘫软、肢体无力、腹泻等症状，及剖检内脏器官广泛性出血、充血等病变，可作出初步诊断。必要时可用健康鹅做动物毒性试验，即可进一步确诊。

五、类症鉴别

聚醚类抗生素中毒应与维生素 B_2 缺乏症相鉴别。雏鹅维生素 B_2 缺乏症主要表现为绒毛卷曲、肢爪向内侧屈曲、关节肿胀和跛行。在添加大剂量的维生素 B_2 后，轻症病例可以恢复，大群中不再出现新的病例。

六、预防

预防该病发生，首先应注意按照说明用药，不要盲目加大用药剂量，严禁将同类药物混合使用。使用前应注意药物有效成分，勿将同一成分不同名称的两种药物同时应用。给鹅群用药时，要将饲料与药物搅拌均匀，颗粒料不易渗入本药。

七、治疗

发现药物中毒后，应立即停喂剩余药料，及时清除食槽与地面的残留饲料，更换成新鲜的饲料，并在饲料中添加维生素 K_3 等。在鹅群饮水中添加电解多维或口服补液盐（氯化钠 3.5g，氯化钾 1.5g，碳酸氢钠 2.5g，葡萄糖 20g，加水至 1 500mL）配合 0.1% 的肾解毒药，0.02% 维生素 C 可以缓解症状，减少应激，或以 5% 葡萄糖饮水。对饮水较少或不饮水的鹅只采取逐只灌服。对于不能站立或食欲废绝的病例，可口服 5% 葡萄糖生理盐水 5～10mL/ 只，维生素 C 50mg/ 只，每天 1 次，连续 2d。还可注射维生素 E 和亚硒酸钠溶液，以降低聚醚类抗生素的毒性作用。以上做法只适用于少数鹅中毒，若中毒鹅只数量较多，可根据中毒的程度将其分开，轻者可让其自由饮用补液盐，严重的鹅只需个别进行治疗。

第七节　喹诺酮类药物中毒

喹诺酮类药物是一类广谱、高效、低毒新型的抗生素类药物，从 1962 年第一代喹诺酮类药物萘啶酸问世以来，已有数以千计的喹诺酮类化合物得以合成，第二代称为吡哌酸，第三代称为氟喹诺酮类药物，有诺氟沙星（氟哌酸）、环丙沙星、培氟沙星、恩诺沙星、达诺沙星等。喹诺酮类药物在临床治疗中已成为很多感染性疾病的首选药物，使用频率仅次于青霉素类药物。第一代和第二代喹诺酮类药物主要对革兰氏阴性菌有效，第三代药物的抗菌谱比第一代和第二代明显扩大，抗菌活性也显著增加，对革兰氏阳性菌、革兰氏阴性菌及支原体、衣原体、立克次氏体等均有效，其效果优于其他抗菌药物，甚至等于或超过第三代头孢菌素类药物。目前常用的喹诺酮类药物主要有诺氟沙星、环丙沙星、恩诺沙星等。

喹诺酮类药物通过抑制 DNA 解旋酶作用，阻碍 DNA 合成而导致细菌死亡。细菌在合成 DNA 的过程中，DNA 解旋酶的 A 亚单位将染色体 DNA 正超螺旋的一条单链切开，接着 B 亚单位使 DNA 的前链后移，A 亚单位再将切口封住，形成了负超螺旋。根据实验研究，氟喹诺酮类药物并不是直接与 DNA 解旋酶结合，而是与 DNA 双链中非配对碱基结合，抑制 DNA 抑螺旋酶的 A 亚单位，使 DNA 超螺旋结构不能封口，这样 DNA 单链暴露，导致 mRNA 与蛋白合成失控，最后细菌死亡。

近年来，因喹诺酮类药物的超量使用，导致鹅中毒的病例越来越多，中毒鹅所表现的神经症状和骨骼发育障碍与氟有关，氟是家禽生长发育必需的微量元素，主要参与骨骼生理代谢，维持钙磷平衡，同时与神经传导介质和多种酶的生化活性有关。

一、病因

喹诺酮类药物为高效低毒的抗菌类药物，但其应用不当或过量就会引起鹅群发病。喹诺酮类药物对革兰氏阴性菌有极强的杀菌活性，可引起鹅群胃肠道菌群失调，造成消化系统的不良反应。喹诺酮类药物极易使鹅群产生耐药性，当在长期使用造成治疗效果不佳时，便随意加大剂量使其中毒。喹诺酮类药物在酸性尿液中溶解度下降，易形成结晶析出，从而损伤肾脏。

二、症状

鹅群精神不振，垂头缩颈，眼半闭或全闭，呈昏睡状态；羽毛松乱无光泽，采食饮水减少；病鹅不愿走动，双腿不能负重，匍匐卧地，刺激有反应，但不能自主站立，多侧瘫；喙趾、爪、腿、翅、胸肋骨柔软，可随意弯曲，不易断裂（图 7-13）；粪便稀薄，呈石灰渣样，中间略带绿色，严重时可造成死亡。

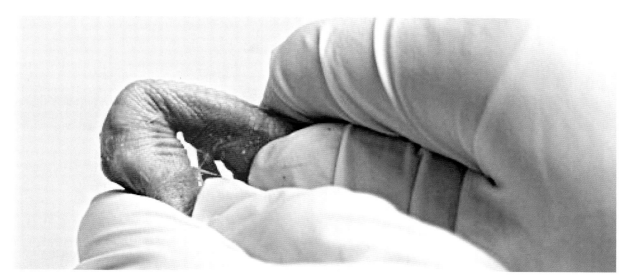

图 7-13　胫骨软不易折断（刁有祥　供图）

三、病理变化

肌胃、腺胃内容物较少；肠黏膜脱落，肠壁变薄，有轻度出血；肝脏瘀血、肿胀；肾脏肿胀出血，输尿管有白色尿酸盐沉积；肌胃角质膜、腺胃与肌胃交界处出现溃疡，肌胃内含较多黏性液体；脑组织充血、水肿；雏鹅出现软骨和骨骼发育不良，关节软骨有不同程度的损伤。

组织学变化表现为肝、肾、心等实质器官发生明显的颗粒变性、水泡变性或脂肪变性，并出现不同程度的充血、出血，腺胃、小肠黏膜充血、出血；脑部水肿充血；肺脏充血、出血、水肿；法氏囊、胸腺、脾脏发育不良、充血出血。

四、诊断

根据患病鹅群有使用或长期、大量使用过喹诺酮类药物的病史，以及上述中毒症状、病理变化等，可作出初步诊断。必要时可用健康鹅进行动物毒性试验。

五、预防

严禁大剂量或长期给鹅群使用喹诺酮类药物，严格控制用药剂量和用药时间，以免使鹅群产生耐药性，避免鹅群因使用过量喹诺酮类药物引起中毒。对于肾脏功能损伤的鹅应慎用喹诺酮类药物。对于雏鹅，勿用恩诺沙星等氟喹诺酮类药物。喹诺酮类药物不宜与其他抗生素同时使用，以避免使其毒性增强而引起中毒。

六、治疗

当鹅群发生中毒时，应立即停止使用喹诺酮类药物，停止饲喂含有喹诺酮类药物的饲料或饮水，更换成新鲜的饲料与饮水。同时，应对中毒鹅群采取对症治疗，可在饲料中加入钙制剂，同时用 3% 葡萄糖饮水，以及给病鹅使用维生素 C 制剂。

第八节　硫酸铜中毒

硫酸铜是一种透明、蓝绿色、易溶于水的化学物质，其应用较为广泛，农业上以 0.5%～1.4% 的浓度与 1.5% 石灰乳混合成波尔多液用于防治果树、蔬菜及大田作物的病虫害。而在畜禽养殖业主要用作微量元素添加剂，其在动物机体造血、新陈代谢、生长繁殖、维持生产性能、增强抵抗力等多方面均发挥着不可替代的作用；在饲料中添加硫酸铜可防止饲料发霉变质，当家禽发生曲霉菌病时用硫酸铜作为治疗药物。但是，硫酸铜加入剂量过大，常会引起家禽中毒。高浓度硫酸铜有刺激作用，能刺激和腐蚀局部皮肤和黏膜，大剂量的硫酸铜能引起肝脏、心脏、肾脏等损伤，对甲状腺素、肾上腺素及一些酶的活性均有抑制作用。在所有家禽当中，鹅对硫酸铜最为敏感。

一、病因

一是鹅群采食了刚洒过含有硫酸铜农药的蔬菜、作物及饲草。

二是用作饮水时，硫酸铜溶液配制浓度过高。其浓度应为（1∶2 000）～（1∶3 000），连续饮用不得超过 10d，若浓度达到 1∶1 500 即能引起中毒，1∶400 可迅速致死。

三是当鹅群出现铜缺乏症时，过量补充了硫酸铜。

四是治疗和预防曲霉菌病和念珠菌病时，过量使用硫酸铜溶液。

二、症状

临床上依据发病的时间和临床表现将鹅硫酸铜中毒分为急性中毒和慢性中毒两种。

1. 急性中毒

患鹅主要表现为流涎、腹泻，呼吸困难，步态不稳。严重中毒的鹅只初期表现兴奋，易于惊厥，继而变为严重的精神沉郁、消瘦。患鹅的粪便混有绿色黏液或黑褐色黏液，有的混有脱落的黏膜碎片，死前出现痉挛、麻痹和昏迷等现象。

2. 慢性中毒

非中毒量的硫酸铜连续给予可在鹅体内蓄积，早期为铜积累阶段，肝脏铜的浓度大幅度升高，当肝脏蓄积到一个危险量时，铜被释放到血液，肝功能明显异常，血浆铜的浓度逐渐升高，后期发生严重的溶血。患鹅表现为精神沉郁，厌食，黏膜黄疸，粪便变黑，并表现不同程度的生长抑制，雏鹅还表现出发育不良的症状。

三、病理变化

1. 急性中毒

剖检变化主要表现在胃肠道。腺胃黏膜肿胀或脱落，附有灰白色或淡黄色黏液；肌胃角质层增厚或龟裂，肌肉层坏死，呈黄褐色；小肠前段肠腔有灰黄色较稀薄的内容物，黏膜充血、出血甚至溃疡，后段充满干燥的铜绿色或黑褐色内容物，黏膜肿胀出血；胸腹腔内有红色积液；肝肾实质器官变性，有不规则充血区；胆囊肿胀，充满蓝绿色胆汁；胰腺呈灰白色。

2. 慢性中毒

鹅只以全身性黄疸和溶血性贫血为主要特征。血液呈巧克力色，排血红蛋白尿；腹腔内有大量淡黄色腹水；肝脏肿大、质脆，呈淡黄色；肾脏肿大，呈古铜色，被膜有散在斑状或点状出血；心外膜有出血点，肠道内容物呈深绿色。

组织学病变主要表现在肝脏、消化道、肾脏和心脏。肝脏呈现颗粒变性和空泡变性，死亡病例还可见中央静脉、肝窦以及间质小血管扩张充血；消化道病变主要表现在肌胃角质层显著增厚，呈条索状，肌层平滑肌可见坏死灶；肠道表现为肠黏膜变性、脱落，肠绒毛断裂，肌层平滑肌着色不均，竹节状，或可见空泡变性；肾脏呈现颗粒变性、空泡、水肿，多数病例可见肾小管上皮细胞核浓染，死亡病例可见肾小管间质增宽水肿，中央静脉、间质小静脉以及肾小管之间的毛细血管扩张充血；心肌表现为颗粒变性，纤维肿胀。

四、诊断

该病根据病鹅有内服硫酸铜或食入含有硫酸铜的饲料、蔬菜的病史，出现腹泻、胃肠炎、血液呈褐色、易凝固等特点，可作出初步诊断，必要时，可做硫酸铜的定性检验。

实验室检测可取病鹅胃内容物置于蒸发皿中，加入盐酸酸化后加热，过滤，滤液置水浴上蒸干。残渣用水冲洗后，加入硝酸使其溶解，最后加入硫酸直至出现蓝色为止。继续蒸干溶于水中，将该溶液加入亚铁氰化钾，观察颜色变化。若检测液呈红棕色沉淀，则表示有硫酸铜的存在。

五、预防

预防鹅群发生硫酸铜中毒最重要的是控制硫酸铜剂量。用硫酸铜饮水时，应严格限制使用浓度和时间，饮水浓度应掌握在1/3 000~1/5 000，待完全溶解后给鹅群饮水，连续饮用3d，时间不宜过长。要定期监测饲料中硫酸铜含量，超过动物耐受量时，可喷洒磷钼酸盐或在饲料中添加少量钼、锌、硫等，可预防硫酸铜中毒。对喷洒过硫酸铜或波尔多液的蔬菜、青草等应冲洗后再饲喂鹅群。配制溶液时最好用蒸馏水，如无蒸馏水可用纯净的雨水或雪水，不可用河水或溪水。

六、治疗

发现鹅硫酸铜中毒应立即停止饲喂含有硫酸铜的饮水、饲料。若鹅群出现轻度中毒，及时停用硫酸铜，保证鹅群安静，更换饲料或饮水后便可逐步康复。对急性中毒的病鹅，可灌服氧化镁，每只鹅 1g，同时灌服少量牛奶，或加入少许鸡蛋白拌匀后灌服，每只 5～10 mL，以保护胃肠黏膜，减少硫酸铜的吸收。随后再灌服硫酸镁或硫酸钠 2g，效果会更好。也可饮用 5% 葡萄糖，以提高机体的解毒能力。严禁用植物油作为泻剂。

第九节　氨气中毒

禽舍空气中的氨气（NH_3）是一种具有刺激性臭味的无色气体，主要是由微生物分解家禽的粪便、饲料和垫料中的含氮物质产生，氨气在潮湿、温度较高、pH 值适宜、粪便较多的情况下产生更快。鹅舍中氨气含量与鹅群的饲养密度、饲养管理水平和粪便清除情况等有关。鹅粪便中含有的未被消化的营养物质，其中大部分为蛋白质，氨基酸和微生物氮等，在微生物的作用下这些含氮物质很快被分解为氨散发到空气中。若鹅舍通风条件较差，便会造成氨气等有害气体大量蓄积，引起鹅群中毒。

氨气中毒主要发生于冬春季节，过分注意保暖而忽视通风，使鹅舍内氨气浓度增高而引起，高浓度的氨不仅能降低鹅群饲料消耗和生长率，也可使产蛋率下降。同时，氨可溶解在黏膜和眼的液体中，产生氢氧化铵，引起黏膜和眼角膜的炎症，甚至失明。当氨气浓度超过 20mg/L 时，即可引起鹅中毒，严重时可使鹅发生急性中毒而死亡。

一、病因

1.营养过剩

某些鹅场为了提高肉鹅增重速度，缩短饲养周期，提高了饲料中营养成分的含量，粪便中未消化的成分如蛋白质等也会增加。当舍内温度达到 25℃以上，温、湿度适宜时，污染的垫料、积累的粪便或其他有机物被细菌分解、发酵，在短时间内便产生大量的氨气等有害气体。鹅群对氨气极为敏感，一旦鹅群吸入氨气后，会产生呼吸系统障碍、肿眼流泪、中枢神经麻痹与机体抵抗力下降等，从而诱发一系列的疾病。

2.通风不良

规模化的养殖场为了防止外界病原菌的入侵和环境变化的影响，多建造全封闭式的鹅舍，若无良好的通风条件与通风系统，适当控制温度和湿度，很容易造成氨气的大量蓄积，引起鹅群氨气中毒。

3.饲养密度过大

在鹅群密度过大，通风条件不良或长期处于封闭的状态下，粪便未及时清除，加之垫料潮湿，当舍内温度达到 25.8℃以上，湿度 83.2% 以上时，粪便、垫料与混入其中的饲料等有机物在微生物的作用下发酵，产生大量的氨气等有害气体。当鹅舍氨气超过 75～100mg/L，并持续较长时间时，就会降低饲料的消化率与鹅只生长率，造成鹅群中毒。

二、症状

病鹅骚动不安、眼结膜红肿流泪，羞明怕光，角膜混浊，严重时眼睑黏合，有黏性分泌物，甚至溃疡、穿孔而致失明；鹅群饲料消耗量减少，生长缓慢，鹅群生长不良，达不到应有的生长速度，产蛋鹅产蛋量下降；严重时，病鹅出现呼吸困难，伸颈张口呼吸，鼻腔内有分泌物；病情进一步加重时，可见食欲减少或完全废绝，共济失调、双腿抽搐、呼吸减慢、昏迷，最后麻痹而死。人进入鹅舍亦感到空气对眼睛有刺激。

三、病理变化

病死鹅可见眼结膜坏死，常与周围组织粘连，不易剥离；颜面青紫色，皮下组织充血呈深红色，有时在皮下及浆膜处可见有出血点；喉头水肿、充血并有渗出物蓄积；气管壁潮红、充血，内积有大量泡沫状黏性渗出物；肺脏瘀血水肿，呈深紫色；气囊轻度混浊；肝脏肿胀瘀血、色淡、质脆易碎；心肌变性，色浅，心冠脂肪有点状出血；十二指肠黏膜充血，小肠有轻度炎症变化，直肠黏膜条状出血；肾脏、脾脏稍肿；脑膜有轻度出血点；胸腺肿大、充血。

四、诊断

该病可根据病鹅的临床症状和死亡后的剖检病理变化以及舍内环境，作出初步诊断。采取病鹅血液，测定其血氨水平，可为诊断提供可靠依据。常用的方法有奈氏试剂法与纳氏试剂比色法。

五、预防

1. 及时清除粪便

预防该病的发生，主要措施是及时清扫粪便，勤于更换垫料及清理舍内的其他污物。在夏季高温高湿的条件下，鹅舍及时通风换气，鹅粪等有机物及时清除，避免舍内鹅群饲养密度过大。有条件的养殖场应定期检测鹅舍内空气中的氨气浓度。地面平养的鹅舍，垫料要经常更换，保持干燥。

2. 科学配制日粮

在日粮设计中，应注意从选料到饲喂的整个过程中要合理使用饲料添加剂，如酶制剂、微生物制剂等，有助于维护胃肠道的菌群平衡，提高蛋白质的消化率，降低粪便含氮量，从而大大降低禽舍中的氨气浓度。在饲料中添加 1%～2% 木炭渣或 0.5% 腐殖酸钠，可以使粪便干燥，减少臭味。

3. 净化舍内空气

鹅舍地面上撒一层过磷酸钙。过磷酸钙可与粪便中的氨气结合，形成无味的固体磷酸铵盐，起到减少鹅舍内氨气浓度的良好效果。鹅舍要通风良好，冬春季节不要因保暖而忽视通风。

4. 定期消毒

定期带鹅喷雾消毒，杀灭或减少鹅体表或舍内空气的细菌和病毒。降低粪便有机物的分解，抑制氨气的产生，利于净化空气和环境。

六、治疗

当发生该病时，要及时打开门窗、排气孔、天窗等所有通气设施，加强通风，更换新鲜空气。同时更换垫料，清除积粪，或及时转移病鹅，降低氨气的浓度。在冬季同时应做好保温工作。当鹅舍内氨气浓度过高而无法及时通风的情况下，应向舍内墙壁、棚壁喷洒稀盐酸，可迅速降低氨气浓度。严重的病例可灌服 1% 稀醋酸，每只 5 ~ 10mL，或用 1% 硼酸洗眼，以 5% 葡萄糖饮水，并加入维生素 C。增加饲料中多种维生素的添加量，同时在饮水中加入硫酸新霉素混饮（可溶性粉：每 50g 含 2g，即 4%），每升水 30 ~ 120mg，连用 3 ~ 5d。或在饲料中用 60 ~ 250mg/kg，以防止继发感染。对有眼部病变的鹅，用红霉素进行点眼，效果良好。对已失明的鹅只应及早淘汰。

第十节 氟中毒

氟是非常活泼的卤族元素，多以化合物的形式存在，分布极广。氟参与机体的正常代谢，可以促进骨骼的钙化，对于神经兴奋性的传导和参与代谢的酶系统都有一定的作用，因此常作为畜禽日粮中不可或缺的微量元素之一。一般情况下鹅饲料不会出现氟缺乏现象，但氟含量过高的现象却多有发生，造成鹅食后出现氟中毒现象。

氟中毒可分为无机氟中毒和有机氟中毒两大类，在禽类主要以无机氟中毒偏多，特别是采用未经脱氟的过磷酸钙作鹅的矿物质补充饲料，当饲料中氟化钠含量达到 700 ~ 1000mg/kg 时，动物就会发生氟中毒。

一、病因

急性氟中毒主要是动物一次性食入大量氟化物或氟硅酸钠而引起的中毒；慢性氟中毒是动物长期连续摄入少量氟而在体内蓄积所引起的全身器官和组织的毒性损害。主要见于以下原因。

自然环境因素。由于氟化物的地理迁移，氟在陆地表面分布很不均匀，致使陆地表面存在很多高氟区。高氟地区的饮水和土壤及生长的植物含氟量都很高，会引起人、畜、禽共患的氟病。我国规定饮水氟含量卫生标准为 0.5 ~ 1.0μg/mL，一般认为，动物长期饮用氟含量超过 2μg/mL 的水就可能发生氟中毒。

工业污染。氟中毒经常发生在炼铝厂、磷肥厂及金属冶炼厂周围地区，这些工厂排出的氟化氢和四氟化硅等废气可污染这些地区生长的植物、土壤与水源等，造成鹅群的氟中毒。

禽类长期饲喂未经脱氟处理的过磷酸钙、天然磷灰石作为饲料中的钙磷来源，这是导致禽类氟中毒的主要原因。

有机氟化合物是一种高效杀虫剂和灭鼠药，其毒性很强，鹅口服致死量为每千克体重10~30mg，毒物可经消化道，也可经呼吸道进入动物体而发生中毒。鹅群采食了被有机氟化合物污染的青草、蔬菜或饮水而中毒，也可因误食灭鼠的有毒饵料引起中毒。

含氟化合物经鹅的消化道进入体内生成氟乙酸，再转变为毒性更强的氟柠檬酸，氟柠檬酸抑制乌头酸酶，致使三羧酸循环中断，糖代谢终止，三磷酸腺苷（ATP）生成受阻，导致细胞呼吸严重障碍，以大脑和心血管系统受害最为严重，出现心力衰竭及神经症状。

二、症状

氟中毒在临床上主要表现为急性中毒或慢性中毒，其中以慢性中毒最为常见。

1.急性中毒

鹅群一次性采食过量氟化物后，则表现为食欲减少或完全废绝，一般在半小时左右出现厌食、腹泻等急性胃肠炎症状。严重者出现呼吸困难、抽搐及虚脱现象，在数小时内死亡，有的粪便中带有血液和黏液等。

2.慢性中毒

慢性氟中毒多经消化道引起，氟长期、少量进入机体时同血液中的钙结合，形成不溶的氟化钙，致使血钙降低，为补充血液中的钙，骨钙不断地被释放，导致骨骼脱钙，骨质疏松。患鹅的主要症状表现为病鹅精神不振、羽毛松乱无光泽，很快出现双腿无力、站立不稳、共济失调，或用跗关节着地，呈典型软脚症；症状逐渐加重，出现骨骼变形，跗关节肿大，脚趾变软易折；有的病鹅双脚呈外八字，喙变软变白，质地如橡皮，啄食困难；患鹅的长骨、胫骨变软，人为可使其弯曲，不易折断（图7-14），严重者出现跛行或瘫痪，最后倒地不起；部分病鹅会出现神经症状，前期兴奋，后期抑制，不断尖叫，拍打翅膀，很快死亡；采食量明显下降，生长迟缓，后因食欲废绝及器官衰

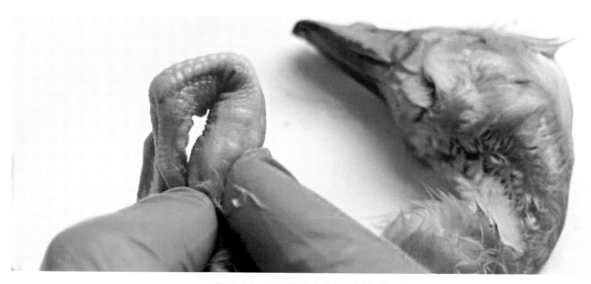

图7-14　胫骨软易弯曲（刁有祥 供图）

竭而死；有的患鹅出现腹泻，排白色稀便，随后出现虚脱，消瘦死亡；产蛋母鹅产蛋率和受精率明显下降，畸形蛋和沙壳蛋增多。

三、病理变化

1. 急性中毒

患鹅主要表现为急性胃肠炎症状甚至严重的出血性胃肠炎症状，如胃肠黏膜潮红、肿胀、脱落，并有斑点状出血和坏死；心、肝、肾均明显瘀血、出血，心肌松软；急性氟中毒死亡的病鹅血液稀薄，不易凝固。

2. 慢性中毒

慢性氟中毒早期无明显病变，病程较长的患鹅表现为消瘦、贫血、全身黄染；长骨和肋骨较柔软，肋骨与肋软骨、肋骨与椎骨结合部呈球状突起；腺胃体积增大，黏膜增厚，小肠肠系膜充血，黏膜增厚；肝脏肿大并伴有出血；全身脂肪呈胶冻样浸润，皮下组织出现不同程度的水肿；肾脏苍白肿大，输尿管中有大量尿酸盐沉积。

组织学变化表现为腺胃腺小管结构模糊，上皮细胞严重坏死脱落于腺泡腔中；肠绒毛的单层柱状上皮部分细胞增生、坏死、脱落，固有膜内严重出血；肝细胞肿胀，胞浆和胞核内出现大小不一的空泡，细胞呈蜂窝状或网状，变性严重者小泡相互融合成水泡，胞核悬于中央，或被挤于一侧；肾包膜和肠系膜上的脂肪呈胶冻样水肿，严重者肾脏近端小管上皮细胞肿胀、坏死、脱落于管腔，形成细胞性管腔。

四、诊断

急性氟中毒主要结合病鹅有一次大量摄入氟化物的病史，出现胃肠炎、肌肉震颤等症状，作出初步诊断；慢性氟中毒病程较长，可依据患鹅日益加重的跛行、骨骼变形情况及骨质疏松等特征症状，结合饲料、骨骼、饮水等氟含量分析进行确诊。若要进一步确诊，可进行氟的定性检测。

取病鹅胃肠内容物、饲草、饮水等，加入饱和碳酸钠溶液5mL，使检测样品湿润，置于干燥箱中烘干，再于电炉上碳化，继续在550℃高温灰化，残渣用蒸馏水溶解后过滤。取一细长试管，将数小粒重铬酸钾溶于1～5mL浓硫酸中，加热，使混合液将管壁全部覆盖，以去其油迹。此时加入处理过的检测样品混合后加热，转动试管，若硫酸流动不均匀，不易将管壁沾湿，硫酸仅像油腻的疏水性表面上的水一样聚集成许多水珠时，则表明有氟的存在。

五、类症鉴别

氟中毒应与维生素 B_1 缺乏症、维生素 B_2 缺乏症、铜缺乏症、聚醚类抗生素中毒、铅中毒以及病毒性关节炎等疾病相鉴别。

维生素 B_1 缺乏症主要表现为头颈扭曲，呈"观星状"，肌内注射维生素 B_1 后大多能恢复；维生素 B_2 缺乏症主要表现为绒毛卷曲、肢爪向内侧弯曲、关节肿胀和跛行，但添加维生素 B_2 后，症状轻的病例可恢复，大群不出现新病例；铜缺乏症表现生长不良、羽毛无光，骨骼变脆，易于折断，这与氟中毒症状不同；聚醚类抗生素中毒患鹅主要表现为瘫痪，爪痉挛内收，头部皮肤呈紫红色，这不同于氟中毒症状；铅中毒时，患鹅表现为运动失调，腹泻，骨质疏松，但可在骨骺端发现致密的铅线；患鹅感染呼肠孤病毒时，表现为不愿走动，跛行、瘫痪症状，在跗关节常有血染积液或纤维素性渗出。

六、预防

我国规定在饲料中氟含量标准为：鱼粉不超过 500mg/kg，石粉不超过 2 000mg/kg，磷酸盐不超过 2 000mg/kg，饲料中碳酸氢钙的氟含量每千克应低于 1 800mg，饲料中的氟含量应低于 250mg。因此，应掌握好饲料中氟的含量，防制日料中氟含量超标，尽量避开污染区或高氟区。若无法避开，可采取改换水源的措施，降低饮水中的氟含量，也可在饮水中加入熟石灰或明矾沉淀水中的氟。禁止鹅群到喷洒过有机氟农药的地区放牧或采食喷洒过农药的农作物。被农药喷洒过的农作物饲草必须在收割后贮存 2 个月以上，使其残毒消失后方可用来饲喂。对补饲的磷酸盐应脱氟，氟含量不超过 1 200mg/kg，严禁添加氟含量超标的磷酸盐，饲料中供给充足的钙磷。在饲料中加入乳酸钙、磷酸二氢钙、氧化钙等，也可减轻氟的毒性。

七、治疗

对于已发生氟中毒的鹅要及时治疗，首先应立即停喂含氟量高的饲料，更换含量合格的饲料，在日粮中添加 800mg/kg 硫酸铝，以减轻氟中毒。选择特效解毒药 - 解氟灵（乙酰胺），剂量为每千克体重 0.1～0.3g，以 0.5% 奴佛卡因稀释，分 2～4 次肌内注射，连续用药对于轻度中毒的鹅可使其症状消失。或用一二醇乙酸酯 100mL 溶于 500mL 水中口服，具有明显的解毒效果。同时，在饮水中加入葡萄糖溶液、B 族维生素、维生素 C、维生素 D，也可添加硼砂、硒制剂、铜制剂、补液盐等，以保肝解毒、增强机体抵抗力，缓解氟中毒的症状。另外，可对症添加钙、磷制剂。在饮水中加入 0.5～10.0g/kg 氯化钙，饲料中加入 10～20g/kg 骨粉和磷酸钙盐，以提高血钙、血磷水平。补喂鱼肝油，每只 1～2mL，每吨饲料中增加多种维生素 50～100g。在疾病发生期间，要注意防止其他细菌、病毒性疾病的并发感染。也可以使用中药治疗，仙人掌 500g，去刺捣烂去渣，取汁加水 500mL，每只 50～100mL，灌服。

第十一节　有机磷农药中毒

有机磷农药是有机合成的一类农药的总称，是我国使用广泛、用量最大的杀虫剂，其毒性短暂，对防治农作物病虫害起了很大的作用，但它的毒性很大，使用不当往往引起人和动物的中毒，而家禽对此类农药尤为敏感。

有机磷农药的种类很多，主要包括敌敌畏、对硫磷、甲拌磷、甲胺磷、倍硫磷、内吸磷、乐果、敌百虫、马拉硫磷等。有机磷农药中毒是鹅接触、吸入或采食施用过有机磷农药的蔬菜、谷物和牧草，或被这类农药污染的饮水而引起的中毒症。应用有机磷制剂治疗鹅体内、外寄生虫时，用药不当或用药过量同样会导致鹅中毒。

有机磷农药经呼吸道、皮肤和消化道进入鹅体内后，迅速与胆碱酯酶结合，生成磷酰化胆碱酯酶，使胆碱酯酶丧失了水解乙酰胆碱的功能，导致胆碱能神经递质大量积聚，作用于胆碱受体，引起严重的神经功能紊乱。由于家禽体内胆碱酯酶含量低，对有机磷类农药尤其敏感，中毒后常呈急性经过，临床上主要表现为运动失调，大量流涎，肌肉震颤，泄殖腔急剧收缩，瞳孔明显缩小，呼吸困难，黏膜发绀，最后抽搐、昏迷而死亡。

一、病因

有机磷农药可经消化道、呼吸道、皮肤黏膜进入动物体内，引起动物中毒。主要见于放养的鹅群，水禽对此类农药尤为敏感，0.01 ~ 0.04g/kg 体重的有机磷农药就能使其中毒，常见病因有以下几种。

一是常见的有机磷农药主要有敌百虫、甲胺磷、对硫磷、乐果、马拉硫磷、敌敌畏等，鹅群采食、误食或偷食喷洒过有机磷农药不久又未经雨水冲刷的青草、蔬菜、瓜果及农作物等，或食入被农药毒杀的死蝇、蛆、鱼虾等而引起中毒。

二是误食拌过或浸过有机磷农药（甲拌磷、乙拌磷、棉安磷）的种子而引起中毒。

三是在鹅舍附近喷洒有机磷农药，通过空气传播引起鹅群中毒。

四是水源被有机磷农药污染。如在池塘、水槽等饮水处配制农药，或洗涤装过剧毒有机磷农药的器具等不慎污染了水源，引起鹅群中毒。

五是农药管理不善或使用不当。如农药在运输过程中包装破损，农药与饲料未能严格分开贮藏，鹅只食入了受到污染的饲料而引起中毒。

六是应用有机磷制剂治疗鹅体内、外寄生虫时，用药不当或用药过量同样会导致鹅中毒。

七是用敌敌畏等农药在禽舍内驱虫灭蚊等均可发生该病。

八是饮水、饲料被人为投毒。

二、症状

鹅有机磷农药中毒时，可出现以下症状。

1. 毒蕈碱样症状

有机磷农药进入机体并导致乙酰胆碱蓄积达到中毒程度时，引起胆碱能神经节后纤维兴奋的症状。主要表现为口流涎沫、渴欲增加、突然拍翅、流泪、泄殖腔急剧收缩；有时伴有下痢，粪便带有血液或白色泡沫样黏液；呼吸困难，张口呼吸，呼吸道分泌物增多，严重的发生肺水肿；瞳孔缩小、黏膜发绀，体温下降，由于心血管运动中枢受到抑制，而使心跳迟缓。

2. 烟碱样症状

当机体受烟碱作用时，可引起支配横纹肌的运动神经末梢和交感神经节前纤维等胆碱能神经发生兴奋；但乙酰胆碱积聚过多时，则将转为麻痹，表现为运动失调、肌肉震颤、抽搐、痉挛，常在几分钟内倒地死亡。

3. 中枢神经系统症状

有机磷农药通过血脑屏障后，抑制脑内胆碱酯酶，致使脑内乙酰胆碱含量增高。表现为兴奋不安或精神沉郁，体温升高，腿软无力，站立不稳、嗜睡甚至昏迷，窒息而死。

三、病理变化

口腔积有黏液，食道黏膜脱落，气囊内充满白色泡沫；肺充血、肿胀，切面有多量泡沫样液体流出；心肌、心冠脂肪有点状出血，血液呈酱油色；肝脾肿胀、质脆；肾肿大质地变脆，呈弥漫性出血，被膜易剥离，并伴有脂肪变性；胃肠道黏膜肿胀、弥漫性出血、黏膜层极易脱落和溃疡；肌胃严重出血，黏膜完全剥脱，内容物散发出大蒜臭味（这一点可作为该病的特征性病理变化）；血液凝固不良、胆囊肿大，充满胆汁；皮下、肌肉有出血点；病程长者发生坏死性肠炎。

四、诊断

根据患病鹅有接触或吸入有机磷农药，或食入含有机磷农药饲料或饮水的病史，表现出毒蕈碱样症状（流涎、流泪、下痢、呼吸困难、瞳孔缩小）、烟碱样症状（抽搐、痉挛、共济失调）、中枢神经系统症状（沉郁、无力、嗜睡、昏迷），与剖检时肌胃内有大蒜臭味，可作出初步诊断。

通过其病史、临床特征与病理变化只能作初步的诊断，确诊还需实验室诊断。血液中胆碱酯酶活性降低，可作为确诊依据。常用诊断方法有以下几种。

1. 血液胆碱酯酶活性测定

称取溴麝香草酚蓝 0.14g、氯乙酰胆碱 0.185g、将二者溶于 20mL 无水乙醇中，用 0.4mol/L 氢氧化钠调试 pH 值，由橘红色至黄绿色，再用白色的定性滤纸浸入上述溶液，完全浸湿后，取出滤纸，室温下晾干，将其剪成长方形块，贮于棕色瓶中备用。测定时，将胆碱酯酶试纸置于载玻片上，取病鹅血 1 滴，加在试纸中央，然后将其夹在两玻片之间，在 37℃ 保温作用 20min 后，在明亮处观察血滴中心部颜色，对照标准色图判断胆碱酯酶活性率，进而确定中毒程度。红色（未中毒）、紫红色（轻度中毒）、深紫色（中度中毒）、蓝色（严重中毒）。

2. 饲料、饮水及患鹅胃内容物有机磷的定性检验

取饲料或胃内容物 20g 研碎，加 95% 乙醇 20mL，在 50℃ 水浴上加热 1h，过滤。滤液在 80℃ 以下水浴上蒸发至干。残渣用苯溶解后过滤，滤液在 50℃ 水浴上蒸干，残渣溶于乙醇中供检验用。饮水可直接加苯萃取，萃取液在水浴上加热蒸干，残渣溶于乙醇中供检验用。检验时，取上述检测样液 2mL，置于小试管中，加入 4% 硫酸 0.2mL、10% 过氯酸 2 滴，在酒精灯上徐徐加热到溶液呈无色时为止。液体冷却后，加入 2.5% 钼酸铵 0.25mL，加水至 5mL，加 0.4% 氯化亚锡 3 滴，1min 内观察颜色变化。如检测样品中含有有机磷农药，则试液呈蓝色。

3. 治疗试验

用治疗量的阿托品或解磷定给患鹅静脉注射，注射后病情确实有好转的，可证明是有机磷中毒。

五、预防

健全对有机磷农药的购销、保管和使用制度，农药要严格管理，必须专人负责，注意安全，防止饲料、饮水、器具被有机磷农药污染。用有机磷拌过的种子必须妥善保管，禁止堆放在鹅舍周围。普及有机磷农药使用和预防家禽中毒的知识，使用过有机磷农药的农田禁止放牧鹅群，也不能在刚施过有机磷农药的田地或水域采集野菜、野草喂鹅，不能在鹅舍周围喷洒有机磷农药。

六、治疗

发现有机磷中毒后，应立即脱离现场，停喂可疑饲料和饮水，彻底清除毒源，并进行排毒、解毒及对症治疗。

若毒物经由消化道食入，每只鹅灌服硫酸钠 1～2g 有利于消化道毒物的排出。有机磷中毒后可用特效解毒药物进行治疗。肌内注射胆碱酯酶复活剂解磷定，成鹅每只 0.2～0.5mL，并配合使用阿托品，每只成年鹅腿部肌内注射 0.2～0.5mL，必要时，每隔 30min 注射一次，并给充足饮水，直到病鹅轻度骚动、瞳孔散大、心跳加快为止。如是雏鹅，则依体重情况适当减量，体重 0.5～1kg 的雏鹅，内服阿托品半片，以后按每只雏鹅 1/10 的剂量溶于水灌服，每隔 30min 后 1 次，连用 2～3 次；也可使用双复磷和硫酸阿托品（每只病鹅肌内注射双复磷 13mg 与硫酸阿托品 0.05mg 混合液）与氯磷定和硫酸阿托品（每只病鹅每次肌内注射氯磷定 45mg，同时每次配合皮下注射硫酸阿托品注射液 0.5mg）。

若发现及时，迅速采用解磷定和阿托品急救，效果较好。在服用阿托品前，用手按压食道膨大部，将吃进的饲料挤压出，效果更好。

在以上治疗措施的基础上，同时配合采取 50% 葡萄糖溶液 20mL 腹腔注射、维生素 C 0.2g 肌内注射，每天 1 次，连续 7d。待症状减轻后，在饮水中添加 5% 葡萄糖溶液和电解多维，可使鹅群的体力得到恢复。

第十二节　一氧化碳中毒

一氧化碳中毒亦称煤气中毒，是由于禽类吸入了异常量的一氧化碳气体所引起。一氧化碳俗称煤气，是煤炭在氧气供应不足的情况下所产生的一种无色、无臭、无味、无刺激的气体。在育雏期间，室内烧无烟煤，不用烟囱，容易产生一氧化碳。雏鹅舍内一氧化碳浓度过大，经肺吸收入血，导致全身缺氧，常造成雏鹅急性中毒，大批死亡。当空气中一氧化碳浓度达到 0.007%，即可造成鹅群不良、高发右心衰竭和腹水症；当空气一氧化碳的浓度达到 0.06% 时，30min 便可引起鹅群痛苦不安；空气中一氧化碳浓度达到 0.2%～0.36%，1.5～2h 即可引起禽的死亡。

一氧化碳的毒性主要表现在它与血红蛋白的亲和力远远高于氧的亲和力，一般比氧高 200～

300 倍，而结合后解离的速度却比氧慢 3 600 倍，因此一氧化碳一经吸入，即与氧争夺血红蛋白的结合，结合后不易分离，故妨碍了氧合血红蛋白的正常结合与分离，使血液失去携氧能力，造成机体组织缺氧，动物因大量缺氧而窒息死亡。同时，当一氧化碳浓度高时，还可与细胞色素氧化酶的铁结合而抑制细胞的呼吸过程，阻碍其对氧的利用。由于中枢神经系统对缺氧最为敏感，故首先受到侵害，发生神经细胞机能障碍，致使机体各脏器功能失调而发生一系列的全身症状。

一、病因

一氧化碳俗称煤气，主要是煤炭（木炭）在供氧不足的状态下燃烧不完全而产生的。冬春季节，特别是北方，养鹅户在禽舍和育雏室内烧煤取暖，煤炭燃烧不完全会产生大量一氧化碳，加之禽舍或育雏室往往通风不良，或鹅棚搭建简陋，通风条件差，会造成室内空气中一氧化碳聚集超标（超过 0.1%）而引起鹅群中毒。同时，鹅舍建在厂矿附近，鹅群也能发生一氧化碳中毒。

二、症状

中毒严重的雏鹅可视黏膜呈粉色，血液呈樱桃红色。主要表现为震颤、烦躁不安；继而出现昏迷、嗜睡、呼吸困难；或运动失调、呆立、头向后仰，最后不能站立，痉挛或抽搐倒向一侧；排黄白色稀便；瞳孔散大或缩小。若救治不及时，则会导致呼吸和心脏麻痹而死。

中毒较轻者，主要表现精神沉郁，羽毛蓬松，全身无力，不爱活动，食欲减退，流泪，咳嗽，呼吸困难等；有的患鹅皮肤可见樱桃红色，并且容易罹患其他疾病，右心衰竭和腹水症的发病率较高；如能让其呼吸新鲜空气，无需治疗即可康复，若环境空气没有得到及时改善，则会转入亚急性中毒。

三、病理变化

一氧化碳中毒特征变化，可见血管和各脏器的血液呈鲜红色或樱桃红色，血液凝固不良，尤其是肺脏最为明显；雏鹅肺脏有小出血点或出现肺气肿等症状；肝脏肿大、瘀血；胆囊肿胀、充满胆汁；心包积液，心包膜、心冠脂肪有针尖样的出血点；脑水肿、充血。

四、诊断

在对一氧化碳中毒进行诊断时，可以根据舍内是否使用燃煤取暖，舍内的通风情况，结合病鹅的临床症状以及剖检病理变化，一般即可对该病作出诊断，必要时进行实验室检验。

（1）抽取病鹅的血液观察，在一至几小时内血液都呈樱桃红色。

（2）抽取 1 滴血加入多量蒸馏水使其只有微红状态，同时用此法同鹅的正常血液比较，病鹅的血液始终保持微红。

（3）氢氧化钠法。取 3 滴血加入蒸馏水 3mL，再加入 5% 氢氧化钠 1 滴，血液中若有碳氧血红蛋白，则仍保持原来的淡红色，而对照组血液则变为棕绿色。

（4）煮沸法。在 10mL 蒸馏水中，加病鹅血液 3 ~ 5 滴，若有碳氧血红蛋白，煮沸后仍为红色。

（5）片山氏试验。蒸馏水 10mL，加病鹅血液 5 滴摇匀，再加入硫酸溶液 5 滴使其呈酸性，同时用正常者作为对照，正常血液呈柠檬色，一氧化碳中毒者呈玫瑰红色。

（6）鞣酸法。取血 1 份于 4 份水中，加入 3 倍量 1% 鞣酸溶液充分摇匀。一氧化碳呈洋红色，而正常血液数小时后呈灰色，24h 后尤为显著。

也可取血用水稀释 3 倍，再用 3% 鞣酸稀释 3 倍，剧烈混合，一氧化碳中毒时可产生深红色沉淀，正常者沉淀为绿褐色。

五、类症鉴别

该病在流行病学、临诊症状上与小鹅瘟、沙门菌病等相似，需进行鉴别。

该病发生在使用煤炉或锅炉加热的舍内，鹅群发病情况无日龄差异，如能及时改善通风，会很快好转，特征性的剖检变化是皮肤、脏器、血液呈樱桃红色；小鹅瘟的症状以消化道和中枢神经系统扰乱为特征，症状与感染发病的日龄有密切关系，特征性的剖检变化是出现肠栓，使用小鹅瘟高免血清后有特效；沙门菌病多发生于 1~3 周龄的雏鹅，常呈败血症突然死亡，特征性的剖检变化是肝肿大，呈古铜色，并有条纹或针尖状出血和灰白色的小坏死灶，使用抗生素治疗有效。

六、预防

该病多发生在晚上，尤其是深夜，等养殖户发现多数情况下已经造成损失，该病完全可提前预防，因此必须加强饲养管理。强化对一氧化碳中毒病的认识，防止非生产性中毒。要注意室内的通风和换气，防止烟囱漏烟、倒烟。加强巡视观察，一旦发现有问题，立即打开所有门窗或将病鹅移到通风的地方，及时抢救。改进保温设备，提倡使用电热保温设备，达到既安全又保暖的作用。

七、治疗

若发现中毒应立即打开门窗，通风换气，以排除室内集聚的一氧化碳气体。同时，在通风换气时要注意保暖，避免受寒发生继发感染。将鹅群移至于空气新鲜的舍内，病鹅即可好转。查明原因，消除隐患。

第八章

鹅普通病

第一节 异食癖

鹅异食癖是由于机体某些矿物质、维生素及微量元素等缺乏，导致新陈代谢障碍与消化机能紊乱，因而出现的异嗜现象，又称恶食癖或啄食癖。在集约化的养鹅场中，饲养管理的不科学或饲料水平过于单一，异食癖的出现越来越多，给养鹅业造成了一定的经济损失。

一、病因

鹅群中发生异食癖的原因很多，主要包括以下几个方面。

1. 鹅的天性

鹅有啮齿行为，鹅喙扁平，分上下两部分，内喙有 50~80 个数量不等的锯齿，可以像兔、鼠那样通过啄羽来磨损生长旺盛的锯齿状物。

2. 饲料中营养成分不均衡

饲料中营养成分不全，缺乏蛋白质，必需氨基酸不足或不平衡，特别是缺乏蛋氨酸、胱氨酸、赖氨酸、色氨酸；矿物质中缺乏钙、磷、食盐等；微量元素铜、锌、硒的缺乏；同时某些维生素的缺乏，粗纤维含量太低以及饲料加工过细等原因均可诱发该病。

3. 饲养管理不当

鹅舍通风较差，运动不足，光线过强；饲养管理紊乱，突然更换饲料，喂饲时间间隔过长；垫料不合适，氨气等有害气体浓度过高，不同日龄鹅同群混养等都可诱发该病。

4. 某些疾病引起异食癖

鹅群中发生某些疾病，如鹅患有蛔虫、前殖吸虫等体内寄生虫病，以及伤寒、大肠杆菌病等；外伤性疾病如皮肤出血、母鹅输卵管外翻、直肠脱出等均是该病的诱因。

二、症状

鹅群中发生异食癖症状的类型很多，一般根据啄癖的部位不同，分为以下几类。

1. 啄肛癖

表现为鹅的肛门周围被啄伤，破裂出血，严重的肠道及子宫被拖出肛门外，导致死亡。常见于幼龄鹅及交配或产蛋后肛门外翻的成年母鹅。

2. 啄羽癖

表现为鹅只互相啄食彼此的羽毛，啄食自己的羽毛或已经脱落在地上的羽毛，导致被啄食鹅羽毛不整齐，有的仅留有羽根，皮肤破损出血（图 8-1、图 8-2、图 8-3、图 8-4），雏鹅的生长发育受到影响，母鹅产蛋量下降或产蛋停止。

图 8-1　啄羽（刁有祥 供图）

图 8-2　啄羽（刁有祥 供图）

图 8-3 啄羽（刁有祥 供图）

图 8-4 啄羽（刁有祥 供图）

3. 食蛋癖

由于饲料中蛋白质、磷缺乏，产蛋鹅群产软壳蛋、薄壳蛋，病鹅将其啄食或啄食掉破碎的蛋，多发生在产蛋鹅群。

4. 啄食癖

表现为鹅只啄食一些在正常情况下不采食或很少采食的异物，如陶瓷碎片、石子、粪便、垫料等。病鹅常出现羽毛蓬乱、消化不良、消瘦等症状，多见于成年鹅。

三、防制

病鹅出现异食癖的病因较难分清，是多种营养物质不足导致，应综合分析找出病因，同时可采取下列防制措施。

1. 科学管理

根据饲养日龄合理调整鹅群密度，1～10日龄每平方米15～20只，11～20日龄每平方米10～15只，随日龄增加逐渐降低鹅的饲养密度，待60日龄以上，每平方米2～3只；控制鹅舍内温度和湿度，通常一周龄27～29℃，两周龄25～27℃，以后每周降低2℃左右，降至19～22℃时就可以脱温；育雏舍湿度应先高后低，有利于卵黄吸收，减少白痢、球虫病发生；育雏阶段，应合理分群，减少挤压现象，又防止了密度大引起的啄癖发生；鹅舍要经常通风换气，避免阳光直射，同时夜晚灯光不宜过亮。

2. 合理搭配日粮

饲料力求多样化，达到营养互补。能量与蛋白饲料应分别在3～4种以上，不能饲喂单一饲料，特别是维生素、氨基酸和微量元素；在饲料中增加粗纤维与硫的含量，同时应给鹅群供应充足的饲料。为满足鹅的"啮齿"需要，可在鹅舍中挂蔬菜叶或尼龙绳让鹅啄（图8-5）。

图8-5　鹅舍挂尼龙绳（刁有祥 供图）

3. 隔离有异食癖的鹅只

一经发现有被啄鹅只，要立即隔离饲养，被啄伤的部位应尽快使用龙胆紫药水、碘酊或鱼石脂等消毒药涂抹伤口。

4. 营养及药物疗法

如鹅群中大量鹅只出现异食癖症状，应及时分析病因，对症治疗。在饲料中短期加 1% ~ 1.5% 食盐，连喂 2 ~ 3d，对因缺盐引起的啄癖有效。在转群前后 2 ~ 3d，要加大维生素添加剂饲喂量，特别是维生素 C 应比平时增加 1 倍左右。此外，对于寄生虫引起的异食癖，可应用抗寄生虫药物进行驱虫。

第二节　光过敏症

光过敏症是由于鹅只采食了含有光过敏性的物质如大软骨草草籽，或加入磺胺类、喹诺酮类等药物的饲料，经太阳光照射而发生的一种过敏症。患鹅在无毛部的喙、蹼及皮肤处出现水泡或溃疡为特征。

一、病因

该病多因饲料因素引起，鹅只采食了如野胡萝卜、大阿米草、灰灰菜、多年的黑麦草等，由于机体内的外周循环中存有某种光能剂，而皮肤缺乏色素部分在感光后，产生的一种急性皮炎反应。3 ~ 8 周龄肉鹅易患该病，虽死亡率不高，但肉鹅生长速度缓慢，病后体表可遗留下病痕，导致饲料报酬低并对商品率有较大影响。

二、症状

患病鹅表现为精神欠佳，食欲减少，生长发育不良，面向太阳照射的上喙背侧和蹼背侧出现水泡，破溃后形成结痂，有的已脱落，露出粉红色或棕黄色溃疡；上喙变形，从远端和两侧向上扭转、短缩，有的已坏死，影响采食；患鹅眼有分泌物，眼睛四周绒毛湿润、脱落，有的眼睑粘连。

上喙和蹼失去原有的黄色或淡黄色，局部潮红或形成红斑，1 ~ 2d 内形成大小不一的水泡，有的水泡成片状。水泡液透明，呈淡黄色，并有纤维素性分泌物。随后，水泡破溃形成棕黄色的结痂。经数天后，上喙和蹼上的结痂脱落，呈暗红色或棕黄红色。上喙缩短、变性，舌尖部外露，边缘上翻，有的坏死。成年鹅产蛋量下降，雏鹅发育受阻。

三、病理变化

患病鹅上喙和蹼的病变是弥漫性炎症，并出现水泡，有些水泡破溃后形成结痂、变色和变形。

皮下血管断端血液凝固不良，呈紫红色。膝关节部肌膜有紫红色条纹状出血斑以及胶冻样浸润。舌尖部坏死，十二指肠黏膜出现卡他性炎症。

四、防制

严禁给鹅群饲喂发霉或混有杂草的饲料，禁止在饲料中混入或添加光过敏物质。对于该病，目前无特效药物进行治疗，一旦发病，应立即更换饲料。同时，鹅群尽可能不晒或缩短晒太阳时间。早期发现患病鹅上喙和蹼出现水泡和结痂等病变时，应及时用龙胆紫或碘甘油涂抹患部。

第三节　卵黄性腹膜炎

卵黄性腹膜炎是鹅一种常见的传染性疾病，尤其是产蛋母鹅容易发生，俗称"蛋子瘟"，病原以大肠杆菌为主，此外沙门菌也能够引发该病。该病通常发生在母鹅产蛋期间，常造成产蛋母鹅成批死亡，死亡率占母鹅总数的10%以上，停产后则死亡逐渐停止。

一、病因

该病主要是由于鹅感染致病性大肠杆菌所致。当鹅舍内卫生条件差，阴冷潮湿，饲养管理不当，营养失调，饲料中磷含量过高，磷、钙比例失调以及维生素缺乏，使机体抵抗力减弱，代谢机能发生障碍，均可诱发该病。此外，鹅只在产蛋过程中，受到惊吓或者发生机械性损伤，导致卵子落入腹腔，或者产蛋时难产和脱肛使输卵管破裂，卵子流入腹腔以及人工授精操作不当也可引发卵黄性腹膜炎。

二、流行病学

该病通常易发于种鹅群，尤其是初春季节的产蛋旺盛阶段。鹅群中一旦出现病鹅即可陆续发生，鹅群的产蛋率显著下降，病鹅所产蛋的受精率和孵化率也明显降低。一般公鹅感染该病后，基本不会造成死亡，但能经配种而使其在母鹅群中传播。通常在产蛋初期，成年母鹅个别发病，在产蛋高峰期最易暴发，而产蛋结束后，该病的流行也告终止。该病流行期间往往会导致大多数病鹅死亡，且死亡率可超过母鹅发病总数的10%。另外，患病母鹅所产种蛋，在孵化期间容易出现臭蛋或者死胚。

三、症状

发病初期病鹅产蛋率显著降低，且容易产出小蛋、畸形蛋、薄壳蛋或者软壳蛋；精神萎靡，食欲废绝，蹲伏于地面，两脚紧缩，不愿行动，往往离群独自呆立，拒绝下水，即使被迫下水也不喜活动，往往只漂浮在水面上。病鹅腹部膨大，肛门周围沾着污秽发臭的排泄物，排泄物多呈蛋花汤样，并有混蛋清、凝固的蛋白或卵黄块。

发病后期，由于继发腹膜炎，患鹅往往会出现体温升高，腹泻、脱水，眼球凹陷，羽毛蓬乱，甚至出现停止采食，体质消瘦等症状。大多病鹅在表现症状的 2 ~ 3d 内发生死亡，个别病程能够持续超过 6d，但最终也会衰竭而亡，只有很少能够自愈康复，但无法恢复正常的产蛋水平。患病公鹅症状较轻，表现为阴茎肿大，部分阴茎外露，无法再回到泄殖腔内，失去交配能力，死亡率很低。

四、病理变化

剖检病变主要在腹腔，可见腹腔中充满黄色腥臭的液体和破裂的卵黄（图 8-6、图 8-7），腹腔器官表面覆盖着一种淡黄色、凝固的纤维素性渗出物，用刀容易刮落。肠系膜有纤维素渗出，严重的引起肠粘连，肠系膜变性，表面覆盖着有针尖状小出血点。卵巢中的卵子变形萎缩，呈灰色、褐色或酱色等不正常颜色，未成熟的卵子凝结成干酪样物。在腹腔中积留时间较长的卵黄凝固成硬块，已破裂的卵黄则凝结成大小不等的小块或碎片。输卵管黏膜水肿，管腔内有破裂的卵组织，如小块蛋白、蛋黄等。公鹅的病变局限于外生殖器，阴茎肿大，表面有小结节，发病严重的公鹅阴茎脱垂外露，表面有灰黑色坏死结痂。

五、诊断

根据发病症状和典型的病理变化一般可作出初步诊断，确诊需要进行病原菌分离鉴定等实验室

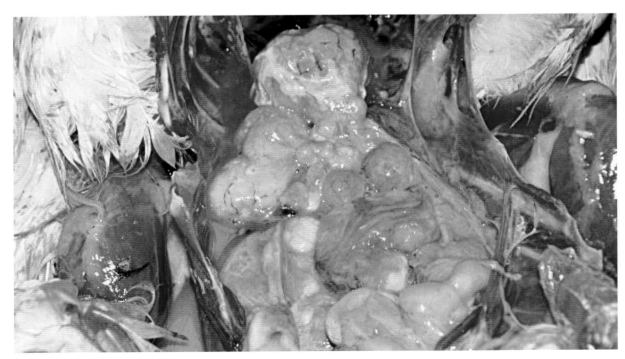

图 8-6　卵泡破裂卵黄散落在腹腔中（刁有祥 供图）

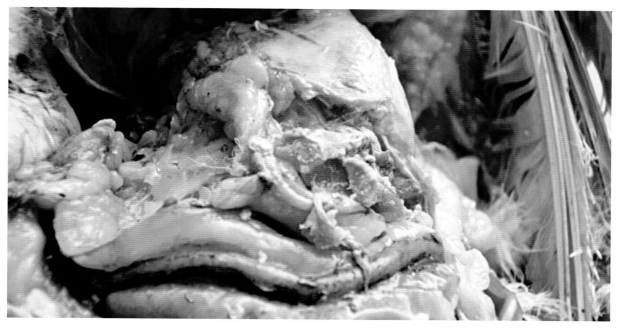

图 8-7　卵泡破裂卵黄散落在腹腔中（刁有祥 供图）

诊断。进行病原分离鉴定时可从病鹅十二指肠和输卵管等部位取材，接种于新鲜的麦康凯琼脂平板上，37℃培养 24h，可根据培养基上生长菌落的大小、形态及颜色等确定是否为大肠杆菌。

六、预防

1. 选择合适的场址

在选址建场前应充分考虑周围环境，将鹅场建在背风向阳，环境清洁的地方。

2. 适时接种疫苗

母鹅产蛋前一个月注射大肠杆菌氢氧化铝灭活疫苗，能够有效避免该病的发生。雏鹅可在 7～10 日龄皮下接种疫苗，每只 0.5mL。如果鹅群已经发病，也可采取紧急预防接种，注射 7d 能够有效防止该病流行。另外，可在鹅只开产前，将环丙沙星按每只每天 0.5g 的剂量添加到饲料中饲喂，连续使用 2～3d，然后再用氟苯尼考拌入饲料连续饲喂 3～4d，能有效预防该病。

3. 加强饲养管理

合理控制鹅群饲养密度，鹅舍内应保持通风良好，环境干燥，及时清理粪便，保证鹅舍清洁卫生；禁喂霉变、腐败的饲料，定时对鹅舍、用具及环境等进行全面消毒。如发现病鹅及疑似病鹅应及时对其进行隔离饲养，防止疫病进一步传播。精选鹅群，定期检查公鹅外生殖器，发现有病变的公鹅立即淘汰，坚决不留为种鹅，切断传染源与病原传播途径。对于患病鹅，应在发病初期尽早治疗，由于致病性大肠杆菌容易产生耐药性，可在进行药敏试验后，选择高敏药物治疗。

七、治疗

对于患病鹅，每只肌内注射庆大霉素 8 万～10 万 IU，每天 2 次，连用 3d；每只胸肌内注射卡那霉素或链霉素8万~10万IU，每天2次，连注3d。同时，在饮水中添加适量的氟苯尼考配制成0.05%水溶液，连续使用5d。另外，饮水中可添加0.1%电解多维和维生素C，连用5d。

第四节　输卵管炎

鹅输卵管炎是指由于输卵管黏膜发生细菌感染或由于炎症所引起的输卵管分泌、运动机能障碍，常发于产蛋母鹅，病因比较复杂，多为环境条件的变化引起条件致病菌大肠杆菌的感染，是威胁养鹅业健康发展的病症之一。

一、病因

该病多由细菌性疾病引起，其中以大肠杆菌、沙门菌感染为主；此外，寄生在产蛋种鹅输卵管中的组织滴虫也是该病的诱因；饲料中缺乏维生素A、维生素D、维生素E等或微量元素不足，蛋白质含量过高等均可诱发该病。鹅场采用人工授精方式不规范或器具消毒不彻底，也可造成输卵管损伤或感染发生炎症。

二、流行病学

鹅输卵管炎症主要发生于产蛋期，尤以开产期、产蛋高峰期多见，主要损伤产蛋鹅生殖系统。该病不发生垂直传播，在寒冷季节育雏（一般在1—3月）的鹅群更易发生该病，发病鹅群产蛋率可较产蛋高峰时降低30%。

三、症状

患病母鹅精神沉郁，羽毛松乱，食欲不振、消瘦，行动迟缓，产蛋鹅产蛋下降，甚至停产；病鹅腹部下垂、膨大，触摸坚实或有波动感；肛门周围常有黄白色腥臭粪便粘着，粪便带有蛋清或蛋黄，产畸形蛋和软壳蛋数量增多，蛋壳上往往带有血迹，产蛋困难；当炎症蔓延到腹腔时可引起腹膜炎，或输卵管破裂引起卵黄性腹膜炎。

四、病理变化

剖检可见输卵管充血、肿胀，严重的呈深红或暗红色，局部高度扩张（图8-8、图8-9、图8-10），管壁变薄，内有黄、白色脓样分泌物，黏膜有出血点；卵泡数目减少，卵泡变形，卵巢萎缩，肠系膜发生炎症，致使肠与肠以及其他脏器相互粘连。

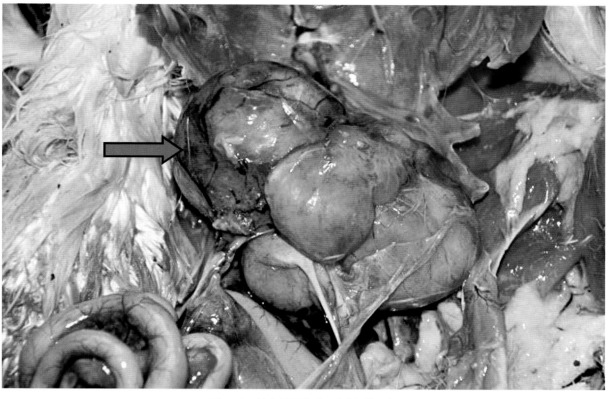

图 8-8　输卵管肿胀（刁有祥　供图）

图 8-9　输卵管肿胀（刁有祥　供图）

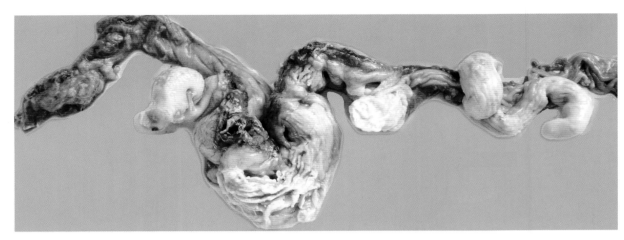

图8-10　输卵管肿胀，管腔中有黄白色渗出（刁有祥　供图）

五、诊断

根据病情、症状和病理变化可作出初步诊断，确诊需进行实验室诊断。

1. 细菌分离培养

无菌采集病死鹅肝脏组织接种营养琼脂平板、麦康凯琼脂平板，置于37℃恒温箱内培养24h，根据在不同培养基上生长菌落的大小及形态判断是否为大肠杆菌感染。

2. 涂片镜检

无菌采取病鹅肝脏组织触片和血液涂片，革兰氏染色镜检。

3. 生化鉴定

挑取典型菌落分别接种于各种微量生化发酵管内，置37℃温箱中培养48 h，定时检查反应结果，进行鉴定。

4. 药敏试验

挑取典型菌落均匀涂布于普通琼脂平板上，用多种抗菌药敏纸片做抑菌试验，按常规纸片法进行药敏试验。

六、预防

加强饲养管理，减少应激，保持鹅舍内环境清洁卫生，做好水槽、料槽及环境消毒工作；保证清洁饮水，禁止饲喂霉变饲料，根据鹅群不同生长时期，适当调整日粮配比，蛋白质饲料不可过量；注意观察大群表现，对于有明显症状的病鹅，应及时隔离治疗。

七、治疗

目前治疗鹅输卵管炎的药物主要以抗菌药物为主，可根据药敏试验结果，选择敏感药物如环丙沙星、氟苯尼考等进行治疗；同时注意抗菌药的应用剂量和治疗时间要适当，避免产生耐药菌株导致疾病的进一步蔓延。

第五节　阴茎脱出

鹅阴茎脱出俗称"掉鞭"，是近年来鹅的常见病之一，患病公鹅常表现为阴茎因外伤等因素脱出后不能正常回缩到泄殖腔内，从而发生炎症或溃疡，最终致使公鹅失去种用性而被淘汰。

一、病因

导致公鹅出现阴茎脱出的原因很多，主要有以下几个方面。

（1）配种时，公鹅的阴茎被其他鹅啄伤，而致出血、肿胀；或冬季寒冷季节配种，由于鹅舍内环境温度较低，导致阴茎伸出后被冻伤，不能及时回缩。

（2）交配时，公鹅阴茎伸出后被粪便、泥土等污染或被污浊水质中的细菌感染而肿胀，使阴茎回缩困难或不能回缩。

（3）饲养管理不当。鹅群中公母鹅比例不合适，配种比例失调，公鹅长期滥配；在母鹅产蛋前，公鹅未及时补充精料，导致其营养不良，体质较弱；个别公鹅发育不良或过老等因素而致阳痿，性欲降低。

（4）某些疾病因素导致该病发生，如公鹅患有大肠杆菌病等。

（5）鹅舍内光照强度过大或时间过长而使鹅只出现性早熟现象，也会造成阴茎脱出。

二、症状

患病鹅阴茎为红色或苍白色，若受伤后未得到及时治疗而受到细菌感染，可导致患部肿胀、潮红，甚至化脓，阴茎露出后不能回缩。如受伤时间较长，则患部发生溃疡和坏死，呈紫红色或黑色。如公鹅发生阳痿，则只见其爬跨而不见阴茎伸出，导致配种失败。

三、预防

合理搭配饲料，在母鹅开产前及时为公鹅补充精料，使其具有良好的体质；平时经常关注鹅群健康状况，结合鹅群的年龄、体况等适当调整鹅群中公母鹅比例。由于鹅的品种不同，公鹅的配种能力也不同，一般多为1∶（3~5）；保持鹅舍内良好的环境卫生，温度适宜，通风良好，控制光照时间，水池内水质清洁，定期对鹅舍及设备、器具等进行严格消毒。

四、治疗

（1）注意观察鹅群状况，当发现公鹅阴茎受伤时，应及时隔离治疗，用温水或0.1%高锰酸钾溶液（38~40℃）清洗后，涂以红霉素软膏，并协助受伤阴茎回缩。对于病情严重的患鹅，应定期用高锰酸钾对阴茎进行清洗，保证患处清洁，并应用抗生素类药物辅助治疗。

（2）对于患大肠杆菌病而致阴茎上有结节的公鹅，有种用价值的，可予以手术法将结节切除，并加强术后护理。为避免因自然交配而致大肠杆菌继续发生和蔓延，应采取人工授精技术。

（3）对重症患鹅无治疗价值的，应立即淘汰。

第六节　鹅腹水综合征

鹅腹水综合征（Goose ascites syndrome）是由多种致病因素引起的一种综合征，以引起患鹅腹部膨胀和腹腔积液为特征，多呈慢性经过，是生产中常见的非传染性疾病，主要发生于生长速度较快的肉鹅，有较高的致死率。

一、病因

引起该病的因素是多方面的，目前尚未完全确定，一般认为与下列因素有关。

1. 饲养管理不当

饲养密度过大，鹅舍内通风不良，空气流通不畅，氨气、一氧化碳和硫化氢等有害气体浓度过高，造成鹅只缺氧，导致其右心肥大、衰竭，后腔静脉血液回流受阻，血浆液渗出，造成腹水增加。

2. 营养因素

为提高鹅的生长速度，给鹅群饲喂高能量的饲料，导致鹅基础代谢旺盛，生长发育速度过快，为满足机体对氧的需要，肺动脉压升高，血液流量增加，从而使心脏负担加重；缺乏维生素E及微量元素硒时，细胞膜和微细血管壁容易受脂肪过氧化物的损害，使腹膜及腹腔器官的细胞膜和微细血管壁疏松，体液渗出增多，形成腹水；饲料中钠盐含量过高，体液调节机能减弱；鹅摄入大量霉变饲料，导致体内霉菌毒素中毒，引起肝病变，诱发腹水综合征。

3. 疾病因素

某些药物的使用不当，如磺胺类药物及莫能菌素应用过量，导致鹅只肝脏、肾脏损伤，或由于某些疾病，使得心脏负担加重，从而出现肝性腹水现象。

二、症状

患病鹅表现为精神沉郁，食欲减少，生长迟缓，呼吸困难，典型症状是腹部肿胀下垂，触摸有波动感，腹腔穿刺，流出体积不等的淡黄色透明液体；病鹅行动迟缓，喜卧，严重的可见行动不便，常以腹部着地，如企鹅状。急促驱赶或免疫注射捕捉时，由于缺氧而突然抽搐倒地。

三、病理变化

剖检可见腹腔中积有大量透明、淡黄色、无特殊臭味的液体，并混有少量纤维状、絮状凝块（图 8-11、图 8-12）；右心房明显增大，心包液增多，或有胶冻样渗出物，心壁变薄、心肌柔软、松弛；肾脏肿大瘀血并伴有尿酸盐沉积；肝脏肿大或皱缩、硬化、表面凹凸不平，脾脏肿大（图 8-13、图 8-14、图 8-15、图 8-16），表面常黏附有灰白色或淡黄色胶样物质；肺脏严重瘀血、水肿。

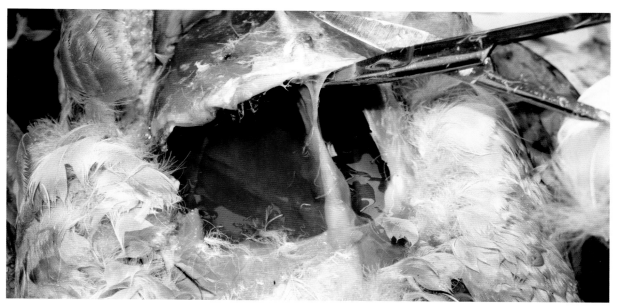

图 8-11　腹腔中充满大量淡黄色腹水（刁有祥 供图）

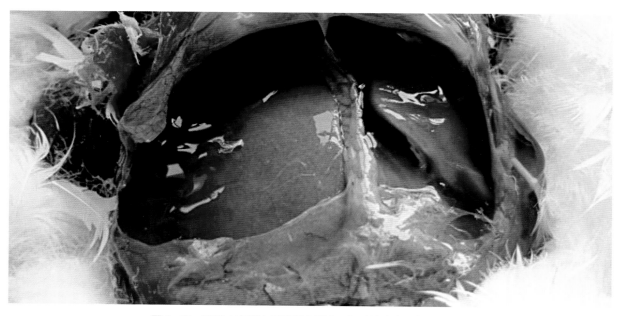

图 8-12　腹腔中充满大量淡黄色腹水，肝脏肿大（刁有祥 供图）

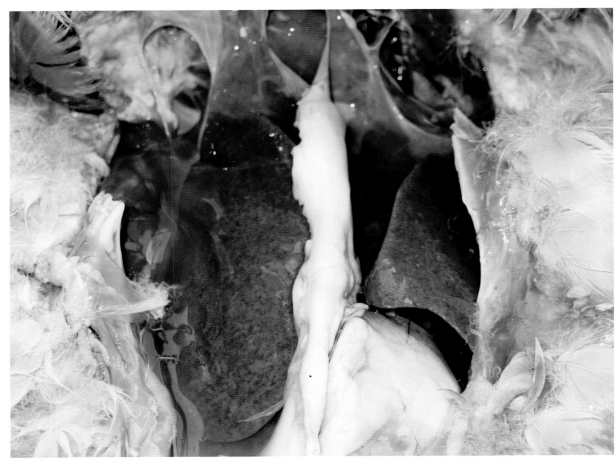

图 8-13　肝脏肿大，心包积液，腹腔中充满淡黄色腹水（刁有祥　供图）

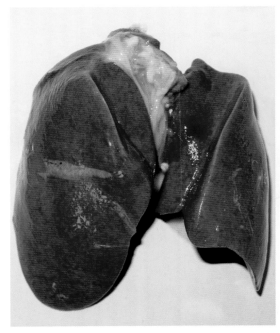

图 8-14　肝脏肿大、硬化（刁有祥　供图）

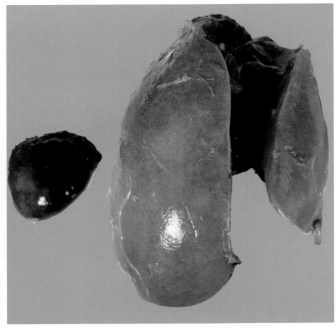

图 8-15　肝脏肿大、硬化，脾脏肿大（刁有祥　供图）

四、预防

对于鹅腹水综合征应以预防为主，可采取下列综合性预防措施。

一是加强饲养管理，保证鹅群密度适中，鹅舍内温度适宜，通风良好，及时清理粪便，以减少氨气等刺激有害气体的产生。

二是雏鹅放牧前，饲料加入维生素 C 500mg/kg，维生素 E 2mg/kg，亚硒酸钠 0.1mg/kg 以提高鹅群抗病和抗应激能力；避免饲喂霉变饲料。

三是完善免疫程序，及时做好大肠杆菌病、鸭疫里默氏菌病、小鹅瘟等疫苗的免疫接种工作。

图 8-16　肝脏肿大、硬化，脾脏肿大（刁有祥 供图）

五、治疗

一旦发生腹水综合征，可采用下列措施减少死亡以及控制继续发病。

用无菌的注射器或针头刺破腹腔，抽出腹水或放出腹水，可以减轻内压，缓解鹅只呼吸困难，注意对器械和病鹅腹部进行消毒。同时注入青链霉素，经 2 ~ 4 次治疗后可使部分病鹅恢复基础代谢，维持生命。

对于大群可以口服利尿药类药物对症治疗，减少饲料中盐的含量，适当加入中药柴胡、龙胆、泽泻、车前草和木通等具有解热、疏肝渗湿利水的药物。

将患鹅与大群分开集中饲养和治疗，对于病情严重、无治疗价值的应及时淘汰，不留作种用。

第七节　中　暑

中暑（Heatstroke）又称热应激，是鹅群在炎热的夏秋季节常发的一种疾病，是日射病和热射病的总称。鹅只在高温环境下，由于体温调节及生理机能趋于紊乱而发生的一系列异常反应，并伴随生产性能下降，甚至出现热休克和死亡，雏鹅更易发生。中暑多发生于夏秋高温季节，特别多见于集约化饲养的肉鹅。

一、病因

中暑是由于鹅舍及周围环境温度的升高超过了机体的耐受能力而产生的，而引起鹅舍及环境温度升高的主要原因如下。

在天气炎热、湿度大的天气，鹅群由于长时间放牧暴晒于烈日之下或行走在灼热的地面上，容易发生日射病。

夏季强烈阳光照射，使屋顶及地面产生大量的辐射热，据测定中午时太阳水平辐射热达到 $45 \sim 51$ kcal/（$m^2 \cdot h$），大量的热通过辐射、传导和对流等途径进入鹅舍。鹅舍闷热，通风不良，或将鹅群长时间饲养在高温的环境之中，容易发生热射病。天气晴雨变化无常，鹅群在烈日直射下放牧时，被雨水淋湿后，又立即赶进鹅舍，也会引起中暑。

饲养密度大。由于密集饲养，每个个体所占的空间较小而不利于个体体热的散发，甚至可因拥挤而造成高于周围环境温度的小环境。

舍内积集的热量散发出现障碍。如通风不良、停电、风扇损坏、空气湿度过高等。

二、发病机理

鹅是恒温动物，在一定的外界温度范围内，体温可维持在一个恒定范围，即 $41.5℃ \pm 0.5℃$。体温的恒定是由位于下丘脑的体温调节中枢的精细调节下，体内的产热与散热保持一种动态平衡而实现的。家禽的生命过程中，不断进行新陈代谢，并产生热量。除维持机体健康、正常新陈代谢和维持体温的需要外，多余的热量则必须及时通过各种方式散发出去，以保证最适的体内环境。

家禽体热的散发主要采取如下方式进行。

1. 传导散热

通过脚和身体的其他部位与温度低于体温的地面、栖架或其他物体的接触而将体热传递给相接触的物体。

2. 对流散热

当周围环境温度低于机体体温时，机体周围的空气受禽体的影响而受热上升，外界温度较低的空气随之进行补充，如此循环往复而带走部分体热。

3. 辐射散热

它指体热通过向外发射红外线的方式而散发。

4. 蒸发散热

它指通过水分的蒸发而带走部分体热。因为鹅的皮肤没有汗腺，因而不能像哺乳动物那样在高温条件下利用汗液蒸发散热，而主要依靠呼气从肺部蒸发水分的作用来进行。

家禽的最适温度为 $21 \sim 26℃$，当环境温度超过这个范围时，机体散热受阻，物理调节已不能维持机体的热平衡，使得呼吸加快加强，代谢率提高，甚至休克、死亡。甲状腺分泌能促进消化道的蠕动，缩短食糜在肠道内的停留时间，当环境温度高达舒适区上限温度（26℃）时，甲状腺激素分泌量大幅度减少，影响胃肠蠕动，延长了食糜的过肠时间，使胃内充盈，通过胃壁上的胃伸张感受器，传到丘脑采食中枢，使采食量减少；另外温度升高可直接通过温度感受器作用丘脑，反馈性地抑制采食；热应激时，皮肤表面血管膨胀、充血，导致消化道内血流量不足，影响营养物质吸收速度，从而抑制采食；据报道，饮水量与采食量负相关，热应激时，机体饮水量急增，从而相对性减少采食。

甲状腺激素的合成与分泌受垂体分泌的促甲状腺激素（TSH）的控制，且其分泌过程和大脑皮层与外界环境温度有关，大量研究表明，当体温升高时，甲状腺体积变小，萎缩，使甲状腺分泌减少。家禽的主要皮质激素是皮质酮，其值是衡量家禽是否出现热应激的一项重要参数，当环境温度上升时，外周神经把热刺激传入中枢神经系统，下丘脑分泌促肾上腺皮质激素释放激素（CRH），经血液循环流入肾上腺，使皮质激素合成和释放增加，血液中皮质酮浓度升高，但随着高温时间延长皮质酮浓度会逐渐降低。应激时，肾上腺素和皮质激素分泌增加，这是机体的一种防御性反应。

当外界环境潮湿闷热，气温升高，体内积热。由于热的刺激反射性地引起呼吸加快，促进热的散发。但因外界环境温度高，机体不能通过传导、对流、辐射散热，只能通过呼吸、排粪、排尿散热，产热多，散热少，产热与散热不能保持相对的统一与平衡，家禽可出现明显的热应激乃至中暑等不良反应，并引起如下生理变化。

（1）呼吸加快，心率增加，体温升高。体内二氧化碳和水分大量排出，破坏体内酸碱平衡，血液中 H^+ 浓度下降，pH 值升高，出现呼吸性碱中毒，此时血液循环发生适应性反应，使内脏器官供血量减少，而体表、呼吸道和腿肌的血流量增多，以致影响营养吸收。如果代偿性热喘息后期，呼吸中枢抑制，体内积聚过量二氧化碳又可能导致酸中毒。此外，热喘息可损伤呼吸道黏膜，造成呼吸道充血、出血，继发病原感染。热喘息（浅呼吸）导致血液中含氧不足，心率代偿性加快、血压升高，由此可导致脑颅内压升高、脑充血甚至出血、昏厥；心率过速引起心衰，可导致静脉回流障碍，肺瘀血、水肿，机体缺氧。

（2）采食量、饲料报酬及生长速度下降。热应激时，采食中枢受到抑制，导致采食量下降。家禽最适宜的环境温度为 20 ~ 25℃，如果温度上升至 28℃以上，采食量开始下降。环境温度越高，采食量下降幅度越大。家禽在 20 ~ 30℃时环境每升高 1℃，采食量下降 1.5% ~ 1.6%。当温度超过 32℃时，采食量大幅度下降，在 32 ~ 38℃的范围内环境每升高 1℃，采食量下降 5%。高温使消化道的蠕动减缓，食物在消化道内的停留时间延长，而且在高温下，胰脏的血流量下降，分泌细胞受损，胰腺酶分泌受到影响而降低消化力。同时，饮水量显著上升，稀释肠道中的食糜，从而导致肠道内消化酶浓度下降，消化食糜的能力下降，导致饲料报酬及生长速度下降。

（3）热应激刺激了家禽的中枢神经，引起内分泌系统发生相应反应，产蛋鹅血液中孕酮含量不足，下丘脑分泌促性腺释放激素减少，使脑垂体、黄体分泌量不足，致使生产性能受到影响。

（4）过热导致家禽肾上腺素皮质类固醇先急剧增加，而后降低；分泌醛固酮增加，使肾小球保钠排钾作用增强，破坏了无机离子的平衡，血液中钾、钙、磷均有所下降，甲状腺分泌减少；维生素的合成能力降低，如抗坏血酸减少。

（5）饮水量增加、粪尿排泄增多。为了增加散热，粪尿排泄增多，导致机体钾、钠及多种微量元素的流失，电解质平衡失调以及失水等。家禽会大量饮水，来补充水分流失。

（6）家禽免疫功能下降。热应激通过下丘脑—垂体—肾上腺神经反应轴（HPA）途径作用于家禽的免疫系统。热应激时，下丘脑受到刺激，产生促皮质激素释放激素，然后促皮质激素释放激素刺激垂体前叶，产生促肾上腺皮质激素，促肾上腺皮质激素刺激肾上腺皮质，增加糖皮质激素和皮质酮的产生。糖皮质激素在机体免疫中主要具有抗免疫反应作用，可降低体液免疫和细胞免疫功能，抑制机体免疫器官和淋巴组织的蛋白质合成，最终导致免疫机能的下降。同时，还可抑制淋巴激活素对巨噬细胞的作用，使机体的免疫状态呈抑制效应。热应激可促进皮质酮螯合到淋巴组织胞浆和胞核中，而产生细胞毒性作用，皮质酮和胞内特异受体结合成激素受体复合物进入胞核而改变某些酶的活性，并影响核酸活性，抑制自然杀伤细胞的活性，抑制抗体、淋巴细胞激活因子和 T 细胞生长因子的产生，细胞葡萄糖摄入和蛋白合成被抑制引起胸腺、法氏囊等器官的萎缩，从而影响机体的免疫功能。

三、症状

中暑时，最先出现的症状是鹅呼吸加快，心跳增速。当环境温度超过 32℃时，呼吸次数显著增加，出现张口伸颈气喘，翅膀张开下垂，体温升高为特征的热喘息；同时伴随食欲下降，饮水增加。产蛋鹅产蛋量下降，蛋重减轻，蛋壳变薄、变脆；处于生长期的鹅，其生长发育受阻，增重减慢；种公鹅精子生成减少，活力降低，母鹅则受精率下降，种蛋孵化率降低。当环境温度进一步升高时，热喘息由间歇转变为持续性，食欲废绝，饮欲亢进，排水便，可见战栗、痉挛倒地，甚至昏迷，濒死前可见深而稀的病理性呼吸，最后因神经中枢的严重紊乱而死亡。长期慢性热应激的鹅可见脱毛现象。

四、病理变化

病死鹅血液凝固不良，尸冷缓慢，肺脏瘀血、水肿（图 8-17），胸膜、心包膜，以及肠黏膜瘀血；腺胃变薄变软（图 8-18），肝脏表面有散在的出血点，呈暗红色，心脏周围的胸壁弥漫性出血（图 8-19、图 8-20），胆囊充盈，胰腺出血坏死。较为典型的病变是脑膜充血、水肿，脑血管充盈呈树枝状，严重的脑膜呈粉红色（图 8-21）。

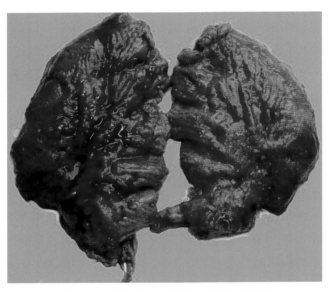

图 8-17 肺脏瘀血、水肿（刁有祥 供图）

五、诊断

该病根据发病季节、发病症状及剖检变化即可确诊。

六、防制

（1）鹅舍建筑不能太矮并应尽可能坐北朝南，开设足够的通风孔，鹅舍周围适当种

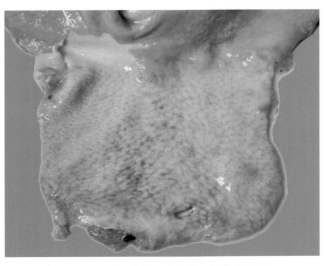

图 8-18 腺胃变薄、水肿（刁有祥 供图）

图 8-19　肝脏出血，心脏周围的胸壁弥漫性出血（刁有祥　供图）

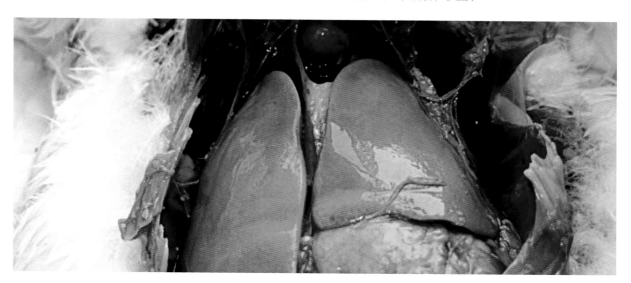

图 8-20　肝脏呈暗红色（刁有祥　供图）

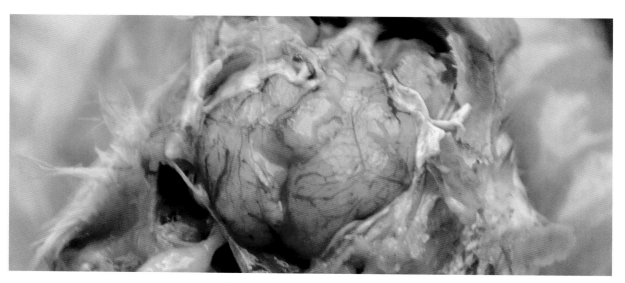

图 8-21　脑膜充血（刁有祥　供图）

植树草。棚舍要通风凉爽，避免阳光的暴晒，放牧时应避开高温期，要多下水洗浴降温。

（2）舍内安装必要的通风降温设备，如风扇、水帘、喷水等，可采用水帘加纵向通风的最佳通风系统。

（3）炎热季节，降低饲养密度，适当改变饲喂制度，改白天饲喂为早晚饲喂，并相应调整饲料的能量和蛋白水平，适当增加维生素的供应，白天供应足够的饮水，并在水中适当添加电解质。

（4）使用抗热应激剂。

①在日粮中补充维生素C：在常温条件下，家禽能合成足够的维生素C供机体利用，但在热应激时，机体的合成能力下降，而此时对维生素C的需要量却增加，一般在日粮中添加0.01%～0.02%的维生素C。

②在日粮或饮水中补充氯化钾：由于饲料中含钾量较高，所以常温下不需要在日粮中补充，但在热应激时，由于出现低血钾，一般饮水中补充0.15%～0.3%的氯化钾或在日粮中补充0.3%～0.5%的氯化钾。

③在日粮或饮水中补充氯化铵：热应激时，出现呼吸性碱中毒，在日粮或饮水中补充氯化铵能明显降低血液pH值，一般在饮水中补充0.3%或在日粮中添加0.3%～1%的氯化铵。

④在日粮中补充碳酸氢钠：由于热应激时，血液中碳酸氢根离子含量降低，产蛋鹅会出现产软壳蛋、无壳蛋，所以在日粮中补充0.2%的碳酸氢钠，同时减少氯化钠在饲料中的用量。

⑤在日粮中补充柠檬酸：补充柠檬酸可使血液的pH值下降，添加量在0.25%左右。

七、治疗

发现有中暑症状时，必须立即急救。将病鹅移到阴凉地方，也可对鹅群喷雾，以降低体温，促进病鹅的恢复。大群鹅用0.02%维生素C饮水。

第八节　肌胃糜烂症

肌胃糜烂症（Girrard erosion，GE），又称肌胃角质层炎，导致该病发生的主要原因是饲料中含有过量的鱼粉或鱼粉质量不佳。病鹅表现为肌胃发生糜烂和溃疡，甚至穿孔，造成鹅群的生长发育受阻，常发于雏鹅。

一、病因

该病的发病原因与饲料中添加鱼粉过量有关。鱼粉在生产加工、贮运过程中会产生或污杂一些有害物质，即溃疡素、组胺、霉菌毒素和细菌等。

1. 鱼粉变质后产生大量的溃疡素

溃疡素的化学名称为 2- 氨基 -G（4- 咪唑基）-7- 氮 - 壬酸，是鱼粉中最强的致肌胃溃疡物质，它的活性为组胺的 1 000 倍以上，它既是组胺的衍生物，又是赖氨酸的衍生物，在进口鱼粉中它的最高含量可达 30mg/kg。若原料呈微酸性或干燥时，温度越高，则容易产生，它使胃内 pH 值下降，胃内总酸量增加，胃酸分泌亢进，使细胞耗氧量增加，细胞内的环腺苷酸浓度上升，最终导致胃肠内环境改变，胃肠黏膜受腐蚀。

2. 鱼粉变质后产生大量的组胺

20 世纪 60 年代后，随着世界各国畜牧饲养业的兴起，又由于沿海地区植物蛋白资源缺乏，成本较低的鱼粉被充分利用，接踵而来的是大量开发利用鱼类资源，海洋内白肉鱼类迅速减少，继而以鲭鱼、青枪鱼、鲐鱼、鲅鱼等青皮红肉鱼代替。而青皮红肉鱼中游离氨基酸相当丰富，这些鱼在制鱼粉前，濒死状态持续时间往往比较长，如外界温度较高，体内蛋白质结构崩解得很快。有些细菌，专以鱼体蛋白质内组氨酸为目标，将组氨酸转化为有毒的组胺，其理化性质较稳定。换言之，鱼粉中组胺含量的多少，与加工时的鱼类新鲜程度有关，鱼新鲜，制出的鱼粉组胺含量少；濒死期长，被细菌污染，腐败严重的，制出的鱼粉组胺含量高。组胺可引起胰液、胃液大量分泌，平滑肌痉挛，腐蚀胃肠黏膜，也造成支气管黏膜肿胀、肺气肿、毛细血管和小动脉扩张、腹泻等。

3. 变质的鱼粉含大量的细菌与霉菌毒素

由于鱼粉含有较高的蛋白质和其他各种营养成分，在贮藏或海上运输过程中会滋生沙门菌和志贺菌而产生毒性。有些加工鱼粉的单位，无冷藏设备，在加工前原料就腐败变质，有的鱼粉厂无除臭、脱脂、烘干设备，原料全凭太阳晒，遇到渔汛旺季和阴雨天，致使鱼粉滋生霉菌。细菌和霉菌产生的毒素，对胃肠道有较强的腐蚀作用，也易引起消化系统紊乱造成腹泻。

4. 饲料成分中某些物质长期不足

如必需脂肪酸、维生素 B_6 和维生素 K，或硫酸铜使用过量等因素也可引发肌胃的糜烂。

二、症状

患病鹅表现为精神沉郁、食欲减退、羽毛松乱、消瘦、步态不稳；腹泻，排出棕色或黑褐色粪便；病鹅口腔周围有黑褐色流出物，倒提时可从口腔中流出黑褐色的稀水样液体，在死亡患鹅口腔中存有黑褐色残留物。部分严重病鹅昏迷不醒，最后衰竭而死。

三、病理变化

剖检可见患病鹅消化道内有暗褐色液体，特别是腺胃及肌胃内积满暗黑色液体；腺胃松弛，空虚，与肌胃连接处有不同程度的溃烂和溃疡；肌胃黏膜面皱壁排列不规则，角质膜呈黑褐色，上有溃烂区和溃疡灶（图 8-22）。严重的病例在腺胃与肌胃间穿孔（图 8-23、图 8-24），流出多量的暗黑色黏稠液体，污染十二指肠或整个腹腔（图 8-25、图 8-26、图 8-27）。在消化道中以十二指肠病变较显著，其内容物呈黑色（图 8-28、图 8-29），食道中充满大量黑褐色内容物（图 8-30），肝脏苍白，脾脏萎缩，胆囊扩张。

组织学变化表现为肌胃角质层及腺胃腺体组织结构消失，炎症反应不显著，主要呈急性坏死，

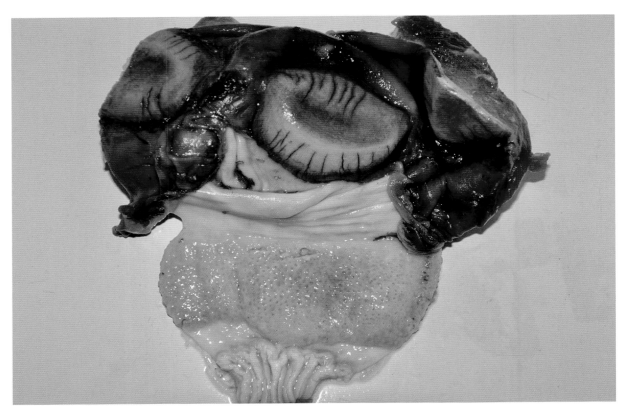

图8-22 肌胃角质膜糜烂呈黑褐色（刁有祥 供图）

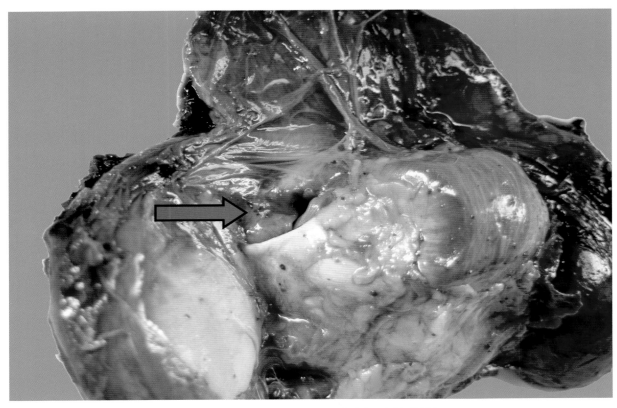

图8-23 腺胃与肌胃之间出现穿孔（刁有祥 供图）

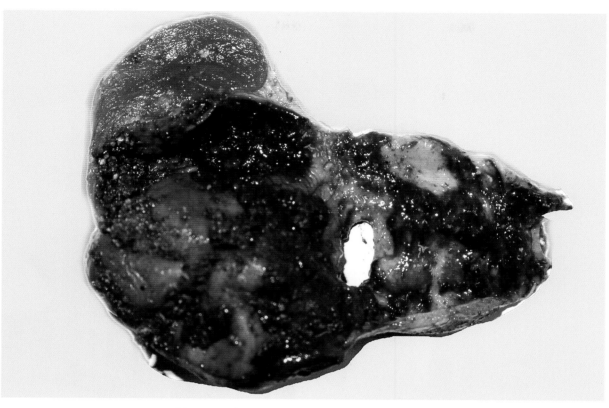

图8-24　腺胃与肌胃之间出现穿孔（刁有祥　供图）

图8-25　腹腔中充满大量褐色内容物，肝脏颜色苍白（刁有祥　供图）

图8-26　腹腔中有黑褐色内容物（刁有祥　供图）

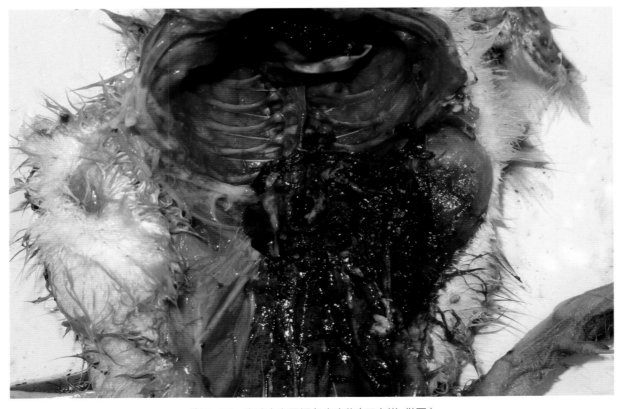

图8-27　腹腔中有黑褐色内容物（刁有祥　供图）

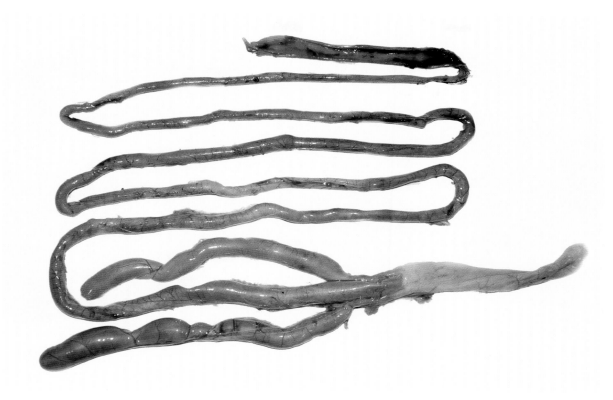

图 8-28　肠道呈黑褐色（刁有祥　供图）

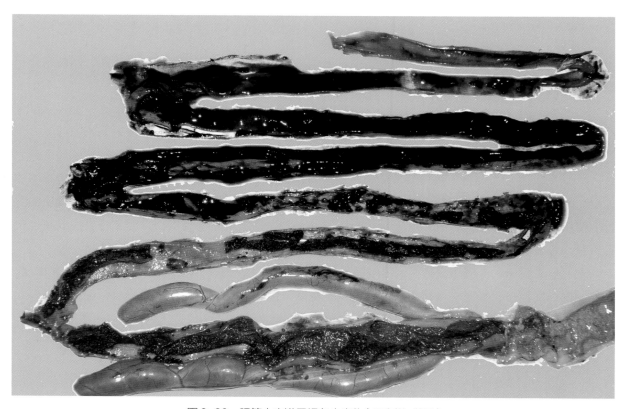

图 8-29　肠管中充满黑褐色内容物（刁有祥　供图）

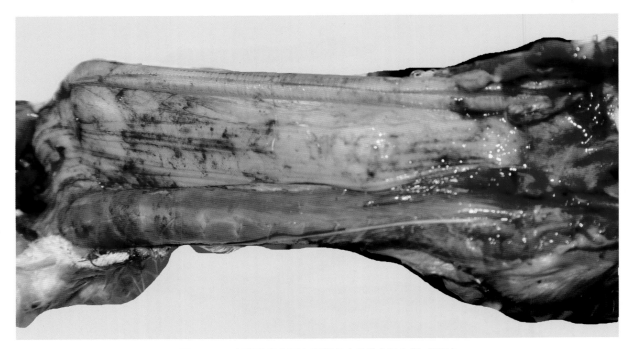

图8-30　食道黏膜表面有黑褐色内容物（刁有祥 供图）

而腺体层有许多异嗜细胞及淋巴细胞浸润，严重者浆膜的肌层发生断裂，断裂边缘有少量单核细胞浸润，其他器官无明显的病变。

四、诊断

根据发病鹅群临床症状和病理变化，尤其是剖检时消化道的病变即可作初步诊断，同时结合饲料中鱼粉的含量及质量等指标进行分析，一般可以确诊。

五、预防

该病的发生多与饲料中鱼粉的含量和质量密切相关，平时预防应做到严格控制饲料中鱼粉的添加量，并选择添加优质的鱼粉，正常的鱼粉为黄棕色或黄褐色，气味咸腥，禁止饲喂腐败变质的鱼粉。使用鱼粉配制基础饲料时，应经常观察鹅群状况，一旦发现黑色流出物，应及时更换或减少鱼粉用量。鱼粉的营养价值很高，但必须正确使用，才能发挥其良好的作用。

另外，在日常的喂养中，可在饲料中添加适量维生素，以增强机体抵抗力；注意控制饲养密度，避免鹅群过度拥挤；平时应多留意饲料是否发生霉变、结块现象，尤其在阴雨季节，若发现饲料异常，应及时更换，切勿继续饲喂。

六、治疗

大群一旦发病，应及时更换饲料，并在饲料中适量添加维生素 B_6（5mg/kg），维生素 C（60mg/kg）

和维生素 K_3（4mg/kg），早晚各一次，连用 2d；对于发病鹅用止血敏 100mg 肌内注射，每日两次，连用 4d。

第九节　鹅异物性肺炎

由于鹅只将异物误吸入肺中而引起的肺炎称鹅异物性肺炎。

一、病因

饲料干湿不匀，饲养密度过大，饲槽不够，饲喂时间不规律，使鹅只在过饥或过渴的情况下抢食或在采食或饮水时受到惊吓，而使饲料或饮水等异物进入气管及支气管，造成异物性肺炎；此外，鹅群在放牧时遇到雷雨天气，雨水或羽毛流入鼻孔被吸入肺中可引发该病。

二、症状

患鹅表现为精神极度沉郁，食欲废绝，体温升高；采食后突然抬头伸颈，不断摇头、咳嗽、眼结膜潮红、流泪，张口气喘，呼吸困难，严重的倒地挣扎，窒息而死。

三、病理变化

剖检病鹅可见气管壁充血，喉头及鼻孔阻塞有较多的黏液及饲料，并有少量浆液性或黏液性分泌物（图 8-31）；气管及支气管内充满泡沫状液体，肺脏水肿并伴有瘀血现象，局部质地硬实，严重者两侧肺脏均出现病灶区域（图 8-32）。

图 8-31　气管中的异物（刁有祥　供图）

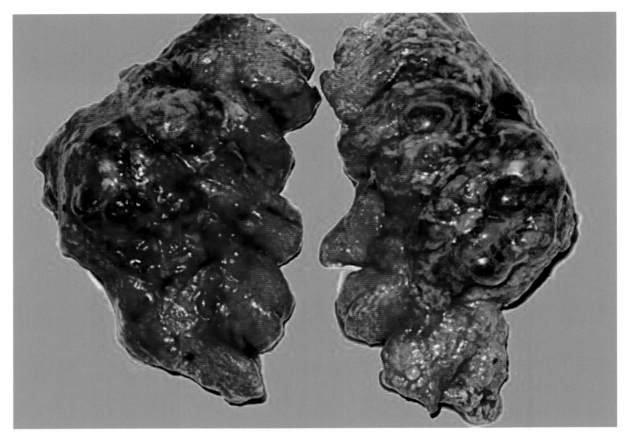

图8-32　两侧肺脏坏死（刁有祥 供图）

四、预防

该病应以预防为主，平时应加强饲养管理，减少应激，保持鹅群密度适中，饲料干湿均匀，喂饲定时定量，同时根据饲养密度添加足够的饲槽及水槽。

五、治疗

平时多留意鹅群状况，以早发现早治疗为原则，对于病情严重的鹅只应立即将其双脚倒挂，用手摸捏气管，使异物下滑排出；对于没有治疗价值的病鹅应及时屠宰淘汰。

第十节　鹅皮下气肿

鹅皮下气肿又称气囊破裂，是由于呼吸系统主要的气囊破裂，致使空气进入疏松组织间隙，蓄积于皮下导致全身或局部皮下气肿隆起。

一、病因

该病常发于1~2周龄以内的幼鹅，主要病因有以下几个方面：饲养密度过大，鹅只在抢食时相互拥挤或啄斗等因素引起气囊破裂；在接种疫苗或给药时，由于捕捉过于粗暴致使体壁擦伤导致气囊破裂；由于管理不当，鹅只因尖锐异物刺破气囊或某些骨骼如肱骨、胸骨等发生骨折，空气逸出并积聚于皮下，产生病理状态的皮下气肿；某些气管寄生虫也可引发该病，如气管吸虫、比翼线虫等寄生于气管、支气管或气囊内，导致气囊受损致使空气转移到皮下。

二、症状

患鹅常表现精神沉郁，不愿活动，羽毛蓬松，采食下降。身体局部甚至全身均可发生气肿，如头颈部到整个前躯、胸腹部或腿及翅膀部，严重的波及全身（图8-33~图8-35）。气肿处皮肤明显鼓起，透明发亮，羽毛逆立，触诊皮肤紧张，叩诊呈鼓音。患鹅不能潜水，如治疗不及时，气肿部会继续扩大，严重的将导致死亡。此外，气管寄生虫引起的皮下气肿，患鹅还表现伸颈张口、咳嗽、摇头、打喷嚏等症状。

图8-33 鹅头颈部皮下气肿（张传生 供图）

8-34 鹅皮下气肿（张传生 供图）

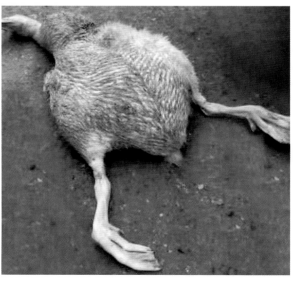

图8-35 鹅皮下气肿（张传生 供图）

三、病理变化

剖检患鹅可见气肿处皮下充满气体,若由气管寄生虫引起的气肿,可见气管中蓄积有黏性液体,气管壁充血、水肿,甚至可损伤肺部。

四、预防

该病应以预防为主,平时应加强饲养管理,根据生长状况适当调整饲养密度,防止鹅群过于拥挤;饲喂应有规律,并提供足够的饲槽和饮水器具,避免鹅只因抢食而相互踩踏;减少应激,免疫或捕捉时,不可粗暴用力;定期驱虫,减少寄生虫感染。

五、治疗

对于该病的治疗,首先要查明病因。针对皮下气肿部位可用无菌注射针头进行穿刺放气,必要时可连续数日放气,直到痊愈为止;对于因寄生虫感染引起的气肿,可采取相应抗寄生虫药物进行治疗;对于因骨折造成的气肿,没有治疗价值的应及时淘汰。

第十一节　鹅输卵管脱垂

鹅输卵管脱垂也称输卵管外翻,是指输卵管脱出于肛门之外,常发于新留的高产母鹅。

一、病因

该病病因较多,主要有以下几个方面。

一是高产期母鹅产蛋过多,致使输卵管黏膜分泌物减少,产蛋时润滑作用减弱;或因所产的蛋过大,母鹅过度努责而引起输卵管外翻。

二是饲料搭配不合理,缺乏某些维生素如维生素 A、维生素 D、维生素 E,导致输卵管黏膜上皮角质化,弹性降低,引发输卵管脱垂。

三是母鹅产蛋时受到惊吓,导致应激。

四是当发生输卵管炎、泄殖腔炎时,母鹅因企图将肛门内的刺激物排出而频频努责造成输卵管脱出。

二、症状

患鹅表现为不断用力努责，输卵管脱出肛门外，疼痛不安，脱出部分充血呈紫红色，如治疗不及时，可见黏膜水肿，呈暗紫红色，严重的甚至发生坏死（图 8-36）；同时，脱出部分极易引起细菌感染，导致患鹅因败血症或其他鹅只啄食而死。

三、预防

平时加强饲养管理，合理搭配饲料，适量添加维生素，一旦发现患鹅应及时隔离饲养，避免被其他鹅只啄伤。

四、治疗

用 0.1% 高锰酸钾溶液冲洗脱出的输卵管，消毒后涂红霉素软膏，用手小心地将脱出部分还原至腹腔内，用口袋缝合法暂时缝合肛门四周皮肤，为减轻组织充血，促进收缩，可向肛门内注入些冷消毒液（或放入小冰块），每天 2～3 次；为减少细菌感染，可向肛门中塞入一粒抗生素胶囊，也可肌内注射庆大霉素或在饮水中加入抗菌药物。在 2～3d 内，为减少排粪，可只供应葡萄糖液，不喂饲料。若经治疗后输卵管反复脱出，可将其淘汰。

图 8-36　输卵管脱出（刁有祥 供图）

第十二节　翻翅病

鹅翻翅是指鹅呈单侧或双侧翅膀外翻，鹅翻翅的高发期是 40～90 日龄，翅关节的移位，导致翻翅（图 8-37、图 8-38、图 8-39）。对商品鹅影响外观，对就巢母鹅来说，影响自然抱孵。

一、病因

导致该病的主要原因是在幼鹅阶段，饲料单一或精料占日粮比例过大，或因精料不足，缺乏矿物质饲料，特别是钙、磷失调，尤其是在钙质严重缺乏的情况下，骨骼生长不良，畸形发育，造成外翻。饲料中钙磷比例失调，也易患该病。

二、防治

在易发病阶段，要注意饲料中各种营养成分的合理供给，尤其是钙磷的含量（0.8%～1.2% 的钙和 0.4% 的磷）。加强运动和放牧，多照日光也有利于预防该病。幼鹅放牧期间，补料中及时配比 5% 添加剂饲料，1% 含硒维生素，0.5% 的食盐；加强放牧，增强日光浴，舍内通风良好，保持干燥，密度大的鹅群要及时调整成小群，防止互相拥挤践踏、采食不均，影响生长。发现翻翅的患病鹅，应及早用绷带按正常位置固定，并适当增加饲料中钙磷等矿物质的含量。

图 8-37　翻翅的鹅 A（刁有祥　供图）

图8-38　翻翅的鹅B（刁有祥 供图）

图8-39　翻翅的鹅C（刁有祥 供图）

参考文献

陈伯伦，陈伟斌 . 2004. 鹅病诊断与策略防治 [M]. 北京：中国农业出版社 .

陈代文 . 2005. 动物营养与饲料学 [M]. 北京：中国农业出版社 .

陈国宏，王继文，何大乾，等 . 2013. 中国养鹅学 [M]. 北京：中国农业出版社 .

陈国宏，王永坤 . 2011. 科学养鹅与疾病防治（第 2 版）[M] . 北京：中国农业出版社 .

陈海南，郭艳 . 2015. 鹅场的选址与合理布局 [J]. 水禽世界，1：12-14.

程安春 . 2004. 养鹅与鹅病防治（第 2 版）[M]. 北京：中国农业出版社 .

刁有祥 . 2016. 鸭鹅病防治及安全用药 [M]. 北京：化学工业出版社 .

金文杰，吕亚楠，王芳，等 . 2014. 我国小鹅瘟研究进展及成就 [J]. 微生物学通报，41（3）：
    504-510.

刘金华，甘孟侯 . 2016. 中国禽病学（第 2 版）[M]. 北京：中国农业出版社 .

唐熠 . 2013. 坦布苏病毒的分离鉴定及重组腺病毒介导 shRNA 抑制坦布苏病毒在体外复制
    的研究 [D]. 山东农业大学 .

王宝维 . 2013. 中国鹅业 [M]. 济南：山东科学技术出版社 .

王永坤，田慧芳，周继宏，等 . 1998. 鹅副黏病毒病的研究 [J] . 扬州大学学报（农业与生命
    科学版），19（1）：59-62.

王友来 . 2012. 鹅业大全 [M] . 北京：中国农业出版社 .

王志跃，张建华，张玲，等 . 2005. 养鹅生产大全 [M]. 南京：江苏科学技术出版社 .

魏刚才，齐永华．2012.鸭鹅科学安全用药指南 [M]．北京：化学工业出版社．

许英民．2016.鹅常见消化道寄生虫病的流行特点及防治措施 [J]．中国动物保健（10）：44-47.

杨英，金夷，程雷．1995.莱茵鹅生理生化参数的测定 [J]．中国家禽，1：21-23.

应诗家，施振旦．2013.鹅场废弃物的处理与利用 [J]．中国家禽，35（19）：45-47.

于春梅，刁有祥，唐熠，等．2012.坦布苏病毒荧光定量 RT-PCR 方法的建立 [J]．中国农业科学，45：4 492-4 500.

张西臣，李建华．2009.动物寄生虫病学（第 3 版）[M]．北京：科学出版社．

张心如，罗宜熟，杜干英，等．2003.鹅的解剖生理学特点与行为特征 [J]．中国禽业导刊，20（8）：35-36.

张毅，王幼明，王芳，等．2014.我国禽流感研究进展及成就 [J]．微生物学通报，41（3）：497-503.

郑福臣，许英民．2016.规模化养鹅场废弃物粪便及死鹅的处理及利用 [J]．水禽世界，1: 6-9.

周新民，黄秀明．2008.鹅场兽医 [M]．中国农业出版社．

朱叶萌，饶子亮，谭巧燕，等．2014.铜的生物学功能及其在畜禽生产中的应用研究进展 [J]．饲料研究，23：9-11.

Y.M.Saif. 2012.禽病学（第 12 版）[M]．北京：中国农业出版社．